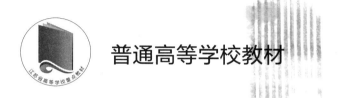

普通高等学校教材

新能源技术与应用概论

第三版

冯飞 张蕾 等编著

化学工业出版社

·北京·

内 容 简 介

《新能源技术与应用概论》第三版共分为7章。第一章简明扼要地介绍了能源和新能源的基本概念、分类、新能源技术应用的现状和发展；第二章对太阳能的资源状况、太阳能光热转换、光电转换及其他形式转换的基本原理、应用状况进行了较为详细的介绍；第三章介绍了风力资源的概况、风能的主要利用方式、风力发电技术与组成、风电场的基本概念，以及风力发电的发展趋势；第四章介绍了生物质能的基本概念、分类以及其利用技术；第五章主要介绍了氢能的性质与分布、制备与储运以及具体应用；第六章则对地热能的资源状况、常见形式、供热、干燥以及发电等利用技术进行了介绍；第七章介绍了其他新能源的基本概念与应用情况，包括核能、海洋能和天然气水合物。

本书配有PPT课件，如有需要，请发电子邮件至 cipedu@163.com 获取，或登录 www.cipedu.com.cn 免费下载。

本书可作为高等院校、高职高专院校热能动力设备及应用、能源工程、新能源技术、环境工程、建筑环境与设备等专业及相关专业的教材，适合从事能源生产与管理、环境保护和能源化工等领域的工程技术人员、研究人员参考和使用。

图书在版编目（CIP）数据

新能源技术与应用概论/冯飞等编著. —3版. —北京：化学工业出版社，2023.6（2025.2重印）
普通高等学校教材
ISBN 978-7-122-43246-9

Ⅰ.①新…　Ⅱ.①冯…　Ⅲ.①新能源-高等学校-教材　Ⅳ.①TK01

中国国家版本馆 CIP 数据核字（2023）第 058644 号

责任编辑：高　钰　　　　　　　　　　　文字编辑：陈　雨
责任校对：宋　玮　　　　　　　　　　　装帧设计：刘丽华

出版发行：化学工业出版社（北京市东城区青年湖南街13号　邮政编码100011）
印　　装：河北鑫兆源印刷有限公司
787mm×1092mm　1/16　印张19½　字数478千字　2025年2月北京第3版第4次印刷

购书咨询：010-64518888　　　　　　　　售后服务：010-64518899
网　　址：http://www.cip.com.cn
凡购买本书，如有缺损质量问题，本社销售中心负责调换。

定　　价：58.00元

前　言

本书自 2010 年出版以来一直深受读者青睐，2016 年更新至第二版，2021 年本书入选了江苏省高等学校重点教材（编号：2021-1-061）。在第二版出版至今的几年里，新能源技术的发展日新月异，很多新技术、新产品和新工艺不断涌现，新能源产业的发展也发生了巨大变化。编著者深感有必要在第二版的基础上修订本书，从而向读者展示新能源技术的新进展。

本书第三版主要就以下内容进行了更新和完善：

1. 更新了各类新能源发展的新数据和新能源产业的相关政策法规，包括各类新能源在世界各国的应用情况、我国"十四五"规划中关于能源方面的描述、"双碳"战略目标等。

2. 更新了国内外各类新能源技术发展的新趋势。

3. 更新了新能源应用的具体实例。

4. 太阳能光热利用中新增了太阳能集热器结构、线性菲涅尔式太阳能热发电技术、太阳能蒸馏器等内容，太阳能光伏发电技术中简化了较为复杂的太阳能电池工作原理部分内容。

5. 风能利用中新增了储能部分以及海上风电制氢技术的介绍。

6. 氢能利用中新增了各种氢气输运、储存方式以及各类燃料电池的对比。

7. 核能利用中新增了核能供热和核能制氢等核能综合利用的介绍。

8. 本书配有 PPT 课件，请发电子邮件至 cipedu@163.com 获取，或登录 www.cipedu.com.cn 免费下载。

9. 本书配套有丰富的信息化教学资源（包括多媒体课件、教学图片、教学动画、微课等），读者可登录超星尔雅学习通网站注册、学习。

本书第三版由冯飞、张蕾等共同编著完成。冯飞编著了第一章、第三章、第四章和第七章，张蕾编著了第五章和第六章，涂中强编著了第二章。全书由冯飞统稿。在编著过程中，得到了广大读者、行业企业专家与其他高校同行的帮助与支持，特别感谢王廷举、王恩营、沈永凤等专家的指点与帮助。同时还得到了郭俊辉、周沛、张德华、祁建安、公冶令沛、龙海军、项玲、曹慧、金良、张鹏高、夏旸怡、冯全莹、王玥等的大力帮助，在此一并表示感谢。

东南大学沈来宏教授在百忙中认真审阅了本书，在此表示衷心感谢。

由于新能源技术在理论和应用方面不断发展，加之作者水平有限，书中不妥之处敬请读者批评指正。

编著者

2023 年 1 月

第一版前言

能源是人类社会存在和发展的物质基础，为国民经济的发展提供动力支持。自 19 世纪工业革命以来，以煤炭、石油和天然气等化石燃料为代表的一次能源极大地推动和促进了世界各国的经济发展。然而，化石燃料的大量使用也带来了一系列严重问题，比如化石能源资源的不断枯竭，化石燃料的燃烧导致环境急剧恶化，为占有能源资源而引发冲突和战争等社会、政治问题等。尤其是 20 世纪 70 年代爆发的能源危机更促使人类探寻一种新的、清洁、安全、可靠的可持续能源系统，新能源的探索、开发与应用逐步展开，并逐渐成为世界各国的研究热点。进入 21 世纪，随着不断加大对新能源研究与利用的人力和物力的投入力度，新能源利用技术和装置的研发不断深入，新能源的发展一日千里，很多新能源的利用已进入到商业化应用阶段，并逐步在能源建设中发挥重要作用。

随着我国能源、化工、电力等行业的持续快速增长，对从事新能源工作的技术人员的需求也日益增加，大专院校相关专业的师生也迫切需要了解和掌握新能源的资源特性和应用技术。

本书以应用为主，主要选择成熟可靠并通过实践检验的技术，同时也介绍一些指导性的科学理论和新技术。本书内容丰富，叙述力求具体、直观，图文并茂。在文笔上，力求通俗易懂，简明扼要，充分体现针对性、实用性和先进性。

本书由冯飞、张蕾等编著。各章节的分工为：冯飞编著第一章和第三章；张蕾编著第四章和第五章；赵振宙编著第六章；李永杰编著第二章的第一节和第二节；涂中强编写第二章的第三节和第四节。

沈来宏教授在百忙中抽出时间，主审了本书，并为全书的修改提出了不少宝贵意见；魏龙、祁建安、龙海军、公冶令沛参加了审稿。本书在编写过程中，得到了曹慧、张国东、蒋李斌、张鹏高、戴路玲、冯秀等的大力帮助，在此一并表示感谢。

新能源技术的发展日新月异，科技成果不断涌现，限于编者的水平，书中疏漏之处恳请广大读者批评指正。

编著者
2010 年 10 月

第二版前言

本书自第一版面世以来，得到了广大院校的认可，重印多次，但新能源技术的快速发展，新技术与新工艺的不断涌现，促使我们对第一版做出修订。

本书延续了上一版的主旨与风格，在内容和结构上均做了一定的修改，通俗易懂地介绍近几年新能源技术的发展与应用，增添了新的数据和研究进展，注重实用性和先进性，力求做到理论与实践相结合。

本书在内容和结构上均做了一定的修改、更新和完善，主要内容如下：

1. 在绪论中增加了世界能源发展现状、我国最新的能源政策等内容。

2. 在太阳能及应用一章中，删除了太阳能光电转换利用技术中较为复杂、专业性较强的内容，更新了太阳能利用的最新进展。

3. 由于风能的飞速发展，将风能及其利用放在了单独的一章中重点介绍，并增加了关于风电场等新的内容。

4. 在生物质能及应用一章中，增加了关于"先进生物燃料"的介绍，同时更新了生物质能利用技术的研究进展。

5. 在氢能及应用一章中，增加了最新的技术研究进展和应用实例。

6. 由于核能在我国的快速增长，在核能利用部分增加了关于核反应堆和核聚变的介绍。

7. 更新了关于海洋能、天然气水合物的最新研究与应用进展。

8. 本书的内容已制作成用于多媒体教学的PPT课件，并将免费提供给采用本书作为教材的院校使用。如有需要，请发电子邮件至 cipedu@163.com 获取，或登录 www.cipedu.com.cn 免费下载。

本书由冯飞、张蕾等共同编著完成。冯飞编著了第一章、第三章、第四章和第七章，张蕾编著了第五章和第六章，涂中强编著了第二章。全书由冯飞统稿。在编著过程中，得到了广大读者和其他高校同行的帮助与支持，特别感谢黄淮学院衡耀付老师的指导与建议。同时还得到了张德华、祁建安、公冶令沛、龙海军、项玲、曹慧、金良、张鹏高等的大力帮助，在此一并表示感谢。

东南大学沈来宏教授在百忙中认真审阅了本书，在此表示衷心感谢。

由于编者水平有限，不足之处恳请广大读者不吝指教。

编著者
2016 年 4 月

目 录

第五章 氢能及其应用 187

第六章 地热能及其应用 224

第七章　其他新能源及其应用 　250

参考文献 　298

第一章

绪 论

第一节 能源的基本概念

从人类学会用火到蒸汽机、内燃机的发明应用，人类文明前进的每一步，都与能源的开发利用息息相关。人类文明前进的过程，也是开发利用能源的规模与水平不断提高的过程。能源的开发和利用水平仍是当前衡量社会生产力和社会物质文明的重要标志，关系着社会可持续发展和精神文明建设。科学技术的发展、国民经济的繁荣、国防建设的加强、社会生活质量的提高、人类文明的进步等都必须以充足的能量供应为支柱。

一、能源及其分类

所谓能源是指可向人类提供各种能量和动力的物质资源。迄今为止，由自然界提供的能源有：水力能、风能、太阳能、地热能、燃料的化学能、原子核能、海洋能以及其他一些形式的能量。通常人们按照以下几种分类方式对能源分类。

① 按来源分：根据来源，能源大致可分为三类：第一类是地球本身蕴藏的能源，如原子核能、地热能等；第二类是来自地球以外天体的能源，如太阳能以及由太阳能转化而来的风能、水能、海洋波浪能、生物质能以及化石能源（如煤炭、石油、天然气等）；第三类则是来自月球和太阳等天体对地球的引力，且以月球引力为主，如海洋潮汐能。

② 按照开发的步骤分：根据开发的步骤，能源可分为一次能源和二次能源。一次能源是指在自然界以自然形态存在、可以直接开发利用的能源，如煤炭、石油、天然气、水力能、风能、海洋能、地热能和生物质能等。一次能源中又可根据能否再生分为可再生能源和不可再生能源。可再生能源是指不会因被开发利用而减少、具有天然恢复能力的能源，如太阳能、风能、地热能、水力能、海洋能、生物质能等；不可再生能源是指储量有限，随着被开发利用而逐渐减少的能源，如煤炭、石油、天然气和原子核能等。二次能源是指由一次能源直接或间接转化而来的能源，如电能、高温蒸汽、汽油、沼气、氢气、甲醇、乙醇等。

③ 按使用程度和技术分：在不同历史时期和不同科技水平条件下，能源使用的技术状况不同，据此可将能源分为常规能源和新能源。常规能源是指开发时间较长、技术比较成熟、人们已经大规模生产和广泛使用的能源，如煤炭、石油、天然气和水力能等。新能源是指开发时间较短、技术尚不成熟、尚未被大规模开发利用的能源，如太阳能、风能、生物质能、地热能、海洋能和原子核能等。

④ 按照开发利用过程中对环境的污染程度分：按对环境的污染程度，能源可分为清洁

能源和非清洁能源。无污染或污染很小的能源称为清洁能源，如太阳能、风能、水力能、海洋能等；对环境污染大或较大的能源称为非清洁能源，如煤炭、石油、天然气等。

⑤ 按性质分：按本身性质，能源可分为含能体能源和过程性能源。含能体能源是指集中储存能量的含能物质，如煤炭、石油、天然气和原子核能等。而过程性能源是指物质运动过程产生和提供的能量，此种能量无法储存并随着物质运动过程结束而消失，如水力能、风能和潮汐能等。

二、能源在国民经济中的重要战略地位

能源是人类社会生存的基础，能源的开发和利用不但推动着社会生产力的发展和社会历史的进程，而且与国民经济的发展密切相关。能源在国民经济中具有特别重要的战略地位。

首先，能源是现代生产的动力来源。无论是现代工业还是现代农业都离不开能源。现代化生产是建立在机械化、电气化和自动化基础上的高效生产，在所有生产过程进行的同时总伴随着能源的消费。

其次，化石能源提供了珍贵的化工原料。以石油为例，除了能提炼出汽油、柴油和润滑油等石油产品外，对它们进一步加工可取得 5000 多种有机合成原料。这些原料经过加工，便可得到塑料、合成纤维、化肥、染料、医药、农药和香料等多种工业制品。此外，煤炭、天然气等也是重要的化工原料。

综上，一个国家的国民经济发展与能源开发和利用紧密联系，没有能源就不可能有国民经济的发展。世界各国的经济发展实践证明，在经济正常发展的情况下，每个国家能源消费总量及增长速度与其国民经济总产值及增长速度成正比例关系。

此外，能源的人均消耗量的多少也反映出人民生活水平的高低。在人民的生活中，不仅衣、食、住、行需要能源，而且文教卫生、各种文化娱乐活动等都离不开能源。随着人民生活水平的不断提高，所需的能源数量、形式越来越多，质量越来越高。一般而言，从一个国家的能源消耗状况可以看出一个国家人民的生活水平。

第二节　我国能源现状

中国的能源消费总量连续多年都位居世界前列，是世界上最大的能源消费国。我国能源革命方兴未艾，能源结构持续优化，形成了多轮驱动的供应体系，核电和可再生能源发展处于世界前列，具备加快能源转型发展的基础和优势；但发展不平衡不充分问题仍然突出，供应链安全和产业链现代化水平有待提升，构建现代能源体系面临新的机遇和挑战。

（1）我国能源消费构成的特点

① 煤炭的生产和消费比重偏高，处于基础性地位。尽管近年来中国的能源结构持续改进，但是煤炭仍然是中国能源消费的主导燃料。近年来煤炭占比的最高值是 2005 年前后的74%，2020 年其占比仍达到 56.8%（创历史新低）。

② 石油的生产量低，消费量高，供需缺口需依赖进口石油满足。与煤炭资源相反，石油在能源总产量的比重稍有上升，其消费量的比重 5 年来均超过 18%。"十三五"期间，国内原油产量稳步回升，天然气产量较快增长，年均增量超过 100 亿立方米。

③ 水能资源占能源总产量的比重呈逐年递增趋势，"十三五"期间，水电装机容量达到3.4 亿千瓦，仅次于煤电。

④ 新能源利用率低，但发展迅猛，且潜力大。我国地域辽阔，太阳能、风能、生物质能等能源蕴藏丰富，开发潜力巨大。近年来，我国高度重视新能源的开发利用工作，发展迅猛。"十三五"期间，我国的非化石能源消费占到整个能源消费的 15.9%，仅次于煤炭和石油。太阳能发电、风电、核电、生物质发电的发展尤为突出，我国非化石能源发电装机容量稳居世界第一。

（2）我国能源发展目前所面临的问题

① 能源资源品种丰富，人均占有量较少。水能资源主要分布在西南地区，开发程度还比较低，但开发难度加大、成本升高。煤炭资源大多分布在干旱缺水、远离消费中心的中西部地区，总体开采条件不好。石油资源储采比低，还有增加探明储量的潜力，但产能增幅有限。天然气资源探明剩余经济可采储量为 $239 \times 10^{10} \ \mathrm{m}^3$，进一步提高探明程度的潜力很大，具备大幅增产的可能，但资源总量和开采条件难以同俄罗斯、伊朗等资源大国相比。风能、太阳能等可再生能源资源量巨大，其开发利用程度主要取决于技术和经济因素。

② 能源建设不断加强，能源效率仍然较低。中国能源利用效率相对较低，能源生产和使用仍然粗放。

③ 能源生产迅速增长，生态环境压力明显。在需求快速增长的驱动下，我国的能源生产增长很快，尤其是对化石能源的需求和使用方面。由此带来的 SO_2、烟尘、粉尘、NO_x 以及 CO_2 的排放量也有所攀升，给生态环境治理尤其是给雾霾治理带来了很大的难度。

④ 能源消费以煤为主，能源结构需要优化。中国是世界上最大的煤炭生产国和消费国，尽管"十三五"时期，我国能源结构持续优化，低碳转型成效显著，但是仍然未能改变对煤炭消费的依赖。

⑤ 能源需求继续增加，可持续发展面临挑战。随着中国经济持续快速发展，工业化、城镇化进程加快，居民消费结构升级换代，能源需求不断增长，尤其是油气供求矛盾将进一步显现。

为此，我国政府非常重视能源问题，2006 年颁布并实施了《中华人民共和国可再生能源法》。2006 年 2 月中华人民共和国国务院发布的"国家中长期科学和技术发展规划纲要（2006—2020 年）"中将能源列为重点领域及其优先主题中的第一位，并指出：能源在国民经济中具有特别重要的战略地位。2021 年颁布了《中华人民共和国国民经济和社会发展第十四个五年规划和 2035 年远景目标纲要》，明确指出 2035 年的发展目标："能源资源配置更加合理、利用效率大幅提高，单位国内生产总值能源消耗和二氧化碳排放分别降低 13.5%、18%，主要污染物排放总量持续减少"。同年颁布的《"十四五"现代能源体系规划》也指明了"十四五"期间我国现代能源体系规划目标：能源保障更加安全有力，能源低碳转型成效显著，能源系统效率大幅提高，创新发展能力显著增强，普遍服务水平持续提升。

为此，"十四五"规划建议提出，"强化底线思维，坚持立足国内、补齐短板、多元保障、强化储备，完善产供储销体系，不断增强风险应对能力，增强能源供应链稳定性和安全性；加快推动能源绿色低碳转型，壮大清洁能源产业，实施可再生能源替代行动，推动构建新型电力系统，促进新能源占比逐渐提高，推动煤炭和新能源优化组合；坚持全国一盘棋，科学有序推进实现碳达峰、碳中和目标，不断提升绿色发展能力；优化能源发展布局，提高资源配置效率；加快能源领域关键核心技术和装备攻关，推动绿色低碳技术重大突破，提升能源产业链现代化水平"。

人类已经进入 21 世纪，化石燃料的大量使用所带来的环境、社会，甚至政治问题已经日益显现，解决能源的需求问题显得越来越紧迫。为此，在节约现有一次能源的同时，有必要开发和利用新能源，寻求一种新的、清洁、安全、可靠的可持续能源系统，走能源、环境、经济和谐发展的道路。

第三节　新能源及发展趋势

一、新能源简介

新能源是与常规能源相对的概念。常规能源是指技术较成熟、已被大规模利用的能源（如煤、石油、天然气、大中型水电等）。新能源是指技术正在发展、尚未大规模利用的能源，其内涵根据不同时期和技术水平发展有所变化，如核能在国外已大规模利用，属常规能源，而我国还没有实现规模化利用，仍作为新能源看待。根据当前我国能源状况，新能源包括核能、风能、太阳能、生物质能、地热能、海洋能、氢能等还没有规模化应用的能源。

① 太阳能：太阳能指太阳光的辐射能量，是人类最主要的可再生能源。每年太阳辐射到地球大陆上的能量约为 $8.5 \times 10^{10} \mathrm{MW}$，相当于 $1.8 \times 10^{14} \mathrm{t}$ 标准煤，远大于目前人类消耗的能量总和。利用太阳能的方法主要有太阳能光伏电池和太阳能热水器等。

② 生物质能：生物质能来源于生物质，它直接或间接地来源于植物的光合作用。地球每年经光合作用产生的物质有 1730 亿吨，其中蕴含的能量相当于全世界能源消耗总量的 $10 \sim 20$ 倍，但目前的利用率却不到 3%。生物质能的主要利用方式有直接燃烧利用、化学转换利用与生物转换利用等。

③ 氢能：氢是未来最理想的二次能源。氢以化合物的形式储存于地球上最广泛的物质——水中，如果把水中的氢全部提取出来，总热量相当于地球现有化石燃料的 9000 倍。

④ 地热能：地热能是地球内部来自重力分异、潮汐摩擦、化学反应和放射性元素衰变释放的能量等。地热能资源是指陆地下 5000m 深度内的岩石和水体的总含热量。其中全球陆地部分 3km 深度内、150℃以上的高温地热能资源为 140 万吨标准煤。全世界地热资源总量大约为 $1.45 \times 10^{26} \mathrm{J}$，相当于全球煤热能的 1.7 亿倍。地热能还具有分布广、洁净、热流密度大、使用方便等优点，目前在包括我国在内的一些国家已开始商业开发利用。

⑤ 风能：风能是太阳辐射下空气流动所形成的。风能蕴藏量大，估计全球可利用的风能为 $2 \times 10^7 \mathrm{MW}$，为水能的 10 倍。风能分布广泛，永不枯竭，对交通不便、远离主干电网的岛屿及边远地区尤为重要。

⑥ 海洋能：海洋能指蕴藏于海水中的各种可再生能源，包括潮汐能、波浪能、海流能、海水温差能、海水盐度差能等。海洋能理论储量十分可观。

⑦ 天然气水合物（可燃冰）：可燃冰是天然气的水合物，在海底分布范围，占到海洋总面积的 10%（相当于 $4 \times 10^7 \mathrm{km}^2$），储量够人类用 1000 年。

相对于传统能源，新能源普遍具有污染少、储量大的特点，对于解决当今世界严重的环境污染问题和资源枯竭问题具有重要意义。随着全球化石能源的日渐枯竭，以及近年来温室气体排放引起的气候问题日益严重，世界各国都把未来能源战略瞄准了新能源。世界各国对新能源支持力度不断加大，未来新能源产业在进入规模化生产后将带来价格的下降，与高价的石油天然气等常规能源相比，新能源产业将彰显出强劲的竞争实力。

二、国际新能源的发展现状与趋势

目前，新能源战略已经成为西方发达国家占领国际市场竞争新的制高点、主导全球价值链的新王牌。尽管短期内新能源还无法替代传统化石能源，但世界范围内资源的供给紧张以及应对气候变化为新能源的发展提供了广阔的空间。

（一）国际新能源的发展概况

美国、欧盟等西方发达国家和地区最先开始新能源的大规模开发。通过促进新能源发展的法规和政策以及推动技术创新、快速打开市场、建立健全产业体系等措施，实现了新能源产业的稳步快速发展，也为新能源开发在全世界范围获得认同、付诸实践奠定了基础。

在 2009 年《美国经济复苏与再投资法案》中，美国明确要求到 2020 年所有电力公司的电力供应中要有 15％来自风能、太阳能等新能源。美国采取了多项措施引导和鼓励新能源的发展，包括配额定比为核心的相关法案、新能源发电保护定价等，为其能源变革、能源独立之路提供了保障。美国是目前世界上最大的地热发电国，风力发电装机容量也是世界领先，具有较高的新能源装备技术和研发水平，其新能源发展速度和潜力世界领先。

欧盟于 2007 年通过"能源和气候变化一揽子计划"，承诺到 2020 年将可再生能源比例提高 20％，温室气体排放减少 20％。欧盟主要通过绿色关税、绿色节能指标、投资补贴、上网电价补贴、减免税负等措施来促进新能源产业的快速发展，并确立了以风能、太阳能、生物质能为中心的发展方向。2020 年，全球有 32 个国家的风力发电量占其年发电量的 5％以上，18 个国家的风力发电量占比达到了 10％以上，其中在丹麦这一比例已超过 50％，中国已经达到 6％。

除了美国和欧盟，日本、澳大利亚也较早提出了新能源和可再生能源的发展规划，新能源产业获得了较快发展。近年来，以中国、印度、巴西为代表的新兴经济体国家陆续将新能源作为能源产业革新的主要方向，逐步成为新能源产业发展的支柱力量。

（二）国际新能源的发展特点

1. 新能源技术升级不断加快

新能源作为新兴产业其相关技术的研发一直得到各方面的重视并不断取得进展和突破。在风能利用方面，随着风电技术的进步，设备制造水平不断提高，风电机组向着大型化和特性化发展，2～3MW 风电机组已经成为市场主流，8MW 的大型风电机组已开始运行，同时低风速地区、海上风电机组技术也不断成熟。在太阳能利用方面，多晶硅电池的转化效率从20 世纪 90 年代不足 10％发展到目前的 15％以上，并逐步成为市场主流，薄膜电池技术也在持续发展。在生物质能利用方面，成型燃料技术和生物质发电技术已基本成熟，成为生物质能大规模利用的主要方式，生物柴油、燃料乙醇、先进生物燃料等成为重要发展方向。在地热能利用方面，除针对高温地热资源的闪蒸发电技术外，还开发了针对中低温地热资源的双工质循环发电技术，大大拓宽了地热资源的利用范围。

2. 新能源产业规模化发展，新能源市场份额持续增加

作为新兴产业，新能源产业具有产业链长、对配套和支撑产业需求量大的特点，对经济发展具有良好的带动作用，新能源产业的地位逐步凸显。因此许多国家都将新能源产业当作重要的经济增长点，投入大量资金进行技术研发，抢占技术制高点，同时大力开拓市场，促进新能源技术向世界范围输出。新能源经济将朝着电气化、高效化、互联化和清洁化的方向继续发展。政策支持和技术创新的良性循环，带动了新能源经济的崛起，而成本的降低则进一步推动其发展。目前在大多数市场中，最便宜的新电厂是太阳能或风能电厂。清洁能源技术正成为投资和就业的一个重要新兴领域，也是一个国际合作与竞争日趋活跃的舞台。

3. 新能源发电增速明显，新能源产业投资规模不断增大

2011~2020 年世界新能源发电量、装机容量逐年上升，且增速明显。风电和光伏发电依然是世界上增长最快的两种电源，新能源已经逐步在世界能源格局中占有重要地位。2020 年，全球太阳能发电新增装机容量达到了 130.1GW（同比增长 13%），累计装机容量已达到 763GW，光伏发电量达到了 855.4TW·h（同比增长 20.5%）。2020 年，全球风电新增装机容量 93.0GW，创历史新高，累计装机容量 743GW（同比增长 14.3%），风力发电量 1591.2TW·h（同比增长 11.9%），风电在全球电力结构中的占比不断提高，从 2000 年的 0.2%、2011 年的 2.0%，增长至 2020 年的 5.9%。国际能源机构（IEA）预计，到 2035 年可再生能源将占全球发电能力增长的 50%，其中风力发电和太阳能光伏发电占比将达到 45%。近些年，新能源产业投资仍然保持旺盛的势头，以太阳能和风能的投资规模最高，其次是生物质和废弃物利用、生物燃料、小水电等。2020 年，全球新能源投资总额达到了 4460 亿美元，而 2011 年只有 3070 亿美元，2016 年为 3767 亿美元。其中全球光伏投资总额为 2077 亿美元，2011 年为 1482 亿美元，2016 年为 1618 亿美元；全球风电投资总额为 2148 亿美元，而 2011 年只有 973 亿美元，2016 年为 1673 亿美元。

4. 新能源发展成为世界可持续发展的有力支撑

由于新能源具有可再生、无污染、低排放的优势，在构建安全能源体系中能够发挥重要作用，符合当前世界绿色环保可持续发展的理念，得到了世界各国，特别是西方发达国家的高度重视。为了应对全球气候变暖，国际能源署提出 2050 年 CO_2 排放量要比 2005 年减少 50%（约为 $1.4×10^{10}$ t），需要每年增加额外投资 11000 万亿美元，占全球 GDP 的 1.1%。而发展新能源和可再生能源是达成这一目标的重要手段之一。日本福岛核泄漏事故发生后，出于安全因素考虑许多国家选择了"弃核"或者延缓核电建设的能源发展战略，这也使得新能源在发展清洁能源和减少温室气体排放方面将承担更多的任务，国际社会对大力发展新能源的共识将更为清晰，开发新能源的行动将更为迅速。

（三）国际新能源面临的挑战

目前，在全球能源领域，风能和太阳能等可再生能源的规模持续快速扩大，清洁能源技术快速发展，一种电气化、高效化、互联化和清洁化的能源经济正在形成。然而，全球煤炭消费量仍在大幅增长，能源产业本身维持现状的强大惯性抵消了能源转型的速度。因此，当前能源转型依然面临巨大压力。

1. 高成本依然是制约新能源产业发展的重要障碍

随着技术的成熟和规模生产效应的体现，新能源利用成本迅速下降，但在不考虑常规能源外部环境成本的情况下，绝大多数新能源生产的电力、热力以及液体燃料等产品的成本仍然高于常规能源产品，市场竞争力不强，尚不具备完全自主商业化发展的能力。高成本阻碍了新能源市场的进一步扩大，而市场容量的狭小又反过来影响新能源成本的降低，这已成为新能源产业发展亟须破解的一个难题。

2. 新能源利用存在一些技术瓶颈

大部分新能源在具有可再生性的同时，也普遍存在能量输出不稳定、能量密度低等不足。新能源发电接入电网时会给电力系统带来一定的冲击，同时新能源利用占地面积大，往往位于远离负荷中心的偏远地区。目前有利于保障新能源消纳和利用效率的并网接入和储能等关键技术仍然未能取得突破性进展，新能源的装机比例由于电网的约束被限制在一定范围内；远距离送电大大降低了新能源利用的经济性，在极端情况下甚至会限制新能源发电，造成"弃电"现象。新能源利用技术的一些缺陷还将长时间影响该产业的健康发展。

（四）国际新能源的发展趋势

1. 发展新能源是世界能源结构调整的必然选择

坚持发展新能源可以向社会奉献更多安全、清洁、低碳的能源，通过发展新能源来服务人类社会的可持续发展已经成为世界能源发展不可逆转的趋势。尽管经过一段时间的快速发展后，以风电和光伏发电为代表的新能源产业的发展增速出现了放缓的趋势，但这是新兴产业发展到一定阶段开始进入深度调整、走向成熟的必然过程。世界各国发展新能源的目标和政策虽然也在不断调整，但整体支持鼓励新能源发展的大环境仍然保持。新能源产业已经积累形成了坚实的技术基础和规模效应，具备了长期稳定发展的条件，是实现世界能源结构绿色变革的可行之路，也是必由之路。

2. 新能源产业竞争日益激烈

随着中国、印度、巴西等新兴经济体国家先后大力扶持新能源产业，并在世界新能源市场中占据越来越重要的位置，2011年以来，风电、光伏产业的产能过剩问题愈发严重，市场竞争开始趋于白热化。可以预见，由于新能源产业在各国经济体系的重要性不断增加，激烈的市场竞争将成为常态，新能源技术的发展水平将成为未来衡量国家发展竞争力的重要指标之一。

3. 新能源产业发展需要政府政策的持续支持

新能源利用的成本偏高仍然是制约其发展的主要因素，即使是已经实现大规模开发的风电和光伏产业，其发电成本与普通火力发电相比仍存在一定的差距。因此，在一定时期内新能源的发展仍需要政府给予上网电价、财税补贴方面的优惠政策，以保证新能源开发的收益。同时，新能源项目开发后期运行成本低，但初期投资高，项目初期风险较大，短期盈利能力不强，也需要政府帮助拓宽投资渠道，实施鼓励措施。新能源产业的发展必须要借助政府的扶持以获得一个相对宽松、稳定的发展环境，为其产业升级赢得时间。

4. 技术创新水平是支撑新能源产业健康发展的关键

新能源一般存在能量密度低、稳定性差、开发技术难度大等不足，须通过技术创新来提高能量转换效率，稳定功率输出，以提高新能源利用的经济性指标，拓展市场。如在风能利用方面应注重开发大叶轮低风速风机以及海上风电技术，扩大风能有效利用的区域；在太阳能利用方面，应研究效率高、成本低的薄膜光电池；应大力发展储能、分布式能源等技术，以保障新能源的上网接入。

三、我国新能源的发展现状与趋势

（一）我国发展新能源的必要性

1. 我国常规能源发展形势严峻

当前，我国常规能源形势严峻，主要表现如下。

① 资源有限。据专家估算，我国煤炭剩余可采量可供开采不足百年，石油剩余可采量只有 20 年，能源供应安全将面临极大的挑战。

② 结构失衡。我国能源资源储量中煤炭占 92%、石油占 2.9%、天然气占 0.2%、其他占 4.9%。"富煤、贫油、少气"的资源储量结构决定了我国过度依赖煤炭，煤炭占能源消费总量的约 70%，比国际平均水平高 40 个百分点。

③ 使用效率低。我国的能源系统效率为 33.4%，比国际先进水平低 10 个百分点左右。

④ 污染严重。我国过度依赖化石能源造成严重的环境污染，大气污染造成的经济损失已相当于 GDP 的 2%～3%。

⑤ 技术落后。造成能源结构的惯性和新能源发展缓慢的根本原因在于能源应用技术落后、缺乏创新意识。

⑥ 对外依存度过高且缺乏战略储备。目前，我国石油对外依存度超过 40%，2020 年超过 60%，能源运输方式 90% 依靠海运，存在油路中断的众多不安全因素。

针对当前我国严峻的能源形势需要确立新能源开发利用在未来经济发展中的战略地位。

2. 我国新能源开发利用的前景广阔

我国新能源的开发潜力巨大。太阳能的理论资源总量每年为 23000 亿 TCE（吨标准煤），可开发潜力按千分之一计算为 23 亿 TCE；风能资源总量为 3.23TW（$1TW = 10^9 kW$），可开发潜力为 1000GW（$1GW = 10^6 kW$），其中陆地为 250GW，近海为 750GW；小水电资源总量为 180GW，可开发潜力为 1.28GW；海洋能资源总量为 2500GW，可开发潜力为 50GW，其中潮汐能的资源总量为 1100GW，可开发潜力为 22GW；生物质能资源十分丰富，估计目前可开发潜力为 3.18 亿 TCE；地热资源总量为 2000 亿 TCE，其中高温 6GW，可开发潜力为 31.6 亿 TCE。由于常规能源利用往往带来环境的恶化，加上煤炭、石油和天然气等传统能源储量具有有限性和稀缺性，新能源必然成为未来能源的主角。

3. 发展新能源是实现经济发展方式转变的客观需要

一方面，发展新能源产业孕育着巨大的投资机会，将有效拉动经济增长；另一方面，发展新能源产业，也可以有效地改变经济增长方式、引领中国经济走向"低碳化"。随着产业结构调整与培育新兴战略产业步伐加速，节能减排与新兴能源产业的战略地位将愈加突出。

4. 发展新能源是我国实现"双碳"战略目标的重要途径

我国承诺二氧化碳排放力争在 2030 年前达到峰值，努力争取 2060 年前实现碳中和，即"双碳"战略目标。"十四五"及今后一段时期是世界能源转型的关键期，全球能源将加速向低碳、零碳方向演进，新能源将逐步成长为支撑经济社会发展的主力能源。我国将坚决落实碳达峰、碳中和目标任务，大力推进能源革命向纵深发展，各类新能源发展正处于大有可为的战略机遇期。从国际看，大力发展新能源成为全球能源革命和应对气候变化的主导方向和一致行动。从国内看，我国新能源发展面临新任务新要求，机遇前所未有，高质量跃升发展任重道远。按照 2035 年生态环境根本好转、美丽中国建设目标基本实现的远景目标，发展新能源是我国生态文明建设、可持续发展的客观要求。作为碳减排的重要举措，我国新能源将加快步入跃升发展新阶段，实现对化石能源的加速替代，成为积极应对气候变化、构建人类命运共同体的主导力量。

（二）我国新能源的发展现状

1. 新能源发展迅猛，在多个领域已获得世界第一

中国在发展新能源领域已经取得非常大的进展，在多个领域世界排名第一。目前，我国太阳能制造能力和太阳能利用面积已经达到世界第一；风电连续几年成倍增长，风电装机规模已居世界第一。我国已形成了由水力、风力、太阳能、生物质能、地热能和海洋潮汐能等多种可再生能源组成的完备的发展体系。

2. 新能源的快速发展促使能源结构不断优化

近年来，我国新能源发展迅猛，新能源消费总量逐年递增。我国的能源结构逐渐优化，逐步转变为以煤炭为主的能源消费结构、发展清洁能源。特别是电力结构在新能源快速发展的带动下继续优化，火电比重下降，新能源比重上升（见图1-1）。截至2020年底，我国可再生能源发电装机达到9.34亿千瓦，占发电总装机的42.5%，风电、光伏发电、水电、生物质发电装机分别达到2.8亿千瓦、2.5亿千瓦、3.4亿千瓦、0.3亿千瓦，连续多年稳居世界第一。2020年我国可再生能源利用总量达6.8亿吨标准煤，占一次能源消费总量的13.6%。其中，可再生能源发电量2.2万亿千瓦时，占全部发电量的29.1%，主要流域水电、风电、光伏发电利用率分别达到97%、97%、98%；可再生能源非电利用量约5000万吨标准煤。

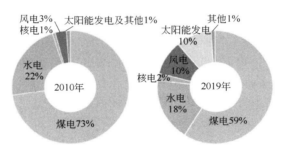

图1-1 中国电源结构的变化

数据来源：《2020年国家电网有限公司服务新能源发展报告》

3. 政策体系日益完善，产业优势持续增强

以可再生能源法为基础，可再生能源发电全额保障性收购管理办法出台，可再生能源电力消纳保障机制稳步实施，市场化竞争性配置有序推进，监测预警机制逐步完善，事中事后监管进一步加强，稳定了市场预期，调动了各类市场主体的积极性。在政府大力发展新能源及可再生能源政策的带动下，我国新能源产业已经受到大型能源集团、民营企业、国际资本、风险投资等诸多投资者的广泛关注。中国的可再生能源电力投资总额位于世界首位。水电产业优势明显，我国已成为全球水电建设的中坚力量。风电产业链完整，7家风电整机制造企业位列全球前十。光伏产业占据全球主导地位，多晶硅、硅片、电池片和组件分别占全球产量的76%、96%、83%和76%。全产业链集成制造有力推动我国可再生能源装备制造成本持续下降、国际竞争力持续增强。

4. 技术水平不断提高，装备自主化成绩显著

我国依托重大工程开展科技创新，把重大装备自主化作为提升我国新能源产业素质和竞争力的重要环节。哈电、东电、上电等龙头装备制造企业基本实现了从售前咨询、成套设计、产品生产、调试运行到售后保障的全过程、全产业链服务，实现了由单一设备制造生产商向综合解决方案供应商的全面转型。水电具备百万千瓦级水轮机组自主设计制造能力，特高坝和大型地下洞室设计施工能力世界领先。陆上低风速风电技术国际一流，海上大容量风电机组技术保持国际同步。光伏技术快速迭代，多次刷新电池转换效率世界纪录，量产单晶硅、多晶硅电池平均转换效率分别达到 22.8% 和 20.8%。

（三）我国新能源发展存在的问题

虽然新能源发电增长较快，但在能源消费增量中的比重还低于国际平均水平；新能源规模化发展和高效消纳利用的矛盾仍然突出，新型电力系统亟待加快构建；制造成本下降较快，但非技术成本仍相对较高；可再生能源非电利用发展相对滞后；保障可再生能源高质量发展的体制机制有待进一步健全完善。

（四）我国新能源的发展趋势

从研究的角度来看，新能源的研究主要分为基础理论研究、实用技术研发、工程实用推广等。基础理论研究为新能源与可再生能源实用技术的研发奠定了基础并指明了方向，是其进入商业化应用的基石。世界各国对新能源的基础研究都十分重视，我国在国家自然科学基金和"863"计划中都专门将它作为重点资助的领域，目前已解决了许多基础理论问题，但还存在一些尚未解决的难题。新能源的实用技术研发和工程实用推广主要集中在政府部门以及从事新能源与可再生能源的企业中。而新能源的商业化应用不仅取决于其技术本身，而且取决于其他相关学科技术的发展以及能源政策的扶持和激励作用。

为此，我国政府高度重视新能源的开发与研究工作，积极推进新能源产业的发展。国家制定并颁布了《中华人民共和国可再生能源法》，从而将发展新能源提高到法律的高度。我国《"十四五"可再生能源发展规划》中也提出"优化发展方式，大规模开发可再生能源；促进存储消纳，高比例利用可再生能源；坚持创新驱动，高质量发展可再生能源"等。

除了政策引导，我国还应注意建立创新体系，掌握核心技术；规范行业服务，完善产业体系；理顺体制机制，创造发展环境。进一步发挥已有的优势、解决存在的不足，抢占世界新能源新一轮技术和产业革命的制高点，继续保持我国新能源良好的发展趋势，推动我国由新能源大国向新能源强国的转变。

新的能源体系以及由新技术支撑的能源利用方式最终会替代传统的能源利用方式。世界各国在新能源技术开发与研究方面的进步也将为我国加速发展新能源技术提供基础与机遇。积极利用国外先进技术，多渠道地利用资金。同时，大力培养新能源产业急需人才，加大研发力度。应利用好新能源技术发展全球化的良好条件并抓住发展机遇，打破技术垄断、促进技术扩散，实现新能源的跨越式发展，保证经济可持续发展的能源战略，最终实现经济、能源、环境和生态的和谐与可持续发展。

思考题

1-1　什么是能源？能源常见的分类方法有哪些？

1-2　分别解释一次能源与二次能源，常见的一次能源与二次能源有哪些？

1-3　什么是新能源？常见的新能源有哪些？

1-4　目前国际上新能源发展的特点有哪些？

1-5　我国为什么要大力发展新能源？

第二章

太阳能及其应用

太阳是离地球最近的一颗恒星，也是太阳系的中心天体，它的质量占太阳系总质量的99.865％。太阳也是太阳系里唯一自己发光的天体，它给地球带来光和热。如果没有太阳光的照射，地面温度将会很快降到接近绝对零度。由于太阳光的照射，地面平均温度才会保持在14℃左右，形成了人类和绝大部分生物生存的条件。除了原子能、地热和火山爆发的能量外，地面上大部分能源均直接或间接与太阳有关。

根据目前太阳产生的核能速率估算，氢储量足够维持600亿年，而地球内部组织因热核反应聚合成氦，它的寿命约为50亿年，因此，从这个意义上讲，可以说太阳的能量是取之不尽、用之不竭的。因此，太阳能的应用关系到今后人类能源供应的关键所在。

第一节 太阳能概述

一、太阳能的基本概念

狭义的太阳能仅指投射到地球表面上的太阳辐射能。而广义的太阳能资源，不仅包括直接投射到地球表面上的太阳辐射能，而且包括像水能、风能、海洋潮汐能等间接的太阳能资源以及通过绿色植物的光合作用所固定下来的能量即生物质能。现在广泛开采并使用的煤炭、石油、天然气等，也都是古老的太阳能资源的产物，即由千百万年前动植物本体所吸收的太阳辐射能转换而成。水能是由水位的高差所产生的，由于受到太阳辐射的结果，地球表面上（包括海洋）的水分被加热而蒸发，形成雨云在高山地区降水后，即形成水能的主要来源。风能是由于受到太阳辐射的强弱程度不同，在大气中形成温差和压差，从而造成空气的流动所产生的。潮汐能则是由于太阳和月亮对于地球上海水的万有引力作用的结果。因此严格来说，除了地热能和原子核能以外，地球上的所有其他能源都来自太阳能，这些称为"广义太阳能"，与仅指太阳辐射能的"狭义太阳能"相区别。本章主要介绍的是狭义的太阳辐射能。

1. 太阳能资源的优点

与常规能源相比，太阳能资源的优点很多，并且都是一般的常规能源所无法比拟的。概括起来，可以归纳为以下四个方面。

① 数量巨大：每年到达地球表面的太阳辐射能约为 13×10^{13} t 标准煤，即约为目前全世界所消费的各种能量总和的 10^4 倍。

② 时间长久：根据目前太阳产生的核能速率估算，氢的储量足够维持上百亿年，而地球的寿命约为几十亿年，从这个意义上讲，可以说太阳的能量是用之不竭的。

③ 普遍：太阳辐射能"送货上门"，既不需要开采和挖掘，也不需要运输。普天之下，无论大陆或海洋，无论高山或岛屿，都"一视同仁"。既无"专利"可言，也不可能进行垄断，开发和利用都极为方便。

④ 清洁安全：太阳能素有"干净能源"和"安全能源"之称。它不仅毫无污染，远比常规能源清洁；同时，毫无危险，远比原子核能安全。

2. 太阳能资源的缺点

太阳能资源虽然具有上述几方面常规能源无法比拟的优点，但也存在着相当严重的缺点和问题，主要有以下三个方面。

① 分散性：到达地球表面的太阳辐射能的总量尽管很大，但是能流密度却很低。平均来说，北回归线附近夏季晴天中午的太阳辐射强度最大，为 $1.1 \sim 1.2 kW/m^2$，即投射到地球表面 $1m^2$ 面积上的太阳能功率仅为 $1kW$ 左右；冬季大致只有一半，而阴天则往往只有 $1/5$ 左右。因此，想要得到一定的辐射功率，就只有两种可行的办法：或者使采光面积增大，或者使采光面的集光比增大（即提高聚焦程度），但是前者需占用较大的地面，而后者则会使成本大大提高。

② 间断性和不稳定性：由于受到昼夜、季节、地理纬度和海拔高度等自然条件的限制以及晴阴雨等随机因素的影响，太阳辐射既是间断的，又是不稳定的。为了使太阳能成为连续、稳定的能源，从而最终成为能够与常规能源相竞争的独立能源，就必须很好地解决蓄能问题，即把晴朗白天的太阳辐射能尽量储存起来以供夜间或阴雨天使用。但就目前而论，蓄能是太阳能利用中最薄弱的环节之一。

③ 效率低和成本高：从目前太阳能利用的发展水平来说，有些方面虽然在理论上是可行的，技术上也是成熟的，但是因为效率普遍较低，成本普遍较高，所以经济性较差，还不能与常规能源相竞争。在今后相当长的一段时期内，太阳能利用的进一步发展（特别是大规模的推广使用）主要受到经济性的制约。因此，当前的研究重点之一，就是尽可能地提高效率和降低成本，加强经济上的竞争力。

3. 太阳的结构

太阳的质量很大，在太阳自身的重力作用下，太阳物质向核心聚集，核心中心的密度和温度很高，使得能够发生原子核反应。这些核反应是太阳的能源，所产生的能量连续不断地向空间辐射，并且控制着太阳的活动。根据各种间接和直接的资料，认为太阳从中心到边缘可分为核反应区、辐射层、对流层和太阳大气，如图 2-1 所示。

① 核反应区（核心）：在太阳半径 25%（即 $0.25R$）的区域内，是太阳的核心，集中了太阳一半以上的质量。此处温度大约为 $15 \times 10^6 ℃$，压力约为 $25 \times 10^{10} atm$（$1atm = 101325Pa$），密度接近 $158g/cm^3$。这部分产生的能量占太阳产生的总能量的 99%，并以对流和辐射方式向外传输能量。氢聚合时放出伽马射线，这种射线通过较冷区域时，消耗能量，增加波长，变成 X 射线或紫外线及可见光。

② 辐射层：在核反应区的外面是辐射层，所属范围为 $0.25R \sim 0.8R$，温度下降到 $13 \times 10^4 ℃$，密度下降为 $0.079g/cm^3$。在太阳核心产生的能量通过这个区域由辐射传输出去。

③ 对流层：在辐射层的外面是对流层，所属范围为 $0.8R \sim 1.0R$，温度为 5000℃，密度为 $10^{-8} g/cm^3$。在对流区内，能量主要靠对流传播。对流区及其里面的部分是看不见的。

④ 太阳大气：大致可以分为光球、色球、日冕等层次，各层次的物理性质有明显区别。

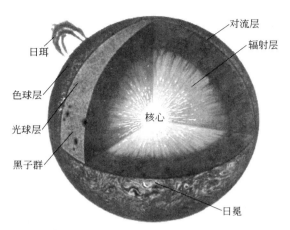

图 2-1　太阳的结构和能量传递方式

太阳大气的最底层称为光球，太阳的全部光能几乎全从这个层次发出。太阳的连续光谱基本上就是光球的光谱，太阳光谱内的吸收线基本上也是在这一层内形成的。光球的厚度约为500km。色球是太阳大气的中层，是光球向外的延伸，一直可延伸到几千千米的高度。太阳大气的最外层称为日冕，日冕是极端稀薄的气体壳，可以延伸到几个太阳半径之远。严格来说，上述太阳大气的分层仅有形式的意义。实际上各层之间并不存在着明显的界限，它们的温度、密度随着高度是连续改变的。

二、我国太阳能资源的分布

气候学家根据太阳辐射在纬度间的差异，将世界划分为若干个气候带，其名称和范围见表 2-1。在中国，气象部门将热带进一步分为南热带、中热带、北热带、南亚热带、中亚热带、北亚热带。

表 2-1　气候带的划分

气候带	纬 度 范 围
热带	南北回归线(纬度 23.5°)之间
温带	纬度 23.5°～66.5°
寒带	极圈以内(纬度 66.5°～90°)

太阳能资源丰富程度最高地区为印度、巴基斯坦、中东、北非、澳大利亚；中高地区为美国、中美和南美；中等地区为西南欧洲、东南亚、大洋洲（除澳大利亚外）、中国、朝鲜和中非；中低地区为东欧和日本；最低地区为加拿大与西北欧洲。

我国是世界上太阳能资源丰富地区之一，特别是西部地区，年日照时间达 3000h。太阳能分布最丰富的是青藏高原地区，可与地球上最好的印巴地区相媲美。全国 2/3 以上地区年日照大于 2000h，年均辐射量约为 $5900MJ/m^2$。青藏高原、内蒙古、宁夏、陕西等西部地区光照资源尤为丰富，据统计，如果把全国 1% 的荒漠中的太阳能用于发电，就可以发出相当于 2003 年全年的耗电量，而我国无电地区大多集中于此，那么广大西部地区将成为我国新的能源基地。表 2-2 是我国太阳能资源区划系统及分布特征。

表 2-2　我国太阳能资源区划系统及分布特征

分区	年辐射总量 /[MJ/(m² · a)]	代表地区	特征
丰富区	>6264	青藏高原、内蒙古南部、塔里木	年日照时数>3300h 年日照率>75%
较丰富区	5436~6264	新疆北部、华北、陕北、甘肃、宁夏、吉林和辽宁西部、内蒙古东部	年日照时数2600~3300h 年日照率60%~70%
可用区	4608~5436	黑龙江大部、吉林中东部、辽宁中东部、黄河中下游、长江下游、两广、福建、贵州南部、云南	年日照时数1800~2600h 年日照率60%左右
贫乏区	3348~4608	四川、贵州中北部、江西部分地区	年日照时数<1800h 年日照率<40%

三、太阳能的利用方式

世界各国的能源研究机构和专家经过缜密测算，得出了比较一致的结论：全球化石燃料的生产和消耗峰值将出现在 2030~2040 年之间。这意味着，在此之前，人类必须找到新的替代能源。太阳能作为新能源的一员，其应用前景非常广泛。据预测，到 2050 年，可再生能源占总一次能源的比例约为 54%，其中太阳能在一次能源中的比例约为 13%~15%；到 2100 年，可再生能源将占 86%，太阳能占 70%，其中太阳能发电占 64%。

太阳能利用涉及的技术问题很多，但根据太阳能的特点，具有共性的技术主要有四项，即太阳能采集、太阳能转换、太阳能储存和太阳能传输。将这些技术与其他相关技术结合在一起，便能进行太阳能的实际利用。

目前，太阳能应用技术主要包括如下方式。

① 太阳能发电：未来太阳能的大规模利用是用来发电。利用太阳能发电的方式有多种。太阳能发电包括光直接发电（光伏发电、光偶极子发电）以及光间接发电，光间接发电包括光热动力发电、光热离子发电、热光伏发电、光热温差发电、光化学发电、光生物发电（叶绿素电池）和太阳热气流发电等。

② 光热利用：其基本原理是将太阳辐射能收集起来，通过与物质的相互作用转换成热能加以利用。通常根据所能达到的温度和用途的不同，而把太阳能光热利用分为：低温利用（<200℃）、中温利用（200~800℃）和高温利用（>800℃）。目前低温利用主要有太阳能热水器、太阳能干燥器、太阳能蒸馏器、太阳房、太阳能温室、太阳能空调制冷系统等；中温利用主要有太阳灶、太阳能热发电聚光集热装置等；高温利用主要有高温太阳炉等。

③ 动力利用：包括热气机-斯特林发动机（抽水或发电）、光压转轮等。

④ 光化学利用：利用太阳辐射能分解水制氢的光-化学转换方式，包括光聚合、光分解、光解制氢等。

⑤ 生物利用：通过植物的光合作用来实现将太阳能转换成为生物质的过程，包括速生植物（薪材林）、油料植物、巨型海藻等。

⑥ 光-光利用：包括太空反光镜、太阳能激光器、光导照明等。

目前太阳能的利用主要有两大重点方向：一个是把太阳能转化为热能（光热利用）；另一个就是将太阳能转化为电能（即通常所说的光伏发电）。

光热应用和光电应用也是目前太阳能应用最为广泛的领域，而太阳能热利用是可再生能源技术领域商业化程度最高、推广应用最普遍的技术之一。

四、太阳能的开发历史

据记载，人类利用太阳能已有 3000 多年的历史。而将太阳能作为一种能源和动力加以利用，只有 300 多年的历史。真正将太阳能作为"近期急需的补充能源""未来能源结构的基础"，则是近年来的事。近代太阳能利用历史可以从 1615 年法国工程师所罗门·德·考克斯在世界上发明第一台太阳能驱动的发动机算起。该发明是一台利用太阳能加热空气使其膨胀做功而抽水的机器。在 1615～1900 年之间，世界上又研制成多台太阳能动力装置和一些其他太阳能装置。这些动力装置几乎全部采用聚光方式采集阳光，发动机功率不大，工质主要是水蒸气，价格昂贵，实用价值不大，大部分为太阳能爱好者个人研制。

进入 20 世纪，在这 100 年间，太阳能科技发展历史大体可分为 7 个阶段。

① 第一阶段（1900～1920 年）：在这一阶段，世界上太阳能研究的重点仍是太阳能动力装置，但采用的聚光方式多样化，且开始采用平板集热器和低沸点工质，装置逐渐扩大，最大输出功率达 73.64kW，使用目的比较明确，造价仍然很高。建造的典型装置有：1901 年美国加州建成的一台太阳能抽水装置，采用截头圆锥聚光器，功率为 7.36kW；1902～1908 年，美国建造了 5 套双循环太阳能发动机，采用平板集热器和低沸点工质等。

② 第二阶段（1920～1945 年）：在这 20 多年中，太阳能研究工作处于低潮，参加研究工作的人数和研究项目大为减少，其原因与矿物燃料的大量开发利用和发生第二次世界大战有关，而太阳能又不能解决当时对能源的急需，因此使太阳能研究工作逐渐受到冷落。

③ 第三阶段（1945～1965 年）：在第二次世界大战结束后的 20 年中，一些有远见的人士已经注意到石油和天然气资源正在迅速减少，呼吁人们重视这一问题，从而推动了太阳能研究工作的恢复和开展，并且成立太阳能学术组织，举办学术交流和展览会，再次兴起太阳能研究热潮。在这一阶段，太阳能研究工作取得一些重大进展，主要表现在：加强了太阳能基础理论和基础材料的研究，取得了如太阳选择性涂层和硅太阳电池等技术上的重大突破。平板集热器有了很大的发展，技术上逐渐成熟。太阳能吸收式空调的研究取得进展，建成一批实验性太阳房。对难度较大的斯特林发动机和塔式太阳能热发电技术进行了初步研究。

④ 第四阶段（1965～1973 年）：这一阶段，太阳能的研究工作停滞不前。主要原因是太阳能利用技术处于成长阶段，尚不成熟，并且投资大，效果不理想，难以与常规能源竞争，因而无法得到公众、企业和政府的重视和支持。

⑤ 第五阶段（1973～1980 年）：20 世纪 70 年代爆发的世界范围内的"能源危机"（有的称"石油危机"）在客观上使人们认识到：现有的能源结构必须彻底改变，应加速向未来能源结构过渡。因此，许多国家，尤其是工业发达国家，重新加强了对太阳能及其他可再生能源技术发展的支持，世界上再次兴起了开发利用太阳能热潮。这一时期，太阳能开发利用工作处于前所未有的大发展时期，主要具有以下特点：各国加强了太阳能研究工作的计划性，不少国家制定了近期和远期阳光计划；开发利用太阳能成为政府行为，支持力度大大加强；国际间的合作十分活跃，一些第三世界国家也积极参与了太阳能开发利用工作；研究领域不断扩大，研究工作日益深入，取得一批较大成果，如 CPC（复合抛物面集热器）、真空集热管、非晶硅太阳电池、光解水制氢、太阳能热发电等；太阳能热水器、太阳能电池等产品开始实现商业化，太阳能产业初步建立，但规模较小，经济效益尚不理想。

⑥ 第六阶段（1980～1992 年）：进入 20 世纪 80 年代后不久，开发利用太阳能开始逐渐进入低谷，世界上许多国家相继大幅度削减太阳能研究经费。导致这种现象的主要原因是：世界石油价格大幅回落，而太阳能产品价格居高不下，缺乏竞争力；太阳能技术没有重大突破，提高效率和降低成本的目标没有实现，以致动摇了一些人开发利用太阳能的信心；核电发展较快，对太阳能的发展起到了一定的抑制作用。这一阶段，虽然太阳能开发研究经费大幅度削减，但研究工作并未中断，有的项目还进展较大，而且促使人们认真地去审视以往的计划和制定的目标，调整研究工作重点，争取以较少的投入取得较大的成果。

⑦ 第七阶段（1992 年～20 世纪末）：由于大量燃烧矿物能源，造成了全球性的环境污染和生态破坏，对人类的生存和发展构成威胁。在这样的背景下，1992 年联合国在巴西召开 "世界环境与发展大会"。这次会议之后，世界各国加强了清洁能源技术的开发，将利用太阳能与环境保护结合在一起，使太阳能利用工作走出低谷，逐渐得到加强。1996 年，联合国在津巴布韦召开 "世界太阳能高峰会议"，会后发表了《哈拉雷太阳能与持续发展宣言》，会上讨论了《世界太阳能 10 年行动计划》（1996～2005 年）、《国际太阳能公约》、《世界太阳能战略规划》等重要文件。这次会议进一步表明了联合国和世界各国对开发太阳能的坚定决心，要求全球共同行动，广泛利用太阳能。1992 年以后，世界太阳能利用又进入一个发展期，其特点是：太阳能利用与世界可持续发展和环境保护紧密结合，全球共同行动，为实现世界太阳能发展战略而努力；太阳能发展目标明确，重点突出，措施得力，有利于克服以往忽冷忽热、过热过急的弊端，保证太阳能事业的长期发展；在加大太阳能研究开发力度的同时，注意科技成果转化为生产力，发展太阳能产业，加速商业化进程，扩大太阳能利用领域和规模，经济效益逐渐提高；国际太阳能领域的合作空前活跃，规模扩大，效果明显。

进入 21 世纪，太阳能的利用愈发得到了全世界的广泛关注，包括中国在内的世界各国都将太阳能的利用作为国家能源建设的重要方面，太阳能技术也得到了日新月异的发展，太阳能产业也成为推动各国经济增长的重要方面。

太阳能 100 多年的发展道路并不平坦，太阳能利用的发展历程与煤、石油、核能完全不同，人们对其认识差别大、反复多、发展时间长。这一方面说明太阳能开发难度大，短时间内很难实现大规模利用；另一方面也说明太阳能利用还受矿物能源供应，政治和战争等因素的影响，发展道路比较曲折。

五、国外太阳能的开发状况

长期以来，人们就一直在努力研究利用太阳能，太阳能的利用受到许多国家的重视，各国都在竞相开发各种光电新技术和光电新型材料，以扩大太阳能利用的应用领域。特别是在近 10 多年来，在石油可开采量日渐见底和生态环境日益恶化这两大危机的夹击下，人类越来越企盼着 "太阳能时代" 的到来。从发电、取暖、供水到各种各样的太阳能动力装置，其应用十分广泛，在某些领域，太阳能的利用已开始进入实用阶段。全人类梦寐以求的太阳能时代实际上已近在眼前，包括到太空去收集太阳能，把它传输到地球，使之变为电力，以解决人类面临的能源危机。随着科学技术的进步，这已不是一个梦想。

六、我国太阳能的开发现状

中国蕴藏着丰富的太阳能资源，太阳能利用前景广阔。在 20 世纪 70 年代初世界上出现的开发利用太阳能热潮，对我国也产生了巨大影响。一些有远见的科技人员，纷纷投身太阳能事业，积极向政府有关部门提建议，出书办刊，介绍国际上太阳能利用动态；在农村推广应用太阳灶，在城市研制开发太阳能热水器，空间用的太阳能电池开始在地面应用。1975年，在河南安阳召开"全国第一次太阳能利用工作经验交流大会"，进一步推动了我国太阳能事业的发展。这次会议之后，太阳能研究和推广工作纳入了我国政府计划，获得了专项经费和物资支持。一些大学和科研院所，纷纷设立太阳能课题组和研究室，有的地方开始筹建太阳能研究所。

然而，到20世纪80年代，世界太阳能的利用与研究走入低谷，我国太阳能的开发利用也随之步入低潮，甚至有人对太阳能的利用产生了怀疑。

1992年"世界环境与发展大会"之后，我国政府对环境与发展十分重视，提出10条对策和措施，明确要"因地制宜地开发和推广太阳能、风能、地热能、潮汐能、生物质能等清洁能源"，制定了《中国21世纪议程》，进一步明确了太阳能重点发展项目。1995年国家计委、国家科委和国家经贸委制定了《中国新能源和可再生能源发展纲要（1996—2010年）》，明确提出我国在1996～2010年新能源和可再生能源的发展目标、任务以及相应的对策和措施。这些文件的制定和实施，对进一步推动我国太阳能事业发挥了重要作用。

在进入21世纪之后，我国的太阳能利用得到了空前的发展。我国比较成熟的太阳能产品有两项：太阳能光伏发电系统和太阳能热水系统。目前，我国太阳能产业规模已位居世界第一，是全球太阳能热水器生产量和使用量最大的国家和重要的太阳能光伏电池生产国。我国光伏技术也得到较快发展并在解决偏远地区无电状况中发挥了重要作用。

2007年8月，国家发改委发布了《可再生能源中长期发展规划》，规划提出2010～2020年，我国可再生能源将有更大的发展。其中，太阳能发电达到1800MW，太阳能热水器总集热面积达到$3×10^8\,m^2$。

2022年我国颁布了《"十四五"现代能源体系规划》提出加快发展太阳能发电，全面推进太阳能发电大规模开发和高质量发展，优先就地就近开发利用，加快分布式光伏建设，有序推进风电和光伏发电集中式开发，加快推进光伏基地项目建设，积极推进屋顶光伏开发利用，推广光伏发电与建筑一体化应用，开展光伏发电制氢示范，积极发展太阳能热发电。同年颁布的《"十四五"可再生能源发展规划》，也明确了"十四五"期间要实现太阳能发电量翻番，大力推进光伏发电基地化开发，统筹推进光伏发电基地建设，加快推进以沙漠、戈壁、荒漠地区为重点的大型风电太阳能发电基地，大力推动光伏发电多场景融合开发，有序推进长时储热型太阳能热发电发展。

同时，《中华人民共和国可再生能源法》的颁布和实施，为太阳能利用产业的发展提供了政策保障；京都议定书的签订，环保政策的出台和对国际的承诺，给太阳能利用产业带来机遇；西部大开发，为太阳能利用产业提供巨大的国内市场，中国能源战略的调整，使得政府加大对可再生能源发展的支持力度，所有这些都为中国太阳能利用产业的发展带来极大的机会。

第二节　太阳能的光热转换利用

太阳能的光热转换就是将太阳辐射能收集起来，通过与工质（主要是水或者空气）的相互作用转换成热能加以利用。这种通过转换装置将太阳辐射能转换为热能加以利用的技术就称为太阳能-热能的转换技术，也称作太阳能光热转换利用技术。

一、太阳能热水器

早期最广泛的太阳能应用就是将其用于水的加热，这已是太阳能成果应用中的一大产业，它为百姓提供环保、安全节能、卫生的新型热水产品。太阳能热水器就是吸收太阳能的辐射热能，加热冷水提供给人们在生活、生产中使用的节能设备。现今全世界已有数千万套太阳能热水装置。

太阳能热水器于20世纪20年代流行于美国的西南部地区。随着石油和电力价格的上涨，更高效率的太阳能热水器和太阳能热暖器也随之产生。在大洋洲、日本、以色列和苏联于70年代就已经获得普遍使用。

我国自从1958年研制出第一台热水器后，经过60多年的努力，我国太阳能热水器产销量均占世界首位，且始终保持旺盛的发展势头和增长速度。目前，中国涉及太阳能热水器的企业就有成千上万家，年产值已经超过千亿元。国内很多地区都能看见住宅的屋顶装有太阳能热水器，在为用户提供便利的同时也为我国的节能减排做出了贡献。图2-2为太阳能热水器。

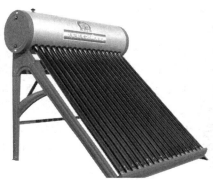 

(a) 家用太阳能热水器　　　　　　(b) 安装在屋顶上的太阳能热水器

图 2-2　太阳能热水器

太阳能热水系统主要元件包括集热器、储存装置及循环管路三部分。此外，可能还有辅助的能源装置（如电热器等）以供无日照时使用，另外还可能有强制循环用的水以及控制水位或控制电动部分或温度的装置以及接到负载的管路等。图2-3为太阳能热水器系统原理。

1. 太阳能集热器

太阳辐射的能流密度低，在利用太阳能时为了获得足够的能量，或为了提高温度，必须采用一定的技术和装置（集热器）对太阳能进行采集。太阳能集热器是把太阳辐射能转换成热能的设备，其功能相当于电热水器中的电热管。与电热水器、燃气暖水器不同的是，太阳能集热器利用的是太阳的辐射能，所有加热时间只能在有太阳照射的白天。它是太阳能热利用中的关键设备。

按传热工质可将集热器分为液体集热器和空气集热器，按采光方式又可分为聚光型和非聚光型集热器两种。

（1）非聚光型集热器

包括平板集热器、真空管集热器，能够利用太阳辐射中的直射辐射和漫射辐射，但集热温度较低。

平板集热器是非聚光型集热器中最简单且应用最广的集热器（图2-4）。它吸收太阳辐

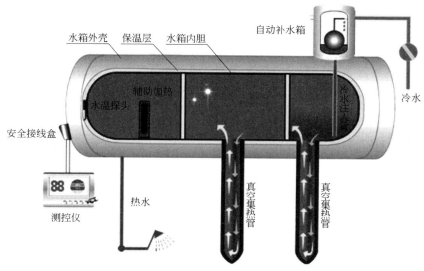

图 2-3　太阳能热水器系统原理

射的面积与采集太阳辐射的面积相等，能利用太阳的直射和漫射辐射。典型的平板集热器包括了集热板、透明盖板、保温层和外壳四个部分。集热板的作用是吸收太阳能并加热其内的集热介质。为了提高集热效率，集热板常进行特殊处理或涂有选择性涂层，以提高集热板对太阳光的吸收率，而集热板自身的热辐射率很低，可减少集热板对环境的散热。透明盖板布置在集热器的顶部，用于减少集热板与环境之间的对流传热和辐射换热，并保护集热板不受雨、雪、灰尘的侵害。透明盖板对太阳光透射率高，自身的吸收率和反射率却很小。为了提高集热器的热效率，可采用两层盖板。保温层则布置在集热板的底部和侧面，减少集热器向周围散热。外壳是集热器的骨架，应具有一定的机械强度、良好的水密封性能和耐腐蚀性能。

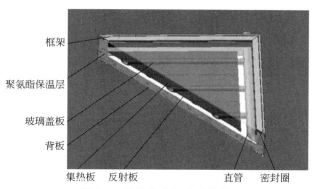

图 2-4　平板集热器及其结构

　　真空管集热器是将单根真空管装配在复合抛物面反射镜的底面，兼有平板和固定式聚光的特点，它能吸收太阳光的直射和 80％ 的漫射。真空集热管受阳光照射面温度高，背阳面温度低，管内水便产生温差效应，利用热水上浮、冷水下沉的原理，使水产生微循环而获得所需热水。目前市场上普及的是全玻璃太阳能集热真空管。全玻璃太阳能集热真空管一般由高硼硅特硬玻璃制造，采用真空溅射选择性镀膜工艺。其结构分为外管、内管、选择性吸收涂层、吸气剂、不锈钢卡子、真空夹层等部分（图 2-5）。它采用一端开口，将内玻璃管和外玻璃管的一端管口进行环状熔封；另一端都密封成半球形的圆头。内玻璃管采用弹簧支架支撑，而且可自由伸缩，以缓冲其热胀冷缩引起的应力；内外玻璃管的夹层抽成高度真空。内玻璃管的外表面涂有选择性吸收涂层。弹簧支架上装有吸气剂，吸气剂在蒸散以后用于吸收真空集热管运行时产生的气体，保持管内高度真空。我国已形成拥有自主知识产权的现代化全玻璃真空集热管的产业，其产品质量达到世界先进水平，产量也居世界第一位。

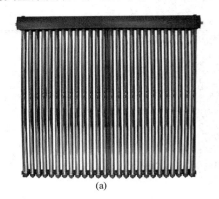
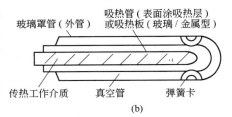

图 2-5　全玻璃真空管集热器及其结构

（2）聚光型集热器

聚光型集热器能将阳光汇聚在面积较小的吸热面上，可获得较高温度，但只能利用直射辐射，且需要跟踪太阳。此类集热器通常由三部分组成：聚光器、吸收器和跟踪系统。其工作原理是：自然阳光经聚光器聚焦到吸收器上，并加热吸收器内流动的集热介质；跟踪系统则根据太阳的方位随时调节聚光器的位置，以保证聚光器的开口面与入射太阳辐射总是互相垂直的。由于有了运动部件，集热器的寿命大大减少。

2. 储存装置

储存热水的容器，即保温水箱。因为太阳能热水器只能白天工作，而人们一般在晚上才使用热水，所以必须通过保温水箱把集热器在白天产出的热水储存起来。其容积是每天晚上用热水量的总和甚至是 2～3 天的用量。保温水箱要求保温效果好，耐腐蚀，水质清洁，使用寿命可长达 20 年以上。太阳能热水器保温水箱由内胆、保温层、水箱外壳三部分组成。水箱内胆是储存热水的重要部分，所用材料强度和耐腐蚀性至关重要，市场上有不锈钢、搪瓷等材质。保温层保温材料的好坏直接关系着热效率和晚间清晨的使用，这在寒冷的北方尤其重要。目前较好的保温方式是进口聚氨酯整体自动化发泡工艺保温。外壳一般为彩钢板、镀铝锌板或不锈钢板。另需要支撑集热器与保温水箱的架子，要求结构牢固，抗风吹，耐老化，不生锈，材质一般为彩钢板或铝合金，要求使用寿命可达 20 年。

3. 循环管路

循环管路将热水从集热器输送到保温水箱、将冷水从保温水箱输送到集热器的管道，使整套系统形成一个闭合的环路。设计合理、连接正确的循环管道对太阳能热水系统是否能达到最佳工作状态至关重要。家用太阳能热水器通常按自然循环方式工作，没有外在的动力，设计良好的系统只要有 5～6℃的温差就可以很好循环。水循环管路管径及管路分布的合理性直接影响到集热器的热交换效率。多数情况下，自然循环家用热水器系统管路中的流态都可视为层流。集热器内管路系统的阻力主要来自沿程阻力，局部阻力的影响要小得多，其中支管的沿程阻力又比主管要大得多。当水温升高后，由于运动黏度减小，沿程阻力变小，局部阻力的影响变大。在一定范围内，当主管管径不变时，加大支管管径，不仅沿程阻力迅速减小，而且局部阻力也将随着减小。一般来说，支管的水力半径应在 10mm 以上，而当主管管径达到一定值以后，增加主管管径对减小系统阻力意义不大。热水管道必须做保温处理，管道质量必须符合标准，保证有 10 年以上的使用寿命。

4. 辅助设备

为了更好地、舒适地利用太阳能，可以在集水箱到出水端之间加 1 个电热装置用于辅助加热，避免太阳辐射不够或热水用量大时的不足。

综上，整个太阳能热水器的热水系统结构如图 2-6 所示。

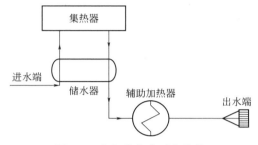

图 2-6　太阳能热水系统结构

在选用太阳能热水器时，可参考如下的方法。以江苏镇江为例，在选用太阳能热水器时，按照年平均气温 15.3℃、太阳辐射量日均为 $3.88kW \cdot h/m^2$ 计算，一家 3 口，每日需 180L 热水（55℃）。若按把水温升高 40℃计算（基础水温 15℃），每日共计需要 7200kcal（约 30240kJ）热量，所需集热面积为 $2.16m^2$；考虑到太阳辐射与热能的转换效率问题，实际选用集热面积在 $4\sim5m^2$；按每平方米太阳能集热器配 $0.1m^3$ 的保温水箱容量的配比关系，可选用储水器容量在 $400\sim500L$，全年可提供生活用热水（55℃）65.7t。

随着太阳能技术的发展，太阳能热水器已经成为数百万家庭供热系统的一部分。通过太阳能集热器，即使在中等纬度地区，每个家庭 60％的用水都可通过太阳能加热，在寒冷的日子里还可用太阳能为室内取暖。图 2-7 给出了家用太阳能获取热水的具体实例。

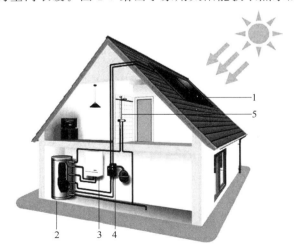

图 2-7　独栋住宅家庭太阳能热水系统
1—太阳能集热器；2—太阳能储热桶；3—锅炉；
4—太阳能接收站；5—热水消费（如淋浴）

二、太阳灶

太阳灶是利用太阳能辐射，通过聚光获取热量，进行炊事烹饪食物的一种装置（图 2-8）。它不烧任何燃料，没有任何污染，正常使用时比蜂窝煤炉还要快，和煤气灶速度一致。

图 2-8　太阳灶实物照片

太阳灶的作用就是把低密度、分散的太阳辐射能聚集起来，进行炊事作业。根据不同地区的自然条件和群众不同的生活习惯，太阳灶每年的实际使用时间在 400～600h，每台太阳灶每年可以节省秸秆 500～800kg，经济和生态效益十分显著。

太阳灶已是较成熟的产品。人类利用太阳灶已有 200 多年的历史，特别是近二三十年来，世界各国都先后研制生产了各种不同类型的太阳灶。尤其是发展中国家，太阳灶受到了广大用户的好评，并得到了较好的推广和应用。

太阳灶的关键部件是聚光镜，不仅涉及到镜面材料的选择，还有几何形状的设计。最普通的反光镜为镀银或镀铝玻璃镜，也有铝抛光镜面和涤纶薄膜镀铝材料等。太阳灶的镜面设计，大都采用旋转抛物面的聚光原理。在数学上，抛物线绕主轴旋转一周所得的面称为"旋转抛物面"。若有一束平行光沿主轴射向这个抛物面，遇到抛物面的反光，则光线都会集中反射到定点的位置，于是形成聚光（也叫"聚焦"）作用。太阳灶使用则要求在锅底形成一个焦面，才能达到加热的目的。换言之，它并不要求严格地将阳光聚集到一个点上，而是要求一定的焦面。确定了焦面之后，就可以研究聚光器的聚光比，它是决定聚光式太阳灶的功率和效率的重要因素。聚光比 K 可用公式求得：$K＝$采光面积/焦面面积。其中采光面积是指太阳灶在使用时反射镜面阳光的有效投影面积，根据我国推广太阳灶的经验，设计一个 700～1200W 功率的聚光式太阳灶，通常采光面积约为 $1.5～2.0m^2$。

聚光式太阳灶除采用旋转抛物面反射镜外，还可将抛物面分割成若干段的反射镜，光学上称为菲涅耳镜，也有把菲涅耳镜做成连续的螺旋式反光带片，俗称"蚊香式太阳灶"。这类灶型都是可折叠的便携式太阳灶。

聚光式太阳灶的镜面，可用玻璃整体热弯成型，也可用普通玻璃镜片碎块粘贴在设计好的底板上，或者用高反光率的镀铝涤纶薄膜裱糊在底板上。底板可用水泥制成，或用铁皮、钙塑材料等加工成型，也可直接用铝板抛光并涂以防氧化剂制成反光镜。

聚光式太阳灶的架体用金属管材弯制，锅架高度应适中且便于操作，镜面仰角可灵活调节。为了移动方便，也可在架底安装两个小轮，但必须保证灶体的稳定性。在有风的地方，太阳灶要能抗风不倒，可在锅底部位加装防风罩，以减少锅底因受风的影响而功率下降。有的太阳灶装有自动跟踪太阳的跟踪器，但是会增加整灶的造价。中国农村推广的一些聚光式太阳灶，大部分为水泥壳体加玻璃镜面，造价低，便于就地制作，但不利于工业化生产和运输。

目前，国内聚光太阳灶一般分为三个类型。

1. 室外太阳灶

这种太阳灶只能用于室外烧水做饭，在 20 世纪 70 年代由各地方政府推广。其优点是能获得太阳能高温，节省燃料。其制作成本适合当时农民的生活水平，其缺点是人工操作，极为不便。一般仅用手工操作，只能在室外做饭，负重低，可满足个人家庭生活部分的需要。由于造价特别低廉，这种太阳灶直到目前在许多地方仍在使用。

2. 菲涅尔透镜聚焦的太阳灶

其优点极为明显：聚焦精度高；为片状塑性材料，轻便、性能好，是当今太阳能聚焦最好的方式之一，主要用于太阳能发电。但其缺点是造价十分昂贵，技术要求精度高。在我国能生产大型菲涅尔透镜的较少，且造价十分昂贵。由于成本极高，使用者往往望而却步，这使我国菲涅尔透镜生产厂家的生产能力因价格和消费市场而受到了抑制。

3. 固定焦点太阳灶

固定焦点太阳灶是由我国科学工作者经过十多年的研制而开发的一种新型太阳灶，其特点是将系统分为聚光集热与蓄热储能两个不同部分。聚光结构在自动跟踪器的引导下使锅形聚光器始终对准阳光并沿着地轴方向反射到集热储能器的靶心上，将获得的高能光热转换到集热器上。其优点是由于集热和聚光分为两个不同体，因此聚光方便，使用动力小，费用低，而储能部分在其靶心上，所以其重量体积不受限制。因而这种固定焦点太阳灶可用于集体食堂、高温集热、热水工程、海水淡化及太阳能发电。该技术已领先于世界，也是我国科学工作者对太阳能利用做出的新贡献。

目前中国太阳灶的推广和应用区域集中在西部太阳能丰富的甘肃、青海、宁夏、西藏、四川、云南等地区，这与国家和地方政府的支持分不开。太阳灶在农村地区的普及得到了迅速发展，其数量从 2001 年的 40 万台增加到 2010 年的 170 万台，年平均增长率为 19.8%。以西藏地区为例，从当前发展情况来看，该地区推广使用了 40 多万个太阳灶，其中截光面积为 $1.65m^2$ 的聚光太阳灶使用数量最多。我国是目前世界上推广应用太阳灶最多的国家，取得了明显的社会效益和经济效益，太阳灶在我国农村能源建设中发挥了非常重要的作用。

三、太阳能制冷

太阳能可应用于制冷行业，即太阳能制冷。它可以包括多种形式，比如光—电—冷、光—热—冷等，其中光电半导体制冷已应用于航天领域，而常规应用的太阳能制冷以光—热—冷为主，包括吸收式、吸附式制冷，其中吸收式太阳能制冷是目前最易商业化的太阳能制冷方式。

1. 吸收式太阳能制冷

吸收式太阳能制冷主要利用太阳能集热器为吸收式制冷机提供其发生器所需要的热媒。热媒的温度越高，则制冷机的性能系数（亦称 COP）越高，空调系统的制冷效率也越高。例如，若热媒水温度 60℃ 左右，则制冷机 COP 约 0.40；若热媒水温度 90℃ 左右，则制冷机 COP 约 0.70；若热媒水温度 120℃ 左右，则制冷机 COP 可达 1.10 以上。

　　图 2-9 为氨吸收式制冷机的原理，其制冷剂为氨，吸收剂为水。由循环泵将氨溶液送到太阳能集热器，提高溶液温度，使得在发生器内的氨溶液过饱和，氨气逸出；氨气流经冷凝器冷却成氨液；而后通过膨胀阀节流，降温、降压，形成氨的湿蒸气，在蒸发器内吸收外界热量，产生制冷效果；同时氨气升温进入吸收器，溶于水及氨水溶液，进入下一个循环。

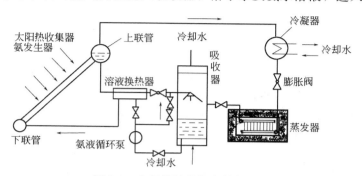

图 2-9　太阳能氨吸收式制冷系统

　　由于氨的不稳定及不安全性，目前主要以溴化锂吸收式制冷机为主。实践证明，采用热管式真空管集热器与溴化锂吸收式制冷机相结合的太阳能空调技术方案是成功的，它为太阳能热利用技术开辟了一个新的应用领域。

　　太阳能溴化锂吸收式制冷机的原理与太阳能氨吸收式制冷系统基本相同，只是这里的制冷剂由氨变为了水，吸收剂由水变成的溴化锂。太阳能溴化锂吸收式制冷系统由太阳能集热器、发生器、冷凝器、节流阀、蒸发器、溶液热交换器、吸收器及泵等部件组成。具体运行过程是：当溴化锂水溶液在发生器内受到热媒水加热后，溶液中的水不断汽化；水蒸气进入冷凝器，被冷却水降温后凝结；随着水的不断汽化，发生器内的溶液浓度不断升高，进入吸收器；当冷凝器内的水通过节流阀进入蒸发器时，急速膨胀而汽化，并在汽化过程中大量吸收蒸发器内冷媒水的热量，从而达到降温制冷的目的；在此过程中，低温水蒸气进入吸收器，被吸收器内的浓溴化锂溶液吸收，溶液浓度逐步降低，由溶液泵送回发生器，完成整个循环。其中热媒水由太阳能集热器提供。图 2-10 为我国广州能源所开发的两级溴化锂吸收式空调机组。

图 2-10　广州能源所两级溴化锂吸收式空调机组

　　目前，太阳能溴化锂吸收式制冷机主要有单效、双效、三效等复合式制冷循环，市场上应用最广泛的是双效型机组。单效溴化锂吸收式制冷机是吸收式制冷机中结构最简单的一种，最佳工作温度为 80～100℃，它的最大 COP 值在热源温度为 85℃ 时可以达到 0.7。由于溶液受结晶条件的限制，制冷机的热源温度不能超过 150℃。产生相同的冷量，单效溴化锂吸收式制冷机所消耗的能源大大高于传统压缩式制冷机，但其优势在于可以充分利用低品位能源作为驱动能源，而采用低温太阳能集热器，所产生的热水正好可以用来驱动单效吸收式制冷机，从而可节电和节能，这是压缩式制冷机无法比拟的。单效吸收式制冷机的热源温度受到了浓溶液结晶的限制，为了充分利用高温热源，双效及三效的吸收式制冷机应运而生。双效吸收式制冷机与单效相比，多了一个高压发生器、一个高温溶液热交换器、一个凝水换热器。它的工作原理如下：在高压发生器中，稀溶液被高压蒸汽加热，在较高压力下产生制冷剂蒸气，稀溶液浓缩成中间溶液；再将这部分蒸汽通入低压发生器作为热源，加热高压发生器经高温溶液热交换器流至低压发生器中的中间溶液，使之在冷凝压力下再次产生制冷剂蒸气，中间溶液浓缩成浓溶液。高压蒸汽的能量在高压发生器和低压发生器中两次得到利用，故称为双效循环。根据上述原理，进行扩展就是三效循环。由于利用了高温热源，双效吸收式制冷机的 COP 值可以达到 1.0～1.2，而三效的可达 1.7，这比单效的 COP 值有了显著的提高。

太阳能空调的季节适应性好，系统制冷能力随着太阳辐射能的增加而增大，正好满足夏季人们对空调的迫切需求。传统的压缩式制冷机以氟里昂为介质，对大气层有极大的破坏作用，而太阳能吸收式制冷机以无毒、无害的水或溴化锂为介质，对保护环境十分有利。太阳能空调系统可将夏季制冷、冬季采暖和其他季节提供热水结合起来，显著提高太阳能系统的利用率和经济性，系统构成见图 2-11。

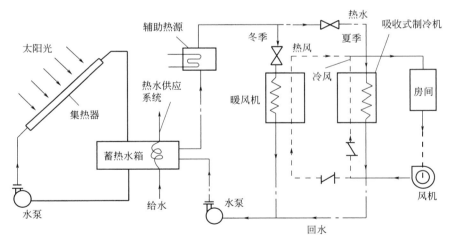

图 2-11 太阳能热水、采暖、空调综合系统示意图

太阳能空调系统可发挥夏季制冷、冬季采暖、全年提供热水的综合优势，将取得显著的经济、社会和环境效益，具有广阔的推广应用前景。

2. 吸附式太阳能制冷

除了太阳能吸收式制冷机外，太阳能吸附式制冷技术是目前受到广泛关注的制冷方式，也是太阳能制冷的一个重要发展方向。

吸附制冷的原理如图 2-12 所示，白天吸附床内的沸石在太阳辐射下脱附，把吸附的水分蒸发（类似还原干燥剂过程），水蒸气通过冷凝器冷却凝结成水进入储水器；到了晚上由于吸附床温度下降，而干燥的沸石有很强的吸水性，使得储水器内的水蒸气不停被吸入吸附床，导致储水器内的水不停蒸发，直至沸石吸水达到饱和，在这个过程中储水器内水的蒸发使得水温不断下降，从而实现制冷。

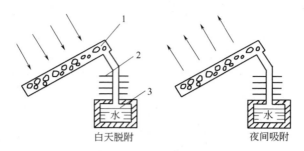

图 2-12 太阳能沸石-水吸附制冷原理

1—吸附床；2—冷凝器；3—储水器（蒸发器）

吸附式太阳能制冷主要由太阳能集热板/吸附器（也称作吸附集热器）、冷凝器、蒸发器等组成。其简单形式如图 2-13 所示，工作原理如下：白天太阳辐射充足时，吸附器吸收太阳辐射后，温度升高，使制冷剂从吸附剂中解吸，吸附器内压力升高。解吸出来的制冷剂进入冷凝器，经冷却介质冷却后凝结为液态，经减压阀 2 进入蒸发器蒸发；夜间或太阳辐射不足时，环境温度降低，吸附器自然冷却后，其温度、压力下降，吸附剂开始吸附制冷剂，产生制冷效果。

吸附式制冷技术不采用氟里昂作为制冷剂，环境影响小，同时它还具有结构简单、噪声小、寿命长、无腐蚀等优点。但是该技术还很不成熟，主要问题在于固体吸附剂为多孔介质，导热性能差，因而吸附和解吸所需时间长，制冷功率小，制冷性能系数 COP 值偏低。

图 2-14 是上海交通大学开发的太阳能硅胶-水吸附式空调机组，可依靠普通太阳能集热器阵列产生热水驱动制冷循环。在额定工况下（对应于 85℃ 的热水，冷冻水出口温度10℃），机组制冷功率为 8.5kW，热力 COP 为 0.4。利用太阳能制冷，可利用 60～80℃ 热水驱动，典型晴天条件下，能实现连续 8h 制冷。该机组已经在建筑太阳能空调、太阳能低温储粮系统获得了应用。

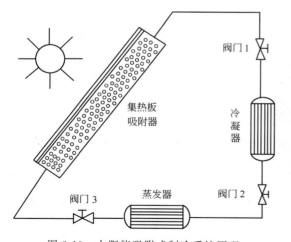

图 2-13 太阳能吸附式制冷系统原理

图 2-14 太阳能硅胶-水吸附式空调机组

下面简单介绍两类常见的太阳能固体吸附式空调系统。

（1）直接利用太阳辐射能

将太阳能集热器结合在一起构成吸附集热器，吸附集热器可能是太阳能平板吸附集热器或太阳能真空管吸附集热器（图2-15），采用水冷的方式。太阳辐射比较充足时，吸附床依靠太阳辐射完成解吸。吸附过程中通道内通冷水，带走吸附热以改善吸附效果。这类系统简单，经济性好，而且还可以利用吸附器冷却显热和吸附热为家庭供应热水，因此在小型太阳能空调中具有突出的优势。图2-16为直接吸附式太阳能空调系统。

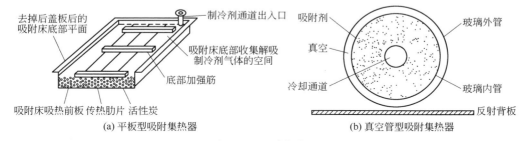

图 2-15　吸附集热器

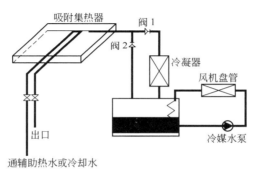

图 2-16　直接吸附式太阳能空调系统

（2）间接利用太阳辐射能

将太阳能集热器产生的热水输送到吸附床，用于脱附制冷剂（图2-17）。这种系统利用

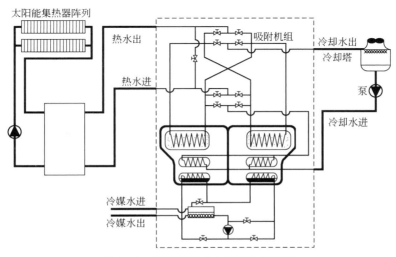

图 2-17　间接吸附式太阳能空调系统

热水机械循环强化了吸附床的传热传质性能，使吸附床可以在较短时间内完成解吸，缩短循环周期，从而提高了吸附制冷性能系数。

四、太阳能热发电

太阳能热发电是指利用集热器将太阳辐射能转换成热能并通过热力循环进行发电。采用太阳能热发电技术，避免了昂贵的晶硅光电转换工艺，可以大大降低太阳能发电的成本。这种形式的太阳能利用还有一个其他形式的太阳能转换所无可比拟的优势，即太阳能所烧热的水可以储存在巨大的容器中，在太阳落山后几个小时仍然能够带动汽轮机发电。太阳能热发电是太阳能热利用的重要方向，是很有可能引发能源革命的技术成果，也是实现大功率发电、替代化石能源的绿色经济手段之一。自 20 世纪 80 年代以来，美国、西班牙、意大利等国相继建立起不同形式的示范装置，有力地促进了光热发电技术的发展。太阳能热发电技术已在西班牙、美国以及中东、北非等国家和地区取得了良好的应用效果。2020 年全球累计装机容量达到 6690MW，分布在西班牙、美国、法国、意大利、以色列、摩洛哥、埃及、阿尔及利亚、南非、智利、阿联酋和中国等。

从"十五"期间开始，在科技部、国家发改委、财政部、国家能源局以及国家自然科学基金委等部委的支持下，我国在太阳能热发电技术的科研与商业化推广方面取得了长足的进步。截至 2020 年 12 月，我国太阳能热发电已有 3 座实验电站、8 座商业化电站建成并网发电，总装机容量超过 500MW。我国太阳能热发电核心技术，具有完全自主知识产权的产业链已基本形成，关键设备部件已全部可国产，产业规模化发展蓄势待发。随着产业链基本形成和逐步稳定，电价也逐步加快下降步伐。

太阳能热发电主要有塔式、槽式、碟式、太阳池和太阳能塔热气流发电等几种类型。前三种太阳能热发电系统类型属聚光型，后几种属非聚光型。发达国家将太阳能热发电技术作为研发重点，已建立了各种类型的太阳能热发电示范电站，并达到并网发电的实际应用水平。下面将就这两种类型的太阳能热发电系统进行介绍。

1. 聚光型太阳能热发电技术

聚光型太阳能热发电技术是利用大规模阵列抛物或碟形镜面收集太阳热能，通过换热装置提供蒸汽，结合传统汽轮发电机的工艺，从而达到发电的目的。

聚光型发电形式有槽式、塔式、碟式三种系统，此外还有新型的线性菲涅尔式太阳能热发电系统。

（1）槽式

槽式太阳能热发电系统全称为槽式抛物面反射镜太阳能热发电系统（图 2-18），是将多个槽式抛物面聚光集热器（图 2-19）经过串并联的排列，加热工质，产生高温蒸汽，驱动汽轮发电机组发电。槽式抛物面太阳能发电站的功率为 10～100MW，是目前所有太阳能热发电站中功率最大的。

槽式太阳能热发电系统的聚光集热器采用分散布置，跟踪精度要求低、跟踪控制代价小，吸收器的结构相对简单。用抛物柱面槽式反射镜将阳光聚焦到管状的接收器上，因而属于线聚焦方式，聚光比只有几十，属中温发电。

与塔式、碟式太阳能热发电技术相比，槽式太阳能热发电技术是目前世界上最成熟的，因而在三种聚光式发电中首先实现了商业化并在世界各地得到广泛应用。其优势在于：系统结构紧凑，槽式抛物面集热装置的制造所需的构件形式不多，容易实现标准化，适合批量生产。

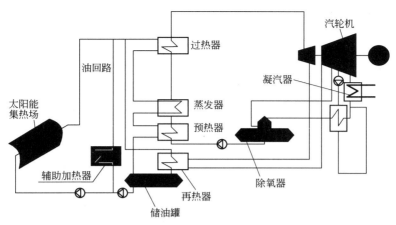

图 2-18 槽式太阳能热发电系统原理

目前槽式太阳能热发电电站分布于阿尔及利亚、澳大利亚、埃及、印度、伊朗、意大利、摩洛哥、墨西哥、西班牙、美国等太阳能资源丰富的国家。图 2-20 为槽式太阳能热发电站现场的情况。

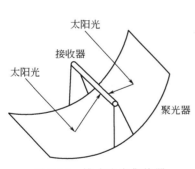

图 2-19 槽式聚光集热器

图 2-20 槽式太阳能热发电站现场

美国是对槽式太阳能发电开发研究最多的国家之一。20 世纪已经建成 354MW 的发电机组，最为典型的是美国从 1985 年开始在美国加州 Mojave 沙漠建成的 9 座 SEGS（solar electric generation system）太阳能电站。这 9 座槽式太阳能热发电站总装机容量达 353.8MW，总的占地面积已超过 7km^2，全年并网发电量在 800GW·h 以上，发出的电力可供 50 万人使用，其光电转化效率已达到 15%，至今运行良好。2013 年 10 月，当时全球最大的槽式电站 Solana 电站正式实现投运（图 2-21）。该电站装机容量达到 280MW，是美国首个配置熔盐储热系统的太阳能电站，储热时长 6h。Solana 电站位于美国亚利桑那州，年发电量高达 944GW·h，可满足 7 万个家庭的日常用电需求，电站总投资额高达 20 亿美元。

西班牙也已经建成 200MW 发电机组，分别是 Andasol-1（50MW）、Andasol-2（50MW）、Energia Solar De Puertollano（50MW）和 Alvarado-1（50MW）。其中，

图 2-21 Solana 槽式光热电站

Andasol-1（图 2-22）是欧洲第一座商业用途的采用抛物线凹槽式接收器的太阳能电厂，电站装机容量为 50MW，年产电力 180GW·h，占地面积 2km²，总集热面积达 510120m²，采用西门子 50MW 再热式汽轮机，循环效率 38.1%；电站总投资 26.5 亿欧元，发电成本为 0.158 欧元/（kW·h）。

图 2-22 西班牙 Andasol-1 电站

槽式太阳能热发电的另一典范是希腊的克里达电站。克里达电站位于希腊风景如画的克里达岛，为了保护这里的自然环境不被现代化工业所破坏，希腊政府在岛上建了 50MW 的克里达槽式太阳能热发电站，设计寿命 25 年，在阴天或晚上采用燃烧矿物燃料方式供热。

2010 年 7 月，位于意大利西西里岛的 Archimede 槽式发电站建成。该电站装机容量为 5MW，集热器出口工质温度达到 550℃，镜场面积 30000m²，使用了世界上较为先进的

ENEA 太阳能聚光器。Archimede 电站是第 1 座采用熔融盐为传热、储热工质的燃气联合循环电站。

2018 年 1 月，摩洛哥努奥二期 200MW 槽式光热发电站顺利并网，成为目前已建成的全球单机容量最大的光热电站，也是全球最大的槽式光热发电项目。努奥三期光热发电项目分别为 160MW 槽式、200MW 槽式和 150MW 熔盐塔式，为全球最大的光热发电综合体。值得一提的是，其二期和三期项目由我国山东电力建设第三工程公司与西班牙 SENER 公司担任 EPC 总包，西北电力设计院参与三期吸热塔的设计工作。

国内槽式太阳能热发电技术出现在 20 世纪 70 年代，在槽式太阳能热发电技术方面，中国科学院和中国科技大学曾做过单元性试验研究。进入 21 世纪，联合攻关队伍在太阳能热发电领域的太阳光方位传感器、自动跟踪系统、槽式抛物面反射镜、槽式太阳能接收器方面取得了突破性进展。采用菲涅尔凸透镜技术可以对数百面反射镜进行同时跟踪，将数百或数千平方米的阳光聚焦到光能转换部件上（聚光度约 50 倍，可以产生 300～400℃的高温），采用菲涅尔线焦透镜系统，改变了以往整个工程造价大部分为跟踪控制系统成本的局面，使其在整个工程造价中只占很小的一部分。2009 年年底，我国在山东省潍坊市峡山区开始建设总投资 176 亿元的"太阳能热发电研究及产业基地"。这一基地建成后将成为全球规模最大、范围最广的太阳能热发电研究及产业基地、太阳能热发电国际技术推广和产业化基地、太阳能热发电国际技术教育培训基地。2010 年 8 月，北京中航空港通用设备有限公司槽式太阳能热发电项目奠基仪式在湖南省怀化市沅陵县隆重举行，这是我国第一个槽式太阳能热发电产业项目。2013 年 8 月，龙腾太阳能槽式光热试验项目在内蒙古乌拉特中旗巴音哈太正式投入使用，试验期限为 2 年，该项目为华电集团在乌拉特中旗开发 50MW 及更高容量的太阳能光热发电项目提供设备及安装服务奠定坚实的基础。我国于 2018 年成功投运的中广核德令哈 50MW 热发电示范项目也是采用了槽式太阳能热发电技术。

我国槽式太阳能热发电项目突破了聚光镜片、跟踪驱动装置、线聚焦集热管 3 项核心技术，使得我国成为继美国、德国、以色列之后的全部技术国产化的国家。

（2）塔式

太阳能塔式发电应用的是塔式系统（又称集中式系统），它是在很大面积的场地上装有许多台大型太阳能反射镜（通常称为定日镜），每台都各自配有跟踪机构准确地将太阳光反射集中到一个高塔顶部的接收器上。接收器上的聚光倍率可超过 1000 倍。在这里把吸收的太阳光能转化成热能，再将热能传给工质，经过蓄热环节，再输入热动力机，膨胀做功，带动发电机，最后以电能的形式输出。太阳能发电的传热工质可以是水、导热油或熔盐等，也有的太阳能电站采用直接加热空气，再通过高温空气推动微型燃机发电的工艺路线，该工艺路线的发电效率也很高。配置熔盐储热系统的塔式太阳能电站主要有定日镜场、塔顶接收器、吸热系统、储热系统、汽轮发电系统等（图 2-23）。

塔式电站最大的优势在于热传递路程短、损耗小，聚光比和温度都较高，且规模大。由于聚光比高达 1000 以上，介质温度多高于 350℃，总效率在 15％以上，属于高温热发电。其参数可与火电厂的相同，因而技术条件成熟，设备选购方便。但塔式的缺点是不能小型化，无法建立分布式系统，因此对土地占用多，前期投资大。每块镜面都随太阳运动而独立调节方位及朝向，所需要的跟踪定位机构代价高昂，限制了它在发展中国家的推广应用。

1982 年 4 月，美国在加州南部巴斯托附近的沙漠地区建成第一座塔式太阳能热发电系统装置——Solar One（图 2-24）。该系统的反射镜阵列，由 1818 面反射镜以及高达 85.5m

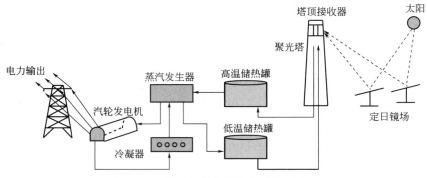

图 2-23　塔式太阳能热发电系统原理

的高塔接收器排列组成。起初，太阳塔采用水-蒸汽系统，发电功率为 10MW。1992 年
Solar One 经过改装，用于示范熔盐接收器和蓄热装置。由于增加了储热系统，使太阳塔输
送电能的负载因子可高达 65%。熔盐在接收器内由 288℃加热到 565℃，然后用于发电。以
后，又开始建设太阳塔 Solar Two 系统，并于 1996 年并网发电。Solar Two 发电的实践不
仅证明熔盐技术的正确性，而且将进一步加速 30～200MW 范围的塔式太阳能热发电系统的
商业化。

图 2-24　美国加州塔式太阳能热发电站

　　世界上最早投入商业运行的大型塔式电站是西班牙的 PS10 项目（图 2-25）。该项目发
电功率为 11MW，其中净功率为 10MW；另外，西班牙还在建设 Solar Tres 项目，发电功
率为 15MW，可 24h 连续运行。

　　以色列 Weizmanm 科学研究所对塔式系统进行改进——利用一组独立跟踪太阳的定日
镜，将阳光反射到固定在塔的顶部的初级反射镜（抛物镜）上，然后由初级反射镜将阳光向
下反射到位于它下面的次级反射镜——复合抛物聚光器（CPC），最后由 CPC 将阳光聚集在
其底部的接收器上。通过接收器的气体被加热到 1200℃，推动一台汽轮发电机组，500℃左
右的排气再用于推动另一台汽轮发电机组，从而使系统的总发电效率可达到 25%～28%。

图 2-25 西班牙 PS10 塔式电站

由于次级反射镜接收到很强的反射辐射能，因而 CPC 必须进行水冷。

2007 年 6 月，国内首座 70kW 塔式太阳能热发电系统，在南京江宁通过鉴定验收（图 2-26）。该工程走出了我国太阳能发电技术多年来徘徊不前的困境，系统整体技术达到国际先进水平。2012 年 8 月，亚洲首座商业化塔式太阳能热发电站在北京延庆实现系统贯通。该电站由中国科学院、皇明太阳能股份有限公司和华电集团联合开发建设，总投资 1.2 亿元，是中国首个自主知识产权高温热发电项目，也是亚洲第一座商业化塔式太阳能热发电站。这是我国太阳能热发电领域的重大自主创新成果，使我国成为继美国、德国、西班牙之后世界上第 4 个实现大型太阳能热发电的国家。2013 年，我国首座太阳能光热发电站在青海并网发电，这座塔式太阳能光热发电站位于柴达木盆地东北边缘的德令哈市西出口，总装机容量 50MW。2020 年 11 月中电建青海共和 50MW 塔式光热电站实现首次满负荷发电，2021 年 4 月通过国家示范性项目验收；该电站系统由单塔式太阳能集热系统、定日镜场、熔盐储换热系统、汽轮发电机组等组成，是国家首批光热发电示范项目之一，日发电量最高达到 53.9 万千瓦时。2021 年 9 月，新疆哈密 50MW 熔盐塔式光热发电站成功并网发电，这是新疆地区首座塔式光热发电站，通过储存热能实现 24h 持续发电，且实现了污染物零排放。我国目前建成规模最大、吸热塔最高、可 24h 连续发电的 100MW 级熔盐塔式光热电站位于甘肃省敦煌市向西约 20km 的首航高科敦煌 100MW 熔盐塔式光热电站，被称为"超级镜子发电站"，电站内的 1.2 万多面定日镜，以同心圆状围绕着 260m 高的吸热塔，镜场总反射面积达 140 多万平方米，设计年发电量达 3.9 亿千瓦时。

（3）碟式

太阳能碟式发电系统也称盘式系统，外形有些类似于太阳灶，一般由旋转抛物面反射镜、接收器、吸热器、跟踪装置以及热功转换装置等组成。其主要特征是采用盘状抛物面聚光集热器，其结构从外形上看类似于大型抛物面雷达天线。由于盘状抛物面镜是一种点聚焦集热器，其聚光比可以高达数百到数千，因而可产生非常高的温度。图 2-27 就是碟式聚光器的工作原理示意。整个碟式发电系统安装在一个双轴跟踪支撑装置上，实现定日跟踪，连续发电。工作时，发电系统借助于双轴跟踪，抛物形碟式镜面将接收到的太阳能集中在其焦点的接收器上，接收器的聚光比可超过 3000，温度达 800℃以上。接收器把太阳辐射能用于加热工质，变成工质的热能，常用的工质为氦气或氢气。加热后的工质送入发电装置进行发电。

图 2-26 南京塔式太阳能热发电系统

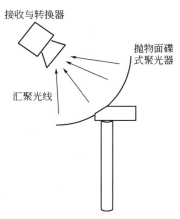

图 2-27 碟式聚光器工作原理

碟式聚光器主要分为单碟和多碟式聚光器，如图 2-28 所示。碟式系统的能量转换方式主要有两种：一是采用斯特林引擎的斯特林（Stirling）循环，二是采用燃气轮机的布雷顿（Brayton）循环。其中碟式/斯特林太阳能发电系统光电转换效率高，启动损失小，效率高达 29%。如图 2-29 所示，运行时，太阳光经过碟式聚光镜聚焦后进入太阳光接收器，在太阳光接收器内转化为热能，并成为热气机的热源，推动热气机运转，再由热气机带动发电机发电。

(a) 单碟式

(b) 多碟式

图 2-28 碟式太阳能发电机组

碟式太阳能热发电系统的优点是：光热转换效率高达 85% 左右，在三类系统中位居首位；使用灵活，既可以作分布式系统单独供电，也可以并网发电。

碟式热发电系统的缺点是：造价昂贵，在三种系统中也是位居首位；尽管碟式系统的聚光比非常高，可达到 2000℃ 的高温，但是对于目前的热发电技术而言，并不需要如此高的温度，它甚至是具有破坏性的。所以碟式系统的接收器一般并不放在焦点上，而是根据性能指标要求适当地放在较低的温度区内，这样高聚光度的优点实际上并不能得到充分的发挥；

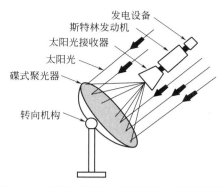

图 2-29 碟式/斯特林太阳能发电系统原理

热储存困难，热熔盐储热技术危险性大且造价高。

碟式太阳能热发电系统是世界上最早出现的太阳能动力系统。在 20 世纪 70 年代末到 80 年代初，首先由瑞典 US-AB 和美国 Advanco Corporation、MDAC、美国国家航空航天局（NASA）及美国能源部（DOE）等开始研发，大都采用 Silver/glass 聚光镜、管状直接照射式集热管及 USAB4-95 型热机。进入 90 年代，美国和德国的某些企业和研究机构在政府有关部门的资助下，用项目或计划的方式加速碟式系统的研发步伐，以推动其商业化进程。2002 年，DOE 在内华达州开始实施 1MW 的碟式系统；2004 年，美国 SES 公司（Stirling Energy Systems）在 Sandia 国家实验室建造出 5 套 25kW 碟式斯特林（Stirling）系统；2005 年 8 月，SES 公司实施了由 40 套 25kW 系统组成的 1MW 碟式项目。2009 年 8 月至 2010 年 1 月，美国的 SES 公司联合 Tessera Solar 公司，在亚利桑那州建设了总容量为 1.5MW 的小规模商业化太阳能碟式热发电站，采用了 60 套 Sun Catcher^{TM}，该系统的最高热电转换效率达到了 31.25%。

2012 年 7 月底，我国大连宏海新能源发展有限公司与瑞典 Cleanergy 公司合作完成的华原集团 100kW 碟式太阳能光热示范电厂（图 2-30）在内蒙古鄂尔多斯市成功安装，并完成

图 2-30 我国首个 100kW 碟式太阳能光热示范电厂

了联合调试，进入试运行阶段。这也是国内第一个应用碟式太阳能斯特林技术进行发电的光热示范电厂。此示范电厂位于鄂尔多斯市乌审旗乌兰陶勒盖，占地面积约 $5000m^2$。电厂共由 10 台 10kW 碟式太阳能斯特林光热发电系统组成，总容量为 100kW，年发电量约 320000kW·h。

　　总的来说，上述 3 种形式的太阳能热发电系统相比较（表 2-3）而言，槽式热发电系统是最成熟，也是达到商业化发展的技术，塔式热发电系统的成熟度目前不如抛物面槽式热发电系统，而配以斯特林发电机的抛物面碟式热发电系统虽然有比较优良的性能指标，但目前主要还是用于边远地区的小型独立供电，大规模应用成熟度要稍逊一筹。

表 2-3　3 种太阳能发电系统的比较

项 目	槽式系统	塔式系统	碟式系统
一般功率	30～320MW	10～200MW	5～25MW
聚光方式	抛物面反光镜	平、凹反光镜	旋转对称抛物面反光镜
跟踪方式	单轴跟踪	双轴跟踪	双轴跟踪
聚光比	10～30	500～3000	500～600
接收器	空腔式、真空管式	空腔式、外露式	空腔式
运行温度/℃	20～400	500～2000	800～1000
工质	油/水、水	熔盐/水、水、空气	油/甲苯、氢气
可否蓄能	可以	可以	可以
可否有辅助能源	可以	可以	可以
可否全天工作	有限制	有限制（蓄电池）	可以
光热转换效率/%	70	60	85
目前最高发电效率/%	28.0	28.0	29.4
年平均发电效率/%	11～17	7～20	12～25
商业化情况	可商业化	示范阶段	试验样机阶段
开发风险	低	高	中
优点	①已商业化 ②太阳能集热装置效率达到 60%，太阳能转换成电能的效率为 21% ③温度达到 500℃，年均净发电效率 14% ④在所有的太阳能发电技术中用得最少 ⑤可混合发电 ⑥可有储能	①较高的转换效率，有中期前景（在加热温度达到 565℃时太阳能集热装置效率 46%，太阳能转换为电能的效率达到 23%） ②运行温度可超过 1000℃ ③可混合发电 ④可高温储能	①高的转化效率，峰值时太阳能净发电效率超过 30% ②可模版化 ③可混合发电
缺点	使用油作为传热介质，限制了运行温度，目前已达到 400℃，只能产生中等品质的蒸汽	性能、初投资和运行费用需证实，商业化程度不够	可靠性需要加强，预计的大规模生产的成本目标尚未达到
应用前景	并网	并网	独立运行、并网

此外，科研人员还在开发新型的聚光型太阳能发电技术——线性菲涅尔式太阳能热发电技术（见图 2-31）。这是在槽式的基础上开发的一种新方式，同样为线聚焦方式，其采用平面反射镜替代高精度的抛物面反射镜，并利用二次反射镜将逸散的太阳光再次反射聚焦到集热管上，使聚光比得到了一定的提升。由于每排反射镜的跟踪角度相同，可采用同一传动装置调节，且集热管不随聚光系统转动，两端无需运动密封部件，降低聚光成本的同时，更为安全可靠。但反射镜间的遮挡较为严重，光学效率较低，尚处于发展初级阶段。典型的线性菲涅尔示范电站有西班牙 Puerto Errado 2 电站。该项目装机为 30MW，储热时长 0.5h，共配置 28 个 16m 宽的集热阵列，总采光面积为 302000m² 。我国也于 2016 年开始了线性菲涅尔式太阳能热发电技术的开发应用，并建设了示范项目。兰州大成敦煌熔盐线性菲涅尔式光热发电项目于 2019 年并网，2020 年正式揭牌投运，标志着我国建设的世界第一座商业化熔盐线性菲涅尔光热发电项目正式投入商业运行。该项目装机容量为 50MW，采用具有自主知识产权的线性菲涅尔聚光集热技术，采用熔盐作为集热、传热和储热的统一介质，储热时长 15h，具有 24h 持续发电能力（见图 2-32）。

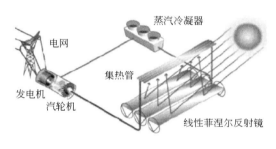 

图 2-31 线性菲涅尔式太阳能热发电系统

图 2-32 兰州大成敦煌熔盐线性菲涅尔式 50MW 光热电站

2. 非聚光型太阳能热发电技术

目前正在试验和运行的非聚光型太阳能热发电包括太阳池、太阳能烟囱等发电方式。

（1）太阳池

国际上最早提出太阳池概念的是以色列的 Tabor，它是一种人造的盐水池，利用具有一定盐浓度梯度的池水作为集热器和蓄热器的一种太阳能热利用系统。盐水池中随着深度的增加温度也在增加，池底温度高于池表面温度，因此可以利用池底这部分热能。由于它结构简单，造价低廉，能长时期（跨季度）蓄热，可在全年内提供性能稳定的低温热源，因此日益受到世界各国的重视。

太阳池的基本构造如图 2-33 所示。最上层称为上对流层，一般由清水组成，其温度与环境温度相近，具有隔热保温和防止下层溶液被扰动的功能；最下层称为下对流层，由饱和的盐溶液组成，主要起储热和吸热作用，其最高温度可达100℃左右；中间层称为非对流层，是太阳池的关键部分，其盐溶液的浓度是随着池深呈梯度增大的，所以又称为梯度层。梯度层溶液由于其浓度是不断增大的，而它的密度也是呈梯度增加的，这样它就能有效地防止下层池水由于温度升高而产生的竖直方向的自然对流，因而可以使得下对流层的温度比上对流层的温度高许多，从而达到收集和储存太阳能的目的。

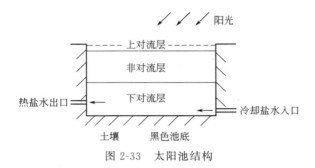

图 2-33　太阳池结构

　　图2-34是太阳池发电系统示意。该系统把太阳池底层的热水抽入蒸发器，使蒸发器中的低沸点有机工质蒸发；蒸发的有机工质高压蒸汽流入汽轮机，通过喷嘴喷射使汽轮机转动，并带动发电机发电；而低压的蒸汽进入冷凝器冷却。冷凝液用循环泵抽回蒸发器，如此反复循环。太阳池上部的冷水则作为冷凝器的冷却水。系统还有另一个换热器，称为预热器，用来将汽轮机出口蒸汽的热量传给进入蒸发器以前的液体，以减少从太阳池吸取的热量，从而能提高系统的效率。

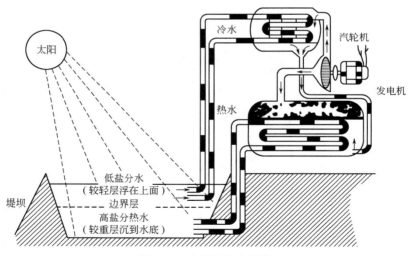

图 2-34　太阳池发电系统

　　20世纪60年代初，以色列科学家在死海之畔建立了第一个太阳池装置。1979年一座150kW的太阳池发电站在死海南岸的爱因布科克镇诞生。1981年以色列政府投资又兴建一座5000kW的太阳池电站。世界为之惊奇，也引发了一场太阳池的研究大潮。

　　20世纪80年代后，世界各国陆续建立了不少太阳池电站，我国青海、新疆等地也有应用。例如1984年，在以色列能源部的支持下，Ormat公司建造了$2.5 \times 10^5 \mathrm{m}^2$的太阳池，于 1984 年 7 月正式并网供电。到 2000 年，以色列的太阳池发电量已达 2×10^6 kW·h，为以色列的电力工业做出巨大贡献。2000 年，澳大利亚建成的一个面积为 3000m² 的太阳池用来发电，可以为偏僻地区供电，并进行海水淡化、温室供暖等，做到了一池多用。

（2）太阳能烟囱

太阳能烟囱式热力发电是 20 世纪 80 年代首先由斯图加特大学的乔根·施莱奇教授及其合作者提出并进行了长期的实验研究。其基本原理是利用太阳能集热棚加热空气，烟囱产生上曳气流效应，驱动空气涡轮机带动发电机发电。这种发电方式无需常规能源，其动力的供给完全来自于集热棚下面因太阳辐射所产生的热空气。基于这一原理构建的太阳能烟囱式热力发电系统由太阳能集热棚、太阳能烟囱和空气涡轮发电机组组成，属于现有三项成熟技术的创新性组合应用。图 2-35 显示了该系统的结构与原理。由面盖和支架组成的集热棚以太阳能烟囱为中心，呈圆周状分布，并与地面有一定间隙，以引入周围的空气；太阳能烟囱离地面有一定距离，周边与集热棚密封相连，其底部装有空气涡轮机。当太阳光照射集热棚，会加热棚下面的土地（或蓄热器）和棚内空气，空气温度升高，密度会下降，在太阳能烟囱的抽吸作用下形成一股强大的上升气流，驱动安装在烟囱底部中央的单台空气涡轮发电机或呈环形排列的多台小型空气涡轮发电机发电。同时，集热棚周围的冷空气进入棚内，形成持续不断的空气循环流动。

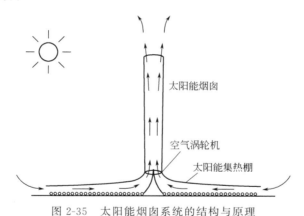

太阳能烟囱
空气涡轮机
太阳能集热棚

图 2-35　太阳能烟囱系统的结构与原理

太阳能烟囱电站的理想场所是戈壁沙漠地区，这些地区的太阳辐射强度都在 500～600W/m² 之间。在欧洲南部和非洲北部，太阳辐射强度平均也达到了 400W/m²。如果这些地区每年光照的天数为 300 天或者更多的话，在这些地区太阳能烟囱电站是可行的。除了进行发电外，太阳能烟囱电站还可能有其他应用。比如，这种电站能够通过电解的方法产生氢气，然后向外输出氢气；另一个应用是利用集热棚周围的空地，在温室内培育花卉等进行园艺生产。

在西班牙曼札纳市，一个 100kW 的实验性电站从 1981 年已经开始运行。这座实验性电站的烟囱高 200m，烟囱直径为 10.3m；集热棚的半径为 126m，其边缘处与地面的间隙约 2m，其中间处距地面 8m。这个实验性的太阳能电站（图 2-36）的烟囱重达 200t，它由长 8m、宽 1.25m 的波纹钢板构成；每隔 4m 都有环孔加固。共有 24 根拉索保证烟囱的稳定，还可以防止地震。烟囱的底部装着涡轮机发电机组，由于设计得很好，涡轮发电机可以昼夜不停地发电。白天涡轮机转速为 1500r/min，产生 100kW 的电量。晚上集热棚下的地面把白天吸收的热释放出来，推动涡轮机以 1000r/min 的速度运行，发电量为 40kW。在集热棚

表面覆盖层上每 $6m^2$ 装有一个排水阀，排水阀平时是关闭的，以防止空气流失，下雨的时候打开排水阀，让雨水清洗集热棚上表面的污物和杂质。随着集热棚顶部温度的提高，烟囱和集热棚直径的增加，电站的容量将会增加，并且每千瓦时的费用也会降低。

图 2-36　西班牙的太阳能烟囱实验性电站

　　自从西班牙建成了第一座太阳能烟囱发电站后，美国、日本、德国、南非等国的专家已对太阳能烟囱电站表现出浓厚兴趣。我国主要在西北地区和青藏高原等地区比较具有兴建太阳能烟囱发电站的优势。我国在乌海金沙湾地区建设的一座 200kW 太阳能热风发电站，该发电站的集热棚呈椭圆状布置，其面积为 $6170m^2$，集热棚出口面积为 $251.4m^2$，烟囱高度为 53m、直径为 18m，该工程计划有 3 期，其工程规划装机容量为 27.5MW（见图 2-37）。

图 2-37　内蒙古乌海太阳能热风发电示范工程

　　太阳能烟囱是一种具有一定发展潜力的太阳能利用技术，经过多年研究，在一定条件下其可以实现电力生产，也可结合风力、耕作、海水淡化等进行综合利用。但由于空气密度低，该技术的热电转换效率低、成本高，还无法与光伏发电和其他太阳能热发电相比，需要有原理性的突破才能有较大发展。

　　除了上述太阳能热发电形式外，还有其他如太阳坑发电等形式，但包括前面几种太阳能热发电在内的都由于场地、应用规模、技术等因素，目前离大规模商业化还有较大的距离。

五、太阳能干燥器

太阳能干燥就是使被干燥的物料或者直接吸收太阳能并将它转换为热能，或者通过太阳集热器所加热的空气进行对流换热而获得热能，继而再经过以上物料表面与物料内部之间的传热、传质过程，使物料中的水分逐步汽化并扩散到空气中去，最终达到干燥的目的。

为了能完成这样的过程，必须使被干燥物料表面所产生水蒸气的压力大于干燥介质中水汽的分压。压差越大，干燥过程就进行得越快。因此，干燥介质必须及时地将产生的水汽带去，以保持一定的水汽推动力。如果压差为零，就意味着干燥介质与物料的水汽达到平衡，干燥过程就停止。

太阳能干燥通常采用空气作为干燥介质。在太阳能干燥器中，空气与被干燥物料接触，热空气将热量不断传递给被干燥物料，使物料中水分不断汽化，并把水汽及时带走，从而使物料得以干燥。

太阳能干燥具有以下优点：大大缩短物料的干燥时间，提高干燥效率；干燥后的物料色泽美观，外形丰满，质量有一定提高，比自然干燥便于贮藏；由于太阳能干燥是在室内完成，因此减少了风沙、灰尘、苍蝇和虫蚁等的污染，可以改善环境卫生；节约常规能源，降低生产成本，提高了经济效益；保护自然环境和周围环境，对环境不会造成污染。

太阳能干燥也有以下不足：太阳能是一种间歇性能源，存在能量密度低、不连续性和不稳定性等缺点导致物料不能进行连续干燥；小型干燥投资虽然小，但是其容量小、热效率低，只适合于中小型利用，如果应用在大中型工业中，其投资和占地面积都比较大；由于太阳能具有间歇性，所以太阳能干燥就必须与常规能源干燥结合，这样就会加大投资成本。

太阳能干燥器是将太阳能转换为热能以加热物料并使其最终达到干燥目的的完整装置。太阳能干燥器的形式很多，它们可以有不同的分类方法。

1. 按物料接受太阳能的方式进行分类

① 直接受热式太阳能干燥器：被干燥物料直接吸收太阳能，并由物料自身将太阳能转换为热能的干燥器，通常称作辐射式太阳能干燥器。

② 间接受热式太阳能干燥器：首先利用太阳能集热器加热空气，再通过热空气与物料的对流换热而使被干燥物料获得热能的干燥器，通常称作对流式太阳能干燥器。

2. 按空气流动的动力类型进行分类

① 主动式太阳能干燥器：需要由外加动力（风机）驱动运行的太阳能干燥器。

② 被动式太阳能干燥器：不需要由外加动力（风机）驱动运行的太阳能干燥器。

3. 按干燥器的结构形式及运行方式进行分类

主要有以下几种形式：温室型太阳能干燥器、集热器型太阳能干燥器、集热器-温室型太阳能干燥器、整体式太阳能干燥器、抛物面聚光型太阳能干燥器等。

下面介绍几种常见的干燥装置的结构、特性、用途和干燥效果，以及一些应用实例。

（1）温室型太阳能干燥器

温室型太阳能干燥器的结构与栽培农作物的温室相似，温室即为干燥室，待干物料置于温室内，直接吸收太阳辐射，温室内的空气被加热升温，物料脱去水分，达到干燥的目的（图2-38）。温室型干燥器的北墙通常为隔热墙，内壁涂黑，同时具有吸热、隔热作用，南墙及东西两侧墙的半墙为隔热墙，半墙以上为透光玻璃。温室的地面涂黑，干燥器的顶部为向南倾斜的大面积玻璃盖板，而南墙靠地面的底部开设一定数量的通气孔。在温室的顶部，靠近北墙的部位，设有排气囱以形成自然对流循环通路。运行过程中，通过安装在排气囱中的调节风门来控制温室内的温度和湿度，排去含湿量大的空气，加快物料的干燥周期。这种干燥装置和自然摊晒相比，干燥时间可缩短 $60\%\sim70\%$。

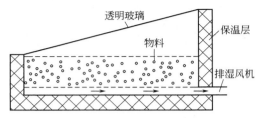

图 2-38　温室型太阳能干燥器

由于这种干燥器结构简单、造价低廉、投资少，在山西、河北、北京、广东等地的农村很快发展起来。尤其在山西省，建成了多座这种类型的干燥器，面积超过 $1000m^2$，用于干燥大枣、黄花菜、棉花等。山西省稷山、大同等地，从 1977 年起就开始了利用太阳能干燥器对大枣、黄花菜、辣椒、棉花等农产品进行干燥的试验，成功地使这些农产品干燥到安全储存的湿度，而且干得快，产品质量好，腐烂损失少，增加了收入。多年的实践表明，利用太阳能干燥器，大枣的烂枣率从过去自然晾干法的 $16\%\sim20\%$ 下降到 $2\%\sim3\%$，且外形丰满、色泽鲜红，味道好，提高了枣的等级。

（2）集热器型太阳能干燥器

集热器型太阳能干燥器是太阳能空气集热器与干燥室分开组合而成的干燥装置。这种干燥器利用集热器把空气加热到 $60\sim70℃$，干燥速度比温室型的高，而单独的干燥室又可以加强保温和不使物料直接阳光曝晒。物料在干燥室内实现对流热、质交换过程，达到干燥的目的。因此集热器型干燥系统可在更大的范围内满足不同物料的干燥工艺要求。集热器多用平板型空气集热器作为干燥系统的集热器。提高空气流速，强化传热，以降低吸热板的温度，这是提高集热器效率的重要途径，但是在集热器的结构和连接方式上应同时注意降低空气的流动阻力，以减少动力消耗。为了弥补日照的间歇性和不稳定性等缺陷，大型干燥系统常设置蓄热设备，以提高太阳能利用的程度，并可用常规能源作为辅助供热设备，以保证物料得以连续干燥（图 2-39）。此类干燥器一般设计为主动式，用风机鼓风以增强对流换热效果。此外，为了对物料进行连续干燥，在这类干燥装置中还可以设一个燃烧炉。

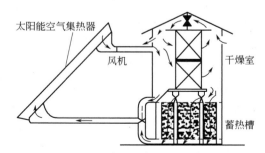

图 2-39　集热器型太阳能干燥器

集热器型太阳能干燥器有以下一些优点：

① 可以根据物料的干燥特性调节热风的温度；

② 物料在干燥室内分层放置，单位面积能容纳的物料多；

③ 强化对流换热，干燥效果更好；

④适合不能受阳光直接曝晒的物料干燥，如鹿茸、啤酒花、切片黄芪、木材、橡胶等。

因此，此类干燥器节能效果显著，广泛应用于不同品种的农副产品干燥。其缺点是与温室型太阳能干燥器相比，成本较高。

在我国各地，利用集热器型太阳能干燥装置分别对谷物、烟草、挂面、橡胶、中药材等进行了干燥的试验和应用。吉林省伊通、北京市大兴、山东省烟台等地采用集热器加热空气，再把热空气输送到圆仓内烘干玉米、小麦等谷物。吉林师范大学在伊通设计、建造的干燥装置，集热面积 100m²，圆柱形干燥仓内径 6m，玉米平均含水率降低 10％，日产干玉米5t。中国农业工程研究设计院在北京市大兴建成的小麦干燥装置，其集热器为热水和热风兼用的扁盒式结构，平时作为供应热水用，夏季小麦收割期间用于加热空气供小麦干燥。该装置集热器总面积 174m²，空气流量约 6000m³/h。多云天气热风温度为 37～47℃，比环境温度高 8～13℃，烘干 5h 可使 8000kg 小麦含水量从 30％降至 24.5％。晴天时空气温升达 7～22.5℃，每天可使 8000kg 小麦含水量从 20％降至 4％左右。

（3）集热器-温室型太阳能干燥器

前面谈及的温室型太阳能干燥器结构简单、效率较高，缺点是温升较小，在干燥含水率高的物料时（如蔬菜、水果等），温室型干燥器所获得的能量不足以在较短的时间内使物料干燥至安全含水率以下。为增加能量以保证被干物料的干燥质量，在温室外增加一部分集热器，就组成了集热器-温室型太阳能干燥装置（图 2-40）。这种干燥器的干燥室与温室型的干燥室相同，上面盖有透明玻璃盖板，室内设置料盘。工作时，将待干燥物品放在料盘上。物料一方面直接吸收透过玻璃盖层的太阳辐射，另一方面又受到来自空气集热器的热风加热，以辐射和对流换热方式加热物料，兼有温室型和集热器型干燥器两者的优点，适用于干燥那些含水率较高、要求干燥温度较高的物料。

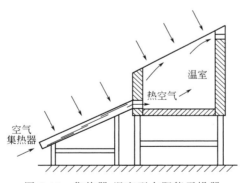

图 2-40　集热器-温室型太阳能干燥器

广东省东莞市果品公司加工厂的太阳能水果干燥系统就是一座带有空气集热器的隧道式温室型干燥装置。该装置集热器面积 31m²，温室采光面积 27m²。待干燥的桂圆、荔枝等果品用小车送入温室隧道窑中，最大物料装载量为 700kg。用风机强迫热空气穿透料层，晴天温室气温可达 50～70℃，6 天后干果出窑。经鉴定，荔枝干达到特等品，桂圆干达一级品，缩短了干燥周期，提高了产品质量。与传统的木炭烘房干燥工艺相比，成品率大大提高。干果与所需鲜果之比由 1：3.8 下降到 1：3.3，即每获 1t 干果，可少用 500kg 鲜果，经济效益显著。

广州能源研究所在广州市建成的大型太阳能腊肠干燥示范装置，也是一种集热-温室型干燥器,总采光面积达 620m²。它采用太阳能和蒸汽热能联合供热,以满足全天候昼夜连续运行的工业化生产的需要。腊肠以竹竿吊挂形式置于干燥器内,它一方面从干燥介质(经过太阳能空气集热器和蒸汽换热器预热过的热空气)中以对流换热方式得到热量,另一方面则以辐射传热的方式直接得到透过玻璃盖层的太阳能。腊肠受热升温而不断蒸发出水分,达到脱水干燥的目的。干燥器内的温、湿度可根据物料在不同干燥阶段的工艺要求进行调节,可采用手动方式,也可采用微机自动控制。该设计使广式腊肠生产过程中的日晒过程和热风干燥工艺合二为一,采用大回流比的空气内循环方法,实现了在不同气候条件下的稳定生产。腊肠、腊肉投料量每天 9000kg,成品日产量 4000kg,干燥周期为 42~44h,优质产品成品率超过 99%,节电 21%,节煤 20%~40%。

(4)整体式太阳能干燥器　整体式太阳能干燥器将太阳能空气集热器与干燥室两者合并在一起成为一个整体,如图 2-41 所示。装有物料的料盘排列在干燥室内,物料直接吸收太阳辐射能,起吸热板的作用,空气则由于温室效应而被加热。干燥室内安装轴流风机,使空气在两列干燥室中不断循环,并上下穿透物料层,增加物料表面与热空气接触的机会。在整体式太阳能干燥器内,辐射换热与对流换热同时起作用,干燥过程得以强化。吸收了水分的湿空气从排气管排出,通过控制阀门,还可以使部分热空气随进气口补充的新鲜空气回流,再次进入干燥室减少排气热损失。

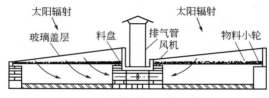

图 2-41　整体式太阳能干燥器

中国科学院广州能源研究所和广州市农业机械研究所于 1983 年在广州市郊区三元里农村建造了一座采光面积为 187m² 的整体式太阳能干燥生产试验装置,用于中药材、干果、红枣、莲子及其他农副产品的干燥加工。物料含水率从 40% 降至 15% 的日平均干燥量为 1.5~2t,最大投料量达 5t。该装置太阳能热利用效率高,日平均效率达 30%~40%,产品干燥均匀,质量好。

浙江省沼气太阳能研究所也建造了一座整体式温室型干燥器,采光面积为 196m²。它的显著特点是充分吸收了普通温室型干燥器的优点,而且对干燥器的结构以及通风系统进行了改进。采用活动盖板保温以减少夜间干燥器透明盖层的热损失,使用单片机对干燥过程的温、湿度等干燥工艺参数实现监控。该装置与小水电相结合,多能互补,全天候运行,主要用于香菇、木耳等农副产品的干燥。系统干燥效率为 40% 左右,干燥周期 17~18h(香菇)。

上述四种类型的太阳能干燥装置占了已经开发应用的太阳能干燥器的 95% 以上。除此之外,还有其他一些太阳能干燥器,如聚光型太阳能干燥器、远红外干燥器、振动流化床干燥器等。

太阳能干燥技术的发展是基于干燥理论的研究以及自动化技术和温湿度测控技术的提高。要努力降低太阳能干燥的投资成本,加大宣传推广应用,达到节约能源的目的。随着计算机技术的进步,太阳能干燥技术将朝着智能化、自动化、高效率方向发展,太阳能与其他能源联合干燥是未来的发展方向。

六、太阳能在建筑节能上的应用

随着经济的发展，采暖、空调和生活用热的需求越来越大，成为一般民用建筑物用能的主要部分。建筑节能是国民经济的一个重要问题。利用太阳能供电、供热、供冷、照明，建成太阳能综合利用建筑物，是当今太阳能利用的另一个重要的趋势。它将在调整住宅能耗结构、保障建筑能源安全、降低温室气体排放、保护大气环境、解决农村和偏远地区用能、提高国民生活质量等诸多方面产生积极的影响。

传统意义上的太阳能建筑指的是经设计能直接利用太阳能进行采暖或空调的建筑，通过太阳能的光热利用使建筑物达到节能的效果。比较成熟的是通过太阳能的光热利用在冬季对室内空气进行加热的太阳能采暖建筑（一般分为主动式和被动式两大类）。另外随着太阳能利用科技水平的不断提高，太阳能建筑已经从太阳能采暖建筑发展到可以集成太阳能光电、太阳能热水、太阳能吸收式制冷、太阳能通风降温、可控自然采光等新技术的建筑，其技术含量更高，内涵更丰富，适用范围更广。本章节主要涉及太阳能光热在建筑上的应用。

太阳能光热在建筑上的应用主要是指在不采用特殊的机械设备情况下，利用辐射、对流和导热使热能自然流经建筑物，并通过建筑物本身的性能控制热能流向，从而得到采暖或制冷的效果。其显著的特征是，建筑物本身作为系统的组成部件，不但反映了当地的气候特点，而且在适应自然环境的同时充分利用了自然环境的潜能，目的是全面解决建筑设计中固有的问题。例如，采用建筑遮阳设计，以减少炎热夏季的阳光直射（对深圳地区的建筑节能模拟测试显示，建筑遮阳可减少夏季空调能耗 23％～32％）；按照被动采暖设计，能够充分利用寒冷冬季的太阳直射和辐射能量；创造宜人的建筑光影环境，以暗合和尊重人体的生物节奏等。

事实上，目前我国的建筑能耗结构不甚合理，建筑用能仍以煤为主，可再生能源在建筑用能中的比例很少。我国现在每年采暖燃煤要排放大量的 CO_2、SO_2 和烟尘，这些是造成我国空气污染、生态恶化的主要原因之一。充分利用太阳能在住宅中的应用，保证居室卫生、改善居室小气候、提高舒适度。不仅使太阳能得到更充分、更合理的利用，可以把低品位的能源（太阳能）转变为高品位的供暖、空调，而且对节省常规能源，减少环境污染，提高人们的生活水平具有重大意义，符合可持续发展战略要求。

太阳能在建筑节能中的主要应用包括以下几个方面。

① 太阳能生活热水供给：太阳能用于生活热水供给是太阳能利用最成功的范例。目前，中国的太阳能热水器已经商品化、产业化，无论是产量、拥有量和销售量都居世界第一（前面章节已有介绍）。

② 太阳能采暖：是指将分散的太阳能通过集热器（如平板太阳能集热板、真空太阳能管、太阳能热管等吸收太阳能的收集设备）把太阳能转换成方便使用的热水，通过热水输送到发热末端（如地板采暖系统、散热器系统等）提供房间采暖的系统。

③ 太阳能制冷：目前，太阳能制冷技术日趋完善。在夏季，被太阳能集热器加热的热水首先进入储水箱，当热水温度达到一定值时，由储水箱向制冷机提供热媒水；从制冷机流出并已降温的热水流回储水箱，再由集热器加热成高温热水；制冷机产生的冷媒水通向空调箱，以达到制冷空调的目的。当太阳能不足以提供高温热媒水时，可由辅助锅炉补充热量（前面章节已有介绍）。

④ 太阳能幕墙：太阳能建筑玻璃幕墙可分为光热玻璃幕墙和光电玻璃幕墙。光热玻璃

幕墙实际上是平板式太阳能集热器的变形，可用来提供生活热水。光电玻璃幕墙用透明封装的晶体硅制作，与光电池类似，可用来提供生活用电。

⑤ 家庭发电系统：发达国家已在建筑屋顶、墙体采用太阳能电池组成家庭太阳能发电系统。除了太阳能电池，该系统还包括一个计量和转换箱体（实际上是一个逆变器和电度表），它将太阳能电池产生的直流电转换为交流电，并与电网连接，同时计量太阳能系统的发电量，用户可以把用不完的电量卖给当地电力部门。这将在本章第三节太阳能的光电转换利用中介绍。

⑥ 太阳能游泳池：太阳能游泳池在国内外获得广泛使用，目前比较成熟的是采用太阳能-热泵联用系统。晴好天气以太阳能为主要能源，热泵为辅助能源，阴天以热泵为主要能源，太阳能为辅助能源。

太阳能采暖可以分为主动式和被动式两大类。

（1）被动式采暖系统

被动式太阳能建筑是指通过建筑朝向和周围环境的合理布局，建筑内部空间和外部空间形体的巧妙处理以及建筑材料和结构、构造的恰当选择，窗、墙、屋顶等建筑物本身构件的相互配合，以完全自然方式，配合季节调节室内温度，使室内取得冬暖夏凉的效果。因此它又称为被动式太阳房。

被动式太阳能建筑的基本设计原则就是通过建筑设计使建筑在冬季充分利用太阳辐射热取暖，尽量减少通过维护结构及通风渗透而造成热损失；而在夏季则尽量减少因太阳辐射及室内人员设备散热造成的热量。

常用的被动式采暖主要有直接收益式、蓄热墙和附加阳光间3种。

直接收益式系统是将阳光可照射到的地面和墙体做成蓄热结构，或将太阳光直接引入室内（图2-42）。白天利用蓄热结构蓄积太阳能，晚间这些表面则又成为散热表面。直接收益式结构获得的太阳能数量有限，因此整个建筑必须有良好的保温性能才能使此系统发挥作用。目前，我国冬季室外气温不是很低的地区的新建建筑，若局部做成直接收益式的结构，对整个建筑结构影响不大，造价的增长不会超过10%，节能效果却很显著。

蓄热墙的目的是在冬季将进入室内的太阳辐射热储存起来，当夜晚气温下降时再以对流方式逐渐地使热量释放出来。墙体隔着一层玻璃朝向太阳，当阳光透过玻璃照射到墙体上时，一方面墙体开始储存热量，同时处于玻璃和墙体之间的空气被加热。上升的热气流通过墙体上方的开口进入室内，同时带动室内冷空气从墙体下方开口进入风腔，如此不断循环，使室内温度提高（图2-43）。这种系统被称为"特隆比墙"，特点是简单、经济、实用，容易建造且应用广泛。

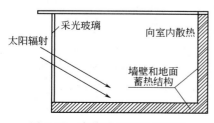

图2-42 直接收益式系统原理

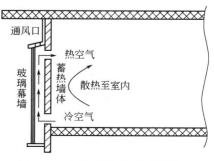

图2-43 集热-蓄热墙式系统原理

附加阳光间系统和蓄热式系统接近，只不过将玻璃幕墙改做成一个阳光间，利用阳光间的热空气及蓄热的南墙来蓄积太阳能。阳光间内的南墙可以开窗，将阳光间内的热空气导入室内。这种系统结构简单，对建筑外立面影响小。

目前，我国被动式太阳房（图 2-44）在采暖方面可以节能 60％～70％，平均 $1m^2$ 建筑面积每年可节约 20～40kg 标准煤，发挥着良好的经济和社会效益。

（2）主动式采暖系统

所谓主动式采暖系统是指利用太阳能集热器收集太阳能，然后加以利用的系统。目前，主动式太阳能系统在建筑中的热利用主要有采暖、制冷和热水供应三方面用途。太阳能主动式采暖系统由太阳能集热器和相应的蓄热装置构成。它利用吸收的太阳能作为采暖系统的热源，向采暖系统提供低温热水，通过室内部分的采暖系统来完成室内的加温过程，使室内温度达到设计要求。

如图 2-45 所示的主动式太阳房，它利用集热器产生的热水采暖，结构简单，集热器置于室外，室内又是由地板供暖，所以不会占用室内居住面积，这是这种系统的一大优点。

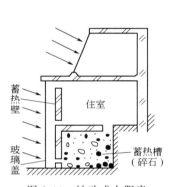

图 2-44　被动式太阳房

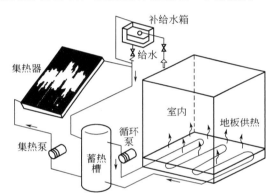

图 2-45　无辅助锅炉的主动式太阳房

在实际应用中，根据采暖自身的特点，室外气温较高的地区可以采取被动式采暖系统；对于夏热冬冷的地区应将主动式与被动式结合起来使用。

最后介绍一种崭新的太阳房——热泵式太阳房。

热泵式太阳房是利用太阳能集热器接受来自太阳的辐射，作为热泵的低温热源（10～20℃），然后通过热泵将热量传递到 30～50℃ 的采暖热媒中去。太阳能热泵主要有直接式太阳能热泵和间接式太阳能热泵两种形式，如图 2-46 所示。

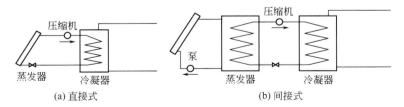

图 2-46　太阳能热泵

直接式太阳能热泵将太阳能集热器与热泵的蒸发器做成一体，间接式太阳能热泵则多了一个中间换热环节。与普通的空气源热泵相比，太阳能热泵具有明显的优势：COP 显著提高，蒸发器不结霜同时改善了压缩机的工作环境，延长了压缩机的寿命。

七、太阳能蒸馏——海水淡化

淡水是人类赖以生存和社会发展的必需物质之一。地球上的水量虽然很大，但是97％是海水，淡水仅占3％，其中它的3/4被冻结在地球的两极和高寒地带的冰川中，其余的从分布上说，地下水也比地表水多得多（多37倍左右）。剩下的存在于河流、湖泊和可供人类直接利用的地下淡水已不足0.36％。而且淡水的地区分布不均匀，有的地方淡水资源极为缺乏。就人均占有量来说，中国在水资源方面是一个穷国。据测算，我国人均占有水量只居世界的第108位。我国海岸线长，一些岛屿和沿海盐碱地区以及内陆苦咸水地区均属缺乏淡水的地区。如果这些地区的人们长期饮用不符合卫生标准的水，会产生各种病症，直接影响着人们的身体健康和当地的经济建设。因此，淡水供应不足是我国面临的一个严峻问题。

为了增大淡水的供应，除了采用常规的措施，比如就近引水或跨流域引水之外，一条有利的途径就是就近进行海水或苦咸水的淡化，特别是对于那些用水量分散且偏远的地区更适宜用此方法。

海水淡化即利用海水脱盐生产淡水，它是实现水资源利用的开源增量技术，既可以增加淡水总量，且不受时空和气候影响，水质好，又可以保障沿海居民饮用水和工业锅炉补水等稳定供水。

对海水或苦咸水进行淡化的方法很多，但常规的方法（如蒸馏法、离子交换法、渗析法、反渗透膜法以及冷冻法等）都要消耗大量的燃料或电力。随着淡化水的迅速增加，就会产生一系列的问题，其中最突出的就是能源的消耗问题。据估计，每天生产$1.3 \times 10^7 m^3$的淡化水，每年需要消耗原油$1.3 \times 10^8 t$。因此，寻求用太阳能来进行海水淡化，必将受到人们的青睐。

从中国国情出发，情况更是如此。我国广大农村、孤岛等偏远地区至今仍普遍缺乏电力，因此在中国能源较紧张的条件下，利用太阳能从海水（苦咸水）中制取淡水是解决淡水缺乏或供应不足的重要途径之一。所以，利用太阳能进行海水淡化有广泛的应用前景。

太阳能海水淡化系统与现有海水淡化利用项目相比有许多新特点。比如，它可独立运行，不受蒸汽、电力等条件限制，无污染、低能耗，运行安全稳定可靠，不消耗石油、天然气、煤炭等常规能源，对能源紧缺、环保要求高的地区有很大应用价值；另外，生产规模可有机组合，适应性好，投资相对较少，产水成本低，具备淡水供应市场的竞争力。

人类早期利用太阳能进行海水淡化，主要是利用太阳能进行蒸馏，所以早期的太阳能海水淡化装置一般都称为太阳能蒸馏器（图2-47）。据资料记载，最早的太阳能蒸馏器是智利于1872年所建，集热面积为$4450 m^2$，日产淡水17.7t。这座太阳能蒸馏器沿用了38年，直至1910年为止。我国于1977年在海南岛上建成一座面积为$385 m^2$的太阳能海水蒸馏试验装置，日产淡水1t左右。这种蒸馏器结构简单，但产淡水的效率也低。

太阳能蒸馏器的运行原理是利用太阳能产生热能驱动海水发生相变过程，即产生蒸发与冷凝。运行方式一般可分为直接法和间接法两大类。直接法系统直接利用太阳能在集热器中进行蒸馏，而间接法系统的太阳能集热器与海水蒸馏部分是分离的。图2-48是一种间接太阳能蒸馏器，主要由吸收太阳能的集热器和海水蒸发器组成，并利用集热器中的热水将蒸发器中的海水加热蒸发。这种装置可以连续取水。

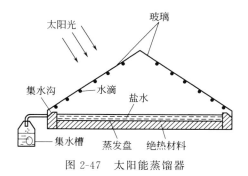

图 2-47 太阳能蒸馏器

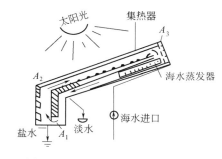

图 2-48 平板型多效太阳能蒸馏器

A_1—进口截面；A_2—受热面截面；A_3—端部截面

此外，还有不少学者对直接法和间接法的混合系统进行了深入研究，并根据是否使用其他的太阳能集热器又将太阳能蒸馏系统分为主动式和被动式两大类。

被动式太阳能蒸馏系统的例子就是盘式太阳能蒸馏器（图 2-47），由于它结构简单、取材方便，至今仍被广泛采用。单级盘式太阳能蒸馏器主要包括 1 个密闭腔体以及 1 个透明盖板。当太阳光照射在蒸馏器上时，大部分太阳辐射通过透明盖板，只有一小部分被透明盖板反射或吸收。透过盖板的太阳辐射一部分会被水层反射回去，其余的被蒸馏器内的底盘吸收并加热海水（深度为 2～3cm），使海水温度升高（可达到 60～70℃）并部分蒸发。由于盖板吸收的太阳辐射较少，且直接向周围散热，通常盖板的温度会低于腔体内海水的温度。腔体内的海水与玻璃盖板之间将会通过对流、辐射以及蒸发进行换热，腔体内蒸发的水蒸气会在盖板内表面出现冷凝现象，并释放汽化潜热，在重力作用下冷凝水会沿着盖板流至淡水回收槽中，再通过排水口及管路流出蒸馏器外，即为淡水产品。目前对盘式太阳能蒸馏器的研究主要集中于材料的选取、各种热性能的改善以及将它与各类太阳能集热器配合使用上。目前，比较理想的盘式太阳能蒸馏器的效率约在 35%，晴好天时，产水量一般在 3～4kg/m²。此外，国内外学者还开发了其他型式的蒸馏器，如双斜面盘式太阳能蒸馏器、多级盘式太阳能蒸馏器等，也取得了较好的蒸馏效果。

被动式太阳能蒸馏系统的一个严重缺点是工作温度低，产水量不高，也不利于在夜间工作和利用其他余热。为此，人们提出了数十种主动式太阳能蒸馏器的设计方案，并对此进行了大量研究。

被动式太阳能蒸馏器由于装置内的传热传质过程主要为自然对流，因而效率不高。在主动式太阳能蒸馏系统中，由于配备有其他附属设备，使其运行温度得以大幅提高，或使其内部的传热传质过程得以改善。而且，在大部分的主动式太阳能蒸馏系统中，都能主动回收蒸汽在凝结过程中释放的潜热，因而这类系统能够得到比传统的太阳能蒸馏器高一至数倍的产水量。图 2-49 为有主动外凝结器的盘式太阳能蒸馏器。由于采用了外带凝结器，强化了水蒸气的蒸发和凝结过程，因而较大幅度地提高了产水率。运行时，蒸馏器收集太阳辐射能并让海水蒸发，但受热后的蒸汽并不完全在玻璃盖板上凝结，而是一部分由电动风机抽取送入位于蒸馏器以外的冷凝器中。在冷凝器中通有冷却盘管，从蒸馏器来的热蒸汽与冷却盘管接触，受冷后在盘管上凝结，产生蒸馏水。这一设计的优势在于，由于风机的抽取作用，蒸馏器内处于负压之中，有利于水的蒸发；缺点是设备较复杂，投资成本较高，而且还需要消耗一部分电能。

随着中温太阳能集热器应用的日益普及，使得建立在较高温度段（75℃）运行的太阳能

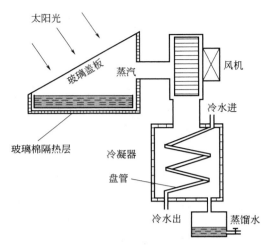

图 2-49　有主动外凝结器的盘式太阳能蒸馏器

蒸馏器成为可能，也使以太阳能作为能源与常规海水淡化系统相结合变成现实，也正在成为太阳能海水淡化研究中的一个很活跃的课题。由于太阳能集热器供热温度的提高，太阳能几乎可以与所有传统的海水淡化系统相结合（暂不包括传统的以电能为主的海水淡化系统）。已经取得阶段性成果并有推广前景的主要有：太阳能多效蒸馏系统、太阳能多级闪蒸系统、太阳能多级沸腾蒸馏系统和太阳能压缩蒸馏系统等。

太阳能多效蒸馏系统是由多个蒸发器组合而成，多效蒸发时要求后一效的操作压力和蒸发温度均比前一效的低，并以前一效的二次蒸汽作为后一效的加热介质。与传统的多效蒸馏系统不同的是，太阳能多效蒸馏系统利用太阳能集热系统收集的热能来替代传统的热源用于海水加热，系统能多次重复利用热能，可显著降低热能耗用量，且系统的热能利用效率高、溶液的浓缩比较大。但该系统的缺点是结构相对复杂，且设备投资较高。

太阳能多级闪蒸系统是采用降压扩容闪蒸的方法蒸发海水，将原料海水加热到一定温度后引入闪蒸室。该系统的设备简单、可靠，易于规模化应用，但由于多级闪蒸系统要求负荷稳定，而太阳能的不稳定性使其作为热源时很难满足这一要求。因此，采用太阳能多级闪蒸系统时往往需要配置一定规模的辅助热源。

我国首个太阳能海水淡化示范项目由上海骄英能源科技有限公司和海南惟德能源科技有限公司共同投资建设，于 2013 年 11 月 7 日正式投产，总投资额约为 1300 万元。该项目是典型的太阳能海水蒸馏技术的应用项目，采用线性菲涅尔式聚光太阳能集热系统产出 170℃ 的热蒸汽，为低温多效蒸馏海水淡化系统提供热量，对海水进行蒸馏淡化从而得到蒸馏水。项目一期建设规模的总额定热功率为 180kW，额定产水量为 1250kg/h，年均产水量约为 2000t，可满足近 150 人 1 年的用水量。太阳能集热系统由 5 个 M^2 型线性菲涅尔式太阳能跟踪聚焦集热模块组成，占地面积不足 700m^2。科威特利用 220m^2 的槽形抛物面太阳能集热器及一个 7000L 的储热罐建成了多达 12 级的闪蒸系统供热的太阳能海水淡化装置，每天可产近 10t 淡水。该装置可在夜间及太阳辐射不理想的情况下连续工作，其单位采光面积每天的产水量甚至超过传统太阳能蒸馏器产水量的 10 倍。因此，太阳能系统与常规海水淡化装置相结合的潜力是巨大的。

综上，太阳能海水淡化装置的根本出路应是利用常规的现代海水淡化技术中先进的制造工艺和强化传热传质新技术，使之与太阳能的具体特点结合起来，实现优势互补，这样可以极大地提高太阳能海水淡化装置的经济性，才能为广大用户所接受，也才能进一步推动太阳能海水淡化技术向前发展。

八、其他应用

1. 太阳能制氢

氢能是一种高效、无污染的新能源，利用可再生能源制氢是开发氢能源的一条有效途径。在传统的制氢方法中，化石燃料制取的氢占全球的90％以上，利用电能电解水制氢也占有一定的比例。太阳能制氢是近30～40年才发展起来的。到目前为止，对太阳能制氢的研究主要集中在如下几种技术：太阳能热化学法制氢、光电化学分解法制氢、光催化法制氢、人工光合作用制氢和生物制氢。本部分主要介绍第一种方法——太阳能热化学法制氢。

太阳能热化学法制氢的最简单方法是通过太阳能直接热分解水来制氢。它利用太阳能聚光器收集太阳能直接加热水，使其达到2500K以上的温度从而分解为氢气和氧气。但是，这种方法存在两个主要问题：高温下氢气和氧气的分离以及高温太阳能反应器的材料问题。

正是由于这两个原因，使得这种方法在1971年由Ford和Kane提出后发展一直比较缓慢。随着聚光技术和膜科学技术的发展，这种方法又重新激起了科学家的研究热情。利用太阳能的热化学反应循环制取氢气是其中一项最引人注意的制氢方法，就是利用聚焦型太阳能集热器将太阳能聚集起来产生高温，推动由水为原料的热化学反应来制取氢气的过程。聚焦型太阳能集热器主要有槽形集热器、塔形集热器和碟形集热器。由聚焦型集热器收集到的太阳能可用来直接分解水，产生氢和氧。另外人们研究发现，如果在水中加入催化剂，使水的分解过程按多步进行，就可以大大降低水分解所需的温度。由于催化剂可以反复使用，所以这种制氢方法又称为热化学循环法。目前，科学家们已研究出100多种利用热化学循环制氢的方法，所采用的催化剂为卤族元素、某些金属及其化合物、碳和一氧化碳等。热化学循环法可在低于1000K的温度下制氢，制氢效率可达50％左右，所需热量主要来自核能和太阳能。许多专家认为，热化学循环法是很有发展前景的制氢方法。

在太阳能热化学循环中，第1步是利用太阳能将金属氧化物分解为金属单质和氧；第2步是金属单质在高温下和水蒸气反应，生成金属氧化物和氢气。这两步反应式分别为式（2-1）和式（2-2），反应流程见图2-50。

$$\text{M}_x\text{O}_y = x\text{M} + 0.5y\text{O}_2 \qquad\qquad (2\text{-}1)$$

$$x\text{M} + y\text{H}_2\text{O} = \text{M}_x\text{O}_y + y\text{H}_2 \qquad\qquad (2\text{-}2)$$

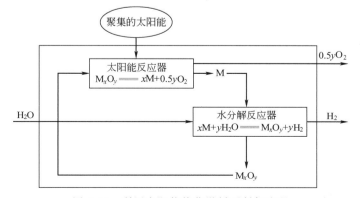

图 2-50 利用太阳能热化学循环制氢流程

实验证明，可用于太阳能热化学循环制氢的金属氧化物有 ZnO、FeO、CoO 等，反应温度大约在 720℃，大大低于直接分解水的温度，且效率可以达到 30%，是很有潜力的制氢技术。

利用太阳能热化学循环制氢是一种高效、经济的制氢方式。另外随着光伏技术的突飞猛进，光伏-电解槽系统也将成为未来制氢的有效方式。

2. 太阳能高温炉

17 世纪时，法国人爱伦费里德做了个实验，他用直径 76cm 的透镜聚焦太阳光，竟然将陶瓷熔化，这个实验使人们认识到太阳光所具有的巨大热能。后来，又有人用透镜熔化了金、银、铜、铁等矿石，为用太阳能熔炼金属开了先例。

太阳能高温炉由大面积反光镜和聚焦镜组成，采用计算机技术操纵反光镜跟踪太阳，使高倍率汇聚的太阳光直奔熔炼炉窗口。太阳能高温炉的温度高，升、降方便，是研制导弹、核反应堆等所需高温材料和模拟核爆时高温区情况的理想场所。太阳能加热与其他燃料不同，它不带杂质，温度特别高，用于熔炼高纯难熔物质是很好的选择。

1970 年，法国在比利牛斯山建成了一座巨型太阳能高温炉，它的抛物面聚光反射镜有 9 层楼高。凹面反射镜面积有 2500m²，它是由 9000 块小玻璃反射镜片拼接而成的，输入功率为 1800kW，焦距 18m。在距反射镜 130m 的对面山坡上，设有 8 个台阶，每组 180 块镜片，共 63 组平面反光镜。每个镜片面积为 50cm×50cm，反光率达到 0.8，由计算机控制跟踪太阳转动。平面反光镜将阳光反射到凹面反射镜上，经聚光后形成直径为 30~60cm 的光斑，焦点光斑处安装高温熔炉，其温度可达 3500℃ 以上，用于冶炼难熔金属。

20 世纪 80 年代，苏联在塔什干也建成一座太阳能高温炉，功率为 1000kW，最高炉温 2500℃，用于冶炼一些国防尖端材料。

第三节　太阳能的光电转换利用

太阳能利用的另一主要方面是利用光伏（photovoltaic，PV）效应将太阳光的辐射能直接转变为电能。

一、光伏效应

半导体对光的吸收取决于它的能带结构（见图 2-51），当外部不向半导体提供能量时，半导体中电子充满价带，而导带中不存在电子，此时半导体不具有导电性，是绝缘体。当半导体接受太阳光的能量时，价带的电子接受能量激发至导带，价带本身成为带正电荷的空穴，这些传导电流的介质总称为光载流子。

在光照条件下，太阳能电池中的半导体可以利用 P-N 结势垒形成光伏效应（图 2-52）。N 型半导体是施主，向半导体输送电子，形成多电子结构；P 型半导体是受主，接受半导体价带电子，形成多空穴结构。在内建电场作用下，N 区的空穴向 P 区运动，而 P 区的电子向 N 区运动，造成在太阳能电池受光面有大量负电荷（电子）积累，而在电池背光面有大量正电荷（空穴）积累。如在电池上、下表面做上金属电极，并用导线接上负荷，只要太阳光照不断，负荷就一直有电流通过，也就形成了太阳能电池电路。

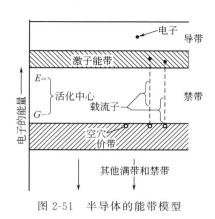

图 2-51 半导体的能带模型

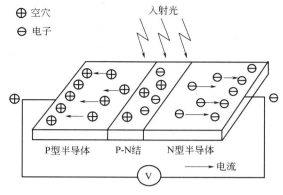

图 2-52 太阳能电池的光伏效应原理

二、太阳能电池

太阳能电池就是利用光生伏特效应的原理来工作的，所以太阳能电池又称光伏器件。太阳能电池是太阳能发电技术的核心组件。

太阳能电池发电有许多优点。

① 太阳能取之不尽，不受地球矿物能源短缺的影响。

② 可以方便就近供电，避免长距离输送。

③ 太阳能发电系统采用模块化安装，方便灵活，建设周期短，没有运动部件，不易损坏，维护简单。

④ 太阳能是理想的清洁能源。统计发现，如果安装 1kW 光伏发电系统，每年可少排放 CO_2 约 2000kg、NO_x 约 16kg、SO_x 约 9kg、其他颗粒物约 0.6kg。

另外太阳能电池发电也有一定的局限性：

① 太阳能发电受气候条件限制，存在间歇性，需要配备储能装置；

② 能量密度较低，大规模使用需要占用较大面积；

③ 发电成本相对高，初始投资大。

太阳能电池材料的种类很多，大致可按其材料结构分为以下三类：

① 硅基光伏电池：单晶硅、多晶硅光伏电池等；

② 薄膜光伏电池：砷化镓、碲化镉、铜铟镓硒薄膜光伏电池等；

③ 新型光伏电池：具有理论高转化效率以及低成本优势的新概念电池，主要有染料敏化光伏电池、钙钛矿光伏电池、有机太阳电池以及量子点太阳电池等。

占据市场主导地位的太阳能电池的材料主要为半导体材料：晶体硅（包括单晶硅、多晶硅）和非晶硅两种。晶体硅太阳能电池变换效率高，但价格也贵；非晶硅太阳能电池变换效率较低，但价格便宜。要使太阳能发电真正达到实用水平主要是提高太阳能光电变换效率并降低其成本。理论上讲，太阳能电池的最大转换效率达到 30%，甚至更高都是可能的。目前，单晶硅太阳能电池可将 16%～20% 的入射光线转换成电流，甚至在最佳条件下达到了 26%。叠层电池的转换效率得到充分提高，如砷化镓（GaAs）叠层电池的转化效率高达 35%。常见太阳能电池技术的比较见表 2-4。

目前已得到应用的太阳能电池主要有单晶硅电池、多晶硅电池、非晶硅电池等，而正在研究中的还有纳米氧化钛敏化电池、多晶硅薄膜以及有机太阳能电池等。实际应用中主要还是硅材料电池，特别是晶体硅太阳能电池，在应用中占主导地位。

表 2-4　常见太阳能电池技术比较

太阳能电池种类	最高转换效率/%	优点	缺点
单晶硅	24.4±0.5	长寿命、技术成熟、转换效率高	成本高
多晶硅	20.4±0.3	长寿命、技术成熟、转换效率高	成本较高
多晶硅薄膜	16.6±0.4	成本低廉、效率较高、稳定性好	生产工艺需提高
非晶硅薄膜	14.5(初始)±0.7 12.8(稳定)±0.7	重量轻、工艺简单、转换效率高、成本低廉	稳定性差,有效率衰退现象
铜铟镓硒电池	19.2±0.5	没有光电效率衰退效应、转换率较高、稳定性好、工艺简单	铟和硒都是比较稀有的元素、材料来源缺乏
CdTe/CdS 电池	16.5±0.5	成本较低、转化率较高、易于大规模生产	镉有毒

(一)晶体硅太阳能电池

晶体硅太阳能电池包括单晶硅太阳能电池和多晶硅太阳能电池。半导体材料硅（Si）和锗（Ge）都是第Ⅳ主族元素，每个原子的 4 个价电子与邻近的 4 个原子的 1 个价电子形成共价键。纯净的半导体材料结构比较稳定，在室温下只有极少数电子能被激发到禁带以上的导带中去，形成电子-空穴对的载流子。本征半导体本身的导电能力较弱，但掺入杂质后，其导电能力就可增加几十万倍乃至几百万倍。半导体掺杂主要有两种类型。一种是在纯净的半导体中掺入微量的第Ⅴ主族杂质，如磷（P）、砷（As）、锑（Sb）等。当它们在晶格中替代硅原子后，它的五个价电子除了四个与邻近的硅原子形成共价键外，还多出一个电子吸附在已成为带正电的杂质电离导带周围，这种提供电子的杂质称为施主杂质；其载流子大多是电子，少量的是空穴，显负电性，形成 N 型半导体。另一种掺杂是在纯净半导体中掺入微量第Ⅲ主族杂质，如硼（B）、铝（Al）、镓（Ga）、铟（In）等。每个掺入杂质原子只有三个电子，在形成共价键时相当于提供了一个空穴，于是在价带中形成了大量的正载流子（空穴）；这种主要依靠受主杂质提供空穴导电的半导体，显负电性，为 P 型半导体。图 2-53 为硅晶体掺入磷原子形成自由电子，图 2-54 则为硅晶体掺入硼原子形成空穴。

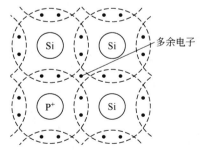

图 2-53　硅晶体掺入磷原子形成自由电子

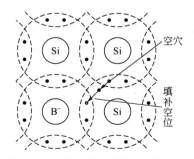

图 2-54　硅晶体掺入硼原子形成空穴

N 型半导体中含有较多的电子，而 P 型半导体中含有较多的空穴，当 P 型和 N 型半导体结合在一起时，就会在接触面形成电势差，这就是 P-N 结。当晶片受光后，N 型区的电子向 P 型区移动，这就形成了电流，如图 2-55 所示。

由于半导体的导电损耗大，需要涂上金属涂层以便于电流的传输，但若全部涂金属涂层，阳光就不能通过，电流就不能产生，因此一般用金属网格覆盖 P-N 结〔如图 2-56（a）

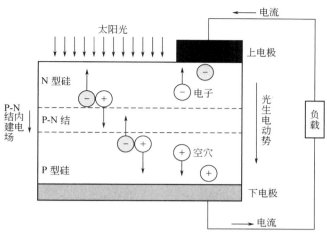

图 2-55　硅太阳能电池示意图

所示的梳状电极]，以增加入射光的面积。硅表面非常光亮，会反射掉大量的太阳光，不能被电池利用。为此需要给它涂上一层反射系数非常小的保护膜，将反射损失减小到 5％甚至更小。一个电池所能提供的电流和电压毕竟有限，于是人们又将很多电池并联或串联起来使用，形成太阳能光电板［图 2-56（b）］。

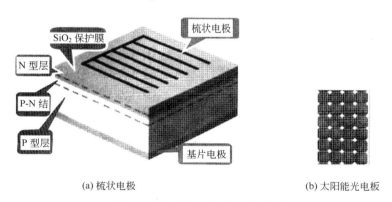

(a) 梳状电极　　　　　　　　　　　(b) 太阳能光电板

图 2-56　梳状电极与太阳能光电板

1. 单晶硅太阳能电池

单晶硅太阳能电池是第一代太阳能电池。1998 年前单晶硅电池曾经长时期占领最大的市场份额，1998 年后才退居多晶硅电池之后，位于第二位。在以后的若干年内，单晶硅太阳能电池仍会继续发展，保持较高的市场份额。单晶硅电池的最新动向是向超薄、高效发展，不久的将来，可有 $100\mu m$ 左右甚至更薄的单晶硅电池问世。目前单晶硅太阳能电池的光电转换效率为 15％左右，最大已接近 26％。

单晶硅太阳能电池的生产过程大致可分为如图 2-57 所示的几个步骤。

单晶硅太阳能电池的材料为高纯度的单晶硅棒，纯度要求达到 99.999％。为降低成本，用于地面设施的太阳能电池的单晶硅材料指标有所放宽。高质量的单晶硅片要求是无位错单晶，厚度达到 $200\mu m$；硅片的含氧硅要少于 1×10^{18} 原子/cm^3，碳含量少于 1×10^{17} 原子/cm^3。单晶硅片的电阻率控制在 $0.5\sim3\Omega\cdot cm$，导电类型为 P 型，用 B 作掺杂剂。

单晶硅电池以硅半导体材料制成大面积 P-N 结进行工作，即在面积约 $10cm^2$ 的 P 型硅

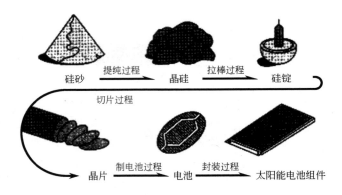

图 2-57　单晶硅太阳能电池的生产过程

片上用扩散法做出一层很薄的、经过重掺杂的 N 型层，N 型层上面制作金属栅线，形成正面接触电极；在整个背面制作金属膜，作为欧姆接触电极。当阳光从电池表面入射到内部时，入射光分别被各区的价带电子吸收并激发到导带，产生了电子-空穴对。势垒的作用是将电子扫入 N 区，而将空穴扫入 P 区。各区产生的光载流子在内建电场的作用下，反方向越过势垒，形成光生电流，实现了光-电转换过程。

单晶硅太阳能电池常规工艺流程如图 2-58 所示。

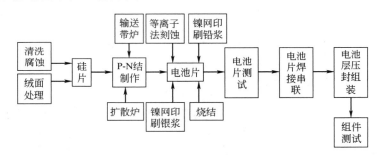

图 2-58　单晶硅太阳能电池的常规工艺流程

已批量生产的单晶硅太阳能电池，其光电转换效率达到 14%～20%。通过改进制备工艺可以进一步提高电池效率，目前出现的新工艺有以下几种。

① 钝化发射区太阳能电池（PERL）：电池正反面全部进行氧钝化，并采用光刻技术将电池表面的氧化硅层制成倒金字塔式（图 2-59），两面的金属接触面积缩小，其接触点进行 B 与 P 的重掺杂。PERL 电池的光电转换效率达到 24%。

② 埋栅太阳能电池（BCSC）：采用激光或机械法在硅表面刻出宽度为 $20\mu m$ 的槽，然后进行化学镀铜形成电极（图 2-60），BCSC 电池的制备工艺是结合实用化来提高效率，具有工业化生产前景。

单晶硅电池主要用于光伏电站，特别是通信电站，也可用于航空器电源或聚焦光伏发电系统。像单晶硅的结晶是非常完美的一样，单晶硅电池的光学、电学和力学性能均匀一致；电池的颜色多为黑色或棕黑色，也适合切割成小片制作小型消费产品，如太阳能庭院灯等。

2. 多晶硅太阳能电池

多晶硅太阳能电池是第二代太阳能电池。制作过程的主要特点是以氮化硅为减反射薄膜，商业化电池的效率多为 14%～16%，目前最高可达 20%；多晶硅电池是正方片，在制作电池组件时有最高的填充率。由于单晶硅太阳能电池需要高纯硅材料，其材料成本占电池总成本的一半以上。多晶硅电池材料制备方法简单、耗能少，可连续大规模生产，所以自1998年以来其产量和市场占有率为最大。

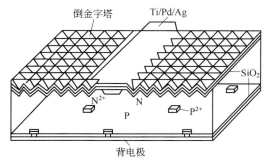

图 2-59　PERL 太阳能电池

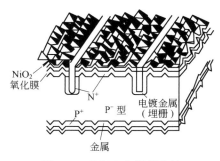

图 2-60　BCSC 太阳能电池

多晶硅按纯度可分为电子级多晶硅（EG）和太阳能级多晶硅（SOG），电子级多晶硅的纯度是 99.9999%，太阳能级多晶硅的纯度达到 99.999999%～99.99999999999%。

长期以来，太阳能级多晶硅都是采用电子级硅单晶制备的头尾料、增加底料来制备，经一系列物理化学反应提纯后达到一定纯度的半导体材料。目前，世界先进的电子级多晶硅生产技术主要有以下三种：改良西门子法、硅烷法和流态床反应法。另外，世界各国都在研究廉价生产太阳能级多晶硅的新工艺，包括化学法制备太阳能级多晶硅技术和冶金法制备太阳能级多晶硅技术。

多晶硅电池与单晶硅相同，性能稳定，也主要用于光伏电站建设，或作为光伏建筑材料（如光伏幕墙或屋顶光伏系统）。在阳光作用下，由于多晶结构不同、晶面散射强度不同，可呈现不同色彩；通过控制氮化硅减小反射薄膜的厚度，可使太阳能电池具备各种各样的颜色，如金色、绿色等，因而多晶硅电池更具有良好的装饰效果。

（二）非晶硅太阳能电池

非晶硅中原子排列缺少规则性，在单纯的非晶硅 P-N 结构中存在缺陷，隧道电流占主导地位，无法制备太阳能电池。因此要在 P 层和 N 层中间加入本征层 I，形成 P-I-N 结，改善了稳定性并提高了效率，同时遏制了隧道电流。大量的实验证实，实际的非晶硅基半导体材料结构既不像理想的无规网络模型，也不像理想的微晶模型，而是含有一定的结构缺陷，如悬挂键、断键、空洞等，这些缺陷有很强的补偿作用。α-Si 材料正是用 H 补偿了悬挂键等缺陷态，实现了对非晶硅基材料的掺杂。目前已应用于非晶硅太阳能电池的有掺硼（B）的 P 型 α-Si 材料和掺磷（P）N 型 α-Si 材料，它们的电导率可以由本征 α-Si 的 10^{-9} S/m 提高到 10^{-2} S/m。

1. 非晶硅太阳能电池的工作原理

与单晶硅太阳能电池类似，非晶硅太阳能电池也利用了半导体的光伏效应，但在非晶硅太阳能电池中光生载流子只有漂移运动而无扩散运动。由于非晶硅材料结构上的长程无序性，无规网络引起的极强散射作用使载流子的扩散长度很短。如若在光生载流子的产生处或附近没有电场存在，则光生载流子由于扩散长度的限制，将会很快复合而不能被收集。为了使光生载流子能有效地收集，就要求在非晶硅太阳能电池中光注入所涉及的整个范围内尽量布满电场。因此，电池设计成 P-I-N 型（P 层为入射光面），I 层为本征吸收层，处在 P 和 N

产生的内建电场中。当入射光通过 P 层后进入 I 层产生 e-h 对时,光生载流子一旦产生便被 P-N 结内建电场分开,空穴漂移到 P 边,电子漂移到 N 边,形成光生电流 I_L 和光生电动势 U_L。U_L 与内建电势 U_b 反向。当 $\|U_L\| = \|U_b\|$ 达到平衡时,$I_L = 0$,U_L 达到最大值,称为开路电压。当外电路接通时,则形成最大光电流,称之为短路电流 I_{sc},此时 $U_L = 0$。当外电路中加入负载时,则维持某一光电压 U_L 和光电流 I_L。

2. 非晶硅太阳能电池的结构

非晶硅（α-Si 太阳电池）是在玻璃衬底上沉积透明导电膜（TCO）,然后依次用等离子体反应沉积 P 型、I 型、N 型两层 α-Si,接着再蒸镀金属电极铝（Al）,光从玻璃入射,电池电流从透明导电膜和铝引出,最后用 EVA、底玻璃封装,也可以用不锈钢片、塑料等作衬底封装。

非晶硅薄膜电池组件的结构如图 2-61 所示,自上到下依次为顶面玻璃、SnO$_2$ 导电膜、双结非晶硅薄膜电池（非晶硅薄膜电池还可做成单结或二结非晶硅薄膜电池）、背电极、EVA、底面玻璃。

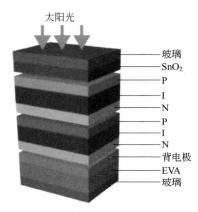

图 2-61　非晶硅玻璃薄膜太阳能电池结构

电池各层厚度的设计要求是:保证入射光尽可能多地进入 I 层,最大限度地被吸收,并最有效地转换成电能。以玻璃衬底 P-I-N 型电池为例,入射光要通过玻璃、TCO 膜、P 层后才到达 I 吸收层,因此对 TCO 膜和 P 层厚度的要求是:在保证电特性的条件下要尽量薄,以减少光损失。一般 TCO 膜厚约 80nm,P 层厚约 10nm,要求 I 层厚度既要保证最大限度地吸收入射光,又要保证光生载流子最大限度地输运到外电路;I 层厚度约 500nm,N 层约 30nm。

（1）集成型非晶硅太阳能电池的结构

为减小串联电阻,集成型电池通常用激光器将 TCO 膜、α-Si 膜和 Al 电极膜分别切割成条状,如图 2-62 所示。国际上采用的标准条宽约 1cm,称为一个子电池。用内部连接的方法将各子电池连接起来,因此集成型电池的输出电流为每个子电池的电流,总输出电压等于各子电池的串联电压。在实际应用中,可根据电流、电压的需要选择电池结构和面积,并可制成输出任意电流电压的非晶硅太阳能电池。

（2）叠层型非晶硅太阳能电池的结构

叠层型太阳能电池模块的器件结构是:玻璃/TCO/P-I-N/P-I-N/ZnO/Al/EVA/玻璃,其中前 P-I-N 结采用了能隙宽度约 1.78eV 的本征 α-Si:H 吸收层,后 P-I-N 结使用能隙宽

图 2-62 非晶薄膜硅太阳能电池遮阳系统

度 1.45～1.55eV 的本征 α-Si/Ge：H 层。前接触电极是用常压 CVD 法沉积的绒面氧化锡透明导电膜，非晶硅膜则采用等离子增强化学气相沉积（PECVD）法制备，其中约 10nm 厚的 P 型 α-SiC：H 合金膜层直接沉积在镀有 TCO 膜的玻璃上。前 P-I-N 结的本征 α-Si：H 膜层利用硅烷和氢气的混合气体进行沉积之后再沉积约 10nm 的掺磷微晶硅膜层。接下来的第二个 P 型 α-SiC：H 膜层形成了隧道结并作为第二个结的组成部分，然后是用硅烷、锗烷和氢气沉积的能隙宽度小的 α-Si/Ge：H 合金膜层。背接触电极由利用低压 CVD 法沉积的100nm 的 ZnO 和利用磁控溅射沉积的约 300nm 的 Al 层组成，如图 2-63 所示。

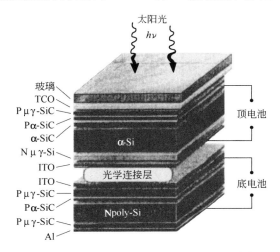

图 2-63 叠层结构非晶硅太阳能电池的结构

3. 非晶硅太阳能电池的制造工艺

（1）P-I-N 集成型非晶硅太阳能电池的制造工艺

常采用的工艺为气相沉积法。根据离解和沉积的方法不同，气相沉积法分为辉光放电分解法（GD）、溅射法（SP）、真空蒸发法、光化学气相沉积法（PhotvCVD）和热丝法（HW）等。气体的辉光放电分解技术在非晶硅基半导体材料和器件制备中占有重要地位，其流程如图 2-64 所示。

（2）叠层型非晶硅太阳能电池制备工艺

目前常规的叠层电池结构为 α-Si/α-SiGe、α-Si/α-Si/α-SiGe、α-Si/α-SiGe/α-SiGe、

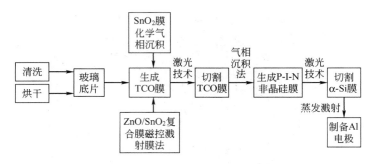

图 2-64　P-I-N 集成型非晶硅太阳能电池的制造工艺

α-SiC/α-Si/α-SiGe 等。制备叠层电池，在生长本征 α-Si：H 材料时，在 SiH_4 中分别混入甲烷（CH_4）或锗烷（GeH_4），就可制备出宽带隙的本征 α-SiC：H 和窄带隙的本征 α-SiGe：H。

4. 非晶硅太阳能电池的应用

从 1980 年日本 Sanyo 公司首次使用 α-Si 太阳能电池为袖珍计算机供电以来，α-Si 太阳能电池的应用领域不断扩大，对民用产品如手表、录音机、电视机的供电，这种应用主要是以低能耗为特点。在建筑领域的应用主要是在玻璃上直接沉积非晶硅太阳能电池作为屋顶瓦，此种屋顶瓦与普通的屋顶瓦规模、重量相当，可节省安装空间，降低系统费用。如日本目前正在实施的"百万屋顶"计划，希望让光电系统进入家庭。此外，非晶硅太阳能电池可用作偏远地区的照明和通信能源，可用于汽车顶棚给汽车电池供电，可作为小型发电系统提供电源。

随着非晶硅太阳能电池转化效率的提高及生产成本的降低，目前又开发了一种新应用类型非晶硅太阳能电池，即柔性衬底非晶硅太阳能电池。柔性衬底的非晶硅电池具有高比功率、轻便、柔韧性强等优点，因此在光伏建筑一体化，特别是在城市遥感用平流层气球平台、军用微小卫星、空间航天器等应用中极具优势。在目前的卫星系统中电源系统的重量占整体重量的近 1/3，而柔性衬底的非晶硅电池的功率/质量比可达 2000W/kg，远高于晶体硅的比功率，因此使用柔性衬底的非晶硅电池可大大降低电源系统的重量。在民用方面，由于柔性衬底的非晶硅电池具有极好的柔韧性、可卷曲性，这使它不但易于储存和运输，而且为电池的安装，特别是建筑物及供电系统的一体化设计提供了方便的条件，具有广阔的应用前景。

（三）化合物太阳能电池

化合物薄膜太阳能电池及薄膜 Si 系太阳能电池是第三代太阳能电池。多元化合物薄膜太阳能电池主要包括 CdTe 系列太阳能电池、$CuInSe_2$ 系列太阳能电池、$CdS/CuInSe_2$ 太阳能电池、GaAs 系列太阳能电池和 InP 系列太阳能电池。

1. CdTe/CdS 太阳能电池

CdTe 是 Ⅱ-Ⅵ 族化合物，是直接带隙材料，带隙能为 1.45eV。它的光谱响应与太阳光谱十分吻合，且电子亲和势高达 4.28eV；CdTe 具有闪锌矿结构，其晶格常数 α 为 0.164nm。CdS 薄膜广泛应用于太阳能电池窗口层，并作为 N 型层。CdS 薄膜具有铅锌矿结构，是直接带隙材料，带隙宽度为 2.42eV。在 CdTe/CdS 太阳能电池中，为得到高的短路电流密度，CdS 膜必须极薄。CdTe 和 CdS 能形成电性能优良的异质结，Te 扩散入 CdS 层中，形成具有铅锌矿结构的 $CdS_{1-y}Te_y$，其带隙小于 CdS。Te 扩散进窗口层，降低了器

件的 I_{sc} 值；S 扩散到 CdTe 内，形成具有铅锌矿结构的合金 $CdTe_{1-x}S_x$，带隙小于 CdTe。从目前的研究结果看，CdTe/CdS 太阳能电池的转换效率在 19% 左右，电池的填充因子 FF 在 0.6～0.75 之间。所有高效 CdTe/CdS 太阳能电池都采用上覆盖器件结构。CdTe/CdS 太阳能电池的原料分别为 CdTe 薄膜和 CdS 薄膜。

CdTe 是公认的、高效廉价的薄膜电池材料。CdTe 光伏技术的一大障碍是材料中含元素 Cd，而 Cd 及其化合物均有毒性，会带来环境污染，使其应用受到制约。

2. CuInSe₂ 薄膜太阳能电池

$CuInSe_2$（简称 CIS）是三元 I-IV-VI 族化合物半导体材料，是重要的多元化合物半导体光伏材料。$CuInSe_2$ 具备黄铜矿和闪锌矿两个同素异形的晶体结构。其高温相为闪锌矿结构（相变温度为 980℃），低温相是黄铜矿结构（相变温度为 810℃）。$CuInSe_2$ 为直接带隙半导体材料，带隙结合能 77K 时为 1.04eV，300K 时为 1.02eV；其带隙对温度的变化不敏感。$CuInSe_2$ 的电子亲和势为 4.58eV，这使它们形成的异质结没有导带尖峰，降低了光生载流子的势垒。$CuInSe_2$ 具有高达 $6 \times 10^5 cm^{-1}$ 的吸收系数，是半导体材料中吸收系数较大的材料。

$CuInSe_2$ 太阳能电池是在玻璃或其他廉价衬底上分别沉积多层薄膜构成的光伏器件，其结构为：光/金属栅状电极/减反射膜/窗口层（ZnO）/过渡层（CdS）/光吸收层（CIS）/金属背电极（Mo）/衬底。在 300～350℃ 之间，将 In 扩散入 CdS 中，把本征 CdS 变成 N-CdS，用于做 CIS 太阳能电池的窗口层。近年来窗口层改用 ZnO，其带宽可达到 3.3eV。为了增加光的入射率，在电池表面做一层减反膜 MgF_2。为了进一步提高电池的性能参数，以 Zn_xCd_{1-x} 代替 Cd 制成了 $Zn_xCd_{1-x}S/CuInSe_2$ 太阳能电池（$x=0.1～0.3$）。ZnS 的掺入可减少电子亲和势差，从而提高开路电压，并提高了窗口材料的带隙结合能。这样就改善了晶格匹配，提高了短路电流。

$CuInSe_2$ 薄膜太阳能电池具有生产成本低、污染小、不衰退、弱光性能好等显著特点，光电转换效率居各种薄膜太阳能电池之首，接近晶体硅太阳能电池，而成本只是它的 1/3，被称为未来的新型薄膜太阳能电池。

3. GaAs 太阳能电池

GaAs 太阳能电池主要有三类：超薄 GaAs 太阳能电池、多结叠层 GaAs 基系太阳能电池和 $Al_{0.37}Ga_{0.63}As/GaAs$ 双结叠层电池。GaAs 是典型的 III-V 族化合物半导体材料，Ga 和 As 原子交替占位，是闪锌矿晶体结构。GaAs 的带隙宽度为 1.42eV（300K），正好位于最佳太阳能电池材料所需的能隙范围，在光子能量超过其带隙宽度后，GaAs 的光吸收系数达 $10^4 cm^{-1}$ 以上，所以 GaAs 比 Si 具有更高的理论转换效率。GaAs 材料另一个显著特点是易于获得晶格匹配或光谱匹配的异质衬底电池和叠层电池材料，这使电池的设计更为灵活，从而大幅提高转换效率。GaAs 太阳能电池出现于 1956 年，总体上它与太阳光谱的匹配较适合，禁带宽度适中，耐辐射且高温性能比硅强。在 250℃ 的条件下，GaAs 太阳能电池仍保持很高的光电转换性能，非常适合于制造高效单结电池；但其材料价格高，限制了普及应用，目前多用于航天（效率为 18%～19.5%）。实验室已制出了面积为 $4m^2$、转换效率达到 30.28% 的 $In_{0.5}Ga_{0.5}P/GaAs$ 叠层太阳能电池。

4. InP 系列太阳能电池

另一种太阳能电池称为 InP 系列太阳能电池。它也是直接带隙半导体材料，其带隙宽度为 1.35eV（300K），也处在匹配太阳光谱的最佳能隙范围。对太阳光谱最强的可见光和近红外光波段也有很大的光吸收系数，所以 InP 电池的有源层厚度只需 $3\mu m$ 左右。InP 太阳能电池的主要特点是抗辐照能力强，在一些高辐照剂量的空间发射中，只有 InP 电池能保持较高的效率。

（四）染料敏化纳米晶化学太阳能电池

染料敏化纳米晶化学太阳能电池（简称 DSSCS 电池）是一种光电化学电池。它与自然界的光合作用有相似之处，主要表现在：一是利用有机染料吸收光和传递太阳能；二是利用多层结构来吸收和提高收集效率。

纳米晶材料太阳能电池于 20 世纪 90 年代诞生，目前纳米晶太阳能电池的光电转换效率稳定在 10% 以上，使用寿命可达 20 年以上，它的成本较低，仅为硅太阳能电池的 10%～20%。

1. 染料敏化纳米晶太阳能电池的工作原理

染料敏化纳米晶太阳能电池的基本组成如图 2-65 所示，它主要由透明导电基片、多孔纳米晶薄膜（如 TiO_2）、染料敏化剂、电解质溶液和对电极组成。

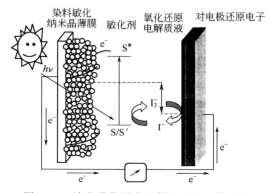

图 2-65   纳米晶化学太阳能电池的工作原理

纳米晶化学太阳能电池的工作原理不同于硅系列太阳能电池。以纳米 TiO_2 为例，它的带隙为 3.2eV，可见光不能将其激发；在它表面上涂上染料或光能催化剂后，染料分子在可见光的作用下吸收能量而被激发。处于激发态的电子不稳定，在染料分子与 TiO_2 表面上相互作用，电子跃迁到低能级的 TiO_2 导带，通过外电路产生光电流，失去电子的染料在阳极被电解质中的碘离子还原，又回到基态。

2. 染料敏化纳米晶太阳能电池的材料

（1）透明导电基片的制备

在导电玻璃表面镀一层氧化铟锡膜（TTO），在玻璃与膜之间制备一层 SiO_2，在阴极上还镀上一层 Pt。SiO_2 的厚度大约为 $0.1\mu m$，它的作用是防止普通玻璃中的 Na^+、K^+ 等离子在高温烧结时扩散到 TTO 膜中，Pt 的作用是作为催化剂和阳极材料。

（2）多孔纳米晶薄膜的制备

TiO_2（多孔纳米晶薄膜）是半导体材料，它的表面吸附了单分子层的光敏染料，用来吸收太阳光。TiO_2 的粒度越小，它的比表面积越大，那么吸附的染料分子也越稳定。除纳米 TiO_2 外，其他材料（如 Nb_2O_5、In_2O_3 等）的应用也在研究。多孔纳米晶薄膜的制备方法包括粉末涂覆法、旋涂法和丝网印刷法等。

（3）敏化的染料

敏化的染料对电池的效率有重要影响，它须具备的条件有：

① 能吸收很宽的可见光谱；

② 稳定性好；

③ 激发态反应活性高、激发态寿命长和光致发光性好。

按照结构中是否含有金属原子或离子，可将用于染料敏化纳米晶太阳能电池的染料敏化剂分为金属有机敏化剂和非金属有机敏化剂两大类。

（4）电解质

染料敏化纳米晶太阳能电池的电解质有液态电解质、准固态电解质和固态电解质。染料敏化纳米晶太阳能电池的电解质多为液态物质，它是一种空穴传输材料。液体电解质选材范围广，电极电势易于调节；但它容易导致敏化染料从 TiO_2 电池上脱落，还可以导致染料降解，密封工艺要求高。常见的有机溶剂电解质有乙腈、戊腈、甲氧基丙腈、碳酸乙烯酯、碳酸丙烯酯和 γ-丁内酯等。准固态电解质是在有机溶剂电解质和离子液体电解质中加入凝胶剂形成凝胶体系，从而增加体系的稳定性。固态电解质中研究得比较多的是有机空穴传输材料和无机 P 型半导体材料，如 CuI、腙类化合物、氮硅烷类化合物等系列聚合物。

（5）电极的处理

为了提高电池的性能，往往还要进一步处理电极：

① 电极的表面化学改性，用无机酸处理电极以提高光电转化率；

② 核壳/混合半导体电极对光生电荷复合的抑制，Al_2O_3 包覆 TiO_2 电极形成一种核壳结构，能改善电池的转换效率；

③ 对表面掺杂和修饰也可改善太阳能电池的光电转换效率。

三、光伏发电技术

光伏发电是太阳能电池的主要应用。太阳能光伏发电系统（图 2-66）主要由太阳能电池组件、电力电子设备（包括充电控制器、放电控制器、交流-直流逆变器、测试仪表和计算机监控等）以及蓄电池组或其他储能设备等三部分组成。太阳光辐射能量经由光伏电池方阵直接转换为电能，并通过电缆、控制器、储能等环节进行储存和转换，提供负载使用。

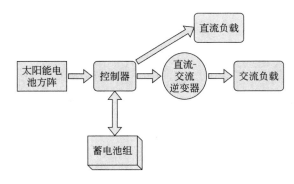

图 2-66　光伏发电系统的构成

按应用形式，光伏发电系统基本可分为两大类：独立光伏发电系统和并网光伏发电系统。

1. 独立光伏发电系统

独立光伏发电系统（图 2-67）是不与常规电力系统相连而孤立运行的发电系统，由光伏电池阵列、充电控制器、蓄电池组、正弦波逆变器等组成。其工作原理为：光伏电池将接收到的太阳辐射能量直接转换成电能供给直流负载，或通过正弦波逆变器变换为交流电供给交流负载，并将多余能量经过充电控制器后以化学能形式存储在蓄电池中，在日照不足时，存储在蓄电池中的能量经变换后供给负载。在人口分散、现有电网不能完全到达的偏远地区，独立光伏发电系统因具有就地取材、受地域影响小、无需远距离输电、可大大节约成本等优点而得到广泛重视与应用。独立光伏发电系统主要解决偏远的无电地区和特殊领域的供电问题，且以户用及村庄用的中小系统居多。随着电力电子及控制技术的发展，独立光伏发电系统已从早期单一的直流供电输出发展到现在的交、直流并存输出。

图 2-67　独立光伏发电系统

2. 并网光伏发电系统

并网光伏发电系统是与电力系统连接在一起的光伏发电系统，可为电力系统提供有功和无功电能，同时也可由并网的公共电网补充自身发电不足。该系统主要由三大部分组成：光伏阵列；逆变器、充电控制器等电力电子设备；蓄电池或其他储能和辅助发电设备。并网光伏发电系统与公共电网相连接，其典型结构示意图如图 2-68 所示。

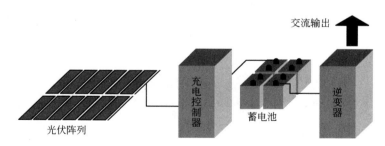

图 2-68　并网光伏发电系统示意图

光伏电池阵列所发的直流电经逆变器变换成与电网相同频率的交流电，以电压源或电流源的方式送入电力系统。容量可视为无穷大的公共电网在这里扮演着储能环节的角色。因此并网光伏发电系统降低了系统运行成本，提高了系统运行和供电稳定性，并且光伏并网系统的电能转换效率要大大高于独立系统，成为当今世界太阳能光伏发电技术的发展趋势。

并网光伏发电系统可分为住宅用并网光伏发电系统和集中式并网光伏发电系统两大类。前者的特点是光伏发电系统发的电直接分配给用户负荷，多余或不足的电力通过连接电网来调节；后者的特点是光伏发电系统发的电被直接输送到电网上，由电网把电力统一分配给各用户。住宅用并网光伏发电系统和集中式并网光伏发电系统两者在系统结构上差别不大。目前住宅用并网光伏系统在国外已得到大力推广，而集中式并网光伏系统应用已经在蓬勃发展中。

图 2-69 给出的是住宅用光伏并网发电系统。这种系统适用于独立节能别墅、公寓房等，白天发电产生电能卖给公用电网，晚上从公用电网买电，通过享受卖电与买电的差价，得到更加合理的建造成本优势。

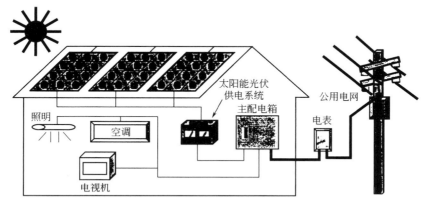

图 2-69　典型的光伏屋顶并网发电系统示意图

除了太阳能电池方阵，并网逆变器是并网光伏系统的中心。逆变器把太阳能电池方阵输出的直流电转换成与电网电力相同电压和频率的交流电，同时还起到调节电力的作用。逆变器有以下几个作用：

① 在输出电压和电流随太阳能电池温度以及太阳辐照度而变化时，总是输出太阳能电池的最大功率；

② 输出已抑制谐波的电流，以免影响电网的电能质量；

③ 倒流输出剩余电力时，自动调整电压，把用户的电压维持在规定范围。

光伏发电系统中常用的并网逆变器可分四种，即直接耦合系统、工频隔离系统、高频隔离系统和高频不隔离系统。四种系统的优缺点参见表 2-5。

表 2-5　四种并网逆变器的比较

系统形式	优点	缺点
直接耦合系统	省去了笨重的工频变压器,故其效率高(96%左右)、重量轻、结构简单、可靠性较好	太阳能电池板与电网之间没有实现电气隔离,太阳能电池板两极有电网电压,存在安全隐患;对太阳能电池组件乃至整个系统的绝缘有较高要求,容易出现漏电现象
工频隔离系统	结构简单、可靠性高、抗冲击性和安全性能良好,直流侧 MPPT 电压上下限比值范围一般在 3 倍以内	系统效率相对较低,且由于变压器的存在使得系统较为笨重
高频隔离系统	该系统同时具有电气隔离和重量轻的优点,系统效率在 94%左右	由于隔离 DC/AC/DC 的功率等级一般较小,所以这种拓扑结构集中在 2kW 以下;高频 DC/AC/DC 的工作频率较高,一般为几十千赫或更高,系统的电磁兼容(EMC)比较难设计;系统的抗冲击性能差

续表

系统形式	优点	缺点
高频不隔离系统	省去了笨重的工频变压器,效率高（94％左右）,重量轻,太阳能电池阵列的直流输入电压范围可以很宽(典型输入电压范围为125～700V)	太阳能电池板与电网没有电气隔离,太阳能电池板两极会有电网电压,故也存在安全隐患;由于使用了高频 DC/DC,使得 EMC 难度加大,系统的可靠性较低

3. 光伏发电技术的应用

太阳光是一种清洁能源,光伏发电系统无污染,不产生温室气体；没有运动部件,安静、可靠,无需特别维护、寿命长,模块化安装,在光伏器件的寿命期内,发电费用是固定不变的。因此,光伏发电技术在世界各地各个领域得到了广泛的应用。

（1）太阳能灯

太阳能路灯（图 2-70）主要由太阳能电池组件、蓄电池、充放电控制器、照明电路、灯杆等组成,集光、电、机械、控制等技术为一体,常常与周围的优美环境融为一体。与传统路灯相比较,它还具有安装简单、节能无消耗、没有安全隐患等优点。

图 2-70　太阳能路灯

除了太阳能路灯之外,常见的太阳能灯还包括太阳能草坪灯、太阳能航标灯、太阳能交通警示灯等,如图 2-71～图 2-73 所示。

图 2-71　太阳能草坪灯

（2）光伏建筑一体化（BIPV）

BIPV 是指将光伏技术与建筑一体化相结合。在世界各地都能见到这种时尚高雅与环保节能相结合的典范。BIPV 较传统建筑而言具有无可比拟的优点,是建筑设计的发展潮流。将太阳能电池板安装在屋顶,只要阳光出现,电池板就开始工作,从而将光能转换成各种能量。图 2-74 分别给出了太阳能电池架在屋顶上、铺在屋顶上以及作为屋顶一部分的情况。

图 2-72 太阳能航标灯

图 2-73 太阳能交通警示灯

(a) 架在屋顶

(b) 铺在屋顶

(c) 作为屋顶一部分

图 2-74 太阳能电池在 BIPV 中的安装位置

（3）在通信方面的应用

太阳能光伏电源系统在工业领域最成熟的应用体现在通信领域。太阳能发电应用于无人值守的微波中继站、光缆维护站、农村载波电话光伏系统、小型通信机、GPS 供电等。图 2-75 为太阳能光伏微波通信站，图 2-76 为太阳能通信基站，图 2-77 为太阳能 GSM 通信中继站。

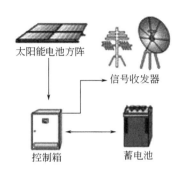

太阳能电池方阵

信号收发器

控制箱   蓄电池

图 2-75 太阳能光伏微波通信站

太阳能光伏发电的应用保证了通信基站、中继站、直放站的电力供应，体现了太阳能光伏发电无人值守、高效稳定运行的优点，在现代化通信领域将得到越来越广泛的应用。

图 2-76   太阳能通信基站

图 2-77   太阳能 GSM 通信中继站

（4）太阳能汽车

太阳能汽车通过太阳能电池发电装置为直接驱动动力或以蓄电池储存电能再驱动汽车，适用于城市或乡村交通代步工具或小批量的货运工具，或作为公园广场等地点的旅游观光工具。相对于自行车而言，它更加省力、舒适、安全，比其他汽车更加环保、节能。图 2-78（a）是我国首批头顶太阳能电板的"太阳能汽车"，这种车完全靠太阳供电，无需耗油，且价格便宜。其太阳能转化率能达到 14％～17％，最高速度可达 60～70km/h，并且可以真正运用到生产当中去。图 2-78（b）为我国首款完全依靠纯太阳能驱动的汽车，它不使用任何化石燃料和外部电源，真正实现零排放，且关键核心零部件均来自于天津本地企业。

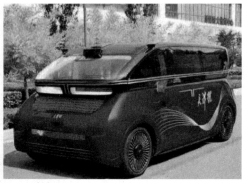

(a) 我国首批太阳能汽车   (b) 我国首款纯太阳能汽车"天津号"

图 2-78   我国的太阳能汽车

（5）太阳能光伏电站

光伏电站是太阳能光电应用的主要形式。在我国西部的无电地区，很大程度上依赖光伏电站提供电能。光伏电站的大小在几千瓦到 1MW 以上，具有安装灵活、快速，运行可靠，控制方便等优点。虽然光伏电站的初期投资相对较大，但是其运行和维护费用较低，随着世界范围内对能源与环保提出的严格要求，其价格和环保的优势将日益显现。因此，世界各国都将太阳能光伏电站的研究与利用放在非常重要的位置，我国也做了大量的尝试。

4. 我国典型光伏发电应用项目

（1）深圳园博园光伏发电并网系统

深圳国际园林花卉博览园 1MW 并网光伏电站（图 2-79）于 2004 年 8 月在深圳国际园林花卉博览园内建成发电，总投资 6600 万元人民币。该电站填补了中国在兆瓦级并网光伏项目设计和建设上的空白，成为当时国内首座大型的兆瓦级并网光伏电站，也是当时亚洲最大的并网太阳能光伏电站。该电站的建成对今后太阳能光伏发电系统在建筑上的应用以及设计、建设大型并网光伏电站具有借鉴和参考意义，是对建筑并网光伏发电的尝试，成为中国并网太阳能发电的里程碑。

图 2-79　深圳国际园林花卉博览园兆瓦级并网光伏电站

（2）西藏羊八井并网光伏发电站

为了弥补在中压和高压网直接并网的大型太阳能并网发电领域的研究和建设上的空白，2005 年 8 月 31 日，直接与高压并网的 100kW 光伏发电站（图 2-80）在西藏羊八井建成并一次并网成功，顺利投入运行。作为世界上海拔最高的太阳能光伏并网电站，西藏羊八井 100kW 戈壁沙漠高压并网光伏电站的建成是沙漠电站的又一雏形。该工程还深入开展了光伏发电高压并网关键技术研究，如并网逆变器技术及其相关的运行安全控制技术、光伏阵列跟踪技术等。

（3）内蒙古伊泰集团太阳能聚光光伏电站

伊泰集团 205kW 太阳能聚光光伏电站（图 2-81）是国内首座太阳能聚光光伏示范电站，于 2007 年 10 月在鄂尔多斯市建成。该项目采用数倍聚光光伏发电系统，安装了 200kW 太阳能聚光光伏电池和 5kW 常规平板太阳能光伏电池，目的是进行太阳能聚光光伏发电和常规平板太阳能光伏发电的对比试验。该电站的建成标志着我国聚光光伏电站建设迈出了重要的一步，将对聚光光伏发电系统的经济性、可靠性进行检验，为推广使用太阳能聚光光伏发电技术积累宝贵经验。

图 2-80　西藏羊八井 100kW 并网光伏示范电站　　　图 2-81　国内首座太阳能聚光光伏示范电站

（4）上海崇明兆瓦级太阳能光伏发电示范工程

崇明兆瓦级太阳能光伏发电示范工程装机容量1046kW，年平均上网电量约1073000kW·h，该项目于2007年10月正式并网发电，接入崇明35kV前卫村变电站的10kV侧电网。该工程以单晶硅光伏组件为主，同时采用了少量多晶硅、HIT等多种类型的晶体硅电池组件，其中HIT光伏电池在国内为首次使用。作为示范项目，通过对多种类型的晶体硅电池组件实际应用的比较分析，为今后长三角地区开发利用太阳能提供了较好的经验。

四、太阳能光伏发电技术的发展概况

早在1893年法国人就发现了光伏现象，但在38年后才研制出第一片硒太阳能电池。因当时的光电转换效率太低（1%），硒太阳能电池作为发电器件没有得到推广应用，直到1954年美国贝尔实验室的3位科学家才成功制备了具有实用价值的单晶硅太阳能电池。当时硅太阳能电池的转换效率也只有4.5%，几年后提高到10%左右。由于价格昂贵，硅太阳能电池最初仅用于地球卫星、空间站等太空飞行器的供电。1973年的世界石油危机使得太阳能作为清洁、可再生能源得到世界各国高度重视，太阳能电池材料与生产工艺得到迅速发展。

20世纪80年代初，人们开始研究光伏并网发电，美国、日本、德国、意大利都为此做出了努力。按照当时认识，建造的都是较大型的光伏并网电站，规模从100kW到1MW不等，而且都是政府投资的试验性电站。试验结果在发展相应的技术方面是成功的，但在经济性方面却并不十分令人鼓舞，主要是由于太阳能电池成本过高，虽然具有明显的减排等环境效益，但其发电成本却很难让电力公司接受。

20世纪90年代以来，国外发达国家重新掀起了发展光伏并网系统的研发高潮，这次的重点并未放在建造大型并网光伏电站方面，而是侧重发展"屋顶光伏并网系统"。人们认为，屋顶光伏并网系统不单独占地，将太阳能电池安装在现成的屋顶上，非常适合太阳能能量密度较低的特点，而且其灵活性和经济性都大大优于大型并网光伏电站，有利于普及以及战备和能源安全，所以受到了各国的重视。

1995年以后，太阳能电池以30%的年增长幅度高速发展。尽管光伏产业在发展历程中，仍存在贸易摩擦等诸多不确定因素，但随着光伏产业供应端逐渐步入良性循环，中国、日本和美国光伏市场的快速升温推动了光伏新一轮的景气周期，将会重塑人们对于新能源的认识以及逐步改变人们的能源利用方式。在经历了短暂的市场低迷之后，2014年全球光伏市场的需求延续2013年温和上涨的态势，产业开始步入健康发展轨道。在外部政策的刺激和市场需求的双重驱动下，全球光伏系统在成本、技术、运营等方面逐步得到了进一步改善，特别是光伏发电成本竞争力的巨大提升带来了光伏市场规模化应用的增长，开启了新一轮的景气周期。截至2020年底，全球太阳能累计装机容量达到了763GW，仅2020年就新增装机容量130GW，同比增长13%。中、美、日、德、澳、印六国是传统光伏发电建设的领头国，中国是新增装机规模最大的国家，2020年新增装机48.20GW，增速为60%；美国保持第二大装机市场，全年新增装机19.20GW，增速为44%；越南跃居第三位，全年新增装机10.80GW，同比增长93%（见图2-82）。从技术的角度来看，光伏电池效率不断提高，新型太阳能电池（如钙钛矿电池）研发进展迅速；制造业产业链各环节、产量均有所增长，生产能力继续提升，且中国企业开始占据垄断地位。

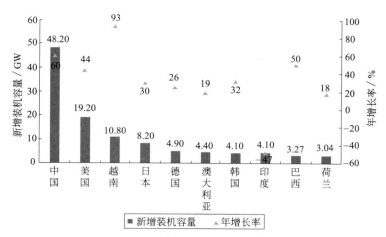

图 2-82 2020 年全球主要国家光伏发电新增装机容量和增长情况

近年来，全球太阳能发电量呈逐年增加的趋势，2020 年全球太阳能发电量达到了 855.7TW·h，同比增长 20.5%。太阳能发电量最多的国家仍然是装机容量较多的传统光伏大国——中、美、日、德、澳、印六国（见表 2-6）。

表 2-6　光伏新增前十国家的发电量及其 2020 年太阳能发电量在发电总量中的占比

序号	国家	2019 年/TW·h	2020 年/TW·h	同比增长/%	2020 年太阳能发电量在发电总量中的占比/%
1	中国	224.30	261.10	16	3.4
2	美国	106.89	132.63	24	3.3
3	越南	4.50	9.10	102	3.9
4	日本	72.30	82.90	15	8.3
5	德国	46.40	50.60	9	8.8
6	澳大利亚	18.30	23.80	30	9.0
7	韩国	13.00	16.60	28	2.9
8	印度	46.30	58.70	27	3.8
9	巴西	6.70	8.00	19	1.3
10	荷兰	5.30	8.10	53	6.6

此外，其他许多发达和发展中国家也都有类似的光伏屋顶并网发电项目或计划，如荷兰、瑞士、芬兰、奥地利、英国、加拿大等，发展中国家印度、越南等也成为光伏发电的生力军，发展速度极为迅猛。随着光伏并网发电系统技术的不断完善和经济性的提高，其市场占有率将始终保持在 50% 左右。

我国太阳能资源非常丰富，理论储量达每年 17000 亿吨标准煤；大多数地区年平均日辐射量在每平方米 4kW·h 以上，与美国相近，比欧洲、日本优越得多，具有巨大的开发潜能。我国对光伏电池的研究始于 1958 年，光伏发电产业于 20 世纪 70 年代起步，80 年代以前光伏电池年产量一直低于 10kW，90 年代中期进入稳步发展时期。在"光明工程"、"先导项目"、"送电到乡"工程、"太阳能屋顶计划"等重大项目和世界光伏市场的拉动下，促进了光伏产业的快速发展。进入 21 世纪以来，我国光伏产业的生产能力快速扩大，2000 年光伏电池年产量猛增至 3MW；2007 年，全国光伏发电装机容量累计达 100MW，且从事太阳能电池生产的企业达 50 余家，太阳能电池生产能力达到 2900MW，太阳能电池年产量达 1188MW，占世界总产量的 27.2%，成为世界最大的光伏电池生产国，并已初步建立起从原材料生产到光伏系统建设等多个环节组成的完整产业链，特别是多晶硅材料生产取得了重大进展，突破了年产千吨大关，冲破了太阳能电池原材料生产的瓶颈制约，为我国光伏发电的规模化发展奠定了基础。2008 年，我国光伏电池年产量达 2000MW，居世界第一。2008 年全国光伏发电装机容量约为 150MW，2009 年则增为 310MW。然而，国际光伏市场瞬息万变，中国的光伏却在 2011～2013 年进入低迷期，大部分企业持续亏损。2014 年，随着各相关部门落实国务院《关于促进我国光伏产业健康发展的若干意见》配套措施，光伏贸易纠纷得到有效处理，中国光伏行业协会正式成立，这些都为产业走出困境、实现可持续发展奠定了坚实的基础。光伏产业在 2014 年发展态势良好，回暖态势明显，多数企业扭亏为盈，经营状况得到了较大改善。2020 年我国新增装机量为 48.2GW，同比增长 60%，连续 8 年居全球首位；累计装机容量 253.43GW，连续 6 年居全球首位，年发电量约 261.1TW·h（见图 2-83）。此外，多晶硅产量连续 10 年居全球首位，组件产量连续 14 年居全球首位，光伏产业链各环节均有 7 家以上企业居全球前 10 名（2020 年，硅料 7 家、硅片 10 家、电池片 9 家、组件 8 家）。中国已成为名副其实的光伏大国。

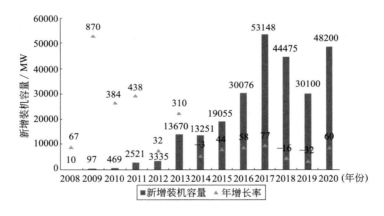

图 2-83　2008～2020 年中国太阳能发电年新增装机容量和增长率

太阳能光伏发电在不久的将来会占据世界能源消费的重要席位，不但要替代部分常规能源，而且将成为世界能源供应的主体。预计到 2030 年，可再生能源在总能源结构中将占到 30% 以上，而太阳能光伏发电在世界总电力供应中的占比也将达到 10% 以上；到 2040 年，可再生能源将占总能耗的 50% 以上，太阳能光伏发电将占总电力的 20% 以上；到 21 世纪末，可再生能源在能源结构中将占到 80% 以上，太阳能发电将占到 60% 以上。

根据我国光伏发电的发展情况，在今后一段时间，我国光伏发电主要应用在以下几个方面：城市并网光伏发电，荒漠和海岛地区的供电，边远地区离网供电，景观灯、LED 照明等商业应用。总之，太阳能光伏发电作为一种清洁环保能源将得到前所未有的发展。随着光伏发电技术开发的深化，它的效率、性价比将得到提高，它将在各个领域得到广泛的应用，也将极大地推动中国绿色电力工程的快速发展。

第四节　其他形式的太阳能转换利用

一、太阳能-氢能转换利用

太阳能可以通过分解水或其他途径转换成氢能，即太阳能制氢。太阳能制氢是近 30～40 年才发展起来的。到目前为止，对太阳能制氢的研究主要集中在如下几种技术：太阳能电解水制氢、热化学法制氢、光电化学分解法制氢、光催化法制氢、人工光合作用制氢和生物制氢等。

1. 太阳能电解水制氢

电解水制氢是目前应用较广且比较成熟的方法，效率较高（75％～85％），但耗电大，因此用常规的电能制氢，从能量利用角度看并不合理。只有当太阳能发电的成本大幅度下降后，才可能实现大规模电解水制氢。

2. 太阳能直接热分解水制氢

利用太阳能聚光器收集太阳能直接加热水，将水或水蒸气加热到 3000K 以上，水分解为氢气和氧气。这种方法制氢效率高，但需要高倍聚光器才能获得如此高的温度，同时对反应器的材料有很高的要求，因此一般不采用这种方法制氢。

3. 太阳能热化学循环制氢

如前所述，为了降低太阳能直接热分解水制氢要求的高温，在水中加入一种或几种催化剂（中间物），然后加热到较低温度，经历不同的反应阶段，最终将水分解成氢和氧，而中间物不消耗，可循环使用。存在的主要问题是催化剂的还原，这将影响氢的价格，并造成环境污染。

4. 太阳能光化学分解水制氢

这一制氢过程与上述热化学循环制氢有相似之处，它在水中添加某种光敏物质作为催化剂，增加对阳光中长波光能的吸收，利用光化学反应制氢。

5. 太阳能光电化学电池分解水制氢

利用 N 型二氧化钛半导体电极作为阳极，而以铂作为阴极，制成太阳能光电化学电池，在太阳光照射下，阴极产生氢气，阳极产生氧气。两电极用导线连接使其有电能通过，即光电化学电池在太阳光的照射下同时实现了分解水制氢、制氧和获得电能。光电化学电池制氢效率很低，仅 0.4％，只能吸收太阳光中的紫外线和近紫外线，而且电极易受腐蚀，性能不稳定。

6. 太阳光络合催化分解水制氢

1972 年以来，科学家发现三联吡啶络合物的激发态具有电子转移能力，并可进行络合催化电荷转移反应，利用这一反应过程进行光解水制氢。这种络合物是一种催化剂，它的作用是吸收光能，产生电荷分离、电荷转移和集结，并通过一系列偶合过程，最终使水分解为氢和氧。

7. 生物光合作用制氢

江河湖海中的某些藻类、细菌，能够像一个生物反应器一样，在太阳光的照射下用水作原料，连续地释放出氢气。比如，绿藻在无氧条件下，经太阳光照射可以放出氢气；蓝绿藻等多种藻类在无氧环境中适应一段时间后在一定条件下都有光合放氢作用。生物制氢技术具有清洁、节能和不消耗矿物资源等突出优点。作为一种可再生资源，生物体又能自身复制、繁殖，可通过光合作用进行物质和能量转换，同时这种转换可以在常温、常压下通过酶的催化作用得到氢气。

二、太阳能-生物质能转换利用

通过植物的光合作用，太阳能把二氧化碳和水合成有机物（生物质能）并放出氧气。光合作用是地球上最大规模转换太阳能的过程，现代人类所用燃料就是远古和当今光合作用所带来的生物质（详细内容见本书第四章）。

三、太阳能-机械能转换利用

太阳能转换为机械能，通常需要通过中间过程进行间接转换。20世纪初，俄国物理学家实验证明光具有压力。20世纪20年代，苏联物理学家提出，利用在宇宙空间中巨大的太阳帆，在阳光的压力作用下可推动宇宙飞船前进，将太阳能直接转换成机械能。俄罗斯、美国、日本等国投入大量财力进行太阳帆的基础理论研究和应用研究。然而2005年6月，俄罗斯发射了"宇宙一号"太阳帆宇航器遭遇失败。2010年6月日本宇宙航空研究开发机构研发的外形像风筝的"伊卡洛斯"太阳帆飞船已经成功扬帆起航，在距地球约 7.7×10^9 m 的太空中顺利展开了边长14m的正方形帆（见图2-84），由外置于帆中心机体上的摄像头拍下图像并传回地球。关于太阳帆的梦想已逐渐接近现实。

图 2-84 "伊卡洛斯"飞船上边长 14m 的正方形太阳帆

思考题

2-1 太阳能资源有哪些优势和不足？

2-2 简述太阳的结构。

2-3 从太阳能资源分布图看，国内哪些地区利于开发太阳能？

2-4 太阳能光热利用主要包括哪些方面？请结合当地生产、生活，试选一种太阳能热应用，并分析其可行性。

2-5　什么是太阳房？常见的太阳房形式有哪些？

2-6　太阳能光热发电的主要形式有哪些？

2-7　太阳能制冷的主要形式有哪些？其基本原理是什么？

2-8　太阳能电池发电的特点是什么？

2-9　光伏效应的原理是什么？

2-10　请分别说明太阳能电池的原理和种类。

2-11　太阳能电池的材料有哪些？

2-12　半导体作为光器件时为什么要进行掺杂？

2-13　光伏发电技术主要有哪些应用？试举一些例子。

2-14　试分析下一代最优太阳能电池是哪一类。

2-15　我国光伏发电技术的主要应用方向是什么？

2-16　利用太阳能制氢的方式有哪些？

第三章

风能及其利用技术

第一节 风能概述

一、风的简介

风是一种极其普遍的自然现象。地球从太阳接收约 1.7×10^{14} kW 的辐射能量，其中 $1\% \sim 2\%$ 的能量到达地球表面后，转换成了风能。

地球被数公里的大气层包围，太阳辐射加热了大气，地球上各纬度的太阳辐射强度不同而造成了大气运动。赤道和低纬度地区，太阳高度较大，近似直射，日照时间长，辐射强度大，地面和大气接受的热量多、温度较高；相反，高纬度地区，太阳高度较小，为斜射，日照时间短，地面和大气接受的热量少，温度低。这种高纬度和低纬度之间的温度差异，形成了地球南北之间的气压梯度，使空气做水平运动，风沿垂直于等压线的方向从高压地区吹向低压地区。地球自转，使空气水平运动方向发生偏向的力，称为地转偏向力。这种力使北半球气流向右偏转，南半球气流向左偏转，所以地球大气运动除了受气压梯度力的影响外，还受地球偏转力的影响。地球周围大气层宏观的真实运动为这两种力综合影响的结果。

此外，地球自转也影响着大气的运动，由热带-赤道信风圈、中纬盛行西风圈、极地东风圈组成了地球上三个大气环流圈，这便是著名的"三圈环流"。"三圈环流"是一种理想的环流模型，反映了大气环流的宏观情况。实际上，受到地形和海洋等因素的影响，如海陆分布的不均匀、海洋和大陆受热温度变化的不同、大陆地形的多样性，实际的环流比理想模型要复杂得多。

二、风能的特点

风能与其他能源相比有明显的优点，但也有很多突出的局限性。

1. 优点

风能的蕴藏量巨大，是取之不尽、用之不竭的可再生资源。风能是太阳能的一种转化形式，只要有太阳存在，就可以不断地、有规律地形成风，周而复始地产生风能。风能在转化成电能的过程中，不产生任何有毒气体和废物，不会造成环境污染。风能分布广泛，无须运输，在许多交通不便，缺乏煤炭、石油、天然气的偏远地区，风能便体现出无可比拟的优越性，可以就地取材，开展风力发电。

2. 局限性

首先，在各种能源中，风能的含能量极低。由于风能来源于空气的流动，而空气的密度很小，风能的能量密度很低，这给风能利用带来一定程度的不便。其次，风的不稳定性——由于气流瞬息万变，风随季节变化明显，有很大的波动，影响了风能的利用。最后，地区差异大。地理纬度、地势地形不同，会使风力有很大的不同，即便在相邻的地区由于地形不同，其风力也可能相差甚大。

三、风能的描述

各地风能资源的多少，主要取决于该地每年刮风时间的长短和风的强度。描述风能基本特征的参数包括风速、风级、风能密度等。

1. 风速

风的大小常用风的速度来衡量，风速是指单位时间内空气在水平方向上所移动的距离。专门测量风速的仪器有旋转式风速计、散热式风速计和声学风速计等。它们计算在单位时间内风的行程，常以 m/s、km/h 等来表示。因为风是不恒定的，所以风速经常变化。风速是风速仪在一个极短时间内测到的瞬时风速。若在指定的一段时间内测得多次瞬时风速，计算其平均数，就得到平均风速，例如日平均风速、月平均风速或年平均风速等。风速仪设置的高度不同，所得风速结果也不同，它是随高度升高而增大的。通常测风高度为 10m。根据风的气候特点，一般选取 10 年风速资料中年平均风速最大、最小和中间的三个年份为代表年份，分别计算该三个年份的风功率密度，然后加以平均，其结果可以作为当地常年平均值。风速是一个随机性很大的量，必须通过一定长度时间的观测计算出平均风功率密度。对于风能转换装置而言，可利用的风能是在"启动风速"到"停机风速"之间的风速段，这个范围的风能即"有效风能"，该风速范围内的平均风功率密度称为"有效风功率密度"。

2. 风级

风级是根据风对地面或海面物体影响而引起的各种现象，按照风力的强度等级来估计风力的大小。早在 1805 年，英国人蒲褐就拟定了风速的等级，国际上称为"蒲褐风级"。自 1946 年以来风力等级又做了一些修订，由 13 个等级改为 18 个等级，实际上应用的还是 0～12 级的风速，所以最大的风速为人们常说的 12 级台风。

3. 风能密度

风能密度是指单位时间内通过单位横截面积的风所含的能量，常以 W/m^2 来表示。风能密度是决定一个地方风能潜力的最方便、最有价值的指标。风能密度与空气密度和风速有直接关系，而空气密度又取决于气压、温度和湿度，所以不同地方、不同条件下的风能密度是不可能相同的。通常海滨地区地势低、气压高，空气密度大，适当的风速下就会产生较高的风能密度。而在海拔较高的高山上，空气稀薄、气压低，只有在风速很高时才会有较高的风能密度。即使在同一地区，风速也是时时刻刻变化着的，用某一时刻的瞬时风速来计算风能密度没有任何实践价值，只有长期观察搜集资料才能总结出某地的风能潜力。

四、风能资源

地球上蕴含的风能总量相当可观。据科学计算，整个地球每年产生的风能约为 $4.3 \times 10^{12} kW \cdot h$，其中可利用的风能约为总含量的 1%，是地球上可利用总水能的 11 倍。其中仅是接近陆地表面 200m 高度内的风能，就大大超过了目前每年全世界从地下开采的各种矿物燃料所产生能量的总和，而且风能分布很广，几乎覆盖所有国家和地区。

1. 世界各国风能资源概况

欧洲是世界风能利用最发达的地区，其风能资源非常丰富。欧洲沿海地区风资源最为丰富，主要包括英国和冰岛沿海、西班牙、法国、德国和挪威的大西洋沿海以及波罗的海沿岸地区，年平均风速达 9m/s 以上。北美洲地形开阔平坦，其风能资源主要分布于北美洲大陆中东部及其东西部沿海以及加勒比海地区。美国中部地区，地处广袤的北美大草原，地势平坦开阔，其年平均风速在 7m/s 以上，风能资源蕴藏量巨大，开发价值很大。北美洲东西部沿海风速达到 9m/s，加勒比海地区岛屿众多，大部分沿海风速均在 7m/s 以上，风能储量也十分巨大。

2. 我国风能资源概况

中国风能资源丰富，仅次于俄罗斯和美国，居世界第三位。根据中国气象局的研究结果表明，风能资源可开发量约为 $(7\sim12)\times10^{11}$ W，具有很大的潜力。我国风能资源丰富的地区主要集中在北部、西北、东北草原和戈壁滩，以及东南沿海地区和一些岛屿上，涵盖福建、广东、浙江、内蒙古、宁夏、新疆等省（自治区）。

我国最大风能资源区位于东南沿海及其岛屿。这一地区，有效风能密度大于等于 $200W/m^2$，沿海岛屿的风能密度在 $300W/m^2$ 以上，有效风力出现时间百分率达 80%～90%，大于等于 3m/s 的风速全年出现时间 7000～8000h，大于等于 6m/s 的风速也有 4000h 左右。然而，从这一地区向内陆则丘陵连绵，加上强大冷空气的影响，东南沿海仅在由海岸向内陆几十公里的地方有较大的风能，再向内陆则风能锐减。在福建的台山、平潭和浙江的南麂、大陈、嵊泗等沿海岛屿上，风能都很大。

我国次最大风能资源区位于内蒙古和甘肃北部。这一地区终年在西风带控制之下，而且又是冷空气入侵首当其冲的地方，风能密度为 200～$300W/m^2$，有效风力出现时间百分率为 70% 左右，大于等于 3m/s 的风速全年有 5000h 以上，大于等于 6m/s 的风速有 2000h 以上，从北向南逐渐减少。这一地区的风能密度虽较东南沿海为小，但其分布范围较广，是我国连成一片的最大风能资源区。

我国大风能资源区位于黑龙江和吉林东部以及辽东半岛沿海。风能密度在 $200W/m^2$ 以上，大于等于 3m/s 和 6m/s 的风速全年累积时数分别为 5000～7000h 和 3000h。

我国较大风能资源区位于青藏高原、三北地区的北部和沿海。这个地区（除去上述范围）风能密度在 150～$200W/m^2$ 之间，大于等于 3m/s 的风速全年累积为 4000～5000h，大于等于 6m/s 的风速全年累积为 3000h 以上。青藏高原大于等于 3m/s 的风速全年累积可达 6500h，但由于青藏高原海拔高、空气密度较小，所以风能密度相对较小，远较东南沿海岛屿为小。

最小风能资源区位于云贵川，甘肃、陕西南部，河南、湖南西部，福建、广东、广西的山区以及塔里木盆地。有效风能密度在 $50W/m^2$ 以下时，可利用的风力仅有 20% 左右，大于等于 3m/s 的风速全年累积时数在 2000h 以下，大于等于 6m/s 的风速在 150h 以下。因此，除高山顶和峡谷等特殊地形外，这些地区的风能潜力很低，无利用价值。

最后，我国还有一些可季节利用的风能资源区，即有的在冬、春季可以利用，有的在夏、秋季可以利用。这些地区风能密度为 50～$100W/m^2$，可利用的风力仅有 30%～40%，大于等于 3m/s 的风速全年累积时数在 2000～4000h 以下，大于等于 6m/s 的风速在 1000h 左右。

第二节　风能利用技术

　　风能利用就是将风的动能转化为机械能，再转换成其他形式的能量。风能利用有很多种形式，最直接的用途是风车磨坊、风车提水、风车供热、风力发电等。人类利用风能的历史比较悠久，早在 3000 年前，就利用风能来提供动力，如提水或研磨粮食，也有利用风帆捕捉风能来驱动船只在海上航行。

　　在全球范围内，目前风能主要用于以下四个方面。

　　① 风力提水：风力提水从古至今一直得到较普遍的应用。至 20 世纪下半叶，为解决农村、牧场的生活、灌溉和牲畜用水以及为了节约能源，风力提水机有了很大的发展。现代风力提水机根据其用途可以分为两类：一类是高扬程小流量的风力提水机，它与活塞泵相配汲取深井地下水，主要用于草原、牧区，为人畜提供饮水；另一类是低扬程大流量的风力提水机，它与水泵相配，汲取河水、湖水或海水，主要用于农田灌溉（图 3-1）、水产养殖或制盐。风力提水机在荷兰应用最为广泛，在我国也十分常见。

图 3-1　风力提水灌溉

　　② 风帆助航：在机动船舶广泛应用的今天，为节约燃油或提高航速，古老的风帆助航也得到了发展。现已在万吨级货船上采用电脑控制的风帆助航，节油率最高可达 15％。

　　③ 风力制热：为了解决家庭及低品位热能的需要，风力制热有了较大的发展。风力制热是将风能转换成热能。目前有三种转换方法：一是风力机发电，再将电能通过电阻丝变成热能。虽然电能转换成热能的效率是 100％，但风能转换成电能的效率却很低，因此从能量利用的角度看，这种方法是不可取的；二是由风力机将风能转换成空气的机械能，再转换成热能，即由风力机带动一离心压缩机，对空气进行绝热压缩而放出热能；三是由风力机直接将空气的机械能转换成热能。第三种方法制热效率最高。风力机直接转换成热能有多种方法，最简单的是搅拌液体制热，即风力机带动搅拌器转动，从而使液体（水或油）变热（图 3-2）。此外，还有固定摩擦制热和电涡流制热等方法。

　　④ 风力发电：现在利用风能的主要方式为风能发电，即利用风力机来将风能转化为电能。利用风力发电是风能利用的主要形式，受到各国的高度重视，发展速度最快。风力发电通常有三种运行方式：一是独立运行方式（图 3-3），通常是一台小型风力发电机向一户或

几户提供电力，它用蓄电池蓄能，以保证无风时的用电；二是风力发电与其他发电方式（如柴油机发电、太阳能发电，见图 3-4）相结合，向一个单位或一个村庄或一个海岛供电；三是风力发电并入常规电网运行，向大电网提供电力，常常是一处风电场安装几十台甚至几百台风力发电机（图 3-5）。并网运行是风力发电的主要发展方向。

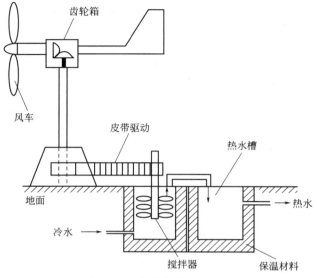

图 3-2　风力热水装置示意图

图 3-3　户用小型风力发电机

图 3-4　风光互补的混合型风力发电

图 3-5　新疆达坂城风电场的并网风力发电机

第三节　风力发电技术

风力发电是目前世界上技术最成熟的一种风能利用形式。风的动能通过风力机转换成机械能，再带动发电机发电，转换成电能。

一、风力发电系统

1. 风力发电系统组成

风力发电系统即风机系统，是由风轮（叶片）、传动系统、发电机、限速安全机构、储能设备、塔架及电器系统组成的发电设备，大中型风力发电系统还有自控系统。图 3-6 给出了一个使用了直流发电机的风机系统。

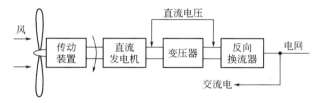

图 3-6　风机系统

2. 风力发电系统的类型

风力发电系统分为两类：一类是独立的风电系统；另一类是并网的风电系统。

独立的风电系统是由风力发电机、逆变器和蓄电池组成的系统，主要建造在电网不易到达的边远地区。然而，由于风力发电输出功率的不稳定和随机性，需要配置充电装置，这样在风电机组不能提供足够的电力时，风电系统依然可以为照明、广播通信、医疗设施等提供应急动力。最普遍使用的充电装置为蓄电池。风力发电机在运转时，为用电装置提供电力，同时将过剩的电力通过逆变器转换成直流电，向蓄电池充电。在风力发电机不能提供足够电力时，蓄电池再向逆变器提供直流电，逆变器将直流电转换成交流电，向用电负荷提供电力。另一类独立风电系统为混合型风电系统，除了风力发电装置之外，还带有一套备用的发电系统，经常采用的是柴油机。风力发电机和柴油发电机构成一个混合系统。在风力发电机不能提供足够的电力时，柴油机投入运行，提供备用的电力。此外，也有将风力发电机与太阳能光伏发电相结合的风光互补系统（见图 3-4）。

并网的风电机组直接与电网相连接。由于风机的转速随着外来的风速而改变，不能保持一个恒定的发电频率，因此需要配备一套交流变频系统。由风机产生的电力进入交流变频系统，通过交流变频系统转换成交流电网频率的交流电，再进入电网。由于风电的输出功率是不稳定的，为了防止风电对电网造成的冲击，风电场装机容量占所接入电网的比例不宜超过 5％～10％，这是限制风电场向大型化发展的一个重要的制约因素。而且由于风电输出功率的不稳定性，电网系统内还需配置一定的备用负荷。总之，采用风力发电机与电网连接，由电网输送电能的方式，是克服风的随机性而带来的蓄能问题的最稳妥易行的运行方式，同时可达到节约矿物燃料的目的，它是大规模利用风能最经济的方式。

3. 新型风力发电技术

（1）海上风力发电

海上风力发电是目前风能开发的热点,建设海上风电场是目前国际新能源发展的重要方向。与陆地相比,海上的风更强更持续,而且空间也广阔。此前,不少国家已经在海边建造了一些风力发电站,但是更多的风力资源是在茫茫的大海上。因为没有建造风力发电机的地基,要利用大海上的这些风力资源很不容易。挪威的科学家开发并建成了可以漂浮在海中的发电机支柱,取名叫"海风(Hywind)"。这是世界上首台悬浮式风力发电机,建造在挪威的斯塔万格地区的海域中,与陆地上的风力发电机所用的材质大致相同。不同的是,其在海水下的部分被安装在一个100多米的浮标上,并通过三根锚索固定在海下120~700m深处,以便它随风浪移动,迎风发电。"海风"发电机的功率为2.3MW,其叶片直径为80m,相当于一个标准足球场的长度。发电机机舱高出海平面约65m,浮置式的发电设备安装在浮标上。悬浮式风力发电技术不仅仅是为了充分利用海上风力资源,更重要的是为日渐增多的海上活动提供能源,军事雷达工作、海运业、渔业和旅游业都会从中获益。中国海上风能的量值是陆上风能的3倍,具有广阔的开发应用前景。

(2)高空风力发电

当地面附近的风能正在逐步得以开发之时,科学家已经不再满足于地面上获得的这些成绩了。近年来,一些能源科学家开始尝试高空风力发电。从能源本身的角度讲,高空风能比低空风能要丰富且稳定。科学家根据相关的研究数据估计,在距地面500~12000m的高空中,有足够世界使用的风能。如果这些风能能够全部转变为电能,则可以满足全世界百倍的电力需求。更为重要的是,最理想的高空风力资源刚好位于人口稠密地区,比如北美洲东海岸和中国沿海地区。然而,高空风力发电面临着技术难度大、成本投入高两个主要问题。高空风力发电有两种模式:第一种是在空中建造发电站,在高空发电,然后通过电缆输送到地面;第二种是在高空建设传动设备,将风能转化为机械能后直接输送到地面,再由发电机将其转换为电。高空风力发电机不需要另外提供动力,它悬浮和转向所需的能量都来自自身所产生的电能。由于高空风力发电机不需要建设电网,它在一些偏僻山区也大有用途。在一些山区,阳光稀少,利用太阳能发电不方便,但是高空风能总是有的。而且高空发电可以24h持续供应电能,不像太阳能发电那样需要储电设备。因此,高空风力发电比太阳能发电在未来更能解决那些电网难以覆盖地区的用电问题。然而,尽管近年来全球日益重视可再生能源开发,高空风力发电并未重新启动,这并不是因为它不好,恰恰相反,正是因为它过于新颖,距离现实有些遥远。

(3)低风速风力发电技术

平原内陆地区的风速远低于山区及海边,但由于其面积广大,因此也蕴含着巨大的风能资源。由于目前风力发电量增长迅速,而适合安装高风速风机的地点终究有限,因此要实现风力发电的可持续发展,就必须开发低风速风力发电技术。所谓低风速,指的是在海拔10m的高度上年平均风速不超过5.8m/s,相当于4级风。要在此条件下使发电成本合乎要求,必须对风机进行必要的改进,主要措施包括:在不增加成本的前提下,尽量增大转子直径,以获取尽可能多的能量;尽量增加塔架高度,好处是可以提高风速;提高发电设备及动力装置的效率。

(4)涡轮风力发电技术

新西兰研制出一种新型风力发电用涡轮机,这种涡轮机用一个罩子罩着涡轮机叶片,以产生低压区,使它能够以相当于正常速度3倍的速度吸入流过叶片的气流。涡轮机材质为高强度纤维强化钢材,在不增加重量的情况下,弯曲时承受的应力比普通钢材高3倍。该风力发电机安装有 7.3m 长的叶片,整机可达 21 层楼的高度,每台涡轮机额定功率达 3MW。专家预测,新型涡轮机发出的电力相当于传统涡轮机的 6 倍,10 台这种新型风力发电机可为 1.5 万个家庭提供每年所需电能。

二、风力机

风力机是风力发电系统的核心部件。

1. 风力机的分类

风力机的种类和样式很多。这里对风力机进行简单分类。

① 按容量划分:现有风力机机组的容量,从百瓦级到兆瓦级不等。按照容量的大小可以分为大、中、小型风力机。小型风力机容量小于 60kW,中型风力机容量为 60～750kW,大型风力机容量为 750kW 以上。单机容量越大,桨叶越长。表 3-1 给出了风力机不同机组对应的叶片旋转直径的大小。

表 3-1　风力机额定容量与风轮旋转直径

项目	风轮直径/m	扫风面积/m^2	额定功率/kW
小型	0～8	0～50	0～10
	8～11	50～100	10～25
	11～16	100～200	30～60
中型	16～22	200～400	70～130
	22～32	400～800	150～330
	32～45	800～1600	300～750
大型	45～64	1600～3200	600～1500
	64～90	3200～6400	1500～3100
	90～128	6400～12800	3100～6400

② 按风轮结构来分:风轮是受风力作用而旋转,然后将风能转变为机械能的风力机主要部件之一。按照风轮结构及其在气流中的位置,风力机可分为两大类:垂直轴风力机和水平轴风力机(如后所述)。

③ 按功率调节方式来分:按照功率调节的方式,水平轴风力机有:定桨距风力机、变桨距风力机和主动失速型风力机。定桨距风力机叶片固定在轮毂上,桨距角不变,风力发电机的功率调节完全依靠叶片的失速性能。当风速超过额定风速时,利用叶片本身的空气动力特性来减少旋转力矩,或通过偏航控制维持输出功率相对稳定。相对而言,变桨距风力机的叶片可以轴向旋转。当风速超过额定风速时,通过减小叶片翼型上合成气流方向与翼型弦线的夹角(即攻角)来改变风轮获得的空气动力转矩,使功率输出保持稳定。同时,风力机在启动时通过改变桨距来获得足够的启动力矩。主动失速型风力机的工作原理相当于以上两种形式的组合,当风力机达到额定功率后,相应地增加攻角,使叶片失速效率加深,从而限制风能的捕获。

④ 按传动形式分:按照传动方式风力机可分为高传动比齿轮箱型风力机、无齿轮箱(也叫直驱型风力机)和半直驱型风力机。高传动比齿轮箱型风力发电机组中齿轮箱的主要功能,是将风轮在风力作用下所产生的动力传递给发电机,并使其得到相应的转速。风轮的转速较低,通常达不到发电机发电的要求,必须通过齿轮箱齿轮的增速作用来实现,故齿轮

箱也被称为增速箱。直接驱动型风力机采用多级同步风力发电机，可以去掉风力发电系统常见的齿轮箱，让风轮直接带动发电机低速旋转。其优点是没有了齿轮箱所带来的噪声、故障率高和维护成本高等问题，提高了运行可靠性。半直驱型风力机的工作原理是上述两种类型的综合。

⑤ 按发电机转速变化分：按照发电机的转速可将风力机分为恒速型、变速型和多态定速型。恒速型风力机组是指发电机的转速恒定不变，不随风速的变化而变化，始终在一个恒定不变的转速下运行，即所谓的恒速恒频运行方式。多态定速型表示在发电机组中包含着两台或多台发电机，根据风速的变化可以有不同大小和数量的发电机投入运行。变速型风力发电机组中的发电机工作转速随风速时刻变化而变化，与定速型风力机组运行方式相对应。

目前用于风力发电的风力机主要有两种类型：一种是水平轴高速风力机；另一种是垂直轴达里厄型风力机。在大型化应用中，前者占绝大多数，后者应用较少，仅限于小型风力机。除此之外，国内外还提出了一些其他新概念型风能转换装置，但总体而言，都处于研究试验阶段。

2. 垂直轴风力机

垂直轴风力机的风轮围绕一个垂直轴进行旋转。垂直轴风力机由于其结构特点，可接受来自任何方向的风。当风向改变时，无需对风，因而不受风向限制。与水平轴风力机相比，因无需调风向装置，结构设计大大简化。垂直轴风力机的齿轮箱和发电机均可安装在地面上或风轮下，运行维修简便，费用较低。此外，垂直轴风力机叶片结构简单，制造方便，设计费用较低。

按照空气动力学做功原理，垂直轴风力机主要分为两类：一类是利用空气对叶片的阻力做功，此类风力机称为阻力型风力机；另一类是利用翼型升力做功，称为升力型风力机。

典型的阻力型风力机有 Savonius 风力机（简称 S 型风力机），具体结构如图 3-7 所示。S 型风力机由两个轴线错开的半圆柱形叶片组成，其优点为启动转矩较大，可在较低风速下运行。但 S 型风轮由于风轮周围气流不对称，从而产生侧向推力。受侧向推力与安全极限应力的限制，S 型风力机大型化比较困难。此外，S 型风力机风能利用系数也远低于高速垂直轴或水平轴风力机，仅为 0.15 左右。这意味着在风轮尺寸、重量和成本相同的条件下，其功率输出较低，因而用于发电的经济性较差。

最典型的升力型风力机为达里厄（Darrieus）型风力机，结构如图 3-8 所示。由法国人Darrieus 于 1925 年发明，1931 年取得专利权，此风轮也因此以 Darrieus 命名。然而，达里

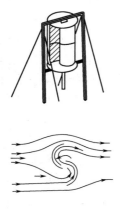

图 3-7　阻力型风力机

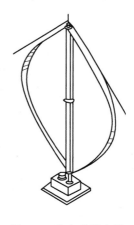

图 3-8　升力型风力机

厄风力机当时并未受到关注，直到 20 世纪 70 年代石油危机后，才得到加拿大国家科学研究委员会（National Research Council）和美国圣地亚（Sandia）国家实验室的重视，并进行了大量的研究。可以说，它现在是水平轴风力机的主要竞争者。

达里厄风力机有多种形式，如图 3-9 所示，有 Φ 形、H 形、△形、Y 形和菱形等。根据叶片的结构形状，可简单地归纳为直叶片和弯叶片两种。其中 H 形风轮和 Φ 形风轮最为典型，应用最为广泛。

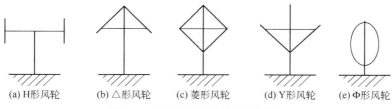

(a) H形风轮   (b) △形风轮   (c) 菱形风轮   (d) Y形风轮   (e) Φ形风轮

图 3-9   达里厄风力机的多种形式

H 形风轮结构简单，但这种结构造成的离心力使叶片在其连接点处产生严重的弯曲应力。直叶片借助支撑件或拉索来支撑，这些支撑产生气动阻力，降低了风力机的效率。

Φ 形风轮所采用的弯叶片只承受张力，不承受离心力载荷，从而使弯曲应力减至最小。由于材料可承受的张力比弯曲应力要强，所以对于相同的总强度，Φ 形叶片比较轻，且比直叶片可以更高的速度运行。但 Φ 形叶片不便采用变桨距方法来实现自启动和控制转速。另外，对于高度和直径相同的风轮，Φ 形转子比 H 形转子的扫掠面积要小一些。

达里厄风力机的叶片具有翼形剖面，空气绕叶片流动而产生的合力，形成转矩，因此叶片几乎在旋转一周内的任何角度都有升力产生。达里厄风力机最佳转速较水平轴风力机的慢，但比 S 形风轮快很多，其风能利用系数与水平轴风力机的相当。

3. 水平轴风力机

水平轴风力机的叶片围绕一个水平轴旋转，旋转平面与风向垂直，如图 3-10 所示。叶片径向安置于风轮上，与旋转轴垂直或近似垂直。

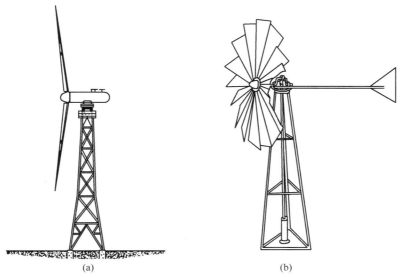

(a)   (b)

图 3-10   水平轴风力机

　　风轮叶片数目根据风力机用途而定，用于风力发电的风力机的叶片数一般取1～3片，用于风力提水的风力机叶片数一般取12～24片。

　　若按风轮转速的快慢划分，风力机可分为高速风力机和低速风力机。高速风力机叶片数较少，1～3片应用得较多，其最佳转速对应的风轮叶尖线速度为5～15倍风速。在高速运行时，高速风力机有较高的风能利用系数，但启动风速较高。由于叶片数较少，在输出功率相同的条件下，比低速风轮要轻得多，因此适用于发电，结构如图3-10（a）所示。

　　叶片数较多的风力机的最佳转速较低，为高速风力机的一半甚至更低，风能利用率也较高速风轮的低，通常称为低速风力机。低速风力机启动力矩大，启动风速低，其运行产生较高的转矩，因而适用于提水。结构如图3-10（b）所示。

　　按照叶片数的多少，风力机可分为单叶、双叶和多叶片式风力机，图3-11给出了双叶片、三叶片和多叶片的水平轴风轮结构。

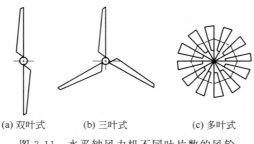

(a) 双叶式　　　　(b) 三叶式　　　　(c) 多叶式

图3-11　水平轴风力机不同叶片数的风轮

　　按照风轮与塔架相对位置的不同，水平轴风力机分为逆风式风力机和顺风式风力机（见图3-12）。以空气流向作为参考，风轮在塔架前迎风旋转的风力机为逆风式风力机；风轮在塔架的下风位置旋转的风力机为顺风式风力机。逆风式风力机需要调风装置，使风轮迎风面正对风向；而顺风式风力机则能够自动对准风向，不需要调向装置，但其缺点为空气流先通过塔架然后再流向风轮，会造成塔影效应，风力机性能因此而降低。

　　水平轴风力机也有扩散器式风力机和集中器式风力机。如图3-13所示。

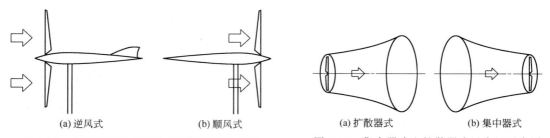

(a) 逆风式　　　　　　(b) 顺风式　　　　　　　　(a) 扩散器式　　　　(b) 集中式

图3-12　水平轴风力机风轮与塔架的两种关系　　　　图3-13　集中器式和扩散器式风力机示意图

　　水平轴风力机与垂直轴风力机的特点比较见表3-2。

表3-2　水平轴风力机与垂直轴风力机的特点比较

特点	水平轴风力机	垂直轴风力机
风能利用效率	0.4～0.5,其叶尖速比达6～10	大约为0.4,其叶尖速比为4～5
叶片结构	叶片需要进行扭转和变截面,比较复杂,加工成本较高	叶片不承受弯曲载荷,对强度要求低,形状简单,容易加工

续表

特点	水平轴风力机	垂直轴风力机
功率	扫掠面积大,能以较小的代价获得大功率	扫掠面积小,对大功率适应性差
运行条件	风速超过25m/s时,必须停机	可在50m/s的风速条件下运行
偏航结构	大多需要偏航结构来实现对风和偏航	不需要偏航机构
环保问题	噪声大,可能伤害到鸟类	叶尖速较低,噪声较小,不影响鸟类

三、风力发电机的组成

下面将以水平轴风力机为例介绍风力发电机的组成。

典型的水平轴风力机主要由以下几部分组成：叶片、机舱、轮毂、调速器、调向装置、传动机构、机械刹车装置和塔架等，如图3-14所示。

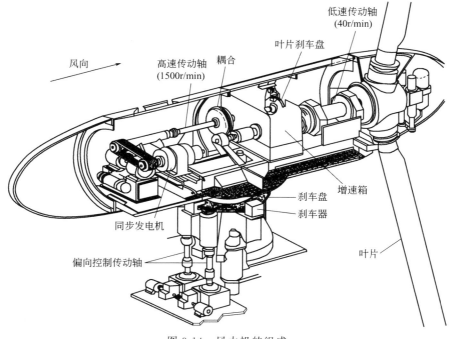

图3-14 风力机的组成

1. 叶片

风力机叶片安装在轮毂上，轮毂与主轴相连，并将叶片力矩传递到发电机。风力机叶片的典型构造如图3-15所示。

小型风力机叶片常用整块木材加工而成，表面涂上保护漆，根部通过金属接头用螺栓与轮毂相连。有的采用玻璃纤维或其他复合材料作为蒙皮，使叶片具有更佳的耐磨性能，结构如图3-15（a）所示。小型风力机承受的风载荷较小，且维修便利，因此木质叶片可以满足设计要求。

大中型风力机若采用木质叶片时，不用整块木料制作，而是采用很多纵向木条胶接在一起，以保证选用优质木材，提高叶片质量。为减轻重量，在木质叶片的后缘部分填塞质地较轻的泡沫塑料，表面用玻璃纤维作蒙皮，如图3-15（b）所示。采用泡沫塑料的优点不仅可

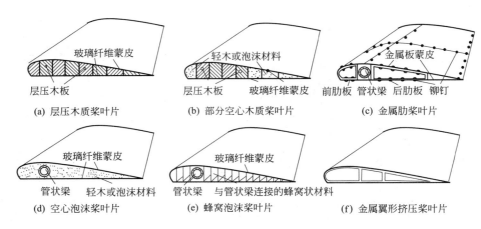

(a) 层压木质桨叶片　　(b) 部分空心木质桨叶片　　(c) 金属肋桨叶片

(d) 空心泡沫桨叶片　　(e) 蜂窝泡沫桨叶片　　(f) 金属翼形挤压桨叶片

图 3-15　风轮叶片的典型构造

以减轻重量，而且能使翼形重心前移，重心设计在近前缘 1/4 弦长处为最佳，可减轻叶片的重量，这对于大、中型风轮叶片而言特别重要。为减轻叶片的重量，有的叶片用一根金属管作为受力梁，以蜂窝结构、泡沫塑料或轻木材作中间填充物，外面再包上玻璃纤维防腐防磨，如图 3-15（c）～（e）所示。大型风力机的叶片较长，如 3MW 风力机叶片达到 50m 左右，承受的风载荷较大，因此叶片设计要保证一定的强度和刚度要求。目前，大中型风力机的叶片都采用玻璃纤维或高强度复合材料进行制作。为降低成本，有些中型风力机的叶片采用金属挤压件，或者利用玻璃纤维或环氧树脂纤维挤压成型，如图 3-15（f）所示。这种方法无法将叶片加压成变宽度、变厚度的扭曲叶片，因而作为水平轴叶片风能利用率不高，在垂直轴风轮应用得较多。

2. 轮毂

轮毂是连接叶片与风轮转轴的部件，是用于将风轮力和力矩传递到后面传动系统的机构。水平轴轮毂的结构大致有三种：固定式轮毂、叶片之间相对固定铰链式轮毂和各叶片自由的铰链式轮毂。

三叶片风轮大多采用固定式轮毂（见图 3-16）。该轮毂的特点为主轴与叶片长度方向夹角固定不变；制作成本低，维护少，不存在铰接叶片的磨损问题；但叶片上全部力和力矩都经轮毂传递到后续部件。图 3-16 所示的固定轮毂为目前大型三叶片风轮的常用结构，该轮毂的形状比较复杂，通常采用球磨铸铁制成，因为浇注的方法容易成型与加工，此外球磨铸铁抗疲劳性能高。

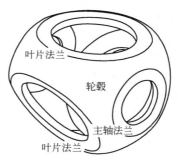

图 3-16　风力机固定式轮毂

3. 调速器和限速装置

调速器和限速装置的用途是在不同风速下维持风力机转速恒定，或不超过设计最高转速值，从而保证风力机在额定功率及其以下运行。特别是当风速过高时，调速器可限制功率输出，减少叶片上的载荷，保证风力机的安全。调速器和限速装置分为三类：偏航式、气动阻力式和变桨距式。

① 偏航式：偏航式超速保护主要用于小型风力机上。这种装置的关键是把风轮轴设计成偏离轴心一个水平或垂直的距离，从而产生一个偏心距。同时安装一副弹簧，一端系在与风轮构成一体的偏转体上，一端固定在机座底盘或尾杆上，并预调弹簧力，使在设计风速内风轮偏转力矩小于等于弹簧力矩。当风速超过设计风速时，风轮偏转力矩大于弹簧力矩，使风轮向偏心距一侧水平或垂直旋转，直到风轮受力力矩与弹簧力矩相平衡，风速恢复到设计风速以内时，风轮偏转力矩小于弹簧力矩，使风轮向轴侧水平或垂直旋转，恢复到设计的绕轴心运转状态。极限状态下（如在遇到强风时），可使风轮转到与风向相平行，以达到停转，保护风力机不被吹毁。

② 气动阻力式：气动阻力式制动装置将减速板铰接在叶片端部，与弹簧相连。在正常情况下，减速板保持在与风轮轴同心的位置，当风轮超速时，减速板因所受的离心力对铰接轴的力矩大于弹簧张力的力矩，从而绕轴转动成为扰流器，增加风轮阻力，起到减速作用。当风速降低后它们又回到原来位置。

③ 变桨距式：变桨距式既可以控制转速，也可以减小转子和驱动链中各部件的压力，并允许风力机在很大的风速下运行，因而应用相当广泛。在中小型风力机中，采用离心调速方式比较普遍，即利用桨叶或安装在风轮上的重锤所受的离心力来进行控制。当风轮转速增加时，旋转配重或桨叶的离心力随之增加并压缩弹簧，使叶片的桨距角改变，从而使受到的风力减小，以降低转速。当离心力等于弹簧张力时，即达到平衡位置。

4. 调向装置

风轮若不能正对风向，风轮有效扫风面积减少，风力机输出功率下降，因此应根据需要调整风轮的方向。顺风式风力机的风轮能自然地对准风向，因此一般不需要进行调向控制。而逆风式风力机不能自动对准风向，因此必须采用调向装置。常用的调向装置有尾舵调向、侧风轮调向和风向跟踪器调向三种。

① 尾舵调向：尾舵调向主要用于小型风力发电机，如图3-17所示。它的优点是能够自主地对准风向，不需要特殊控制。由于尾舵调向装置结构笨重，因此很少应用于中型以上的风力机。

② 侧风轮调向：侧风轮调向在机舱的侧面安装一个小风轮，其旋转轴与风轮主轴垂直，如图3-18所示。如果主风轮没有对准风向，则侧风轮会被风吹动，从而产生偏向力，并通过蜗轮蜗杆机构使主风轮转到对准风向为止。

③ 风向跟踪器调向：对于大型风力发电机组，一般采用电动机驱动的风向跟踪器，一般由电动机、减速机构、偏航调节系统和扭缆保护装置等部分组成，其中偏航调节系统还包括风向标和偏航系统调节软件。风向标的主要作用是对应每一个风都有一个相应的脉冲输出信号，并通过偏航系统软件确定其偏航方向和偏航角度，然后将偏航信号放大传送给电动机，通过减速机构转动风力机平台，直到对准风向为止。如果机舱在同一方向偏航超过3圈以上时，则扭缆保护装置开始动作，执行解缆，直到机舱回到中心位置时解缆停止。

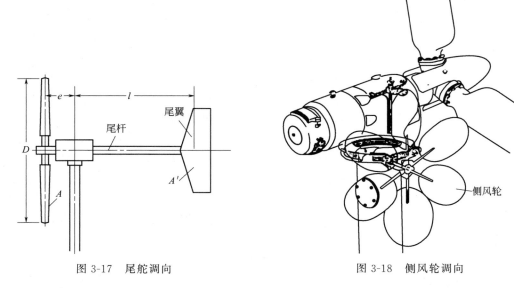

图 3-17   尾舵调向   图 3-18   侧风轮调向

5. 发电机

目前风能利用中有三种风力发电机，即直流发电机、同步交流发电机和异步交流发电机。小功率风力发电机多采用同步或异步交流发电机，发出的交流电经过整流装置转换成直流电。同步发电机用作风力发电机时，既可直接向交流负载供电，也可经整流器变换为直流电，向直流负载供电。因此，同步风力发电机已成为中小容量风力发电机组的首选机型。近年来，在大容量风力发电机组产品中，同步风力发电机也崭露头角，有望成为未来的主力机型。

6. 刹车系统

风力机刹车系统往往具有空气动力学刹车和机械刹车两套系统。两套系统功能各异，相互补充。其中机械刹车是依靠机械摩擦力使风轮制动；机械刹车最好需要空气动力学刹车的配合，以减轻轴的不平衡扭矩；机械刹车可以使风轮完全停止。空气动力学刹车作为机械刹车的补充，是风力机的第二安全系统。空气动力学刹车依靠叶片形状的改变来使通过风轮的气流受阻，从而在叶片产生阻力，降低转速。空气动力学刹车并不能使风轮完全停止，只是使其转速限定在允许的范围内。

7. 塔架

风力机的塔架除了要支撑风力机的重量外，还要承受吹向风力机和塔架的风压，以及风力机运行中的动载荷。它的刚度和风力机的振动特性有密切关系，特别对大、中型风力机的影响更大。其设计应考虑静动态特性、与机舱的连接和安装方法、基础设计施工等因素。塔架寿命与自身重量大小、结构刚度和材料的疲劳特性等密切相关。从结构上分，塔架分为无拉索的和有拉索的两种；按形状分，有圆筒形和桁架形（图 3-19）。圆筒形塔架可从最简单的木杆，一直到大型钢管和混凝土管柱。圆筒形塔架对风的阻力较小，特别是对于下风向风力机，产生紊流的影响要比桁架形塔架小。桁架形塔架常用于中、小型风力机，其优点是造价不高，运输也方便，但这种塔架会使下风向风力机的叶片产生很大的紊流。

8. 储能装置

由于风能的间歇性和不稳定性，用电器在使用风力发电机提供的电力时，可能出现供电

图 3-19　几种不同的塔架

时有时无、忽高忽低现象，这种电能是无法使用的。为建立一个能够全天候提供均衡供电的电源系统，就必须在风力发电机和用电器之间设置储能装置，把风力发电机发出的电能储存起来，稳定地向用电器供电。理想的电能储存装置应当具有大的储存密度和容量，储存和供电之间具有良好的可逆性，有高的转换效率和低的转换损耗，运行时要便于控制和维护，使用安全、无污染，有良好的经济性和长的使用寿命。从目前小型风力发电机的实际应用看，最方便、经济和有效的储能方式是用蓄电池储能。蓄电池能够把电能转变为化学能储存起来，使用时再把化学能转变为电能，变换过程是可逆的，充电和放电过程可以重复循环、反复使用，因此蓄电池又称为二次电池。蓄电池虽然外形有大有小、形状不一，但从电解液的性质来区分，主要分为酸性蓄电池和碱性蓄电池两大类。酸性蓄电池也称为铅蓄电池，它是二次电池中使用最多的一种。由于铅的资源丰富，铅蓄电池的造价较低，因而应用非常广泛。作为风力发电系统中的储能设备，无论是酸性蓄电池还是碱性蓄电池，只有用户了解其性能和使用操作方法，才能延长蓄电池的使用寿命。若能正确操作使用、按时维护，有的铅蓄电池可使用 5 年以上。

9. 风速计和风向仪

风速计通常安装在机舱顶部靠近后面的位置，用来测定风速信息。由于风速计和叶片在同一水平高度上，所以它可以观测任意时刻叶片获得的风速大小。当风速计与风力机的计算机控制器相连时，它可以以秒为单位对风速进行数次采样，每分钟做一次平均，或者以更高的频率采样。简单的风速计是由轴上安装有几个杯状螺旋桨的简单永磁直流发电机构成。当风吹过时，这些杯状螺旋桨就会旋转，并通过轴带动直流发电机转动，风速越快，杯状螺旋桨和直流发电机的转速就越快。当直流发电机旋转时，就会产生很小的直流电压，一般为 $0\sim12\mathrm{V}$。

四、风力发电场

单台风力发电机组的发电能力是有限的，商业化的风电机组单机容量为 $150\sim1650\mathrm{kW}$ 即可单独并网，也可由多台甚至成百上千台组成风力发电场，简称风电场。

1. 风电场的概念

风电场是在一定的地域范围内由同一单位经营管理的所有风力发电机组及配套的输变电设备、建筑设施、运行维护人员等共同组成的集合体。选择风力资源良好的场地，根据地形条件和主风向，将多台风力发电机组按照一定的规则排成阵列，组成风力发电机群，并对电能进行收集和管理，统一送入电网，这些都是建设风电场的基本思想。

风电场是大规模利用风能的有效方式，是目前世界上风力发电并网运行方式的基本形式。

风力发电场的概念于 20 世纪 70 年代末首先在美国提出。从 80 年代初开始，风力发电场的建设在美国取得了巨大的进展。美国的风力发电场主要分布在加利福尼亚州及夏威夷群岛，装有不同容量的风力发电机组共 7600 余台。除美国外，丹麦、荷兰、德国、英国等也都建有总装机容量达 1MW 以上的风力发电场。进入 90 年代，特别是 90 年代后半期，随着风力发电技术的不断发展、环境保护及可持续发展的关注，风力发电作为一种清洁的发电方式，越来越受到各国的重视，中型和大型风力发电场的建设不仅在工业发达国家，而且在发展中国家都呈现蓬勃发展的局面。

目前，风电场几乎是遍布全球，风电场的数目已成千上万，最大规模的风电场可上百万千瓦级。世界著名的风电场包括中国的酒泉风力发电基地、美国的 Alta 风能中心、印度的 Jaisalmer 风电场（印度最大）、英国的 London Array Offshore 风电场（世界著名的海上风电场）、美国的 Horse Hollow 风能中心和 Capricorn Ridge 风电场以及罗马尼亚的 Fantanele-Cogealac 风电场等。

2. 风电场的分类

按照风电场的规模，风电场大致可以分为小型、中型和大型（特大型）风电场，参见表 3-3。

表 3-3　风电场的分类

类型	风能资源	场地	说明
小型	较好	较小	可建几兆瓦容量的风电场，接入 35~66kV 及以下电压等级的电网
中型	较好	合适	可建几十兆瓦容量以下风电场，接入 110kV 及以下电网
大型（特大型）	丰富	开阔	可建容量在 100~600MW 或更大的风电场，例如我国的特许权风电项目

3. 风力发电场的选址

风电场场址选择是一个复杂的过程，其中最主要的因素是风能资源，同时还必须考虑环境影响、道路交通及电网条件等许多因素。风电场场址选择要求严格，主要依据包括：①该地区的风力资源丰富，年平均风速在 6~7m/s 以上，并且盛行风的风向稳定；②在预选场址内立测风塔，进行 1~2 年的风速、风向及风速沿高度的变化等数据的实测，估算风力发电场内风力发电机组的年发电量及考虑风力发电机组的排列布局；③对影响风电场内风力发电机组出力及安全可靠运行的其他气象数据（如气温、大气压力、湿度）以及特殊气象情况（如台风、雷电、沙暴等发生频率及海水盐雾情况、冰冻时间长短等）有测量及统计数据；④地区内的地形、地貌、障碍物（如地表粗糙度、树木、建筑物等）有详细资料；⑤风电场场址距公路及地区电力网较近，以便降低风电设备运输及接入电网的工程费用；⑥风电场场址应距居民点有一定的距离，以降低风力发电机组运行时齿轮箱、发电机发出的声响及风轮叶片旋转时扫掠空气产生的气动噪声的影响。

在目前的科学技术水平下，只能利用距离地面高度在 100~200m 的风能资源。在陆地上，由于一些特殊的地形（如山谷、高台等）会对自然风产生加速会聚作用，从而产生了一些风能资源特别丰富的地区，这些地区是风电场的首选场址，目前我国已建设的大型风电场多数是在这类地区。如我国的新疆达坂城风电场所在的达坂城盆地，就是由于天山的高大山脉阻挡了大气流动，使达坂城成为了一个气流通道，年平均风速达到 8.2～8.5m/s（30m高度）；而内蒙古辉腾锡勒风电场是草原上的一个高台，由于高台对大气流动的阻挡和抬升作用，也形成了一个风能资源丰富的地区。

4. 风力发电场的风力发电机组排布

现代风电场建设规模巨大，单个风电场的装机台数可达几千台，占地面积数平方公里，风电机组之间的尾流影响不可忽视，必须合理地选择机组的排列方式，以减少机组之间的相互影响。风电场内风力发电机组的排列应以风电场内可获得最大的发电量来考虑，风电场内多台风力发电机组之间的间距若太小，则沿空气流动方向，前面机组对后面机组将产生较大的尾流效应，导致后面风力发电机组的发电量减少。同时，由于湍流和尾流的联合作用，还会降低风力发电机组的使用寿命，导致其损坏。

机组的排列方式主要受风能分布、风场地形和土地征用的影响，机组排列的最主要原则是充分利用风能资源，最大限度地利用风能。在风能资源分布方向非常明显的地区，机组排列可以与主导风能方向垂直，平行交错布置，机组排间距一般为叶轮直径的8～10倍。在地形地貌条件较差的地区，机组排布受地形的限制，排列无法满足上述要求，则首先考虑地形条件进行机组的布置，这在一些建设在山峰上的风电场较为常见，如我国的南澳风电场、括苍山风电场。风力发电机组左右之间的距离（列距）应为风力机风轮直径的2～3倍。在地形复杂的丘陵或山地，为避免湍流的影响，风力发电机组可安装在等风能密度线上或沿山脊的顶峰排列。

5. 风力发电场的经济效益评估

风电场容量系数，即发电成本，是衡量风力发电场经济效益的重要指标。风电场内风力发电机组容量系数的计算方法为：

$$容量系数(C_f)=全年发电量(kW \cdot h)/[风力发电机组额定容量(kW) \times 8760(h)]$$
$$风力发电机组额定容量系数=全年总运行时数(h)/8760(h)$$

在场址选择适宜、风力发电机组性能优良、机组排列间距合理的风电场内，各台风力发电机组的容量系数大致相同，但不完全一样，其值约在 0.25～0.4 之间。整个风电场的容量系数为各台风力发电机组容量系数的平均值，一般应在 0.25 以上，即风力发电机组相当于以满负荷运行的时效至少应在 2000h 以上。风电场每千瓦时电能的发电成本与诸多因素有关，包括风能资源特性、风力发电机组设备的投资费用、风电场建设工程费用、风电场运行维护费用、建场投资回收方式及期限（指投资贷款利率、设备规定使用寿命及所要求的固定回收率等）以及某些部件进口关税、设备增值税和设备保险所付出的费用等。随着技术的进步，风力发电设备的效率在过去 10 年得到了很大提高，风力机单位扫掠面积产生的功率增加了约 60%，而在同时，风力发电机组的安装费用则降低了约 50%。世界风力发电场的发电成本自 20 世纪 80 年代以来下降了将近 90%，在有些市场，风力发电已经比传统能源发电便宜。2010～2021 年全球陆上风电度电成本降幅达 68%，2021 年交付的项目的全球加权平均度电成本同比下降了 15%，从 2020 年的 3.9 美分/（kW·h）降至 3.3 美分/（kW·h）。2010～2021 年，海上风电项目的全球加权平均度电成本从 18.8 美分/（kW·h）下降到 7.5美分/（kW·h），降幅达 60%。

6. 风力发电场的安装和调试

风电机组运行安装方式灵活，既可以单机运行，也可以组成风力发电场机群运行，采用何种运行方式主要取决于风场的建设条件；机组安装简单，单机安装调试仅需 5～7 天的时间，主要工作包括机组基础建设、主要部件吊装、内部线路连接和机组系统调试等几个部分。

风电机组主要由塔架、机舱和叶轮 3 大部分组成，安装方式主要采用大吨位吊车完成塔架的竖立、机舱吊装、叶轮的对接等工作。在现场不具备大型施工机械进场条件的情况下，也可采用拨杆、地锚等方式进行机组的起吊，此类方法节省投资，但程序烦琐，施工周期长，不适合大规模风电场的建设。

总体来说，风力发电的突出优点是环境效益好，不排放任何有害气体和废弃物，不需要移民。风电场虽然占用大片土地，但风力机的基础和道路实际使用面积很小，并不影响农田和牧场的正常生产。

第四节　风力发电技术的发展现状与趋势

一、全球风电的发展现状

1973 年发生石油危机后，美国、西欧等发达国家为寻求替代化石燃料的能源，投入大量经费，组织了空气动力学、结构力学和材料科学等领域的研究者，利用新技术研制现代风力发电机组，开创了风能开发的新时代。经过数十年的努力，风电的发展取得了相当的成就。在 20 世纪末，世界范围内的风电装机总容量每隔三年翻一番，发电成本降低到 80 年代早期的 1/6 左右。

在进入 21 世纪之后，全球风电依然保持着快速增长的势头，陆地风力发电机组的主力机型单机容量为 2MW，风轮直径为 60～80m，近海风力发电机组的主力机型单机容量多为 3MW 以上；大型变速恒频风力发电技术已成为主要发展方向。其中，双馈型变速恒频风力机组是目前国际风力发电市场的主流机型，直驱型风力发电机组以其固有的优势正日益受到关注。事实上，从定桨距恒速恒频机组发展到变桨距变速恒频机组，可谓基本实现了风力发电机组从能够向电网提供电力到理想地向电网提供电力的最终目标。

同时，世界各国积极地采取各种激励政策来鼓励风电发展，如长期保护性电价、配额制、可再生能源效益基金和招投标等政策。从应用实践来看，保护性电价政策是一种有效刺激风电发展的措施，欧洲 14 个国家采用了这一政策。20 世纪 90 年代以来，德国、丹麦、西班牙等国风电迅速增长，主要归功于保护性电价政策措施的实施。全球风电累计装机容量始终呈现出飞涨的势头（图 3-20），而全球新增风电装机容量几乎并未受到新冠疫情太多影响，自 2020 年呈现出反弹的趋势（图 3-21）。

就累计装机容量而言，截至 2021 年，排名前五的国家依次为中国、美国、德国、印度、西班牙，合计占全球的 72%，我国已成为风电大国（图 3-22）。预计 2022～2026 年全球风电将新增装机 557GW，年均新增装机不少于 110GW；其中全球陆上风电有望新增装机 466GW，年均新增 93.3GW，海上风电有望新增装机 90GW 以上，年均新增 18.1GW。

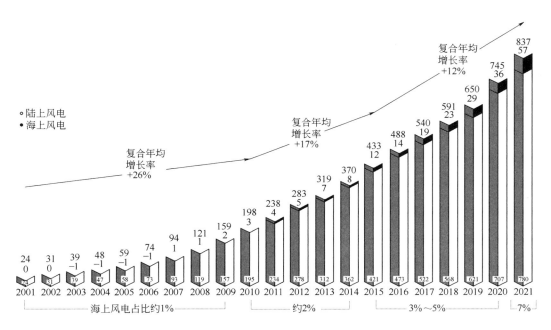

图 3-20　2001~2021 年全球风电累计装机容量（GW）

（数据来源全球风能理事会）

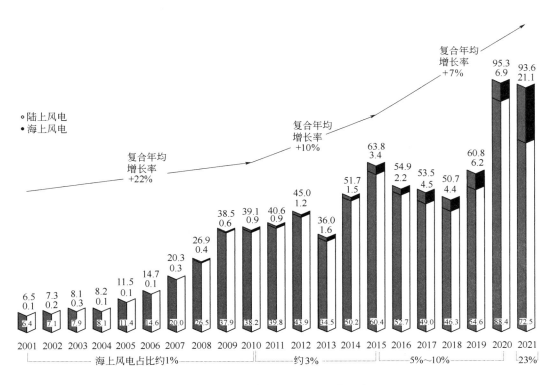

图 3-21　2001~2021 年全球风电新增装机容量（GW）

（数据来源全球风能理事会）

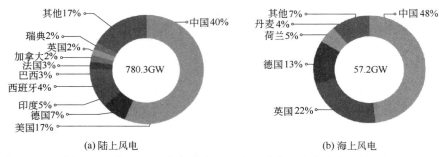

(a) 陆上风电　　　　　　　　　　　(b) 海上风电

图 3-22　截至 2021 年年底各国风电累计装机在全球占比情况

（数据来源全球风能理事会）

我国风电行业的发展历经 3 个发展阶段。

第一阶段为 1986～1990 年。此阶段是我国并网风电项目的探索和示范阶段。其特点是项目规模小，单机容量小。在此期间共建立了 4 个风电场，安装风电机组 32 台，最大单机容量为 200kW，总装机容量为 4.215MW，平均年新增装机容量仅为 0.843MW。

第二阶段为 1991～1995 年，为示范项目取得成效并逐步推广阶段。共建立了 5 个风电场，安装风电机组 131 台，装机容量为 33.285MW，最大单机容量为 500kW，平均年新增装机容量为 6.097MW。

第三阶段为 1996 年后的扩大建设规模阶段。其特点是项目规模和装机容量较大，发展速度较快，平均年新增装机容量为 61.8MW，最大单机容量达 1300kW。2005 年《中华人民共和国可再生能源法案》颁布后，中国风能事业进入到一个新的时期。从 2005 年开始，我国每年风电总装机容量比去年同期翻了一番。

目前，我国是全球最大的风电装机国和风电整机装备生产国。2021 年全国风力发电量 6526 亿千瓦时，占总发电量的 8.0%。过去 10 年我国风电累计并网装机规模不断扩大，到 2021 年风电累计并网装机容量已经超过 3.28 亿千瓦，占总装机容量的 13.8%。2021 年我国风电新增装机达到 4757 万千瓦。同时，海上风电发展取得突破性进展，海上风电场建设成效显著。2021 年海上风电新增装机容量为 1690 万千瓦，远超此前累计建成的总装机规模，累计装机容量高达 2638 万千瓦，位居全球榜首。2021 年底，江苏盐城海域最新一批海上风电机组并网，江苏海上风电装机达 1180 万千瓦，使得其成为继英国之后全球第二个海上风电装机突破千万千瓦的地区。

我国的风电机组也从引进消化吸收到自主生产，其生产能力达到世界第一。与发达国家风电机组的单机容量和整体技术水平相比，还有一定差距。但是，在我国新能源与可再生能源政策的鼓励下，我国的风力发电机组在这些方面都将得到快速发展。我国《中华人民共和国国民经济和社会发展第十四个五年规划和 2035 年远景目标纲要》指出要"坚持集中式和分布式并举，大力提升风电、光伏发电规模，有序发展海上风电"。2022 年我国颁布的《"十四五"现代能源体系规划》明确指出要"加快发展风电，全面推进风电大规模开发和高质量发展，优先就地就近开发利用，加快负荷中心及周边地区分散式风电建设，推广应用低风速风电技术，有序推进风电集中式开发，加快推进以沙漠、戈壁、荒漠地区为重点的大型风电光伏基地项目建设，鼓励建设海上风电基地，推进海上风电向深水远岸区域布局"。我国风电的发展目标是：到 2020 年，风电装机容量达到 $2 \times 10^8 \mathrm{kW}$，到 2030 年，风电装机容量达到 $4 \times 10^8 \mathrm{kW}$，到 2050 年，风电装机容量达到 $10 \times 10^8 \mathrm{kW}$，约占全国电力消费量的

17%，成为我国的主要可再生能源。

二、风电的发展方向

20 世纪 80 年代后，随着风力发电技术的迅速发展，风力发电机组商业化并向大型化发展。风力发电机组的安装场址也不局限于陆地和沿海岸地带，而是不断地扩展到海上，出现了近海风电场。发电方式也从传统的、利用感应发电机的失速型控制方式，逐步转变为利用变流装置的变速型连接方式。总的来讲，未来风力发电机组的发展趋势体现在如下几点。

1. 水平轴风力机组成为技术主流

由于水平轴风力机机组的技术特点突出，特别是具有风能利用率高、结构紧凑等方面的优势，使其成为当前大型风电机组发展的主流技术，并占到 95% 以上的世界风电设备市场份额。同期发展的垂直轴风力机组则因一些技术难题，较少得到市场认可和推广应用。但垂直轴风力机具有一些独特的技术特点，近年来国内外仍在持续进行一些研究和开发工作。

2. 大型化

风力发电机组的叶轮直径和输出功率趋于巨型化发展。进入 21 世纪，叶轮直径不断增大，2020 年最小直径已经超过了 110m，最大直径可增至 170m。输出功率兆瓦级机组成为主导机组，2020 年全球陆上风机单机容量平均为 3.6MW，正在设计 15MW 以上的风力机。而且海上风电场的风电机组比陆上风电机组容量更大，其大型化趋势更加明显。2020 年全球并网的海上风机平均单机容量达到了 7.6MW，较 2010 年的 2.9MW 增加了 162.1%，较 2019 年的 6.7MW 增加了 0.9MW，增长幅度大于陆上风机。4～5MW 的陆上风机机型和 12～15MW 及以上等级的海上风机机型将成为下一代主流机型。

3. 控制输出系统的转变

随着风力发电机组的大型化发展，兆瓦级机组的商业化，桨距控制方式也逐渐增多。变桨变频功率调节技术是世界上先进的主流技术。现代风能利用技术的核心技术之一是控制调整能量输出的稳定性。由于变桨距功率调节方式具有载荷控制平稳、安全和高效等优点，近年在大型风电机组上得到广泛应用。随着变桨距技术的应用以及电力电子技术的发展，大多数风电机组开发制造厂商开始使用变桨变频功率调节技术，使得在风能转换上有了进一步的完善和提高。

4. 变速恒频风力发电机组的应用

目前，感应发电机与电网直接连接，发电机的频率受电网频率的影响，发电机以固定转速运行方式是风力发电机组的主流。对此，利用整流器系统来控制电网和发电机之间的频率关系，目前更多采用变速运行方式。这样当风速在较大的范围内时，风力能保持高效，尽可能从风中吸取更多的能量。

5. 海上风电的迅速发展

发展海上风电场目前备受重视。丹麦、德国、西班牙、瑞典等国家都在计划着较大的海上风电场项目。由于海上风速较陆上大且稳定，一般陆上风电场平均设备利用小时数为 2000h，好的为 2600h，在海上则可达 3000h。为了便于浮吊的施工，海上风电场一般建在水深为 3～8m 处，同容量装机，海上比陆上成本增加 60%，电流增加 50% 以上。

6. 直驱式、半直驱式风电机组的发展

直驱式风电机组能有效地减少由于齿轮箱故障导致的风电机组停机，提高系统的运行可靠性，降低设备的维修成本。直驱式风电机组一般需要采用全功率变流方式并网发电，随着近几年来全功率变流并网技术的发展和应用，使风轮和发电机系统的调速范围得以扩大，可以有效地提高风能利用率，改善向电网供电的质量。直驱式风电机组研发的技术关键是发电机系统，随着高性能材料、电机设计技术和电子变流器制作技术的进步，此种机型具有很好的发展前景。目前，全功率变流技术存在的主要问题是对电网的谐波污染较大，设备成本较高。此外，随着海上、陆上风机大型化趋势加快，直驱永磁在技术、成本上遇到了瓶颈，越来越多的企业采用了中速永磁（半直驱）技术，尤其是海上风电。

7. 低电压穿越技术得到应用

随着风电机组单机容量的不断增大和风电场规模的不断扩大，风电机组与电网间的相互影响已日趋严重。通常情况下要求发电机组在电网故障出现电压跌落的情况下具有不脱网运行的低电压穿越（LVRT）能力。很多国家的电力系统运行导则对风电机组的低电压穿越能力也做出了规定。

8. 海上风电制氢技术的发展

利用海上风电制备氢气，通过各类储运技术将氢气送到氢利用市场，开发跨越电力输送的渠道，从而为海上风电发展提供可行的思路。最常见的项目设计是通过海缆输送海上风机所发电力，再通过陆上电解槽制氢。这样的设计不仅风险较小，氢气输运规模也最小。但是海上风电制氢技术成本高昂，具体可行性仍有待论证。预计到2025年，海上风电制氢市场仍然以试点项目为主流。

此外，未来风机还将聚焦风机模块化设计、适用于中国及其他亚洲市场的低风速风机、抗台风系列机型等。

思考题

3-1 简述风和风能的特点和资源情况。

3-2 简述风能利用的主要形式。

3-3 风力机的基本分类有哪些？目前常用的风力机形式是什么？

3-4 简述风力发电系统的分类。

3-5 简述风电场的概念、分类。

3-6 未来风力发电的发展方向是什么？

第四章

生物质能及其应用

第一节　生物质能概述

　　生物质是指通过光合作用而形成的各种有机体，包括所有的动植物和微生物。生物质能是太阳能以化学能形式储存在生物质中的能量形式，是以生物质为载体的能量。它直接来源于绿色植物的光合作用，可转化为常规的固态、液态和气态燃料，取之不尽，用之不竭，是一种可再生能源。生物质能的原始能量来源于太阳，所以从广义上讲，生物质能是太阳能的一种表现形式。

一、生物质能的基本概念

1. 生物质简介

　　生物质是地球植被在太阳辐射能的作用下，吸收空气中的二氧化碳（CO_2）和土壤中的水（H_2O），最终合成碳水化合物（CH_2O），转化为化学能而固定下来的一种自然资源，如图 4-1 所示。用化学方程式表示为：

$$CO_2 + H_2O \xrightarrow{\text{光}} CH_2O + O_2 \uparrow$$

　　植物合成的碳水化合物以秸秆和果实两种形态存在，这两种形态的物质一部分被人、动物直接利用（粮食、饲料、薪柴），另一部分在自然界中自然氧化。目前只有很少一部分被人工转化成能源，无论何种方式，在这一过程中都消耗氧气，释放二氧化碳。理论上所消耗的氧气和释放的二氧化碳与生成生物质过程释放的氧气量及消耗的二氧化碳量相等。因此可以说，生物质循环过程是二氧化碳"零排放"，这是生物质能的最突出优点之一。图 4-2 给出了生物质的生成和演化过程。

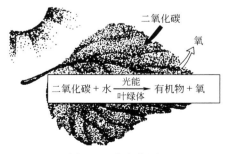

图 4-1　光合作用

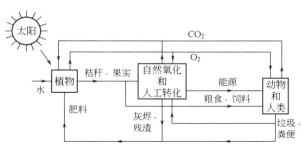

图 4-2　生物质的生成和演化

2. 生物质的种类

作为能源利用的生物质主要有农作物、油料作物、林木、木材生产的废弃物、木材加工的残余物、动物粪便、农副产品加工的废渣、城市的生活垃圾中的部分生物废弃物。生物质主要分为以下几类。

① 农业废弃物：包括秸秆、果壳、果核、玉米芯、甜菜渣、甘蔗渣等。

② 林业生物质：包括薪柴、枝丫、树皮、树根、落叶、木屑、刨花等。

③ 粪便类：包括牲畜、家禽、人的粪便等，全球每年排放数百亿吨以上。

④ 有机废水：包括工业废水和生活污水，全球每年排放约 4500 亿吨。

⑤ 城市垃圾：包括工业、生活和商业垃圾，全球每年排放约 100 亿吨。

⑥ 水生植物：包括藻类、海草、浮萍、水葫芦、芦苇、水风信子等。

⑦ 能源植物：包括生长迅速、轮伐期短的乔木、灌木和草本植物，如棉籽、芝麻、花生、大豆等。

生物质由无机物和有机物两部分组成。无机物包括水和矿物质，无法用于生物质的利用和能量转换。有机物则是生物质的主要组成部分。生物质也可以包括纤维素、半纤维素和木质素三大组分及少量的灰分和抽提物，这些组分是动态变化的。

3. 生物质能分类

根据国际能源署的定义，生物质能分为固体生物质、木炭、城市固体废弃物、生物液态燃料和沼气等，其直接或间接地来源于绿色植物的光合作用，可转化为常规的固体燃料、液体燃料和气体燃料。

根据是否能大规模代替常规化石能源，可将生物质能分为传统生物质能和现代生物质能。传统生物质能主要包括农村具有生活用途的物质（如薪柴、秸秆、稻草、稻壳等）和其他农业生产的废弃物和畜禽粪便等。传统生物质能主要限于发展中国家，广义来说它包括所有小规模使用的生物质能。现代生物质能是指那些可以大规模用于代替常规能源的各种生物质能。

人类通常直接利用的生物质能有秸秆、林木和粪便类。不能作为食物利用的农作物根、茎、叶系统称为秸秆。在农村，秸秆作为能源利用较为普遍，林木类木质燃料作燃料也有几千年的历史，是人类最早利用的能源之一，在农村仍是主要的能源，占农村能源总量的40%左右。粪便是动物排泄物，作为农作物的有机肥料有较长的历史，作为燃料利用的历史也较长，但较为有利的是作为有机肥料，如作为燃料则应采用与秸秆混合发酵后产生沼气利用，可使之发挥更大的效能。

4. 生物质能的特点

生物质能是人类自用火以来最早直接应用的能源。在第二次世界大战前后，欧洲的木质能源应用研究达到高峰，然后随着石油化工和煤化工的发展，生物质能源的应用逐渐进入低谷。到 20 世纪 70 年代中期，由于中东战争引发的全球性能源危机，可再生能源的开发利用研究重新引起了人们的重视。使用大自然馈赠的生物质能正是由于其独有的优点，所以成为必然的选择。

① 清洁性：如前所述，生物质能在使用过程中不产生任何污染，几乎没有 SO_2 产生，产生的 CO_2 气体与植物生长过程中吸收的大量 CO_2 在数量上保持平衡，真正实现了二氧化碳的"零排放"。这点对于我国实现"双碳"目标具有非常重要的意义。

② 充足性：根据国际能源机构的统计，地球上每年形成的生物质总能量相当于目前全

世界一年消耗能源总量的 20 倍以上，这是生物质能的又一突出优点。

③ 可再循环：在目前地球环境条件下，生物质年复一年，循环再生，生物质能不会枯竭，同时起着保护和改善生态环境的重要作用，所以生物质能就成为了理想的可再生能源之一。

④ 可储存和运输：在可再生能源中，生物质能是唯一可以储存与运输的能源，从而为其加工转换与连续使用提供方便。

⑤ 易燃性：在 400℃ 左右的温度下，生物质能的大部分挥发组分可释出，炭活性高，将其转化为气体燃料比较容易实现。

⑥ 开发转化技术容易：从目前国内外生物质能开发利用的基本形式来看，生物质能的开发较其他新能源的开发利用相对普及，生物质开发技术上的难题相对较少，人们既可利用生物质能的热能效应，又可将简单的热效应充分转化为化学能后再加以利用。

⑦ 与农林业关系紧密：生物质能源直接或间接来自于植物，因而生物质能源产业与农林业的关系非常紧密。世界各国都认为，生物质能产业的发展为农村带来了前所未有的机遇，生物质能的发展也将为农业带来革命性的变化。在我国，农林生物质工程也将在社会主义新农村建设中发挥至关重要的作用。

在目前世界的能源消耗中，生物质能耗占世界总能耗的 14%，仅次于石油、煤炭和天然气，位居第 4 位。而在一些发展中国家，生物质能耗占有更大比重，达到 50% 以上。

尽管生物质能的利用带来了种种优点，但是也存在一些不可回避的问题，为此人们也相应实施了技术和政策方面的应对措施，主要表现在以下几个方面。

（1）体积密度和能量密度低

大多数生物质体积密度很低，大大低于煤炭的体积密度。例如稻草和稻谷壳的体积密度分别大约为 $50kg/m^3$ 和 $122kg/m^3$，而褐煤和烟煤的体积密度分别为 $560 \sim 600kg/m^3$ 和 $800 \sim 900kg/m^3$，无烟煤更高达 $1400 \sim 1900kg/m^3$。生物质的能量密度也大大低于煤炭，热值从 7000kJ/kg（牛粪）到 21000kJ/kg（废弃木料）不等，而煤炭的热值从褐煤到无烟煤热值范围为 $20000 \sim 33000kJ/kg$。由于生物质的体积密度、能量密度较小，运输、储存费用都相对较高，一般认为生物质的利用半径仅为 $80 \sim 120km$，这大大限制了大型电厂对生物质能的有效利用。

提高生物质的体积、能量密度是生物质利用的重要研究方向。目前采用的主要技术有打包、制作生物质压缩成型块以及制作生物质焦炭等。打包的稻草体积密度可达 $70 \sim 90kg/m^3$，热值可达 $260 \sim 360kW \cdot h/m^3$（$1kW \cdot h \approx 3.6 \times 10^6 J$）；而稻草的生物质压缩成型块体积密度更高达 $450 \sim 650kg/m^3$，热值达 $1800 \sim 2800kW \cdot h/m^3$；制作生物质焦炭更能使生物质接近煤的体积密度及热值，并具有良好的研磨性。

（2）生物质供应和价格不稳定

生物质由于受季节因素影响，供应不稳定，给大规模工业利用带来困难。同时受播种面积和其他利用方式竞争的影响，使生物质的价格不稳定，加大了工业利用的经营风险。

国外比较常用的方法是进行国家干预，在政策上进行倾斜，如加强对电厂污染物排放的限制，甚至就 CO_2 排放征税；鼓励使用对环境没有多大危害的生物质能，并进行经费补贴；在荒地增加生物质的种植面积等。国内也在逐步开展这方面的试点工作。

（3）生物质组成性质差异大

生物质在水分含量、挥发分含量、热值和灰分化学组成上差异巨大。这给电厂利用生物质带来困难。当一种生物质的供应受到影响时，很难寻找到合适的替代品。这加大了电厂利用生物质的经营风险。

可能的解决方法之一是较大规模地种植与粮食生产没有冲突的能源植物，如短期轮作矮林（SRC）和禾本科能源作物（HEC），从而提供组成性质相对稳定的生物质。

（4）水分含量

大多数生物质水分含量并不高，但某些生物质如蔗渣、下水道污泥和牲畜粪便水分含量可高达40%～50%。对于水分高的生物质在燃烧时会面临许多问题：高的水分含量会导致点火性能恶化，降低燃烧温度，从而影响燃烧效率和质量；同时在燃烧时产生大量含水蒸气的烟气，这需要更大的烟气处理设备。因此，主要的解决途径应是在燃烧前对生物质进行一些必要的除湿处理。

（5）灰成分

由于许多生物质的灰分中含有很高含量的K_2O，这造成灰的灰熔点下降。灰熔点的下降会引起流化床的床料黏结和换热面灰污、结垢和腐蚀问题。在如何解决生物质燃烧中灰分低熔点的问题上，许多专家认为可行且有效的方法有：

① 降低燃烧温度；

② 使用添加剂，主要包括Al_2O_3、CaO、MgO、白云石和高岭土等，它们能够有效地提高灰的软化温度；

③ 与其他燃料（如煤炭）混燃。将生物质与煤混燃，煤中的灰分也能够有效地降低燃料中碱金属的浓度。

此外，生物质利用还存在纤维素含量高、不易粉碎以及加料设备易阻塞的问题。针对这一系列的困难，生物质的低温热解是一种比较好的方法，既能破坏生物质中纤维素结构进而提高其可磨性，又能较大程度地减少热解过程的能量损耗，同时还能够提高生物质的能量密度。

用现代高新技术开发利用生物质能，解决人类面临的经济增长和环境保护的双重压力，对于建立可持续发展的能源体系，促进社会经济发展和生态环境改善具有战略意义。

二、我国的生物质资源以及开发生物质能的意义

我国生物质资源广泛，主要有农作物秸秆及农产品加工剩余物、林木采伐及森林抚育剩余物、木材加工剩余物、畜禽养殖剩余物、城市生活垃圾和生活污水、工业有机废弃物和高浓度有机废水等。目前我国可开发的生物质能源相当于12亿吨的标准煤，能源消耗量占全国总消耗量的33%以上，生产的能量是水能的2倍，是风能的3.5倍。随着我国经济社会发展、生态文明建设和农林业的进一步发展，生物质能源利用潜力将进一步增大。

发展生物质能源有利于减少环境污染，促进我国环境友好型社会建设。石油、煤炭、天然气的开发利用是造成当今地球温室效应的主要元凶，给人类的生存环境带来了严重的污染和危机。目前，我国能源结构极不合理，是世界上唯一以煤炭为主要能源的大国。在未来几十年，我国将面临履行国际公约和实行二氧化碳减排的巨大压力。而生物质能源是可再生能源，其利用方式充分体现了"绿色"和"循环"的特色。生物质的有害物质（硫和灰分等）含量仅为中质烟煤的1/10左右，乙醇汽油的使用可使一氧化碳等污染物的排放量减少40%。同时，生物质生产和能源利用过程所排放的二氧化碳可纳入自然界碳循环，是减排CO_2的最重要途径。生物质能的使用能够改善日益恶化的生存环境，因而它被科学界、环

保人士视为缓解生态安全的希望。

生物质能源的开发利用还可以治理有机废弃物污染,能源植物的种植还能起到防风固沙和有利于水土保持的作用。发展生物质能源对于促进农民增收,促进我国农村经济社会发展,有着重要的现实意义。生物质产业是以农林产品及其加工生产的有机废弃物,以及利用边际土地种植的能源植物为原料,进行生物能源和生物基产品生产的产业。生物基产品和生物能源产品不仅附加值高,而且市场容量几近无限,这为农民增收提供了一条重要的途径。生物质能源生产可以使有机废弃物和污染源无害化和资源化,从而有利于环保和资源的循环利用,可显著改善农村能源的消费水平和质量,净化农村的生产和生活环境。

因此,我国高度重视生物质能的研究与应用。国家把"生物质气化"列入了"八五"、"九五"攻关项目,并于 2005 年颁布了"可再生能源法",将其提高到国家法律的高度;2007 年 7 月,国家农业部颁布了《农业生物质能产业发展规划(2007~2015 年)》。2022 年颁布的《"十四五"现代能源体系规划》指出:"推进生物质能多元化利用,稳步发展城镇生活垃圾焚烧发电,有序发展农林生物质发电和沼气发电,因地制宜发展生物质能清洁供暖,在粮食主产区和畜禽养殖集中区统筹规划建设生物天然气工程,促进先进生物液体燃料产业化发展"。同年颁布的《"十四五"可再生能源发展规划》具体指出稳步推进生物质能多元化开发:稳步发展生物质发电,积极发展生物质能清洁供暖,加快发展生物天然气,大力发展非粮生物质液体燃料,等。这些都为"十四五"期间我国生物质能的发展指明了道路。

三、生物质能利用技术

生物质作为新的可再生能源,是后化石时代有机碳的唯一来源,同时也是唯一可制备不同形态燃料的能源。此外,它还是生产高附加值化学品、替代化石能源的优良能源。

1. 生物质能开发技术概况

生物质能的研究开发主要有物理转换、化学转换、生物转换三大类,涉及到气化、液化、热解、固化和直接燃烧等技术。生物质能转换技术及产品如图 4-3 所示。

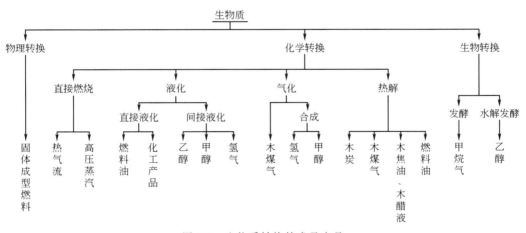

图 4-3 生物质转换技术及产品

① 气化:生物质气化是指固体生物质在高温条件下,与气化剂(空气、氧气和水蒸气)反应得到小分子可燃气体的过程。所用气化剂不同,得到的气体燃料种类也不同。目前使用最广泛的是空气作为气化剂,产生的气体主要作为燃料,用于锅炉、民用炉灶、发电等场

合，也可作为合成甲醇等的化工原料。

　　② 液化：液化是指通过化学方式将生物质转换成液体产品的过程。液化技术主要有间接液化和直接液化两类。间接液化就是把生物质气化成气体后，再经合成反应成为液体产品；或采用水解法，将生物质中的纤维素、半纤维素转化为多糖，然后再用生物技术发酵成为酒精。直接液化是把生物质放在高压设备中，添加适宜的催化剂，在一定的工艺条件下反应制成液化油，作为汽车用燃料，或进一步分离加工成化工产品。

　　③ 热解：生物质在隔绝氧气或少量供给氧气的条件下加热分解的过程通常称为热解，这种热解过程所得产品主要有气体、液体、固体 3 类产品。其比例根据不同的工艺条件而发生变化。目前，国外研究开发了快速热解技术制取液体燃料油，液化油得率以干物质计可达 70%以上，是一种很有开发前景的生物质应用技术。

　　④ 固化：将生物质粉碎至一定的粒度，不添加黏结剂，在高压条件下挤压成一定形状。其黏结力主要是靠挤压过程产生的热量使得生物质中木质素产生塑化黏结，成型物可再进一步炭化制成木炭。该技术解决了生物质形状各异、堆积密度小且较松散、运输和储存使用不方便的问题，提高了生物质的使用热效率。

　　⑤ 直接燃烧：直接燃烧是生物质最早被使用的传统方式。目前研究开发工作主要在于提高直接燃烧的热效率，如研究开发直接用生物质的锅炉等用能设备。

　　生物质能的研究开发已成为世界热门课题之一，得到了各国政府和科学家的普遍关注。图 4-4 给出生物质能综合利用方案。可以预计，未来 20～30 年内生物质能源最有可能成为 21 世纪主要的新能源之一。

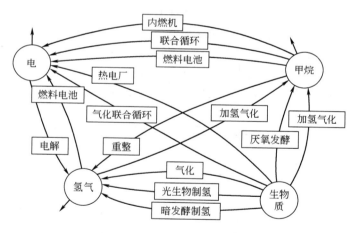

图 4-4　生物质能的综合利用

2. 国外的利用现状

　　从 20 世纪 70 年代开始，生物质能的开发利用研究已成为世界性的热门研究课题。许多国家都制定了相应的开发研究计划，如日本的阳光计划、印度的绿色能源工程、美国的能源农场和巴西的酒精能源计划，纷纷投入大量的人力和资金开展生物质能的研究开发。

　　关于生物质能利用的研究开发，国外尤其是发达国家的科研人员做了大量的工作。欧美国家主要利用农林剩余物、养殖场剩余物生产沼气，以及利用城市生活垃圾发电。近年来，欧洲沼气产业发展迅速，沼气经提纯、压缩后可进入天然气管道，也可作为车用燃料。欧洲的生物质热电联产已很普遍，能源利用效率高；生物质与煤混燃发电较多，秸秆直接燃烧发电技术、生物质流化床锅炉发电技术已十分成熟。

随着国际石油市场供应紧张和价格上涨，发展生物燃料乙醇和生物柴油等生物液体燃料已成为替代石油燃料的重要方向。目前，以甘蔗、玉米和薯类作物为原料的燃料乙醇和以植物油脂为原料的生物柴油已实现较大规模的应用。从目前生物质能资源状况和技术发展水平看，生物质成型燃料的技术已基本成熟，作为供热燃料将继续保持较快发展势头。大型沼气发电技术成熟，合成天然气和车用燃料也成为新的使用方式。生物质热电联产以及生物质与煤混燃发电仍是今后一段时期生物质能规模化利用的主要方式。低成本纤维素乙醇、生物柴油等先进非粮生物液体燃料的技术进步，为生物液体燃料更大规模的发展创造了条件，以替代石油为目标的生物质能梯级综合利用将是主要发展方向。生物质能及相关资源化利用的资源将继续增多，油脂类、淀粉类、糖类、纤维素类和微藻，以及能源作物（植物）种植等各种生物质都是生物质能利用的潜在资源。

3. 国内开发利用概况

从 20 世纪 80 年代以来，我国政府和科技人员都十分重视生物质能的应用技术研究。国家"六五"计划就开始设立研究课题，进行重点攻关，主要在气化、固化、热解和液化等方面开展研究开发工作。

生物质气化技术的研究在我国发展较快。利用农林生物质原料进行热解气化反应，产生的木煤气供居民生活用气、供热和发电。中国林业科学研究院林产化学工业研究所从 20 世纪 80 年代初期开始研究开发木质原料和农业剩余物的气化和成型技术，先后承担了国家、部、省级重点项目和国际合作项目近 10 项，研究开发了以林业剩余物为原料的上吸式气化炉，已先后在黑龙江、福建等建成工业化装置；在江苏省研究开发以木屑、稻壳、稻草和麦草为原料，应用内循环流化床气化系统，并研究应用催化剂和富氧气化技术产生接近中热值的煤气，供乡镇居民使用的集中供气系统，气体热值为 7000kJ/m³ 左右，较同类生物质气化的热值提高了近 30%，气化热效率达 70% 以上。山东省能源研究所研究开发了下吸式气化炉，主要适用硬秸秆类农业剩余物的气化。广州能源研究所开发了外循环流化床生物质气化技术，制取的木煤气作为干燥热源和发电。另外，北京农机院、浙江大学热工所和大连环科所等单位先后开展了生物质气化技术的研究工作。生物质气化集中供气技术和工艺不断改进，目前已建成使用的生物质集中供气项目约 1000 个。

我国的生物质固化技术开始于"七五"期间，现已达到工业化生产规模。目前国内已开发完成的固化成型设备有两大类：棒状成型机和颗粒状成型机，这两种机型均由中国林科院林化所科研人员率先完成。1998 年与江苏正昌粮机集团公司合作，开发了内压滚筒式颗粒成型机，生产能力为 250～300kg/h，生产的颗粒成型燃料尤其适用于家庭或暖房取暖使用。成型燃料设备能耗显著降低，易损件寿命和可维护性明显提高，成型燃料已初步具备较大规模产业化发展条件。

在生物液体燃料方面，为了缓解石油供需矛盾，我国积极推进生物液体燃料技术的研发和试点示范工作。"十五"期间，我国批准建设了 4 个以陈化粮为原料的生物燃料乙醇生产试点项目，年生产能力 102 万吨。自 2004 年，先后在黑龙江、吉林、辽宁、河南、安徽 5 个省及河北、山东、江苏、湖北 4 个省的 27 个地市开展车用乙醇汽油试点工作，2006 年产量达到了 165 万吨。2007 年以来，我国开始限制以粮食为原料的燃料乙醇生产，燃料乙醇的发展势头变缓。2010 年，以陈化粮和木薯为原料的燃料乙醇年产量超过 180 万吨，以废弃动植物油脂为原料的生物柴油年产量约 50 万吨。培育了一批抗逆性强、高产的能源作物新品种，木薯乙醇生产技术基本成熟，甜高粱乙醇技术取得初步突破，纤维素乙醇技术研发取得较大进展。

我国的沼气利用技术基本成熟，尤其是户用沼气，已经有几十年的发展历史。自 2003 年，农村户用沼气建设被列入国债项目，中央财政资金年投入规模超过 25 亿元，在政府政策的大力推动下，户用沼气已经形成了规模市场和产业。自 2000 年，畜禽场、食品加工厂、酒厂、城市污水处理厂的大中型沼气工程也开始发展。农村沼气技术不断成熟，产业体系逐步健全，许多地方建立了物业化管理沼气服务体系。同时，随着沼气技术的不断进步和完善，我国的户用沼气系统和零部件基本实现了标准化生产和专业化施工，大部分地区建立了沼气技术服务机构，具备了较强的技术服务能力。大中型沼气工程工艺技术成熟，已形成了专业化的设计、施工队伍和基本完备的服务体系，具备了大规模发展的条件。

在生物质发电方面，已经基本掌握了农林生物质发电、城市垃圾发电、生物质致密成型燃料发电等技术，但目前的开发利用规模还有待扩大。

综上，我国在生物质能开发利用方面做了许多工作，取得了明显的进步，但与发达国家相比，仍有很长的路要走。

4. 我国生物质能应用技术研究展望

我国生物质能利用技术和装备处于起步阶段，仍未掌握循环流化床气化及配套内燃发电机组等关键设备技术，非粮燃料乙醇生产技术需要升级，生物降解催化酶等核心技术亟待突破，生物柴油生产技术应用水平还不高，航空生物燃油、生物质气化合成油等技术尚未产业化。生物质能综合利用水平低，转换效率有待提高。生物质热解技术需完善工程设计、设备制造等方面的技术。科学地利用生物质能源，加强应用基础和应用技术的研究，具有十分重要的意义。从国外生物质能利用技术的研究开发现状来看，结合我国现有研究开发技术水平和实际情况，我国生物质应用技术将主要在以下几方面发展。

① 高效直接燃烧技术和设备的开发。我国有十多亿人口，约一半人居住在广大的乡村和小城镇。其生活用能的主要方式仍然是直接燃烧。秸秆、稻草等松散型物料是农村居民的主要能源，开发研究高效的燃烧炉，提高使用热效率，仍将是需解决的重要问题。

② 生物质气化和发电的应用。国外生物质发电的利用占很大比重，且已工业化推广，我国的生物质发电开发也已进入起步阶段。由于电能传输和使用方便，从发展的前景来看，有较好的市场。同时，随着经济的发展，农村分散居民逐步向城镇集中，数以万计的乡镇、小城镇将是农民的居住地，为集中供气和供热、提高能源利用率提供了现实的可能性。生活水平的提高，促使人们希望使用清洁方便的气体燃料，因此生物质能热解气化技术的推广应用也具有较好的市场前景。

③ 能源植物的开发。大力发展能产生"绿色石油"的各类植物，如山茶树、油棕榈、木戟科植物等，为生物质能利用提供丰富的优质资源，并将取得经济效益、社会效益以及环境效益的"三赢"。

④ 生物质液化技术的运用。由于液体产品便于储存、运输，可以取代化石能源产品，因此从生物质经济高效地制取乙醇、甲醇、合成氨、液化油等液体产品必将是今后研究的热点。水解、生物发酵、快速热解、高压液化等工艺技术研究以及催化剂的研制、新型设备的开发等都是科学家们关注的焦点，一旦研究获得突破性进展，将会大大促进生物质能的开发利用。

结合我国现有研究开发技术水平和对新能源、可再生能源利用程度低的实际情况，我国生物质的利用还应注意：加强宣传与国际交流，增加国家投入与政策支持；根据我国国情，加强基础理论研究；合理利用宝贵的薪炭林资源，加快我国生物质开发利用的步伐，建立符合中国国情的生物质能开发利用结构体系。

第二节　生物质的物理转换利用

生物质物理转换主要是指生物质固化成型，即将生物质粉碎至一定粒度，不添加黏结剂，在高压条件下挤压成一定形状。其黏结力主要靠挤压过程中产生的热量，使得生物质中的木质素产生塑化黏结。生物质固化成型解决了生物质形状各异、堆积密度小且松散、运输和储存不方便的问题，提高了生物质的使用效率。下面将介绍生物质压缩成型技术和生物质型煤。

一、生物质压缩成型技术

1. 生物质压缩成型技术简介

生物质压缩成型技术主要针对的是解决生物质能量密度低的问题。生物质原料结构通常都比较疏松，密度小，经压缩后，原料颗粒重新排列，密度大幅度提高，如图 4-5 所示。同时生物质原料中含有纤维素、树脂等多种有机成分，这些成分在高温下将软化，甚至成为熔融状，将其以一定压力压入模具，冷却后即黏结为密度很大的成型块。对黏性小的原料可加入少量黏土、淀粉、废纸浆等，压缩后成为固型物。

粒子的排列改变　→　(a) 颗粒间大的空隙被填充　　　粒子变形　→　(b) 颗粒间小的空隙被填充

图 4-5　生物质颗粒压缩成型过程

生物质压缩成型受到温度、压力、成型过程的滞留时间、物料含水率和物料颗粒度等因素的影响。

目前，发达国家对秸秆固化成型技术的研究已经相当成熟，而且相关技术已被许多国家引进和效仿。2013 年，全球生物质成型燃料产量约为 2360 万吨，比 2012 年增加了 13%；欧盟生物质颗粒成型燃料产量几乎占全球成型燃料产量的一半，总量在 1600 万吨，其次为北美，约占 33%，俄罗斯与中国产量也位居前列。

我国从 20 世纪 80 年代引进并开始致力于生物质压缩成型技术的研究。南京林化所在"七五"期间开展了对生物质压缩成型机的研制及对生物质成型理论的研究；湖南省衡阳市粮食机械厂于 1985 年研制了第一台 ZT-63 型生物质压缩成型机；江苏省连云港东海粮食机械厂于 1986 年引进了一台 OBM-88 棒状燃料成型机；1990 年前后，陕西省武功县轻工机械厂、河南工艺包装设备厂等单位先后研制和生产了几种不同规模的生物质成型机和炭化机组；1994 年湖南农业大学、中国农机能源动力所分别研究出 PB-1 型、CYJ-35 型机械冲压式成型机；1997 年河南农业大学又研制出 HPB-Ⅰ型液压驱动活塞式成型机；2002 年中南林学院也研制了相应设备。2004 年，河南农业大学在河南省财政厅的协助下，在河南省示范应用了 HPB-Ⅲ秸秆成型机，为推动秸秆固化成型技术规模化推广迈出了第一步。清华大学和北京惠众实科技有限公司利用压辊挤压原理开发了 High zones 生物质固化成型技术。2006 年，河南农业大学又成功研制了 HPB-Ⅳ型液压驱动活塞式成型机，随后合肥天炎绿色能源开发有限公司研制了 TYK-Ⅱ秸秆成型机，辽宁省能源研究所研制了 BIO-37 型制粒设备。

2014 年我国利用秸秆成型燃料 482 万吨，同时根据农业部制定的《农业生物质能产业发展规划（2007～2015 年）》以及政府发布的能源和生物质 2020 年总体发展目标，2020 年固体成型燃料年利用量达到了 2000 万吨。目前我国成型机的生产和应用已形成了一定的规模，热点主要集中在螺旋挤压成型机上，但是，仍然存在着诸如成型筒及螺旋轴磨损严重、寿命较短、电耗大等问题，因此有待于进一步深入研究。

2. 生物质压缩成型工艺流程

现有的生物质压缩成型技术按生产工艺分为湿压成型、热压成型和冷压成型等工艺；按成型物的形状主要分为三大类：圆柱块状成型、棒状成型和颗粒状成型技术。

湿压成型就是先对生物质能原料进行一定程度的腐化（即增加原料的熟化程度），然后挤压成型，其成型性能会有一定的改善，但存在能量损失、成型燃料密度低、成型模具磨损较快等缺陷，且成型产品还需要经过干燥才能存放，致使成本升高。

热压成型是目前普遍采用的成型工艺，压缩过程中加热，一方面可使原料中含有的木质素软化，起到黏结剂的作用，另一方面还可使原料本身变软，容易压缩，但加热的同时也增加了功率的损耗，并且只有加热到 220～260℃之间才能较快成型，这样不但耗能大且对设备损坏严重，成型颗粒还需要经过专门的冷却干燥设备处理，才能包装储存。

冷压成型是近年来研究利用的一种生物质成型工艺，成型时原料和机器部件之间的摩擦作用能使原料加热到 100℃左右，也能起到软化木质素的作用，并在一定程度上解决了以往成型设备对含水率和加热温度要求的限制，但其成型所需压力偏高。

生物质压缩成型工艺包括生物质收集、粉碎、脱水、加黏结剂、预压、加热、压缩、保型、切割、包装等环节，其流程如图 4-6 所示。步骤如下：

① 从加工厂附近收集生物质；
② 通过粉碎机粉碎至一定的粒度；
③ 对原料进行干燥处理，使含水率处于最佳范围；
④ 输送原料的螺旋推进器可同时做预压工作，提高生产率；
⑤ 在模具和环模的共同作用下压缩成型；
⑥ 在成型过程中对原料进行加热，提高成型性能；
⑦ 对成型颗粒进行保型，稳定其形状；
⑧ 对成型颗粒进行切割、包装和储运等处理，供应市场。

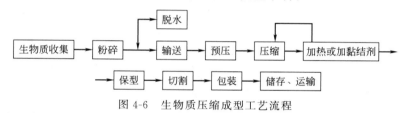

图 4-6　生物质压缩成型工艺流程

成型过程是利用成型机完成的，目前国内外使用的成型机有三大类，即螺旋挤压式、活塞冲压式和压辊式，如图 4-7 所示。国内生产的生物质成型机一般为螺旋挤压式，生产能力多在 100～200kg/h 之间，电机功率 7.5～18kW，电加热功率 2～4kW，生产的成型燃料多为棒状，如图 4-8 所示。

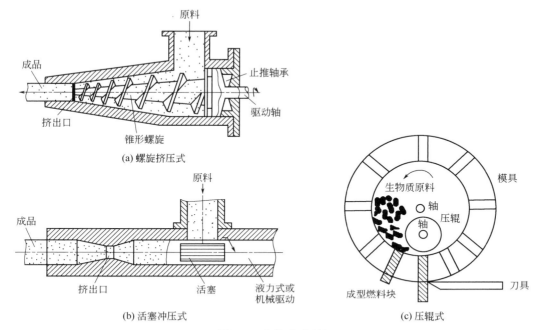

图 4-7　生物质成型机

图 4-8　生物质压缩成型燃料（棒状）

（1）螺旋挤压式成型机

被粉碎的生物质连续不断地送入压缩成型筒后，转动的螺旋推进器也不断地将原料推向锥形成型筒的前端，挤压成型后送入保型筒，因此生产过程是连续的，质量比较均匀。产品的外表面在挤压中被炭化，这种炭化层容易点燃，且易防止周围空气中水分的侵入。这种形式易于产品打中心孔，送入炉子后空气可从中心孔中流通，有助于快速燃烧和完全燃烧。螺旋挤压式成型机的设计比较简单，重量也较轻，运行平稳，但是动力消耗较大，单位产品能耗较高，也容易受原材料和灰尘的污染。

（2）活塞冲压式成型机

原料经过粉碎以后，通过机械或风力形式送入预压室，当活塞后退时，预压块送入压缩筒，活塞前进时把原材料压紧成型，然后送入保型筒。活塞的往复驱动力有 3 种形式，即"油压"、"水压"、"机械"。油压式设计比较成熟，运行平稳，油温便于控制，驱动力大。水压式体积大、投资多、驱动力小，生产能力低。机械式生产能力大，生产的产品密度比水压式要大得多，但震动大、噪声大，没有油压式平稳，工作人员易疲劳。这三种形式相比，机械式推广较多，近几年其他两种形式也在发展。

活塞冲压式成型机的缺点是：间断冲击，有不平衡现象，产品不适宜炭化；虽允许生物质含水量有一定变化幅度，但质量也有高低的反复。

（3）压辊式成型机

压辊式成型机基本工作部分由压辊和压模组成，其中压辊可以绕轴转动。压辊的外圈加工齿或槽用于压紧原料不至于打滑。原料进入压辊和压模之间，在压辊的作用下被压入成型孔内，从成型孔内压出的原料就变成圆柱形或棱柱形，最后用切刀切成颗粒状成型燃料，如图 4-9 所示。压辊式成型机生产颗粒成型燃料一般不需要外部加热，依靠物料挤压成型时所产生的摩擦热即可使物料软化和黏合。若原料木质素含量低，黏力小，可添加少量黏结剂。压辊式成型机对原料的含水率要求较宽，一般在 10%～40% 之间均能成型。

机械科学研究总院先进制造技术研究中心对压辊式成型机进行改进，通过结构的优化设计出立式环模成型机（见图 4-10），较大程度上解决了出料不均匀的问题，在实际生产中得到应用，并取得了良好效果。

图 4-9　压辊式成型机的工作流程

图 4-10　立式环模成型机

实践证明，生物质成型燃料（简称 BMF）热值在 16000kJ/kg 左右，热性能优于木材，与中质混煤相当，而且燃烧特性明显改善，点火容易，火力持久，黑烟少，炉膛温度高，便于运输和储存，使用方便、卫生，是清洁能源，有利于环保。可作为生物质气化炉、高效燃烧炉和小型锅炉的燃料。表 4-1 为生物质成型燃料与煤的对比。

表 4-1　生物质成型燃料与煤的对比

燃料	各组分的质量分数/%						密度 $\rho/(t/m^3)$
	碳	氢	氧	硫	灰分	挥发分	
生物质固体燃料	38～50	5～6	30～44	0.1～0.2	4～14	65～70	0.47～0.64
煤炭	55～90	3～5	3～20	0.4～0.6	5～25	7～38	0.8～1.0

3. 生物质成型燃料的优势与劣势

生物质成型燃料来源丰富、可获得量较大，已经有一定规模的企业进行了产业化生产，生产技术比较成熟。生物质成型燃料在小型燃煤锅炉上使用效果较好，在局部地区与煤炭相比有一定的价格优势，且取得了良好的环境效益。

然而，生物质成型燃料也存在一定的劣势：公众包括各级政府官员对其认识不够；难以与现代工业的产业模式相比较；价格还难以和煤炭等化石燃料相抗衡；设备的实用性和通用性存在问题；支持政策的稳定性和连续性还不够等。

4. 生物质成型燃料的应用

生物质成型燃料的主要应用是供热。其终端用户范围和煤炭的用户范围相近，主要用于提供工业生产或服务业需要的蒸汽、热水以及冬季建筑物采暖和少数农村的燃料消费。

2013年，欧洲地区小型生物质锅炉的拥有量已达800万套，销售量达到30万台。欧洲国家的大中型生物质供热锅炉应用也较为普及，特别是在瑞典和丹麦等国，瑞典的生物质供热已占到供热领域的50%以上。

我国的用户主要在原料集中地区或经济发展较快、能源消耗较高、可再生能源需求迫切的地区：珠三角、长三角地区，哈尔滨、长春、沈阳、北京、天津、郑州等城市及周边，西北旅游业发展较快的省市区县；涉及的行业和领域包括钢铁、造纸、食品饮料、医药化工、纺织印染、酒店、医院、洗浴、餐饮、机关学校、居民社区等。

图4-11为生物质户用灶具，用于江浙苏皖及广大农村地区，可燃用秸秆散料或成型燃料。其特点是上火快、效率高、不冒黑烟、轻巧耐用、便于移动。图4-12为生物质大灶，主要应用于南方经济发达农村地区和中小城镇，同时食堂、宾馆、饭店需求较多，特别是南方果品、茶叶等农产品加工需求量很大。

图 4-11　生物质户用灶具

图 4-12　生物质大灶

此外，生物质固体成型燃料的大规模运用场合是利用生物质锅炉燃烧的集中供热。由于生物质颗粒尺寸较为单一、均匀，因此开发了不同的采暖炉和热水锅炉，配套自动上料系统，可以实现连续自动燃烧。国外具有代表性的燃烧器生产厂商有 UlmaAB、JanfireAB、

PelltechLTD 等，主要以 6～8mm 的木质颗粒为燃料，输出功率在 12～80kW，平均燃烧效率大于 85%。图 4-13 为典型生物质颗粒燃烧器，图 4-14 为我国自主研发的生物质成型燃料专用锅炉。

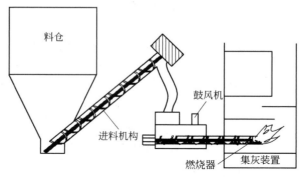

图 4-13　典型生物质颗粒燃烧器

图 4-14　生物质成型燃料专用锅炉（山东肥城）

在先进燃烧技术的支撑下，国内外将生物质成型燃料成功用于集中供热系统中，如图 4-15 所示。生物质成型燃料集中供热具有如下优点。

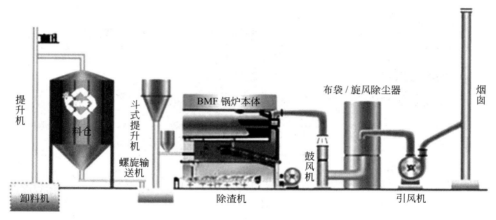

图 4-15　生物质成型燃料集中供热系统

① 技术成熟：成型工艺、燃烧技术已经比较成熟。

② 清洁低污染：安装除尘设施后，农林秸秆成型燃料污染物可达天然气标准。

③ 经济可行：供热蒸汽价格低于燃天然气锅炉。

④ 分布式供热：替代燃煤，分散分布，运行灵活，适应性强。

欧盟等国在生物质成型燃料技术与设备的研发上已趋于成熟，相关的标准体系也比较完善，形成了从原料收集、预处理到生物质固体成型燃料生产、配送、应用整个产业链的成熟体系和模式。我国也充分意识到生物质成型燃料在集中供热方面的作用与优势，已开展了大量的应用与尝试。国家能源局和环境保护部在 2014～2015 年投资 50 亿元建设约 120 个一定规模的生物质成型燃料锅炉供热示范项目。此外，我国还在生物质成型燃料与煤混燃、气化等方面开展研究，也取得了非常积极的成果。

5. 生物质成型技术推广应用存在的问题及发展趋势

我国自 20 世纪 80 年代引进生物质成型技术并着力研究开发，目前已初具规模。但是，在其推广应用中仍然存在着一系列问题。其主要问题及发展趋势如下。

① 机组可靠性较差，易损件使用寿命短，维修和更换不便，导致设备不能连续生产，只能断续小量生产，影响了产量和效益。因此，将来应从生物质成型原理和机理上进行突破，研制和开发新构思、新结构的新一代生物质成型机。

② 生产能力偏低，单位产品能耗过大。从提高生产率和降低能耗来看，应加强颗粒成型燃料的研究与开发力度，使其尽快进入市场。

③ 对原料的粒度和含水率要求较高，必须配套成具有粉碎、烘干、输送等功能的生产线，才能较完善地解决这一问题。由于生产线的投资费用较大，一般企业和用户难以承受，所以目前我国大部分压缩成型企业设备配套不理想，形成不了规模。因此，应加强生物质成型技术的深入研究。

④ 成型燃料的包装和燃烧设备不配套，制约了商品化生产和成型燃料的推广应用。尤其是适合农户使用的燃烧方式及其装置急需解决。因此，要加强生物质成型燃料燃烧理论和专用燃烧设备的研究。

⑤ 成型设备适应范围小，规范标准不统一。国内外众多研究机构相互独立，还没有形成统一的理论体系，成型设备（系统）千差万别，适用范围受到了限制。因此，应制定行业标准，开发先进产品，使所有同类科研单位与生产企业联合起来，取长补短，抓住机遇，共谋发展。

⑥ 产品价格高于化石能源，大多数人对生物质成型燃料具有高能、环保、使用方便的特性认识不够，更谈不上应用。因此，需要政府对生物质成型产品进行大力宣传及推广。

在国家能源短缺、能源结构不合理的情况下，国家日益重视可再生能源的开发利用，在节能减排、生态环境保护压力大的背景下，生物质成型燃料必将受到进一步的重视和推广，尤其是在新农村建设和区域环境治理中，必将扮演重要角色。

二、生物质型煤

随着煤炭开采机械化程度的提高，我国所产煤炭中的粉煤含量逐年增加，如何有效合理地利用粉煤，对节约能源、治理煤烟型大气污染具有十分重要的意义。考虑到我国现阶段的能源现状和我国未来能源结构政策，如能将可再生能源中的生物质与传统的一次能源煤巧妙地结合在一起，就可为生物质能大规模工业化利用提供可能的有效途径。为此，生物质型煤应运而生。型煤是合理利用粉煤资源的有效途径之一，其生产工艺简单、成本低，很适合我国的基本国情，是实现能源可持续发展的有效措施之一。

1. 生物质型煤简介

生物质型煤是一种生物质与煤的混合固体燃料，将破碎成一定粒度和干燥到一定程度的煤与可燃生物质按一定比例混合，加入少量固硫剂，利用生物质中的木质素、纤维素、半纤维素等与煤黏结性的差异经压制而成。生物质型煤是型煤中的一种新产品，它除具有一般型煤的优点外，还具有热效率高、灰分少、固硫率高、生物质来源广泛、生产成本低等优点，既能节省能源，又能明显减少对大气的污染，具有综合的经济、环境及社会效益。

根据生物质成型处理的不同方法，生物质型煤大体上可分为三类：

① 生物质制浆后的黑液（如纸浆废液）作为成型黏结添加剂；

② 生物质水解产物（如水解木质素、纤维素、半纤维素及碳氢化合物等）作为成型黏结添加剂；

③ 生物质粉末直接和煤粉混合，利用受热或高压压制成型。

生物质型煤是在 20 世纪 80 年代末发展起来的新技术，以日本为代表。日本在面临石油危机的境况下开发了生物质型煤，它由粉碎后的农作物秸秆、原煤与固硫剂混合后经高压成型机压制而成，其中生物质占 15%～30%，固硫率可达 80%，燃烧效率高达 99%。日本于1985 年在北海道建成了一座年产 6000t 生物质型煤的工厂，并试验生产了生物质型煤的小型燃烧装置和专用燃烧设备。我国山东临沂生物质型煤示范厂于 1995 年建成，是国内第一家具备工业规模的生物质型煤生产厂，年产量 1 万吨，生产的型煤呈枕头形（40mm×40mm×25mm），含生物质 10%～30%。中日共同研究的生物质固硫型煤试验厂在 1997 年建成，年产达 1 万吨生物质固硫型煤。试验成功后在重庆普及推广，使重庆日益严重的酸雨问题得到有效的控制。1999 年中日在成都市合作研究、试验生产生物质型煤，型煤成型主机装置及相关技术由日本庆应大学提供，用生石灰作固硫剂，在原煤中添加 20%～30% 的生物质秸秆和木屑的混合物，挤压固化成型，实际测得研制的生物质型煤具有易燃、固硫效果显著、未燃损失小等特点。

生物质型煤的开发为型煤的发展注入了新的活力，许多单位对开发生物质型煤产生了浓厚的兴趣。国内研究机构如浙江大学、清华大学、煤炭科学研究总院北京煤化学研究所、哈尔滨理工大学等单位也进行了生物质型煤的开发工作和试验研究，取得较多的研发成果。

2. 生产工艺流程

生物质型煤制备工艺主要由烘干、粉碎、混合、高压成型等单元组成，生物质型煤生产工艺流程见图 4-16。其生产过程如下：

① 将原煤和准备掺入的生物质分别烘干，将干燥后的煤破碎，生物质也需碾碎，磨成微细粉末；

② 将两者充分混合，此时可根据原煤和生物质的特性，视情况加入某些适量的黏结剂和脱硫剂；

③ 将上述混合物一同送入成型机，在高压下制成生物质型煤产品（见图 4-17）。

（1）黏结剂

所谓生物质型煤黏结剂是将煤和生物质黏结在一起，使成型后型煤具有一定形状和强度的辅助原料。型煤黏结剂是决定型煤品种及其质量的关键辅助原料，直接决定型煤的冷热强度、防水性、热稳定性和燃烧性等指标。若要开发出优质型煤，首先要开发出适用于型煤的

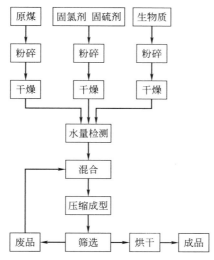

图 4-16 生物质型煤生产工艺流程

图 4-17 生物质型煤的产品

黏结剂。黏结剂通常分为无机、有机、合成高分子、工农业废物和生物质复合黏结剂等。添加无机类黏结剂会使型煤灰分增加，固定碳含量低，有些元素会有阻燃现象，使型煤燃烧困难。有机类黏结剂成本较高，煤热强度低，部分配方有毒、有害且燃烧时还可能形成有害气体造成环境污染。采用有机无机复配黏结剂的生产工艺十分复杂，成本较高，添加量也不易掌控。对于工农业废料和生物质黏结剂，由于其来源广泛且具有较好的黏结性和对环境的友好性而逐渐成为发展方向。特别是生物质黏结剂来源广泛，价格低廉，具有较高的发热量，经过处理后有较好的黏结性，生产的型煤燃点低。因此，生物质黏结剂具有广阔的发展前景。黏结剂的制备和应用是型煤成型技术的关键，也是决定型煤发展的主要因素。但是目前市场上很难找到一种同时满足热稳定性好、成型性好、耐水性好、灰分低且成本低的型煤黏结剂。

（2）成型机

生物质型煤成型工艺分为冷压成型和热压成型，我国大多数型煤厂家都采用添加黏结剂的冷压成型。以成型机为核心的成型设备需要保证连续稳定运行，提供合适的成型压力和成型温度。我国的成型压力机长期以来存在着成型压力偏低、快速磨损等问题，因而造成成型过程中返料率高、型煤强度低等。北京文新德隆有限责任公司研制成功的湿法低压对辊成型技术解决了生物质型煤生产能耗高、粉碎和黏合成型难关，填补国内外生物质型煤生产领域的一项空白。

3. 生物质型煤的特点

生物质型煤不仅节约了原煤，在一定程度上解决了能源紧缺问题，而且将生物质变废为宝，变害为利。更重要的是生物质和原煤可以互相取长补短，带来显著的经济和社会效益，其优点包括以下几个方面。

（1）低污染，环保

生物质型煤燃烧时飞灰极少，燃烧充分，不冒黑烟，燃尽度高，灰渣中几乎不含未燃物；能有效降低 CO_2 排放，燃烧中 SO_x 和 NO_x 排放量也大为减少；通过煤与生物质共燃，可大大降低燃料中碱金属所占的比例，从而可以缓解由于生物质高碱金属含量带来的熔渣和灰污问题。

（2）改善了着火特性

生物质和原煤合理搭配，充分发挥生物质和原煤各自的优势，可以有效地改善原煤的燃烧特性，达到"取长补短"的功效。型煤中由于掺杂了燃点较低的生物质，挥发分远高于原煤，着火性比煤好，着火点低，大大缩短了火力启动时间，不会造成灭火，有利于改善型煤着火性能。

（3）提高了经济性

我国生物质资源丰富，价格低廉。用生物质代替煤，降低了原材料的成本。由于燃烧充分，燃尽度高，因而降低了不完全燃烧所造成的浪费。利用生物质纤维的网络联结作用，可显著提高生物质型煤的强度，从而省去黏结剂的使用；也没有后续烘干工序，因此能大大降低加工成本。生物质型煤挥发分高，使不能用于工业燃烧而民用市场又日益减少的低挥发分煤种得到有效利用。

（4）配套工艺和设备齐全

关于生物质型煤的成型机理、成型工艺，国内外已经有了一定的研究经验可供借鉴。我国拥有充裕的型煤成型和燃烧设备，努力使生物质型煤各方面的性能指标符合设备需求，这样发展生物质型煤的软硬件就都很充分，而且更好地利用了现有设备资源及技术。

（5）市场需求量大

全国有 400 多万台锅炉烧散煤，若改烧生物质型煤，可以从源头上解决散煤锅炉的节能减排问题，特别是 SO_x、CO_2 排放量可达到理想效果，而且无需再添设备，就能达到固硫、除尘效果，节省锅炉使用。因此，生物质型煤具有广阔的市场前景。

（6）可实现集中生产

较大的成型压力使煤粒、生物质和黏结剂之间结构紧密，孔隙度低，因此生物质型煤的机械强度高于一般型煤。生物质型煤强度高，可实现集中方式大量生产型煤，再分别运送到各个工业锅炉及民用锅炉用户使用，从而不必再搞分散的小规模炉前成型。

4. 生物质型煤面临的问题

① 运输、储存费用较高。尽管生物质资源量非常大，但由于生物质资源较分散，其体积和能量密度小，因此其运输、储存费用相对较高，且其利用半径一般为几十公里，这大大限制了大型电厂对其有效利用，而适合于中小锅炉的应用。

② 成型机压力低。我国目前的成型机压力一般在 49MPa 以下，达不到生物质型煤高压成型的要求。国外（如日本）的成型机采用强制螺旋进料，双轴液压调整，压力可达 196～294MPa。由于高压成型设备价格昂贵，因此限制了生物质的利用。

③ 生物质型煤的燃烧特性理论不完善。虽然目前对生物质型煤的研究很多，内容也很

广泛，但对生物质型煤燃烧特性并没有一致的理论可供工业生产应用的指导依据。

5. 生物质型煤技术发展方向

生物质型煤既能节省能源，充分利用农林业废弃物，又能明显减少对大气的污染，具有综合的经济、环境和社会效益。生物质型煤生产应面向市场，朝高效洁净燃烧、生产工艺简化方向发展。将来生物质型煤的发展将呈现如下几个趋势。

① 大力开发低成本、高固硫率和防潮抗水型适用于工业炉窑燃用的生物质型煤。

② 研究开发廉价、易推广的黏结剂，提高生物质型煤的抗水性；根据生物质具体性能对其进行生物化学预处理以适当提高其黏结能力；开发具有高固硫性能的复合固硫剂。

③ 通过应用人工智能、神经网络等先进技术对多种煤配比及生物质配比的调整和配方的优化设计，将生物质型煤的灰分、水分、挥发分、发热量、燃料比、粒径大小、反应活性、焦渣特征、热变形特性等调整到有利于燃烧的最佳值和大幅度降低生产成本，简化生产工艺。

④ 改进和提高现有的生物质型煤成型技术及设备，实现整体技术和配套技术的规范化。

第三节　生物质的生物化学转换利用

生物质的生物化学转换技术是指利用原料的生物化学作用和微生物的新陈代谢作用生产气态燃料和液态燃料。它能将利用生物质能对环境的破坏作用降低到最低程度，因而在当今世界对环保要求日益严格的情况下具有较好的发展前景。该技术主要包括利用生物质厌氧发酵生成沼气和在微生物作用下生成乙醇等能源产品。

一、沼气技术

1. 沼气

沼气是有机物质在厌氧条件下，经过微生物的发酵作用而生成的一种可燃气体。由于这种气体最先是在沼泽中发现的，所以称为沼气。人畜粪便、秸秆、污水等各种有机物在密闭的沼气池内，在厌氧（没有氧气）条件下发酵（即被种类繁多的沼气发酵微生物分解转化），即可产生沼气。

沼气大约由 50%～80%甲烷（CH_4）、20%～40%二氧化碳（CO_2）、0%～5%氮气（N_2）、小于1%的氢气（H_2）、小于0.4%的氧气（O_2）与 0.1%～3%硫化氢（H_2S）等气体组成。由于沼气含有少量硫化氢，所以略带臭味。沼气的主要成分甲烷是一种理想的气体燃料，它无色无味，与适量空气混合后即可燃烧，其特性与天然气相似。每立方米纯甲烷的发热量为 34000kJ，每立方米沼气的发热量约为 20800～23600kJ。$1m^3$沼气完全燃烧后，能产生相当于 0.7kg 无烟煤提供的热量。空气中如含有 8.6%～20.8%（按体积计）的沼气时，就会形成爆炸性的混合气体。与其他燃气相比，沼气抗爆性能较好，是一种很好的清洁燃料。

2. 沼气发酵过程

沼气发酵又称为厌氧消化、厌氧发酵，是指有机物质（如人畜家禽粪便、秸秆、杂草等）在一定的水分、温度和厌氧条件下，通过各类微生物的分解代谢，最终形成甲烷、二氧化碳等混合气体（沼气）的过程。目前公认的沼气发酵的过程如图 4-18 所示，其中共有五大类群的细菌参与沼气发酵活动，即：

① 发酵性细菌；

② 产氢产乙酸菌；

③ 耗氢产乙酸菌；

④ 食氢产甲烷菌；

⑤ 食乙酸产甲烷菌。

各种复杂有机物（无论是固体或溶解状态）都可经微生物作用而最终生成沼气。

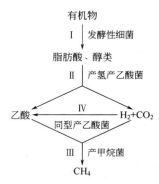

图 4-18　沼气发酵过程

在沼气发酵过程中，五类细菌构成一条食物链，从各类细菌的生理代谢产物或它们的活动对发酵液 pH 值的影响来看，可分为液化阶段、产酸阶段与产甲烷阶段。

（1）液化阶段

用作沼气发酵原料的有机物种类繁多，如禽畜粪便、农作物秸秆、食品加工废物和废水以及酒精废料等，其主要化学成分为多糖、蛋白质和脂类。其中多糖类物质又是发酵原料的主要成分，它包括淀粉、纤维素、半纤维素、果胶质等。这些复杂有机物大多数在水中不能溶解，必须首先被发酵细菌所分泌的胞外酶水解为可溶性糖、肽、氨基酸和脂肪酸后，才能被微生物所吸收利用。发酵性细菌将上述可溶性物质吸收进入细胞后，经过发酵作用将它们转化为乙酸、丙酸、丁酸等脂肪酸和醇类及一定量的氢气、二氧化碳。蛋白质类物质被发酵性细菌分解为氨基酸，又可被细菌合成细胞物质而加以利用，多余时也可以进一步被分解生成脂肪酸、氨和硫化氢等。蛋白质含量的多少直接影响沼气中氨及硫化氢的含量，而氨基酸分解时所生成的有机酸类则可继续转化而生成甲烷、二氧化碳和水。脂类物质在细菌脂肪酶的作用下首先水解生成甘油和脂肪酸，甘油可进一步按糖代谢途径被分解，脂肪酸则进一步被微生物分解为多个乙酸。

（2）产酸阶段

发酵性细菌将复杂有机物分解，发酵所产生的有机酸和醇类，除甲酸、乙酸和甲醇外，均不能被产甲烷菌所利用，必须由产氢产乙酸菌将其分解转化为乙酸、氢和二氧化碳。而耗氢产乙酸菌既能利用 H_2+CO_2 生成乙酸，也能代谢产生乙酸。通过上述微生物的活动，各种复杂有机物可生成有机酸和 H_2/CO_2 等。

（3）产甲烷阶段

产甲烷菌包括食氢产甲烷菌和食乙酸产甲烷菌两大类群。在沼气发酵过程中，甲烷的形成是由产甲烷菌所引起的，它们是厌氧消化过程食物链中的最后一组成员，尽管它们具有各种各样的形态，但它们在食物链中的地位使它们具有共同的生理特性。它们在厌氧条件下将前三群细菌代谢终产物，在没有外源受氢体的情况下，把乙酸和 H_2/CO_2 转化为气体产物 CH_4/CO_2，使有机物在厌氧条件下的分解作用得以顺利完成。

沼气发酵是一个极其复杂的生物化学过程，包括各种不同类型微生物所完成的各种代谢途径。这些微生物及其所进行的代谢都不是在孤立的环境中单独进行，而是在一个混杂的环境中相互影响。

3. 沼气发酵工艺

根据发酵原料和发酵条件的不同，所采用的沼气发酵工艺也多种多样。

（1）沼气发酵的基本工艺流程

一个完整的大中型沼气发酵工程，无论其规模大小，都包括了如下的工艺流程：原料（废水）的收集、预处理、消化器（沼气池）、出料的后处理和沼气的净化与储存等，如图 4-19 所示。

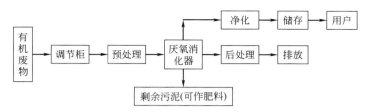

图 4-19　沼气发酵工艺流程

（2）沼气发酵工艺的基本条件

① 适宜的发酵温度。沼气池的温度条件分为：常温发酵（也称为低温发酵）10～30℃，在这个温度条件下，池容产气率可为 $0.15～0.3m^3/(m^3 \cdot d)$。中温发酵 30～45℃，在这个温度条件下，池容产气率可达 $1m^3/(m^3 \cdot d)$ 左右。高温发酵 45～60℃，在这个温度条件下，池容产气率可达 $2～2.5m^3/(m^3 \cdot d)$。沼气发酵最经济的温度条件是 35℃，即中温发酵。

② 适宜的发酵液浓度。发酵液的浓度范围是 2%～30%，浓度愈高产气愈多。发酵液浓度在 20% 以上称为干发酵。农村户用沼气池的发酵液浓度可根据原料多少和用气需要以及季节变化来调整。夏季"以温补料"浓度为 5%～6%；冬季"以料补温"为 10%～12%。

③ 发酵原料中适宜的碳、氮比例（C：N）。沼气发酵微生物对碳素需要量最多，其次是氮素，把微生物对碳素和氮素的需要量的比值叫做碳氮比，用 C：N 来表示。目前一般采用 C：N＝25：1，但并不十分严格，20：1、30：1 都可正常发酵。

④ 适宜的酸碱度（pH 值）。沼气发酵适宜的酸碱度为 pH＝6.5～7.5。pH 值影响酶的活性，所以影响发酵速率。

⑤ 足够量的菌种。沼气发酵中菌种数量、质量直接影响着沼气的产量和质量。一般要求菌种达到发酵料液总量的 10%～30%，才能保证正常启动和旺盛产气。

⑥ 较低的氧化还原电位（厌氧环境）。沼气甲烷菌要求在氧化还原电位大于 −330mV 的条件下才能生长。这个条件即严格的厌氧环境。所以，沼气池要密封，如图 4-20 所示。

4. 沼气的优势

① 沼气具有多种功能：既可以产出电能或热能，也可以提纯出天然气供给管网或作为燃料，同时还适用于分布式能源供给。

② 高效率：在所有生物质类项目中，沼气具有最高的能源回收效率。与其他生物燃料

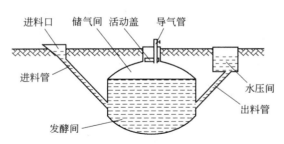

图 4-20　圆柱形水压式沼气池构造图及施工现场

相比，可通过采用多种混合原料工艺，能充分利用全部农作物原材料，发酵后的沼渣还可用作优质的有机肥。最后，沼气的使用也可实现二氧化碳的平衡。

③ 适应性强：沼气可以储存，可承担峰、谷载荷，沼气的生产也不会受到天气条件的影响。

5. 沼气技术的利用情况

沼气是由意大利物理学家 A. 沃尔塔于 1776 年在沼泽地发现的。世界上第一个沼气发生器由法国穆拉于 1860 年将简易沉淀池改进而成。1925 年在德国、1926 年在美国分别建造了备有加热设施及集气装置的消化池，这是现代大、中型沼气发生装置的原型。第二次世界大战后，沼气技术曾在西欧一些国家得到发展，但由于廉价的石油大量涌入市场而受到影响。后来随着世界性能源危机的出现，沼气又重新引起人们重视。1955 年新的沼气发酵工艺流程——高速率厌氧消化工艺产生。它突破了传统的工艺流程，使单位池容积产气量（即产气率）在中温下由每天 $1m^3$ 容积产生 $0.7\sim1.5m^3$ 沼气提高到 $4\sim8m^3$ 沼气，滞留时间由 15 天或更长的时间缩短到几天甚至几个小时。

从世界范围看，利用各种微生物协同作用生产甲烷的研究和应用，正处于方兴未艾的阶段。据估计，在英国，利用人和动物的各种有机废物通过微生物厌氧消化所产生的甲烷，可以替代整个英国 25％的煤气消耗量。苏格兰已设计出一种小型甲烷发动机，可供村庄、农场或家庭使用。美国一牧场兴建了一座工厂，主体是一个宽 30m、长 213m 的密封池组成的甲烷发酵结构，它的任务是把牧场厩肥和其他有机废物，由微生物转变成甲烷、二氧化碳和干燥肥料。这座工厂每天可处理 1650t 厩肥，每日可为牧场提供 $1.13\times10^5 m^3$ 的甲烷，足够 1 万户家庭使用。

中国是研究开发沼气技术最早的国家，也是当今世界沼气技术比较先进的国家之一。19 世纪末广东沿海就出现了适合农村应用的制取沼气的简易发酵池。20 世纪初，台湾省的罗国瑞先生在生产上采用了排水储气及水压输气原理的人工沼气池，并逐渐开始推广沼气技术。70 年代初，为解决秸秆焚烧和燃料供应不足的问题，我国政府在农村推广沼气事业，沼气池产生的沼气用于农村家庭的炊事，并逐渐发展到照明和取暖。目前，户用沼气在我国农村仍在广泛使用。自 80 年代以来，以沼气为纽带，建立了物质多层次利用、能量合理流动的高效农业生产模式，这也是中国农民利用沼气技术促进农业可持续发展的创举。

中国沼气发展已经历了近 90 年的历史，自从 20 世纪 70 年代开始，中国将沼气发展作为一项政府行为将其列入每一届政府的五年发展规划。国家制定了法律和相应的政策，发布了中长期发展规划，提出了阶段性发展目标。近年来，中国沼气事业获得了迅速的发展，在四川、浙江、江苏、广东、上海、河南、河北等省市农村，有些地方除用沼气煮饭、点灯外，还办起了小型沼气发电站，利用沼气能源作动力进行脱粒，加工食料、饲料和制茶等，闯出了用"土"办法解决农村电力问题的新路子。

（1）沼气的综合利用技术

所谓的沼气综合利用，主要是指沼气发酵产物（包括发酵料液和沼气）在农业（养殖、种植等）中的直接利用。这些利用方式很多，但都具有投资少或不需另外投资、操作简单、直接经济效益高等特点，如沼液养鱼、沼气储粮、沼液养猪、沼液浸种等。

自 20 世纪 80 年代以来建立起的沼气发酵综合利用技术以沼气为纽带，物质多层次利用、能量合理流动的高效农产模式，已逐渐成为我国农村地区运用沼气技术促进可持续发展的有效方法。通过沼气发酵综合利用技术，沼气用于农户生活用能和农副产品生产、加工，沼液用于饲料、生物农药、培养料液的生产，沼渣用于肥料的生产。我国北方推广的塑料大棚、沼气池、禽畜舍相结合的"四位一体"沼气生态农业模式、中部地区的以沼气为纽带的生态果园模式、南方建立的"猪-果"模式以及其他地区因地制宜建立的"养殖-沼气"、"猪-沼-鱼"和"草-牛-沼"等模式都是以农业为龙头，以沼气为纽带，对沼气、沼液、沼渣的多层次利用的生态农业模式，沼气发酵综合利用技术将生态农业建立在农村沼气和农业生态紧密结合之上，是改善农村环境卫生的有效措施，是发展绿色种植业、养殖业的有效途径，已成为我国农村经济新的增长点。

① 沼气的利用。沼气主要用在生活用能和农副产品生产、加工两个方面。使用沼气的农户在解决炊事、照明等生活用能的同时，以沼气为纽带，带动了农副产品生产、加工的发展，如图 4-21 所示。在农村使用沼气，既方便、清洁，又可节省生产成本，并解放了农村劳动力，改善了农村环境卫生。图 4-22 所示为杭州浮山养殖场沼气生态工程及其用户使用情况。该沼气项目于 1989 年建成，为 360 户居民提供生活燃气。

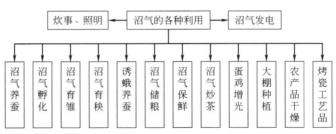

图 4-21　沼气的各种热利用和非热利用

图 4-22　杭州浮山养殖场沼气生态工程全景及集中供气

② 沼气发酵残留物的利用。沼气发酵残留物主要应用于肥料利用、饲料利用、生物农药、培养料液，如图 4-23 所示。沼液的营养成分很高，但因投料量和加水量的不同，其养分含量都会有所不同。可直接将沼液作为有机肥灌溉到农田中，或是将其作为叶面肥直接喷施均能达到很好的效果。还可以利用沼液来浸种，提高种子的出芽率和以后的生长能力，或将沼液作为一种无毒、无残留的农药来防治农业病虫害。

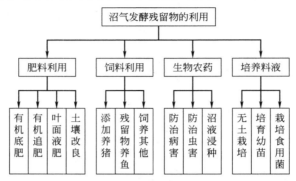

图 4-23 沼气发酵残留物的利用

（2）沼气发电技术

沼气燃烧发电是随着沼气综合利用的不断发展而出现的一项沼气利用技术，它将沼气用于发电机上，并装有综合发电装置以产生电能和热能，其工艺流程见图 4-24。沼气发电具有高效、节能、安全和环保等特点，是一种分布广泛且廉价的分布式能源，是有效利用沼气的重要方式之一。图 4-25 给出了利用沼气供热和发电的示意图，图 4-26 为典型的沼气热电联产项目。

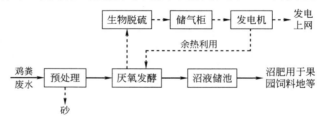

图 4-24 沼气发电工艺流程

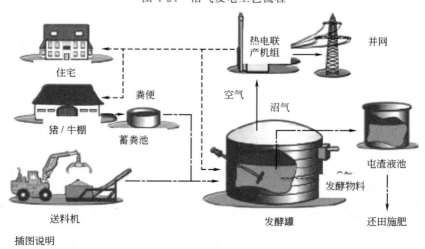

图 4-25 禽畜粪便加农作物下料的沼气发电供热工程

图 4-26　典型沼气热电联产项目
1—储气罐；2—发酵罐；3—热电联产站

　　沼气发电在发达国家已受到广泛重视和积极推广。德国 8000 多处沼气工程，几乎都发电上网，其 98％ 的沼气工程是热电联产（CHP）工程，发电余热还用于沼气池加热。图 4-27 为位于德国 Forst 的沼气热电联产项目。其规模为 1.9MW，主要原料为家禽粪便和其他生物质废料，可生产 $700m^3/h$ 的天然气，热电联产功率为 549kW。

图 4-27　德国沼气热电联产项目举例

　　我国沼气发电有 30 多年的历史，在"十五"期间研制出 $20\sim600$kW 纯燃沼气发电机组系列产品，气耗率 $0.6\sim0.8m^3/(kW\cdot h)$（沼气热值 $>21MJ/m^3$）。我国已经有一批沼气发电设备生产企业，从几十千瓦到几百千瓦级都已能够生产，可靠性方面的技术差距正在缩小。但是，我国沼气工程中沼气发电的比例还很小，发电余热利用和热交换技术与欧洲相比差距很大。此外，国内沼气发电研究和应用市场都还处于不完善阶段，特别是适用于我国广大农村地区小型沼气发电技术研究更少。我国农村偏远地区还有许多地方严重缺电，如牧区、海岛、偏僻山区等高压输电较为困难，而这些地区却有着丰富的生物质原料，如能因地制宜地发展小型沼气电站，则可取长补短，就地供电。因此，发展沼气发电技术对于我国具有尤为重要的意义。

　　图 4-28 为我国德青源生态园沼气发电工程项目。该生态园饲养有 300 万只蛋鸡，每天产生 212t 鸡粪和 300t 废水。2007 年，建成纯鸡粪沼气发电工程并成功并入华北电网，沼气产量为 $20000m^3/d$，每年可发电超过 10^7kW·h，走在了世界的前列。

　　（3）沼气燃料电池技术

　　燃料电池是一种将储存在燃料和氧化剂中的化学能直接转化为电能的装置。燃料电池不受卡诺循环限制，能量转换效率高，洁净、无污染、噪声低，既可集中供电，也适合分散供

图 4-28   德青源生态园沼气发电工程

电。燃料电池将是 21 世纪最有竞争力的高效、清洁的发电方式，有着广泛的应用前景和巨大的潜在市场。沼气燃料电池是最新出现的一种清洁、高效、低噪声的发电装置。与沼气发电机发电相比，沼气燃料电池技术不仅发电效率和能量利用率高，而且振动和噪声小，排出的氮氧化物和硫化物浓度低，因此是很有发展前途的沼气利用工艺。综上，将沼气用于燃料电池发电是有效利用沼气资源的一条重要途径。

2003 年中日两国在广州市番禺水门种猪场建设了由日本政府提供的 200kW 的沼气燃料电池系统（图 4-29），这是我国第一个燃料电池发电站。该沼气燃料电池由三个单元组成，即燃料处理单元、发电单元和电流转换单元。其中燃料处理单元的主要部件是沼气裂解转化器（改质器），它以镍为催化剂，将甲烷转化为氢气。发电单元则把沼气燃料中的化学能直接转化为电能。电流转换系统的主要任务是把直流电转换为交流电。燃料电池产生的水蒸气、热量可供消化池加热或采暖用，排出废气的热量可用于加热消化池。这一项目的建成，促进了我国沼气燃料电池的研究和利用，对资源综合利用和生态环境保护都起到了示范作用，有力地促进了我国燃料电池领域相关技术研究和工业化生产的发展。

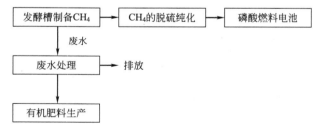

图 4-29   番禺 200kW 燃料电池系统

（4）沼气工程与污染治理

沼气工程以农作物秸秆、垃圾、粪便为原料，既达到了废物利用的目的，同时还生产了清洁能源，并起到了改善农村环境条件的作用，因此是一种一举多得的生物质能利用技术，如图 4-30 所示。此外，沼气工程在城市污水处理、大型酿酒企业、淀粉生产企业应用，不仅可以降低这些企业污水处理费用，同时还可以生产沼气，是经济、社会效益都比较明显的生物质能利用技术。

沼气工程的规模主要按发酵装置的容积大小和日产气量的多少来划分，见表 4-2。

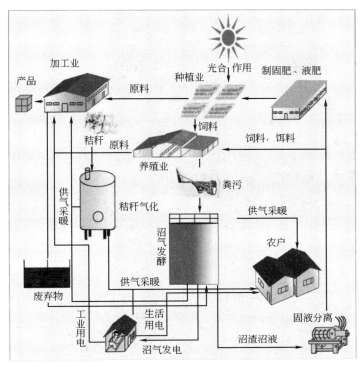

图 4-30 农村沼气工程示意图

表 4-2 沼气工程规模的划分

规模	单位发酵容积/m³	单位发酵容积之和/m³	日产气量/m³
小型	<50	<50	<50
中型	50~500	50~1000	50~1000
大型	>500	>1000	>1000

　　如表 4-2 所示，大中型沼气工程是指沼气发酵装置或其日产气量达到一定规模的沼气工程。人们习惯把中型和大型沼气工程放到一起去评述，称为大中型沼气工程。

　　国际能源市场的波动促使了世界各国将注意力放在沼气上，通过建设大型沼气工程生产沼气来替代部分化石燃料、处理有机废弃物。典型代表是德国、美国、英国、比利时等国家。图 4-31 是位于德国海德堡的污水处理厂的沼气项目。

　　我国的大中型沼气工程始于 1936 年，在小型户用沼气池技术的基础上，相继研制成功了处理畜禽养殖场和工业有机废弃物的大中型沼气工艺。近年来已建成了一批重点沼气示范工程，形成了一套工艺先进、技术可靠和设备配套的工程技术，建立了初步规模的产业体系，具备了在全国大规模推广的条件。目前我国各类大中型沼气工程现已超过 11 万座，年产沼气量达 158 亿立方米。

　　图 4-32 是我国北京延庆绿色沼气工程项目。主要处理的是延庆的大量秸秆和附近某沼气工程的沼液。每天处理秸秆约 45t、沼液 200t，全年秸秆量约 16425t。日产沼气量达到 15000m³，纯化后日产生物天然气（CH_4>98%）9000m³。

　　沼气工程技术具有消除污染、产生能源和综合处置等多种功能，但由于这类工程建设的投入费用也很大，其综合效益需重新评估。随着我国经济发展和人民生活水平的提高，工

图 4-31   海德堡污水处理厂的沼气项目
1—曝气池；2—储气罐；3—消化塔；4—发电间

图 4-32   延庆绿色沼气工程项目

业、农业、养殖业的发展，大型废弃物发酵沼气工程将是我国可再生能源利用和环境保护的切实有效的方法。

目前，国家制定的法律法规中有许多发展农村沼气的政策规定，并在全国各地大力推动大中型沼气工程建设，且进一步提高设计、工艺和自动控制技术水平。2015 年，国家发展和改革委员会同有关部门印发了农村沼气转型升级工作方案，安排中央预算内投资 20 亿元，支持建设日产沼气 $500m^3$ 以上的大型农村沼气工程 386 个，并支持 25 个日产沼气 $10000m^3$ 以上的大型沼气工程开展建设试点。农业废弃物沼气工程到 2015 年累计建成近 4100 个，形成年生产沼气能力 4.5 亿立方米，相当于 58 万吨标准煤，年处理粪便量 1.23 亿吨，从而解决全国集约化养殖场的污染治理问题，使粪便得到资源化利用。

6. 沼气技术的应用前景与意义

目前，世界各国已经开始将沼气用作燃料和用于照明，用沼气代替汽油、柴油，发动机器的效果也很好。将它作为农村的能源，还具有许多优点。例如，修建一个平均每人 1～$1.5m^2$ 的沼气池，就可以基本解决一年四季的燃柴和照明问题；人、畜的粪便以及各种作物秸秆、杂草等通过发酵后既产生了沼气，还可作为肥料，而且由于腐熟程度高使肥效更高，粪便等沼气原料经过发酵后，绝大部分寄生虫卵被杀死，可以改善农村卫生条件，减少疾病的传染。

沼气在中国的广大农村，这些特点就更为显著了。首先，沼气能源在中国农村分布广泛，潜力很大，凡是有生物的地方都有可能获得制取沼气的原料，所以沼气是一种取之不尽、用之不竭的可再生能源。其次，可就地取材，节省开支。例如，沼气电站建在农村，发酵原料一般不必外求。兴办一个小型沼气动力站和发电站，设备和技术都比较简单，管理和维修也很方便，大多数农村都能办到。据调查对比，小型沼气电站每千瓦投资只要 400 元左右，仅为小型水力电站的 $1/3 \sim 1/2$，比风力、潮汐和太阳能发电低得多。小型沼气电站的建设周期短，只要几个月时间就能投产使用，基本上不受自然条件变化的影响。采用沼气与柴油混合燃烧，还可节省 17% 的柴油。

中国农业资源和环境的承载力十分有限，发展农业和农村经济不能以消耗农业资源、牺牲农业环境为代价。农村沼气把能源建设、生态建设、环境建设、农民增收连接起来，促进了生产发展和生活文明。发展农村沼气、优化广大农村地区能源消费结构是中国能源战略的重要组成部分，对增加优质能源供应、缓解国家能源压力具有重大的现实意义。

同时，我国的沼气工程发展还迎来新的机遇——城镇化。随着我国城镇化的发展，城镇居民也需要城市清洁燃气，同时城镇化导致集中的城镇有机废弃物和规模化养殖业、种植业的有机废弃物也需要处理，这些既为沼气发展提供了新的机遇，同时也为沼液、沼渣等规模化循环利用提供了基础。

二、燃料乙醇

乙醇俗称酒精，是一种无色透明、具有特殊芳香味和强烈刺激性的液体。乙醇的沸点和燃点较低，属于易挥发和易燃液体。除大量应用于化工、医疗、制酒业外，乙醇还能作为燃料（燃烧低热值为 26900kJ/kg）。

所谓燃料乙醇，就是在汽油或柴油中加入一定比例的无水乙醇作为液体燃料混合使用。燃料乙醇具有良好的互溶性，燃烧性能与矿物燃料相当，可直接用于液体燃料或与其他液体燃料混合使用，减少对不可再生资源的消耗。与普通汽油相比，燃料乙醇汽油燃烧完全，废气排放量低，燃烧性能与汽油相似，故被称作是 21 世纪"绿色能源"。它不仅可以增加汽油的辛烷值，改善汽油的抗爆性能，还可以提高汽车运行平稳性、延长主要部件的使用寿命，不影响汽车的行驶性能。燃料乙醇作为基础增氧剂，能改善燃烧，降低有害物质的生成，从而有效降低有害物质的排放。同时，燃料乙醇是可再生清洁能源，在生产和使用的整个循环过程中保持温室气体 CO_2 的平衡。

当然，燃料乙醇也存在不足。例如，燃料乙醇热值低，汽车的耗油量会有所增加；在运输和储存过程中，对含水量的要求十分苛刻；对一些汽车金属、橡胶部件容易产生腐蚀、溶胀现象等。

目前世界上燃料乙醇的使用方式主要有三大类：

① 汽油发动机汽车，乙醇添加量为 5%～22%；

② 灵活燃料汽车（flexible fuel vehicle，FFV），乙醇与汽油的混合比可以在 0～85% 之间任意改变；

③ 乙醇发动机汽车，使用纯乙醇燃料，包括乙醇汽车和乙醇燃料电池车。

图 4-33 为在巴西使用的燃料乙醇汽车（奇瑞 Celer，风云 2）。

图 4-33　巴西制造的燃料乙醇汽车

1. 燃料乙醇的生产技术

燃料乙醇的研究开发较早，早在 20 世纪初就有了燃料乙醇，后因石油的大规模、低成本开发，其经济性较差而被淘汰。70 年代中期以来 4 次较大的"石油危机"和可持续发展观念的深入，燃料乙醇又在世界许多国家得以迅速发展。

乙醇的生产方法可分为化学合成法和发酵法（生物转化法）两类，见图 4-34。化学合成法是利用石油或天然气裂解气作为原料，经化学反应制造乙醇的方法。工业上主要生产合成乙醇的方法是乙烯水合法，它分为硫酸水合法和直接水合法两种。此外，还有一种方法是乙醛加氢法，即首先由乙烯直接氧化或以电石为原料制取乙醛，然后将乙醛加氢还原生成乙醇。

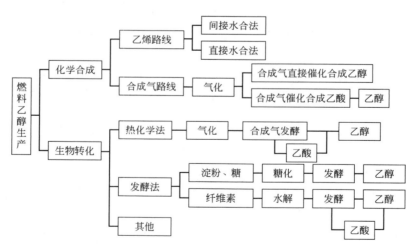

图 4-34　燃料乙醇生产路线示意图

生物转化法主要是发酵法，它以淀粉质、糖蜜或纤维素等为原料，通过微生物代谢产生乙醇，该方法生产出的乙醇杂质含量较低。生物发酵法生产乙醇的基本过程可总结为：

$$原料 \xrightarrow{转化} 糖 \xrightarrow{微生物发酵} 乙醇醪液 \xrightarrow{提取} 乙醇$$

实质上，微生物是这一过程的主导者，也就是说微生物的乙醇转化能力是乙醇生产工艺中菌种选择的主要标准。同时，工艺所提供的各种环境条件对微生物乙醇发酵的能力具有决定性的制约作用，只有提供最佳的工艺条件才能最大限度地发挥工艺菌种的生产潜力。

（1）生产乙醇的生物质原料

从工艺的角度来讲，只要生物质中含有可发酵性糖（如葡萄糖、麦芽糖、果糖和蔗糖等）或可转变为发酵性糖的原料（如淀粉、菊粉和纤维素等），都可以作为乙醇的生产原料。然而从实用性的角度来看，根据其加工的难易顺序，分别如下。

① 糖类原料。包括甘蔗、甜菜、甜高粱等含糖作物以及废糖蜜等。其中，甘蔗和甜菜等糖类植物在我国主要用作制糖工业的原料，很少直接用于生产乙醇。废糖蜜则是制糖工业的副产品，内含相当数量的可发酵性糖，经过适当的稀释处理和添加部分营养盐分即可用于乙醇发酵，是一种低成本、工艺简单的生产乙醇方式。

② 淀粉质原料。主要包括甘薯、木薯和马铃薯等薯类以及高粱、玉米、小麦和燕麦等粮谷类。甘薯在我国栽培分布广泛，其适应性和抗旱性都很强，而我国南方地区则盛产木薯，北方地区盛产马铃薯，这些都可以作为生产乙醇的优质原料。

③ 纤维类原料。包括农作物秸秆、林业加工废弃物、甘蔗渣以及城市固体废弃物等。纤维素原料的主要成分包括纤维素、半纤维素和木质素，其结构与淀粉有共同之处，都是葡萄糖的聚合物。使用纤维素原料生产乙醇是发酵法生产乙醇基本发展方向之一。

④ 野生植物。包括橡子仁、葛根、蕨根、土茯苓、石蒜、金刚头、枇杷核等。我国野生植物资源极为丰富，尤其在广大山区和丘陵地带生长着种类繁多的野生植物，其中很多种类含有大量的淀粉和糖分，可用于生产乙醇。

乙醇可通过微生物发酵由单糖制得，也可将淀粉和纤维素物料水解成单糖后制得，而对于木质纤维需要大得多的水解程度方能制得，这是利用的主要障碍。而淀粉水解则相对简单，并且已有很好的工艺。

几种燃料作物乙醇产量、产率对比见表4-3。

表 4-3　几种燃料作物乙醇产量、产率对比

原料	乙醇产量/(L/ha)	乙醇产率/($g_{乙醇}$/$g_{生物质}$)
玉米秸秆	1050～1400	0.26
小麦	2590	0.308
木薯	3310	0.118
高粱	3050～4070	0.063
玉米	3460～4020	0.324
甜菜	5010～6680	0.079
甘蔗	6190～7500	0.055
微藻	46760～140290	0.235～0.292

（2）常见的生产燃料乙醇的技术

以生物质为原料生产燃料乙醇的方法主要有两种。第一种是热化学转化法制乙醇，主要是指在一定温度、压力和时间控制条件下将生物质转化成液态燃料乙醇。生物质气化得到中等发热值的燃料油和可燃性气体（一氧化碳、氢气、小分子烃类化合物），把得到的气体组分进行重整，即调节气体的比例，使其最适合合成特定的物质，再通过催化合成，就可得到液体燃料乙醇（或甲醇、醚、汽油等）。第二种方法是发酵法生产燃料乙醇，该法大部分是

以甘蔗、玉米、薯干和植物秸秆等农产品或农林废弃物为原料酶解糖化发酵制造的。其生产工艺有酶解法、酸水解法及一步酶工艺法等。这些工艺与食用乙醇的生产工艺基本相同，所不同的是需增加浓缩脱水后处理工艺，使其水的体积分数降到1%以下。脱水后制成的燃料乙醇再加入少量的变性剂就成为变性燃料乙醇，和汽油按一定比例调和就成为燃料汽油。下面将主要介绍常见的发酵法工艺。

（3）发酵法生产燃料乙醇技术

发酵法是目前制取燃料乙醇的最主要方法。

① 能源甘蔗（糖类）生产燃料乙醇的技术。国外在发展可再生生物能源中，首选植物是能源甘蔗。甘蔗为碳四作物，其光合作用效率比普通碳三作物的稻麦等高一倍以上，是一种人类迄今所栽培的生物产量最高的大田作物。甘蔗还具有再生性强、可多年宿根种植的优点。因此，能源甘蔗是乙醇生产的最佳原料。甘蔗生产燃料乙醇的工艺流程如图4-35所示。甘蔗运来后经过喷水粗洗，然后用刀切断，再经过撕裂，最后经4～6级辊式压榨机压榨，得到粗蔗汁。在压榨过程中，可用喷淋热水的方法来提高糖的得率。总用水量是甘蔗量的25%，糖的挤出率可达85%～90%。粗蔗汁中含有12%～16%的蔗糖（包括一些转化糖）。通常每100kg甘蔗可得12.5kg的糖。必要时蔗汁可进行调酸澄清，但不加石灰澄清。澄清后的蔗汁就可送去发酵车间进行酒精发酵，发酵8～12h，发酵醪酒精含量6%～8%（体积分数）。蒸馏用4个塔，即粗馏塔、精馏塔、无水酒精制备塔和环己烷回收塔。作为燃料乙醇，杂醇油也不需要分离提取。

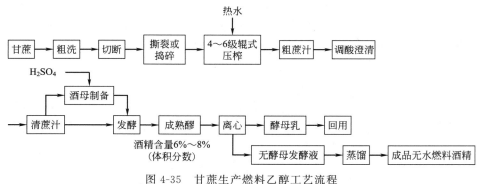

图4-35 甘蔗生产燃料乙醇工艺流程

② 玉米（淀粉类）生产燃料乙醇的技术。玉米燃料乙醇技术起源于食用乙醇发酵工艺，生产过程包括预处理、脱胚制浆、液化、糖化、发酵和乙醇蒸馏步骤。经过20多年的技术进步，燃料乙醇生产成本降低了2/3，约为0.24～0.34美元/升，已具备与汽油竞争的实力。为进一步降低玉米乙醇生产成本，近年来学术界及企业界进行了诸多领域的研究，主要体现在低温液化工艺、无蒸煮工艺与新型酶制剂的协同，酶解与发酵工艺的整合、新的分离工艺以及节能减排技术创新等方面。目前采用的较为先进的是干法脱胚工艺中整合了生料发酵技术，如图4-36所示。其主要工艺特点包括：玉米干法粉碎后（粉碎粒度1.0～1.2mm，满足生淀粉发酵工艺要求），皮、胚芽被分离，胚乳调浆浓度在31%～32%，提高了实际淀粉含量；利用专用复合酶制剂低温液化（48℃），除节省液化部分装置投资外，可使燃料乙醇加工过程综合能耗降低1.0～1.5MJ/kg；生淀粉同步糖化浓醪发酵，发酵成熟醪乙醇含量18%～19%（体积分数），节省了蒸馏能耗和设备投资；粗塔釜液经离心分离后，清液部分50%作为工艺水回用，节约了用水。

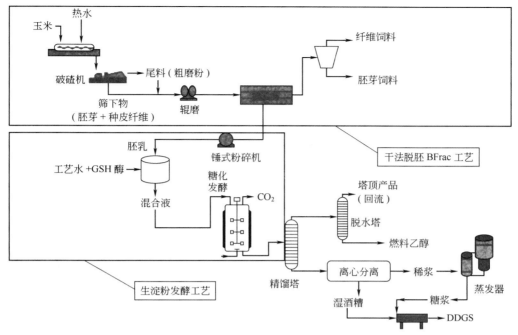

图 4-36 干法脱胚乙醇生产工艺流程

③ 纤维素生产燃料乙醇的技术。自然界中存量最大的碳水化合物是纤维素。据估计，全球的生物量中，纤维素占 90% 以上，年产量约有 2000 亿吨，人类可直接利用的有 80 亿～200 亿吨。纤维素生物发酵制燃料乙醇的技术路线包括预处理、纤维素水解和单糖发酵 3 个关键步骤。纤维素具有不溶于水的特性，其酶解过程比较复杂，降解速率缓慢，这是利用纤维素生产乙醇的最大障碍。然而，纤维素的来源非常丰富，各种废渣、废料中的主要成分都是纤维素。所以，利用纤维素生产乙醇不仅可以降低生产成本，而且还可以变废为宝，净化环境。正因为如此，利用纤维素生产乙醇的技术受到了广泛的重视和研究。

纤维素燃料乙醇的生产工序包括：原料预处理、纤维素和半纤维素水解糖化、五碳糖与六碳糖的发酵、蒸馏脱水等。木质纤维素先进行预处理，使纤维素与木质素、半纤维素等分离。然后，在水解糖化步骤中，纤维素可水解为葡萄糖，半纤维素可水解成木糖、阿拉伯糖等单糖。五碳糖和六碳糖经过发酵得到发酵成熟醪，再经过蒸馏和脱水得到燃料乙醇。蒸馏和脱水工艺属典型的化工分离过程，其工艺与淀粉类原料生产燃料乙醇的工艺完全相同，目前已经发展得非常成熟。

图 4-37 给出了以木质纤维素制取燃料乙醇的工艺流程。

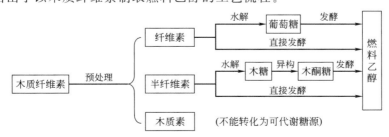

图 4-37 以木质纤维素为原料制取燃料乙醇

预处理方法分为物理法、化学法、物理化学法和生物法，目的是分离纤维素、半纤维素和木质素，增加纤维素与酶的接触面积，提高酶解效率。物理方法包括机械粉碎、蒸汽爆碎、微波辐射和超声波预处理；化学法一般采用酸、碱、次氯酸钠、臭氧等试剂进行预处理，其中以 NaOH 和稀酸预处理研究较多；物理化学法包括蒸汽爆破和氨纤维爆破法；生物法是用白腐菌产生的酶类分解木质素。这些预处理方法各有其优缺点，今后的主要研究方向是继续探索反应条件温和、无有毒副产物和糖化效率高的预处理方法。

预处理后，需对生物质进行水解，使其转化成可发酵性糖。方法有酸和酶水解法。酸水解法分为稀酸水解法和浓酸水解法。稀酸水解法是纤维素物质生产乙醇的最古老的方法：用 1% 的稀硫酸，215℃下，在连续流动的反应器中进行水解，糖的转化率为 50%。稀酸水解要求在高温和高压下进行，反应时间为几秒或几分钟，在连续生产中应用较多。浓酸水解的过程是：用 70% 的硫酸，50℃下，在反应器中反应 2～6h，半纤维素首先被降解。溶解在水里的物质经过几次浓缩沥干后得到糖。浓酸水解过程的主要优点是糖的回收率高，大约有 90% 的半纤维素和纤维素转化的糖被回收，但反应时间比稀酸水解长得多。由于浓酸水解中的酸难以回收，目前主要用的是前者。酶水解是生化反应，使用的是微生物产生的纤维素酶。酶水解选择性强，可在常压下进行，反应条件温和，微生物的培养与维持仅需少量原料，能量消耗小，可生成单一产物，糖转化率高（＞95%），无腐蚀，不形成抑制产物和污染，是一种清洁生产工艺。

酶水解发酵工艺包括 4 种，即分步水解与发酵工艺（SHF）、同步糖化发酵工艺（SSF）、同步糖化共发酵工艺（SSCF）和直接微生物转化工艺（DMC）。其中 SHF 工艺是最先开发和应用最广的纤维素乙醇技术，即纤维素原料首先利用纤维素酶水解后，再进行五碳糖和六碳糖发酵，可分别发酵，也可利用五碳糖和六碳糖共发酵菌株生产乙醇；该方法的缺点是随着酶水解产物的积累，会抑制水解反应完全。目前绝大多数商业装置都采用 SHF 工艺，如加拿大 Iogen、杜邦 DDCE 等。同步糖化发酵工艺（SSF）是将纤维素酶解与葡萄糖乙醇发酵整合在同一个反应器内进行，酶解过程中产生的葡萄糖被微生物迅速利用，消除了糖对纤维素酶的反馈抑制作用。同步糖化共发酵工艺（SSCF）利用五碳糖和六碳糖共发酵菌株进行酶解同步发酵，提高了底物转化率，增加了乙醇产量。直接微生物转化工艺（DMC）也称为统合生物工艺（CBP），将木质纤维素的生产、酶水解和同步糖化发酵过程集合为一步进行，要求此微生物/微生物群既能产生纤维素酶，又能利用可发酵糖类生产乙醇。

（4）燃料乙醇的脱水方法

燃料乙醇的生产工艺与食用乙醇的生产工艺基本相同，所不同的是需增加浓缩脱水后处理工艺，使其水的体积分数降到 1% 以下。由于在乙醇生产过程中水的存在，使得乙醇与水形成二元共沸物，而采用普通精馏方法所得乙醇中水的体积分数约为 5%。要想乙醇中水的体积分数达到 1% 以下，就必须采用较新的脱水工艺。目前开发的脱水新工艺有渗透气化、吸附蒸馏、特殊蒸馏、加盐萃取蒸馏、变压吸附和超临界液体萃取等。各项生产工艺对比见表 4-4。脱水后制成的燃料乙醇再加入少量的变性剂就成为变性燃料乙醇，和汽油按一定比例调和就成为乙醇汽油。

2. 燃料乙醇技术现状

目前较大规模燃料乙醇生产企业几乎都采用生物法。按照生物质来源，分为第 1 代、第 1.5 代、第 2 代和第 3 代燃料乙醇。

表 4-4 各种燃料乙醇脱水工艺的比较

工艺	原理	流程	乙醇收率/%	乙醇体积分数/%	能耗	投资
渗透气化法	膜分离	乙醇体积分数为6%的发酵液经过普通精馏浓缩至80%~92%,然后再用渗透气化浓缩成无水乙醇	>99.5	99.9	高	小
吸附蒸馏法	吸附和精馏两个过程相结合	分子筛吸附与精馏相结合,流程与精馏相似	>95	99.5	低	较小
特殊蒸馏法	MIBE 作夹带剂共沸精馏后,萃取蒸馏	先共沸精馏,再萃取蒸馏	>92	99.8	高	大
加盐萃取蒸馏法	以加盐液作萃取剂进行萃取蒸馏,消除体系的恒沸点	与萃取蒸馏的工艺流程基本相同	>95	99.5	较低	较小
变压吸附法	升压吸附、降压吸附交替使用脱水	发酵液先经提馏塔分出固体残液,提馏液进入精馏塔精馏,精馏液经变压吸附塔制得乙醇	>94	99.9	较高	较大
超临界液体萃取法	超临界液体萃取与吸附相结合	以高压超临界的液体为溶剂萃取所需组分,采用恒压升温、恒温降压和吸附等手段将溶剂与所萃取的组分分离	>95	99.8	高	大

（1）第 1 代燃料乙醇

粮食乙醇或饲料乙醇是一项传统工艺,也被称作第 1 代燃料乙醇。经过近几年的发展,尤其是酶制剂技术的提高,粮食乙醇的生产效率已经得到很大提高,淀粉转化率已可达到90%~95%。而以甜高粱茎秆和木薯等非粮作物为原料的燃料乙醇技术被称为第 1.5 代燃料乙醇,这类原料不能直接作为粮食食用。但其原理仍然是利用原料中的糖类物质发酵生产燃料乙醇。由于粮食乙醇存在"与粮争地、与人争粮、与畜牧业争地争饲料"等问题,许多国家都已经不再鼓励第 1 代乙醇的研究和发展,在中国这样一个人口大国更不可能大规模发展第 1 代燃料乙醇。

（2）第 2 代燃料乙醇

以秸秆、纤维素和农业废弃物为原料的燃料乙醇被称为第 2 代燃料乙醇。如前所述,纤维素不能被发酵产生乙醇,必须将纤维素转化为糖类才能发酵。因此其技术路线包括预处理、纤维素水解、糖类发酵 3 个关键步骤。其中,纤维素水解是最重要的一步。纤维素在酶的作用下分解成不同的糖。其中酶的高成本是制约纤维素燃料乙醇的瓶颈之一。尽管此类资源数量巨大（2020 年国内秸秆等农林废弃物达 8 亿吨以上）,但要将其转化成燃料乙醇仍然存在秸秆分布分散、运输成本高、管理难度大、相对利润低等问题。秸秆的收集、储存、处理和运输过程的成本占纤维素乙醇总成本的 35%~65%,这些问题已超出了一个生产企业所能解决的范围。纤维素乙醇生产能耗高、成本高也是需要探索解决的重要问题。此外纤维素来源不稳定、种类繁多、缺乏相应的原料规范、标准也给研究和开发带来了难度,需要政府、企业一同研究相关政策,开发相关技术,制定相关标准规范,保障纤维素乙醇原料的高效稳定供应。

（3）第 3 代燃料乙醇

以微藻为原料的燃料乙醇技术被称为第 3 代燃料乙醇技术。微藻具有生长迅速、生长周期短、易于常年培养繁殖等特点，其光合效率最高可达 10%（陆生植物的光合效率一般都低于 0.5%）。通过自养或异养方式培养富含淀粉和糖类的微藻等微生物，然后将其中的淀粉和糖类分离并加工成乙醇。据估算单位面积产微藻乙醇量比玉米等高 10 倍，可显著节约土地占用。用于加工燃料乙醇的微藻需要高含糖、淀粉、纤维素、半纤维素等碳水化合物，可利用的藻类有小球藻、衣藻、栅藻、螺旋藻等。微藻细胞内的木质素和半纤维素含量较低，且比植物中的更易被降解为单糖，更有利于生产燃料乙醇。此外，某些蓝藻可利用二氧化碳通过光合作用直接生产乙醇，这是通过微藻产生乙醇的另一技术途径。因此，第 3 代燃料乙醇技术具有占用更少土地、可直接利用二氧化碳、可同时生产蛋白质等优势，是一条前景非常吸引人的技术途径，近年来也成为国内外研究的热点。然而，以微藻为原料生产燃料乙醇存在微藻养殖密度需要提高、后续处理流程长、处理难度大等问题，距离工业化生产还有很长的道路。

3. 燃料乙醇技术的应用现状

燃料乙醇技术大大提高了生物质能源的能量密度，并具有容易工业化、规模化生产等特点，因此是一种前景十分广阔的生物质能利用技术。此外，为了保障国家能源安全，降低对石油进口的依赖程度，降低温室气体及其他有害气体的排放，同时提高农民收入，通过燃料乙醇行业带动相关产业的增长，各国都在大力发展燃料乙醇。美国、巴西是燃料乙醇产业规模最大的国家，占全球燃料乙醇产量的 80% 以上，除此之外，推广应用燃料乙醇的主要国家和地区还包括欧盟、中国、印度、加拿大等。

（1）美国

美国是世界上开发利用燃料乙醇较早的国家之一，燃料乙醇生产已有近百年的历史。1979 年，美国国会为了减少对进口石油的依赖，从寻找替代能源入手，制定并实施了燃料乙醇计划，开始大规模推广使用含 10% 燃料乙醇的混合燃料（E10）。20 世纪 70 年代的世界石油危机和 1990 年美国国会通过的空气清净法（修正案），是美国燃料乙醇产业发展的两个主要推动力。同时，政府实行的税收优惠政策促进了燃料乙醇产业的发展并鼓励乙醇混合动力汽车的开发和生产，对混合动力汽车的销售同样实施了税收优惠。与此同时，出于环保的考虑，各州政府以行政命令或立法的形式要求，必须用乙醇取代 MTBE（即甲基叔丁基醚，它是一种高辛烷值的优良汽油添加剂和抗爆剂，化学含氧量较甲醇低得多，利于暖车和节约燃料，蒸发潜热低，对冷启动有利。但是，MTBE 具有一定的毒性，会对人体产生伤害），进一步刺激了燃料乙醇产业的发展。2006 年 2 月，美国国会通过了一项可再生燃料能源标准（RFS），提出美国消费汽油总量的 50% 都要掺入 10% 燃料乙醇。2011 年 8 月，美国政府推出了一项总额为 5.1 亿美元的补贴计划，由美国农业部、能源部和海军共同投资推动美国第 2 代生物燃料的生产开发进程。2012 年 8 月美国政府宣布，对纤维素燃料产品提供 0.27 美元/升的联邦税收减免。目前，美国燃料乙醇产量居世界之首，2012 年燃料乙醇产量 4082 万吨，2013 年 4050 万吨，居世界第一。美国燃料乙醇以玉米原料为主，且来源十分充足，其玉米原料价格比中国低 50% 以上，并且生产效率较中国高。由于美国将乙醇作为燃料加入汽油中，使美国对石油（原油和产品）的对外依存度从 2005 年的 60% 降到 2013 年的 35%。2014 年全美燃料乙醇的总产量约为 4300 万吨，添加 10% 燃料乙醇的汽油（E10）

的市场占有率超过 99%，E10 的乙醇实际添加比例为 9.2%～9.6%。今后美国的乙醇汽油是要发展 E15 及高比例乙醇汽油，特别是灵活燃料车使用的 E85 汽油。

（2）巴西

巴西燃料乙醇产量位列世界第二。巴西政府大力发展燃料乙醇行动计划始于 1975 年。1977 年巴西政府制定法规，正式以 20%乙醇与汽油混配，推向国内燃料市场，用于普通汽油发动机汽车。20 世纪 80 年代，巴西又将乙醇与汽油混配比提高到 22%，推出灵活燃料汽车使乙醇与汽油的混合比可在 0～85%任意改变。1979 年，乙醇发动机汽车和纯乙醇燃料被推向市场。目前巴西是世界上唯一不供应纯汽油的国家，全国约 40%的小汽车完全以乙醇作燃料。巴西乙醇以甘蔗为生产原料，2012 年燃料乙醇产量 1750 万吨，2013 年 2025 万吨，是全球燃料乙醇的第二大生产国和第一大出口国，所产乙醇 80%用于国内消费，20%出口，美国是其主要出口地。巴西是全球重要的蔗糖生产基地，在燃料乙醇生产的原料方面具有先天优势：甘蔗原料，传统产业，成本较低；污水直接还田，节省后处理成本；甘蔗渣热电联产，摊薄生产成本。在政策方面，政府提供专项低息贷款，减免生物燃料税赋，并对乙醇燃料汽车减征工业产品税。巴西目前正在开发蔗渣制燃料乙醇和新一代的含糖木薯制燃料乙醇技术。

（3）欧盟

欧盟燃料乙醇产业近年发展迅猛。欧盟燃料乙醇产业起步较晚，1993 年燃料乙醇产量仅为 4.8 万吨，2004 年达到 42 万吨，随后开始大幅增长，2009 年达到 296 万吨（法国 100 万吨、德国 60 万吨）。2013 年欧盟燃料乙醇产量达 364 万吨，全球发展速度最快。欧盟燃料乙醇生产以谷物为主要原料，其中小麦约占 1/3。欧洲目前正鼓励新能源企业利用垃圾、麦秆和藻类等非粮食原料开发新一代生物燃料，规定只有以非粮原料制备的第 2 代生物燃料才可能在未来获得补贴。

（4）中国

我国推广燃料乙醇的最初设想出现在 1999 年，当时中国的粮食严重积压，为了解决陈化粮问题，确定陈化粮的用途主要用于生产酒精、饲料等。于是在几个粮食主产区，国家规划了几个大的乙醇生产项目，用陈化粮来生产乙醇，以满足试点车用乙醇汽油所需的变性燃料乙醇。在这样的背景下，国家批准全国建立 4 个燃料乙醇企业：安徽丰原生化、中粮生化能源（肇东）有限公司（当时名为华润酒精）、吉林燃料乙醇、河南天冠集团。2001 年，我国启动了"'十五'酒精能源计划"，并要求在汽车运输行业中推广使用燃料酒精。国家有关部门制定并颁布了有关变性燃料乙醇和车用乙醇汽油等一系列国家标准。2002 年 6 月，在河南省的郑州、洛阳、南阳和黑龙江省的哈尔滨、肇东 5 个城市进行车用乙醇汽油使用试点并制定了一系列的配套政策。到 2005 年左右，随着陈化粮食消耗殆尽，生产原料已逐步以玉米新粮为主。2007 年，以玉米、小麦为主的第 1 代燃料乙醇原料被叫停，各大燃料乙醇公司不得不寻找过渡性的非粮原料，木薯、甜高粱等原料成为发展的重点。2008 年建成的广西中粮生物质能源有限公司的 20 万吨/年燃料乙醇项目是经国家发改委立项批准的国内唯一的非粮燃料乙醇项目。2010 年中兴 10 万吨/年甜高粱燃料乙醇开始投建，2012 年项目一期的 3 万吨/年装置已经建成投产。海南椰岛、江西东乡、浙江舟山和广东湛江等木薯燃料乙醇项目正在开展前期工作，河南天冠、中国石化、中国石油、中粮集团等正在积极筹建万吨级纤维素乙醇示范项目。2020 年我国生产燃料乙醇 274 万吨，主要还是利用陈化粮来制备，缺口仍然较大。不可否认的是，非粮燃料乙醇项目成本相对较高。国家有关部门应将原有的行业补贴转到非粮燃料乙醇和纤维素燃料乙醇上，并出台相应鼓励政策，尤其要支持引导好纤维素乙醇工业化示范项目的发展。我国燃料乙醇的发展"按照不与粮争地、不与人争粮的原则，提升燃料乙醇综合效益，大力发展纤维素燃料乙醇、生物柴油、生物航空煤油等非粮生物燃料"。

综上，国际燃料乙醇的发展主要表现出如下两个特点：

① 以粮食为原料的第 1 代燃料乙醇产业发展乏力，各国积极发展第 2 代燃料乙醇；

② 纤维素燃料乙醇目前发展速度偏缓，但前景看好，并将迎来快速发展期。

需要重点指出的是，开展纤维素乙醇的研究可以缓解粮食和能源紧张，根本解决燃料乙醇的生产原料问题。纤维素乙醇可减少 70%～90% 温室气体排放，显著改善环境，是燃料乙醇产业未来的发展方向。但用纤维素生产乙醇最主要的问题是生产成本远远高于玉米燃料乙醇，因此开发第 2 代燃料乙醇生产技术是将来燃料乙醇重要的研究方向。

第四节　生物质的热化学转化利用

生物质热化学转化技术包括燃烧、气化、热解及液化，转化技术与产物的相互关系见图4-38。热化学转化技术的初级产物可以是某种形式的能量携带物，如木炭（固态）、生物油（液态）或生物质燃气（气态）等，也可以是热量。这些产物可被不同的实用技术所使用，也可通过附加过程将其转化为二次能源加以利用。

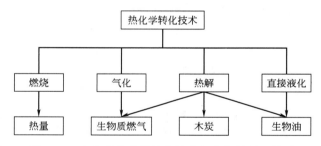

图 4-38　生物质热化学转化技术与产物的相互关系

一、生物质直接燃烧技术及应用

生物质直接燃烧是生物质能最早被利用的传统方法，就是在不进行化学转化的情况下，将生物质直接作为燃料燃烧转换成能量的过程。燃烧过程所产生的能量主要用于发电或供热。生物质直接用于燃料时，其可燃部分主要是纤维素、半纤维素、木质素。按质量分数计算，纤维素占生物质的 40%～50%，半纤维素占生物质的 20%～40%，木质素占生物质的10%～25%。

1. 生物质燃料的特点

（1）生物质燃料的优点

生物质直接作为燃料燃烧具有许多优点。

① 产量稳定。它是一种年产量极大且较稳定的可再生资源。

② 低污染。含硫、氮量低，燃烧后硫氧化物和氮氧化物排放量低；生物质灰分少，充分燃烧后，烟尘量不多。

③ CO_2 零排放。生物质在生成过程中会吸收大量 CO_2，因此大量生产、使用生物质可以减少 CO_2 净排放量，有助于减轻温室效应。

（2）生物质燃烧过程的特点

从燃烧过程看，生物质燃料的燃烧过程主要分为挥发分的析出、燃烧与残余焦炭的燃烧、燃尽两个独立阶段，其燃烧过程的特点如下。

① 生物质水分含量较多，燃烧需要较高的干燥温度和较长的干燥时间，产生的烟气体积较大，排烟热损失较高。

② 生物质燃料的密度小，结构比较松散，迎风面积大，容易被吹起，悬浮燃烧的比例较大。

③ 由于生物质发热量低，炉内温度场偏低，组织稳定的燃烧比较困难。

④ 由于生物质挥发分含量高，燃料着火温度较低，一般在 $250 \sim 350 ℃$ 温度下挥发分就大量析出并开始剧烈燃烧，此时若空气供应量不足，将会增大燃料的不完全燃烧损失。

⑤ 挥发分析出燃尽后，受到灰烬包裹和空气渗透困难的影响，焦炭颗粒燃烧速度缓慢，燃尽困难，如不采取适当的必要措施，将会导致灰烬中残留较多的余炭，增大机械不完全燃烧损失。

⑥ 生物质尤其是农作物秸秆原料来源呈现很强的季节性，而且来源地分散，这给生物质的规模化、工业化利用造成了很大的困难。

因此，为了保证生物质燃烧设备运行的经济性和可靠性，提高生物质开发利用的效率，必须从生物质燃烧设备的设计和运行方式入手，根据不同种类生物质的燃烧特性，选择合适的燃烧技术和设备。

2. 生物质直接燃烧技术

生物质的直接燃烧大致可分炉灶燃烧和锅炉燃烧等情况。直接燃烧过程通常热效率非常低，为此，设计开发工作主要是着重于提高直接燃烧的热效率。

（1）炉灶燃烧技术

主要包括了省柴灶和户用生物质半气化炉灶。

炉灶在中国农村生活中已沿用了几千年，是最原始的生物质直接燃烧利用方法，适用于农村或山区分散独立的家庭用炉，在中国占有相当大的比例。炉灶燃烧投资最省，但效率最低。旧式柴灶不但热效率低（只有 10% 左右）、浪费燃料，而且严重污染了环境。自 20 世纪 80 年代开始，我国政府在农村大力推广省柴灶（见图 4-39），至 21 世纪初，推广省柴灶 2 亿户，每年减少了数千万吨标准煤的能源消耗。

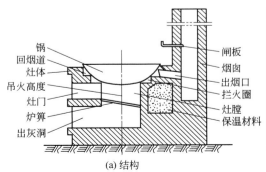

(a) 结构 (b) 外观

图 4-39 省柴灶

省柴灶灶体高75～80cm，建筑材料为就地取材的石片、砖和黏土。在砌地风道和灶膛时考虑了灶膛空间的利用，将地风道以下做成空心。燃烧室一般为圆形，大小根据锅的大小而定，一般取锅底直径的60%～70%。因人口的变化和季节的不同，有时农户要砌两个灶，因而要设计两个燃烧室。烟囱是自然通风排气的通道，为了加速排烟，增设地风道，从而加大了烟尘的排出量。挡火圈有两种形状：斜方形和圆环形，其功能主要是使火力集中，提高燃烧性能。为加大烟囱的抽力，增设了启闭灶门挡。

省柴灶是按照薪柴燃烧和热量传递的原理设计的，与旧式柴灶相比，改革了炉膛、锅壁以及炉膛之间相对距离、吊火高度、烟道和通风等的设计，并增设保温措施和余热利用装置。省柴灶具有以下特点：

① 热能在灶内停留时间长，可得到充分利用，故热效率高（可达20%以上，如表4-5所示）；

② 没有熏烟，污染少；

③ 重量小，可拆装；

④ 多功能。

目前，省柴灶的推广仍然是一些农村地区特别是偏远山区生物质能利用的一个重要方面。采用先进技术，提高全国数亿台小型炉具的燃烧和热利用效率，降低污染物的排放，开发燃用农作物的生物质炉具，实现农村炉具的商品化和规模化，以达到更广泛的应用，对于改变我国农村生物质利用状况具有重大意义。

表4-5 新旧炉灶热性能对比

类型	热效率/%	温升率/(℃/min)	蒸发速度/(kg/min)
新灶	26	4.28	0.07
旧灶	9	18	0.039

户用生物质半气化炉灶（图4-40）于2003年在市场上出现，结构有整体式和分体式两种，一次装料1.8～2kg，旺火时间有40～60min。炉具使用时把秸秆、薪柴等生物质切短，直接放入炉中点燃。有的炉具还带有余热利用装置或利用蒸汽蒸饭装置。有的炉具只能一次性加柴，有的炉具可以连续加柴，可根据燃料种类和用户生活习惯进行炉型选择。该炉型的开发建立在直燃和气化燃烧共同作用的基础上，即在燃烧过程中既有明火燃烧，又有气化成分，没有焦油析出，最显著的特点是燃烧充分，不冒黑烟，热效率较高，烟气污染排放较低，有利于改善室内空气质量和农民的身体健康，被称为高效低排放的户用生物质灶具。目前我国的此项技术在世界上居于领先水平，已日臻成熟，并开始大规模推广应用。

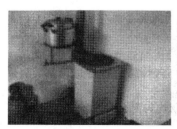

图4-40 户用生物质半气化炉灶

通过环保和热性能测试，我国优秀的高效低排放户用生物质炉灶的热效率是35%～

41%，高于传统炉灶 10%～12%，排放量也明显降低。这些优良、高效、低排放的户用生物质炉灶环保和热性能测试指标见表 4-6。

表 4-6   我国生物质炉灶环保和热性能测试的平均数据

炉灶及燃料	生物质炉灶		传统炉灶
项目	玉米秸秆	秸秆压块	薪柴/干草
热效率/%	35	41	10～12
燃料消耗/(kg/h)	3.3	2.3	7～8
平均颗粒物排放/(mg/m³)	38	25	>120
室内平均 CO 含量/(mg/m³)	8.2	5.0	97

（2）生物质现代化燃烧技术

当生物质燃烧系统的功率大于 100kW 时，一般采用现代化的燃烧技术，而组织燃烧常常在锅炉中进行。锅炉燃烧采用先进的燃烧技术，把生物质作为锅炉的燃料以提高生物质的利用效率，适用于相对集中、大规模利用的生物质资源。它的主要优点是效率高，并可实现工业化生产；主要缺点是投资大，且不适于分散的小规模利用，生物质必须相对比较集中才能采用该技术。典型的生物质燃烧系统如图 4-41 所示。

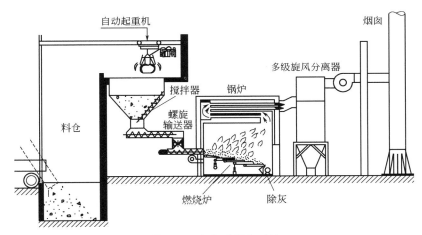

图 4-41   生物质燃烧系统

生物质作为锅炉的燃料直接燃烧，其热效率远远高于作为农用炉灶燃料，甚至能接近化石燃料的水平。所以利用生物质作为锅炉燃料能大大地提高生物质能的利用效率。

生物质现代化燃烧技术主要分为层燃（固定床燃烧）、流化床燃烧和悬浮燃烧三种形式，如图 4-42 所示。

① 传统的层燃技术是指生物质燃料铺在炉排上形成层状，与一次配风相混合，逐步地完成干燥、热解、燃烧及还原等过程，可燃气体与二次配风在炉排上方的空间充分混合燃烧。生物质层燃技术种类很多，主要包括固定床、移动炉排、旋转炉排、振动炉排和下饲式等，被广泛应用于农林业废弃物的开发利用和城市生活垃圾焚烧等方面，适于燃烧含水率较高、颗粒尺寸变化较大的生物质燃料，其投资和操作成本较低，一般额定功率小于 20MW。

就层燃而言，炉排的设计对于燃烧起着至关重要的作用。一个设计良好的炉排要保证燃烧的燃料在炉排表面分布均匀，以保障一次配风的均匀分布。空气分布不均匀会造成结渣、飞灰损失增加、过量空气系数增加等问题。燃料在炉排上传输必须尽可能地保证平滑和均匀，以避免出现火口、飞灰和炭粒增加等现象。为了实现上述目标，可采用连续移动炉排、红外线高度控制系统以及合理的配风系统。炉排系统可采用水冷的方式以减轻结渣现象的出现，且可延长设备使用寿命。生物质锅炉典型的炉排形式如图 4-43 所示。

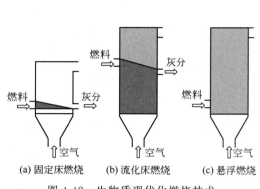

图 4-42 生物质现代化燃烧技术

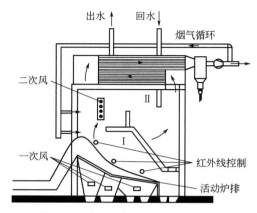

图 4-43 生物质锅炉典型的炉排形式
Ⅰ——次燃烧室；Ⅱ—二次燃烧室

　　炉排燃烧主要适用于大颗粒及块状生物质燃料，而细小生物质燃料在炉排上燃烧时，由于易从炉排孔隙中漏下或被炉排下的一次风吹起，因而一般不适合单独在炉排上燃烧。对于稻壳、锯屑、木粉等细小生物质废弃物，可以先用机械加压的方法，使原来松散、无定形的原料压缩成具有一定形状、密度较大的固体成型燃料。丹麦专门开发了以打捆秸秆（图 4-44）为燃料的生物质锅炉，该生物质锅炉由一个秸秆燃烧器和一个过热器组成（图 4-45）。采用液压式活塞将已打捆的秸秆通过输入通道连续地输送至水冷移动炉排。由于秸秆的灰熔点较低，可通过水冷炉墙或烟气循环等方式来控制燃烧室温度，使其不致超温。经实践运行证明，改造后的生物质锅炉运行稳定，并取得了良好的社会和经济效益。

图 4-44 秸秆打捆

　　下饲式是一种廉价及简单的技术，广泛地应用于中、小型系统（额定功率一般小于 6MW）。它具有简单、易于操作及控制等特点，适用于含灰量较低（如木屑、锯末及颗粒燃料等）和颗粒尺寸较小（<50mm）的生物质，可在低负荷状态下运行。如图 4-46 所示，在下饲式炉中，燃料和空气都是自下而上运动的。燃料通过螺旋送料机构从下部输送至燃烧室，紧接着进入的燃料将先前的燃料向上推移，再向两侧运动。当燃料向上运动时，逐渐被加热、干燥、析出挥发分、着火燃烧，形成木炭，燃尽后形成的灰渣由两侧翻转、除去。挥

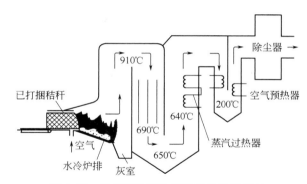

图 4-45　以打捆秸秆为燃料的生物质锅炉

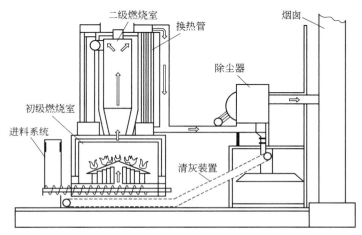

图 4-46　下饲式生物质锅炉

发分和空气混合后流经木炭层，在木炭空隙中剧烈燃烧，燃料层上方未燃烧气体较少，挥发分不会在缺氧条件下热分解产生炭黑，因此在正常工作的时候不会冒黑烟。

　　我国已有许多研究单位根据所使用的生物质燃料的特性开发出了各种类型生物质层燃炉，实际运行效果良好。他们针对所使用原料的燃烧特性不同，对层燃炉的结构进行了富有成效的优化，炉型结构包括双燃烧室结构、闭式炉膛结构等，这些均为我国生物质层燃炉的开发设计提供了宝贵的经验。但是，我国生物质层燃技术与国外相比仍存在较大的差距，应当进一步加大研发力度，开发出具有我国特色的、先进的生物质层燃技术，以增强我国在生物质燃烧技术领域的竞争力。

　　② 流化床燃烧技术是一种新型清洁高效的燃烧技术。流态化燃烧具有传热传质性能好、燃烧效率高、有害气体排放少、热容量大等一系列的优点，很适合燃烧水分大、热值低的生物质燃料。

　　流化床燃烧是介于层燃和悬浮燃烧之间的一种燃烧方式：高速气流通过流化床下部的空气布风板（类似于层燃的炉排）将流化床颗粒（包括生物质颗粒和砂子、燃煤炉渣等）吹起，气流速度控制在恰好能使颗粒浮起而不被吹走，重量大的颗粒多集中在床底部（形成密相区）干燥、分解、燃烧，重量变轻的颗粒就被气流带到床上部（形成稀相区）继续燃烧，接近烧完的重量最轻的颗粒最后被气流带出炉膛。采用流化床燃烧方式，密相区的流化介质具有很高的热容量，其床温一般在 850～950℃之间，生物质燃料颗粒送入密相区后，与大量床料充分混合、传热。即使生物质含水率高达 50%～60%，水分也能被迅速蒸发，使燃料迅速着火燃烧，加上燃料与空气接触良好，扰动强烈，因而燃烧效率显著提高。因此，流化床燃烧方式特别适合高水分生物质燃料的燃烧。另外，由于燃烧温度在 850～950℃之间，属于低温燃烧，产生的有害气体 NO_x 很少。

常见的流化床锅炉包括鼓泡流化床和循环流化床，其结构如图 4-47、图 4-48 所示。鼓泡流化床主要由送料机构、布风板、风室、燃烧室、受热面与溢流口等组成。燃烧室由沸腾段和悬浮段组成。沸腾段的范围自布风板上方至溢流口下沿以上 150～200mm 的空间，主要作用是在布风板一定高度范围内有足够的气流速度，以保证良好的流化，防止颗粒分层。沸腾段的上方是悬浮段，主要作用是使被气流携带的颗粒的速度降低而重新落回沸腾段，而且延长了细小颗粒的滞留时间。鼓泡床一般采用辅助热源，先将料层中的惰性粒子加热。新燃料通过送料机构连续输送至燃烧室料层下方，固体颗粒尺寸小于 8mm。从布风板下面的风室向上输送空气（称为一次风），引起料层的沸腾。由于流化作用，炽热的颗粒与管壁频繁地进行有效碰撞，而且固体颗粒比热容比气体大许多倍，强化了传热过程，具有较高的传热系数。但是，鼓泡流化床排出的烟气中含尘浓度较高，增加了烟气净化系统的负担。同时，鼓泡流化床排出的飞灰中可燃物含量一般都比较高，固体不完全燃烧热损失大，降低了热效率；埋设在沸腾段的受热面磨损比较严重；鼓泡流化床在低负荷运行时一般较为困难；相比较层燃方式，鼓泡流化床的投资及运行费用高。

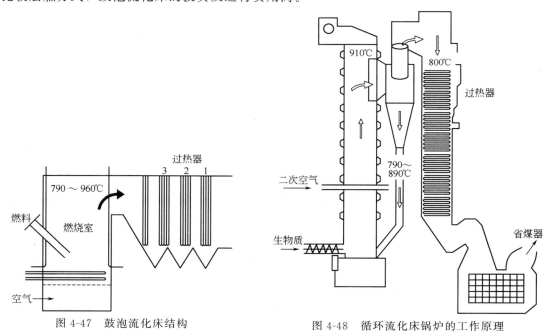

图 4-47　鼓泡流化床结构　　　　图 4-48　循环流化床锅炉的工作原理

为了克服鼓泡流化床的缺点，人们将收集飞灰再循环燃烧的流化床技术运用到燃烧中。循环流化床（图 4-48）主要由燃烧室、飞灰分离收集装置、飞灰回送装置及外部流化床换热器等组成。循环流化床锅炉的燃料及脱硫剂从流化床布风室上部给入，在炉内燃烧并发生化学反应。循环流化床的流化速度可增加到 5～10m/s，在较高气流速度作用下，大量固体颗粒被携带出燃烧室，经高温旋风分离器分离后返回到燃烧室继续燃烧。经旋风分离器导出的高温烟气，在尾部烟道受热面换热后，通过除尘器从烟囱排出。更大的扰动带来了更好的传热效果和均匀的温度分配，可使用更小的生物质颗粒（直径为 2～4mm）。循环流化床燃烧技术与其他技术相比其燃料适应性更强（可燃用劣质燃料——高水分和高灰分的燃料），燃烧效率高，能达到 95%～99%，维护费用低（因为可动部件较少），负荷调节性能好，故主要应用于 30MW 以上的系统。目前我国的生物质直燃式 CFB 锅炉容量主要为 75t/h 和 130t/h 两种规格，均已实现我国自主设计。

流化床锅炉燃用生物质燃料也存在一些缺点：锅炉体型大，成本高；生物质燃料的燃用需要经过一系列的预处理（例如生物质原料的烘干、粉碎等）；飞灰含碳量高于炉灰的含碳量，并且随着生物质挥发分的大量析出，焦炭的燃尽较为困难；生物质燃料蓄热能力小，必须采用床料来保证炉内温度水平，造成炉膛磨损严重，也影响了灰渣的综合利用。

③ 与煤粉燃烧技术类似，生物质悬浮燃烧技术几乎是大型锅炉唯一的燃烧方式。图 4-49 为采用悬浮燃烧技术的生物质水管锅炉。在悬浮燃烧系统中，生物质（如锯末、刨花等）需要进行预处理，颗粒尺寸要求小于 2mm，含水率不能超过 15%。首先将生物质粉碎至细粉，然后将经过预处理的生物质与空气混合后一起切向喷入燃烧室内，形成涡流呈悬浮燃烧状态，增加了滞留时间。通过采用精确的燃烧温度控制技术，悬浮燃烧系统可在较低的过剩空气条件下高效运行。采用分阶段配风以及良好的混合可以减少 NO_x 的生成。但是，由于颗粒的尺寸较小，高燃烧强度会导致炉墙表面温度较高，致使构成炉墙的耐火材料损坏速率较快。此外，悬浮燃烧系统需要辅助启动热源，当炉膛温度达到规定的要求时才能关闭辅助热源。

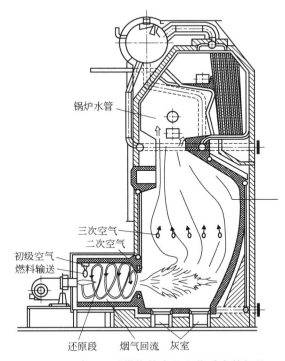

图 4-49　采用悬浮燃烧技术的生物质水管锅炉

3. 生物质直接燃烧发电技术

利用生物质燃料发电的技术方法包括直接燃烧发电和气化发电两大类。生物质直接燃烧是指生物质原料送入适合的锅炉内燃烧、生产蒸汽，产生的蒸汽膨胀做功，带动发电机发电。生物质气化发电的方法是利用气化炉、沼气池等专门的装置将生物质燃料气化成甲烷等可燃气体，再利用燃气轮机等高效发电设备燃烧发电，但是由于设备投资大、技术要求高，所以我国目前的水平只是在工业试验阶段，或用于小容量低效率的燃气发电设备。相比之下，生物质燃料直接燃烧（直燃）发电技术较成熟，成本较低，目前在我国发展比较快。在这种发电方式中，燃煤火力发电厂掺烧秸秆技术相对于其他生物质发电技术方法比较简便，成本也相对较低，因此以农业废弃物（秸秆）为主的生物质直燃发电技术将会有广泛的应用前景。

（1）生物质直燃发电的基本原理

直接燃烧发电是指把生物质原料送入适合生物质燃烧的特定蒸汽锅炉中，生物质与过量的空气在锅炉中燃烧，产生高温高压蒸汽，驱动蒸汽轮机，带动发电机发电。

直接燃烧发电的关键技术包括：原料预处理技术、蒸汽锅炉的多种原料适用性、蒸汽锅炉的高效燃烧、蒸汽轮机的效率等。其中预处理主要为了提高燃烧效率，例如，在秸秆入炉燃烧发电之前可以将秸秆打包后送入锅炉，或将秸秆粉碎造粒（压块）后入炉或与其他的燃料（如煤）混合后一起入炉。

生物质直接燃烧发电技术已基本成熟，进入推广应用阶段。这种技术要求生物质集中、数量巨大，在大规模生产下才有较高的效率。考虑到生物质大规模收集或运输成本较高，因此该技术适于现代化大农场或大型加工厂的废物处理。

（2）生物质直燃发电技术应用的意义

目前，绝大部分农作物秸秆因得不到有效利用而就地焚烧于农田，不仅浪费了大量的能源，还造成了严重的环境污染，给社会生活和经济发展带来了一定程度的负面影响。众多粮食、木材、茶叶、果类等加工厂，每天都有大量的谷壳、锯末、木屑、果壳等废弃物产出堆放，生物质发电不仅可提供清洁能源，而且大大降低了这些废弃物的排放，能变废为宝。此外，我国的边远地区，生物质资源丰富，且多属于缺电、少电地区，利用生物质直燃发电技术可以就地取材，生产出电能和热能满足当地取暖和用电的需要。

生物质能发电技术之所以具有广阔的市场前景，其优势在于在可再生能源中生物质能以实物形式存在，具有可储存、可运输、资源分布广、环境影响小、可持续利用等特点，受到世界各国的青睐。

（3）生物质直燃发电的工艺流程

生物质发电系统就是一个以秸秆等生物质（或生物质和煤）为燃料的火力发电厂，其生产过程概括起来就是将生物质原料从附近各个收集点运送至电厂，然后将秸秆等生物质加工成适于锅炉燃烧的形式（粉状或块状，或和煤掺混）送入锅炉内充分燃烧，使储存于生物质和煤燃料中的化学能转变成热能，锅炉内的水吸热后产生饱和蒸汽，饱和蒸汽在过热器内继续加热成过热蒸汽进入汽轮机，驱动汽轮发电机组旋转，将蒸汽的内能转换成机械能，最后由发电机将机械能转变成电能，其生产过程见图 4-50。

（4）国内外生物质直燃发电技术的进展及前景

许多国家都将生物质燃烧发电技术作为 21 世纪发展可再生能源战略的重点工程，还制定了相应的计划，如日本的"阳光计划"、美国的"能源农场"、印度的"绿色能源工厂"等。丹麦 BWE 公司是此项技术的世界领先者，第一家生物质燃烧发电厂于 1998 年投运。此后，BWE 公司在西欧建造了大量的生物质发电厂，其中最大的发电厂是英国的 Elyan 发电厂，装机容量 38MW。目前丹麦已建立了 13 个生物质燃烧发电厂，生物质燃烧发电等可

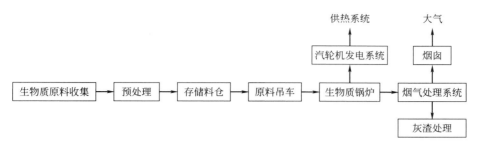

图 4-50 生物质直燃发电生产过程

再生能源占到全国能源消费量的 24％以上。德国拥有 140 多个区域热电联产的生物质电厂，同时有近 80 个此类电厂在规划设计或建设阶段。奥地利成功地建立了燃烧木材剩余物的区域供电站计划，生物质能在总能耗中的比例由原来的 3％增加到目前的 25％，已拥有装机容量为 1～2MW 的区域供热站 90 座。北欧的瑞典是生物质发电发展和应用都最为广泛的国家之一。瑞典有完善和广泛的集中供热系统，80％的城市利用生物质能供热电站供热。意大利对生物质固体颗粒技术和直燃发电也非常重视，在生物质热电联产应用方面也很普遍。

我国的生物质发电以直接燃烧和气化发电为主要方式，原料主要采用农业、林业和工业废弃物等。我国生物质发电起步较晚，但也有近 30 年的历史。2006 年 12 月，我国第一个国家级生物质直燃发电示范项目——国能单县生物质发电项目竣工投产（图 4-51），开创了国内直燃发电的先河。该项目引进丹麦 BWE 公司先进的高温高压水冷振动炉排燃烧技术，主要燃料是棉秸，辅以果木树枝条，装机容量为 25MW，年发电量达到了 1.6 亿千瓦时，达到了世界先进水平。在技术引进的同时，以浙江大学为代表的国内科研机构，紧扣国际前沿，结合我国国情，成功研发了基于循环流化床的秸秆燃烧技术和装置，并于 2006 年在宿迁成功建设了世界上首个以农作物秸秆为燃料的 CFB 直燃发电示范项目。

图 4-51 国能单县生物质发电厂

我国生物质规模化并网发电项目得到大规模发展。目前我国已经建成的大型秸秆发电厂项目还有国能威县 25MW 秸秆发电厂、国能成安 25MW 秸秆发电厂、国能高唐秸秆发电厂、国能垦利 25MW 秸秆发电厂等。生物质直燃发电技术方面，在丹麦技术基础上，我国在发展过程中不断进行国产化改进。我国生物质发电装机容量近年来连续位居世界第一，2021 年累计装机容量达 3798 万千瓦，其中农林生物质发电装机容量约为 1400 万千瓦。生物质发电量从 2015 年的 527 亿千瓦时增加到 2021 年的 1637 亿千瓦时，年复合增长率达到

17.58%，占全社会用电量的 2%，大大节约了化石燃料，也减少了大量的污染排放。此外，秸秆销售还可以给农民增收，取得环境、经济、社会效益"三丰收"。

生物质直燃发电技术在中国的推广将对发展中国农村经济、改善环境、节约能源、减少温室气体排放等产生重大促进作用，具有深刻的社会、经济和环境意义。

二、生物质气化技术及应用

所谓气化是指将固体或液体燃料转化为气体燃料的热化学过程。生物质气化技术最早出现于 18 世纪末期，首次商业化应用可以追溯到 1833 年，当时以木炭作为原料，经过气化器生产可燃气，驱动内燃机。第二次世界大战期间，生物质气化技术达到顶峰。20 世纪 70 年代世界能源危机后，发达国家为减少环境污染、提高能源利用效率以及为解决矿物能源短缺提供新的替代技术，又重新开始重视开发生物质气化技术和相应的装置。人们发现，气化技术非常适用于生物质原料的转化。生物质气化反应温度低，可避免生物质燃料燃烧过程中发生灰的结渣、团聚等运行难题。在 1992 年召开的世界第 15 次能源大会上，确定生物质气化利用作为优先开发的新能源技术之一。

1. 生物质气化的基本原理

生物质气化是指固态生物质原料在高温下部分氧化的转化过程。该过程直接向生物质通气化剂（空气、氧气或水蒸气），生物质在缺氧的条件下转变为小分子可燃气体。所用气化剂不同，得到的气体燃料也不同。为了提供反应的热力学条件，气化过程需要供给空气或氧气，使原料发生部分燃烧。尽可能将能量保留在反应后得到的可燃气中，气化后的产物是含 H_2、CO 及低分子 C_mH_n 等可燃性气体。

目前应用最广的气化剂是空气，产生的气体主要作为燃料，用于锅炉、民用炉灶、发电等场合。通过生物质气化可以得到合成气（CO 与 H_2 的混合气体），可进一步转变为甲醇等化学原料或提炼得到氢气。

随着气化装置类型、工艺流程、反应条件、气化剂种类、原料性质等条件的不同，反应过程也不相同，但是这些过程的基本反应包括固体燃料的干燥、热解、氧化和还原四个过程。

① 干燥过程：生物质原料进入气化器后，首先被干燥。在被加热到 100℃ 以上时，原料中的水分首先蒸发，产物为干原料和水蒸气。

② 热解过程：温度升高到 300℃ 以上时开始发生热解反应。热解是高分子有机物在高温下吸热所发生的不可逆裂解反应。大分子碳氢化合物析出生物质中的挥发分，只剩下残余的木炭。热解反应析出的挥发分主要包括水蒸气、H_2、CO、CH_4、焦油及其他碳氢化合物。

③ 氧化过程：热解的剩余物木炭与被引入的空气发生反应，同时释放大量的热以支持生物质干燥、热解及后续的还原反应进行，氧化反应速率较快，温度可达 1000～1200℃，其他挥发分参与反应后进一步降解。

④ 还原过程：没有氧气存在，氧化层中的燃烧产物及水蒸气与还原层中木炭发生还原反应，生成氢气和一氧化碳等。这些气体和挥发分组成了可燃气体，完成了固体生物质向气体燃料的转化过程。还原反应是吸热反应，温度将会降低到 700～900℃。

2. 生物质气化技术分类

生物质气化技术的分类有很多，可从多种角度对其进行分类。根据燃气产生机理可分为热解气化和反应性气化。根据气化剂的不同，可分为干馏气化、空气气化、水蒸气气化、氧气气化、氢气气化，如图 4-52 所示；根据采用的气化反应设备的不同又可分为固定床气化、流化床气化和气流床气化。

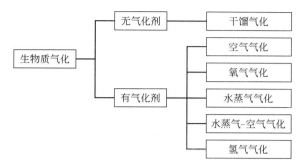

图 4-52 生物质气化技术的分类

在气化过程中使用不同的气化剂、采取不同的运行条件，可得到三种不同热值的气化产品气（燃气）：低热值燃气，燃气热值低于 8.3MJ/m³（使用空气和水蒸气/空气作为气化剂）；中热值燃气，燃气热值为 16.7～33.4MJ/m³（使用氧气和水蒸气作为气化剂）；高热值燃气，燃气热值高于 33.4MJ/m³（使用氢气作为气化剂）。

① 干馏气化：属于热解的一种特例，是指在缺氧或少量供氧的情况下，生物质进行干馏的过程。主要产物为乙酸、甲醇、木焦油抗聚剂、木馏油、木炭和可燃气。可燃气的主要成分是二氧化碳、一氧化碳、甲烷、乙烯和氢气等，其产量和组成与热解温度和加热速率有关。燃气的热值为 15MJ/m³ 左右，属中热值燃气。

② 空气气化：以空气作为气化剂的气化过程，空气中氧气与生物质中可燃组分发生氧化反应，提供气化过程中其他反应所需热量，从而整个气化过程不需要额外提供热量。这是一种极为普遍、经济、设备简单且容易实现的气化形式，但由于空气中氮气的存在，会吸收部分反应热，降低反应温度，阻碍氧气的充分扩散，降低反应速度。氮气稀释了生物质燃气中可燃组分，降低了燃气热值（燃气热值一般为 5MJ/m³，属于低热值燃气），所以不适合采用管道进行长距离输送。

③ 氧气气化：以纯氧作为气化剂的气化过程。在此反应的过程中，如果严格地控制氧气供给量，既可保证气化反应所需的热量，不需要额外的热源，又可避免氧化反应生成过量的二氧化碳。与空气气化相比，由于没有氮气参与，提高了反应温度和反应速度，缩小了反应空间，提高了热效率。同时，生物质燃气的热值提高到 15MJ/m³，属中热值燃气，与城市煤气相当。但是，生产纯氧需要耗费大量的能源，故不适于在小型的气化系统中使用该项技术。

④ 水蒸气气化：以水蒸气作为气化剂的气化过程。气化过程中，水蒸气与炭发生还原反应，生成一氧化碳和氢气，同时一氧化碳与水蒸气发生变换反应和各种甲烷化反应。典型的生物质燃气产物中氢气和甲烷的含量较高，燃气热值也可达到 17～21MJ/m³，属于中热值燃气。水蒸气气化的主要反应是吸热反应，因此需要额外的热源，但反应温度不能过高，且该项技术比较复杂，不易控制和操作。

⑤ 水蒸气-空气气化：主要用来克服空气气化产物热值低的缺点。从理论上讲，比单独使用空气或水蒸气作为气化剂的方式优越。因为减少了空气的供给量，并生成更多的氢气和碳氢化合物，提高了燃气的热值，典型燃气的热值为 11.5MJ/m³。此外，空气与生物质的

氧化反应可提供其他反应所需的热量，不需要外加热系统。

⑥ 氢气气化：以氢气作为气化剂的气化过程。主要气化反应是氢气与固定炭及水蒸气生成甲烷的过程，得到的可燃气的热值为 $22.3\sim26MJ/m^3$，属于高热值燃气。氢气气化反应的条件极为严格，需要在高温高压下进行，一般不常使用。

3. 生物质气化设备

生物质气化反应发生在气化炉中，气化炉是气化反应的主要设备。生物质在气化炉中完成了气化反应过程并转化为生物质燃气。目前，国内外正研究和开发的生物质气化设备按原理主要分为固定床气化炉、流化床气化炉和携带床气化炉；按加热方式分为直接加热和间接加热两类；按气流方向分为上吸式、下吸式和横吸式三种，如图 4-53 所示。

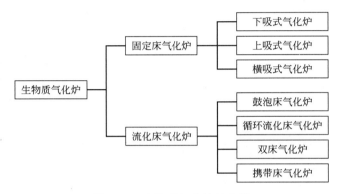

图 4-53 生物质气化炉的分类

（1）生物质固定床气化炉

固定床气化炉是一种传统的气化反应炉，按照气化介质的流动方向不同分别称为上吸式气化炉和下吸式气化炉，如图 4-54 所示。

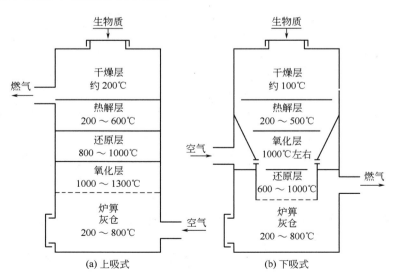

图 4-54 上吸式及下吸式固定床生物质气化炉工作原理

① 在上吸式固定床气化炉［图 4-54（a）］中，生物质原料从气化炉上部的加料装置送入炉内，整个料层由炉膛下部的炉箅支撑。气化剂从炉底下部的送风口进入炉内，经由炉箅

缝隙均匀分布，并渗入料层底部区域的灰渣层，气化剂和灰渣进行热交换，气化剂被预热，灰渣被冷却。气化剂随后上升至氧化层（燃烧层），此时气化剂和原料中的碳发生氧化反应，放出大量的热量，可使炉内温度达到 1000℃，这一部分热量可维持气化炉内的气化反应所需热量。气流接着上升到还原层，将燃烧层生成的 CO_2 还原成 CO，气化剂中的水蒸气被分解，生成 H_2 和 CO。这些气体与气化剂中未反应部分一起继续上升，加热上部的原料层，使原料层发生热解，脱除挥发分，生成的焦炭落入还原层。生成的气体继续上升，将刚入炉的原料预热、干燥后，进入气化炉上部，经气化炉气体出口引出。

户用型气化炉在国内外得到了广泛应用，大部分生成的可燃气体供炊事和取暖等使用，图 4-55 为我国华中科技大学提出的改进的户用型上吸式生物质气化炉。

② 下吸式固定床气化炉［图 4-54（b）］的特点是气体和生物质物料混合向下流动。通过高温喉管区（只有下吸式设有喉管区）。生物质在喉管区发生气化反应，而且焦油也可以在木炭床上进行裂解。此种气化炉结构简单，运行比较可靠，适于较干的大块物料或低灰分大块与少量粗糙颗粒的混合物料，其最大处理量可达 500kg/h，很多国家已投入商业运行。图 4-56 为中国科学院提出的下吸式气化炉。

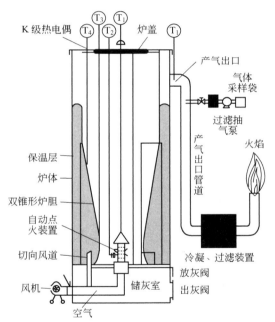

图 4-55 华中科技大学提出的户用型
上吸式生物质气化炉

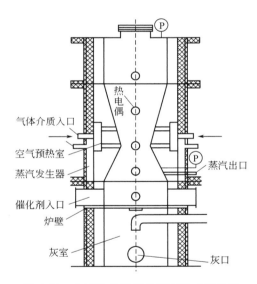

图 4-56 中国科学院提出的下吸式气化炉

③ 横吸式固定床气化炉的空气由侧方向供给，产出气体从侧向流出，气体流横向通过气化区。一般适用于木炭和含碳量较低物料的气化（图 4-57），在南美洲应用广泛并投入商业运行。

（2）流化床生物质气化炉

生物质流化床气化的研究比固定床要晚很多。流化床气化炉有一个热砂床，生物质的燃烧和气化都在热砂床上进行。在吹入的气化剂作用下，物料颗粒、流化床料（砂子）和气化介质充分接触，受热均匀，炉内呈现"沸腾"状态，气化反应速度很快，产气率高。根据气固流动特性不同，将流化床分为鼓泡流化床、循环流化床和双流化床，如图 4-58～图 4-60

所示。鼓泡流化床气化炉中气流速度相对较低，几乎没有固体颗粒从流化床中逸出。而循环流化床气化炉中流化速度相对较高，从流化床中携带出的颗粒在通过气固分离器收集后重新送入炉内进行气化反应。双流化床与循环流化床相似，不同的是第1级反应器（气化炉）的流化介质被第2级反应器（燃烧炉）加热。在第1级反应器中进行裂解反应，第2级反应器中进行燃烧反应。双流化床气化炉的碳转化率也很高。

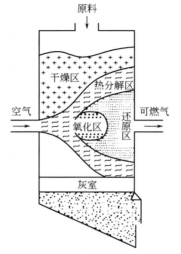

图 4-57　横吸式固定床气化炉工作原理

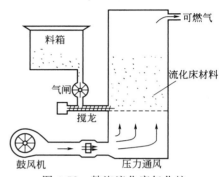

图 4-58　鼓泡流化床气化炉

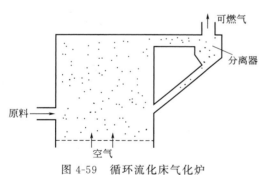

图 4-59　循环流化床气化炉

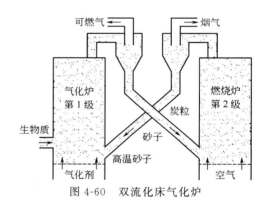

图 4-60　双流化床气化炉

在生物质气化过程中，流化床首先通过外加热达到运行温度，床料吸收并储存热量。鼓入气化炉的适量空气经布风板均匀分布后将床料流化，床料的湍流流动和混合使整个床保持一个恒定的温度。当合适粒度的生物质燃料经供料装置加入到流化床中时，与高温床料迅速混合，在布风板以上的一定空间内剧烈翻滚，在常压条件下迅速完成干燥、热解、燃烧及气化反应过程，使之在等温条件下实现了能量转化，从而生产出需要的燃气。通过控制运行参数可使流化床床温保持在结渣温度以下，只要保持均匀流化就可使床层保持等温，这样可避免局部燃烧高温。流化床气化炉良好的混合特性和较高的气固反应速率使其非常适合于大型的工业供气系统。因此，流化床反应炉是生物质气化转化的一种较佳选择，特别是对于灰熔点较低的生物质。

固定床气化炉与流化床气化炉有着各自的优缺点和一定的适用范围，两种气化炉的比较参见表 4-7。

表 4-7　流化床和固定床气化炉的性能比较

特性	上吸式固定床	下吸式固定床	鼓泡流化床	循环流化床
对原料的适应性	适用不同形状尺寸原料,含水率 15%～45%	大块原料不经预处理可直接使用	原料尺寸要求较为严格,<10mm	适应不同种类原料,要求细颗粒
燃气的特点	焦油含量高,需要复杂的净化处理	焦油经高温区裂解,含量少	焦油含量较少,燃气成分稳定	焦油含量少,产气量大,气体热值高
设备的特点	结构简单	结构简单	气流速度受到限制	单位容积的生产能力最大

（3）携带床气化炉

携带床气化炉是流化床气化炉的一种特例,它不使用惰性材料,提供的气化剂直接吹动生物质原料。该气化炉要求原料破碎成细小颗粒,其运行温度高达 1100～1300℃,产出气体中焦油成分及冷凝物含量很低,碳转化率可达 100%。然而,由于运行温度高,易烧结,故选材较难。

4. 其他生物质气化技术

传统的生物质气化技术通常存在气化效率低、燃气热值低、燃料利用范围小、灰渣难以处理、易形成焦油等缺点,因此,国外开发了高温空气气化技术,反应流程如图 4-61 所示。生物质高温空气气化技术采用 1000℃以上的高温预热空气,在低过剩空气系数下发生不完全燃烧化学反应,获得热值较高的燃气。高温空气气化效率高,燃气热值高,可运行多种燃料,有处理燃料热值巨大变化的能力,对环境污染小,且结构简单紧凑,灰渣易于处理,经济性好。

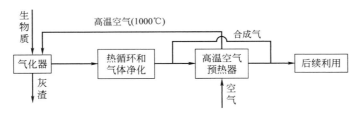

图 4-61　高温空气气化反应流程

此外,国外还开发了多级循环流化床（图 4-62）。这种反应器的分离部分由 7 段组成,

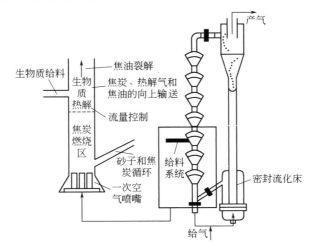

图 4-62　多级循环流化床

每段的圆锥体首尾相连。由于它的特殊形式，在每段的锥体底部形成流化床，并且有效地阻止了气体和固体间的回混。几个流化床串联运行使固、气滞留时间的比率比一般流化床高很多。当在它的第三段圆锥体送入生物质时，在一、二段底部形成氧化区。如果保证充足的炭送入氧化区，那么所有进入氧化区的氧气都被转化为 CO 和 CO_2。正是由于碳转化率的增加，所以气化效率相应提高。

典型的生物质气化工艺及其特点参见表 4-8。

表 4-8 生物质气化典型工艺及应用简介

工艺	公司/机构	说明
固定床	Bioneer(被 Foster Wheeler 收购)	上吸式，以空气和水蒸气为气化介质，使用含水量达 45% 的原料，产气焦油含量 50~100mg/m³；在芬兰和瑞典建有 9 个 4~6MW$_{th}$ 的商业化工程，大部分用于区域供热；工厂全自动操作，投入极少
	Babcock & Wilcox Volund	上吸式，以湿空气为气化介质，使用含水量高达 55% 的原料；以位于 Harboore 的 5MW$_{th}$ 商业工程为典型，最初为锅炉燃烧供热，2000 年被改造成热电联产，发电效率为 28%，系统总效率为 93%
流化床	Carbona	2004 年在丹麦 Skive 建设 100~150t/d 规模的低压(0.5×10⁵~2×10⁵Pa) BFB 气化系统，采用石灰石床料和焦油催化裂解，利用 3×2MW$_e$ 带余热回收的燃气内燃机和 2×10MW$_{th}$ 燃气锅炉进行热电联产，以木质颗粒和木屑作为燃料，发电净效率为 28%，系统总效率为 87%
	Foster Wheeler	2001 年在芬兰 Varkaus 建立第一个商业化工程，以液体包装回收公司回收的废料为原料，空气和水蒸气为气化介质进行常压气化，BFB 气化炉输出为 40MW$_{th}$，发电净效率为 40%。CFB 技术非常成熟，燃料适应性强，能使用湿度为 20%~60% 的原料；1993 年被用于瑞典 Varnomo IGCC 示范工程，加压 CFB 气化炉稳定运行约 8500h，发电净效率为 32%，系统净效率为 83%。1997 年芬兰 Lahti 建设了生物质气化混燃项目，气化炉在 40~70MW$_{th}$ 下稳定运行超过 30000h，系统可用性超过 97%
多级式气化	维也纳技术大学	成功用于 88MW$_{th}$ 规模的 Güssing 热电联产系统，系统总效率为 81.3%，其中发电效率和热效率分别为 25% 和 56.3%
	丹麦科技大学	已建成 75kW$_{th}$ 的热电联产示范工程，以木块为原料，气化效率约 93%，发电效率为 25%，产气中焦油含量约为 15mg/m³

5. 生物质燃气的性质、用途及净化

生物质燃气主要由可燃气体（H_2、CO、CH_4、C_mH_n、H_2S）和不可燃成分 CO_2 以及水蒸气组成。与固体生物质相比，生物质燃气易于运输和存储，提高了燃料的品质。生物质燃气特性取决于原料性质、气化剂种类、气化炉形式及运行方式等多种因素。

由于生物质气化技术的不同，其产生的燃气也具有不同应用场所。选用不同的气化炉、工艺路线以及净化设备，对燃气的使用方式是至关重要的。生物质燃气的用途主要分为以下几个方面。

① 提供热量。生物质燃气经燃烧后产生高温烟气，可为温室、大棚或暖房供热，为农村居民供暖或提供热水，或为干燥设备提供直接热源烘干物料。

② 集中供气。向有条件的地区村镇居民集中供气，用于居民的炊事。

③ 气化发电。适用于缺电且生物质资源丰富地区（如山区、农场或林场）的照明或驱动小型电机。

④ 化工原料气。通过生物质气化得到的合成气可用来制造一系列的石油化工产品，包括甲醇、二甲醚及甲烷等。

从气化炉中出来的燃气含有一定杂质，不能直接使用，若不经处理直接使用，就会影响用气设备的正常运转，故需对粗燃气进行净化处理。主要清除气体中的焦油和灰分，使之达到国家燃气质量标准。粗燃气中的杂质一般分为固体杂质和液体杂质两大类。固体杂质中包括灰分和细小的炭颗粒，液体杂质则包括焦油和水分。粗燃气中各种杂质的特性见表 4-9。

表 4-9 粗燃气中各种杂质的特性

杂质种类	典型成分	来源	可能引起的问题
固体颗粒	灰分、炭颗粒	未燃尽的炭颗粒、飞灰	设备磨损、堵塞
焦油	苯的衍生物及多环芳烃	生物质热解的产物	堵塞输气管道及阀门，腐蚀金属
碱金属	钾和钠等化合物	农作物秸秆	腐蚀、结渣
氢化物	NH_3 和 HCN	燃料中含有的氮	形成 NO_x
硫和氯	HCl 和 H_2S	燃料中含有的硫和氯	腐蚀以及污染环境
水分	H_2O	生物质干燥及反应产物	降低热值，影响燃气的使用

针对生物质燃气中杂质的多样性，需要采用多种设备组成一个完整的净化系统，分别进行冷却，清除灰分、炭颗粒、水分和焦油等杂质。净化系统一般由三个环节组成：气体降温、水净化处理、焦油分离。高温的燃气首先经过旋风除尘器除掉较重杂质，然后通过第一组冷却塔降温；再通过清洗装置，将燃气进一步清洗干净，最后进入冷却喷淋塔进行冷却。根据具体情况，还可以使用高压静电除焦油和除尘装置等。

在生物质气化过程中，不可避免地要产生焦油。焦油的成分非常复杂，大部分是苯的衍生物及多环芳烃，此外还有苯、萘、甲苯、二甲苯等，它们在高温时呈气态，温度降低至 200℃ 时凝结为液态。焦油的存在影响了燃气的利用，因其在低温时难以与燃气一起燃烧，降低了气化效率。焦油易与水、灰分及炭颗粒等杂质结合在一起，堵塞输气管道和阀门，腐蚀金属，影响系统的正常运行。除去生物质燃气中焦油的主要技术有水洗、过滤、静电除焦和催化裂解。

① 水洗：在喷淋塔中将水与生物质燃气相接触以除去焦油。此方法集除尘、除焦油和冷却三项功能于一体，是中小型气化系统常用的一项技术。但是，这种方法容易产生含焦油的废水从而造成二次污染。

② 过滤：将生物质燃气通过装有吸附性强的材料（如活性炭、滤纸和陶瓷芯）的过滤器将焦油过滤出来，该法过滤效率较高且具有除尘和除焦油两项功能，缺点是需经常更换过滤材料。

③ 静电除焦：生物质燃气在高压静电下将发生电离，焦油小液滴将荷电进而聚合在一起形成大液滴，并在重力的作用下从燃气中分离出来。静电除焦效率较高，一般可超过 90%。

④ 催化裂解：催化裂解是利用催化剂的作用，在 800～900℃ 时发生热解反应分解为小分子气体，该法效率达 99% 以上。热解的产物为可燃气体，可直接利用。催化剂多采用木炭、白云石和镍基催化剂。由于催化裂解技术较复杂，故多用于大中型生物质气化系统。

6. 生物质气化技术的应用

（1）生物质燃气直接燃烧供热

生物质燃气直接燃烧应用的一个主要方面是供热。生物质气化供热是指生物质经过气化炉气化后，生成的生物质燃气送入下一级燃烧器中燃烧，为终端用户提供热能。图 4-63 是生物质气化供热工艺流程，系统包括气化炉、滤清器、燃烧器、混合换热器及终端装置，该系统的特点是经过气化炉产生的燃气可在下一级燃气锅炉等燃烧器中直接燃烧，因而通常不需要高质量的气体净化和冷却系统，系统相对简单，热利用率高。

图 4-63　生物质气化供热工艺流程

生物质气化供热技术广泛应用于区域供热和木材、谷物等农副产品的烘干等。图 4-64 是区域供热的工艺流程。

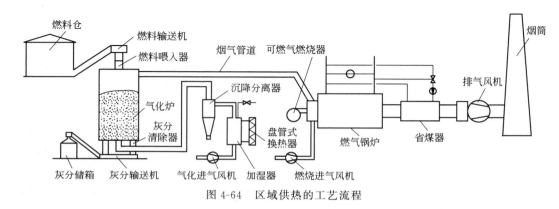

图 4-64　区域供热的工艺流程

图 4-65 则是气化炉干燥木材及农副产品示意图。与常规木材烘干技术相比，它具有升温快、火力强、干燥质量好的优点，并能缩短烘干周期，降低成本。

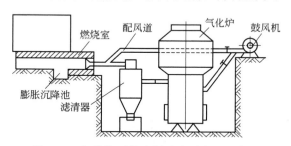

图 4-65　气化炉干燥木材及农副产品示意图

（2）集中供气技术

生物质气化集中供气技术是我国在 20 世纪 90 年代发展起来的，主要以农村量大面广的各种秸秆为原料，向农村供应燃气，应用于炊事，改善农民原有以薪柴为主的能源消费结构。

由于秸秆堆积密度低和含有较多的氯、钠、硅等成分，极易形成结渣而影响燃烧，所以如果直接放入锅炉燃烧，能源利用水平低，浪费严重，且污染环境。如果将秸秆气化为中热值的燃气，则可避免或减轻上述存在的问题。生物质燃气是一种高品质的能源，可暂时存储起来，需要使用时通过输气管网送至最终用户，这样既提高了能源利用效率，又保护了环境。

集中供气系统的基本模式为：以自然村为单元，系统规模为数十户至数百户。该系统将以各种秸秆为主的生物质原料通过气化的方式转换成低热值可燃气体，通过管网将燃气输送和分配到用户家中。生物质气化集中供气系统如图 4-66 所示，包括原料前处理（切碎机）、上料装置、气化炉、净化装置、风机、储气柜、安全装置、管网和用户燃气系统等设备，其工艺流程如图 4-67 所示。秸秆类生物质原料首先用切碎机进行前处理，然后通过上料机构送入热解炉；原料在气化炉中发生气化反应，产生粗燃气，由净化器去除其中的灰分颗粒、焦油和水分等杂质，并冷却至室温；经净化的生物质燃气通过压缩机送至储气柜；储气柜的作用是储存一定容量的生物质燃气，以便调整高峰时用气，并保持恒定压力，使用户燃气灶稳定地工作。储气柜中生物质燃气通过管网分配到各户，管网由埋于地下的主、干及支管路组成，为保证管网安全稳定地运行，需要安装阀门、阻火器和集水器等附属设备。用户的燃气系统包括燃气管道、阀门、燃气计量表和燃气灶，因生物质燃气的特性不同，需配备专用的燃气灶具。用户如果有炊事的需求，只要打开阀门，点燃燃气灶即可。

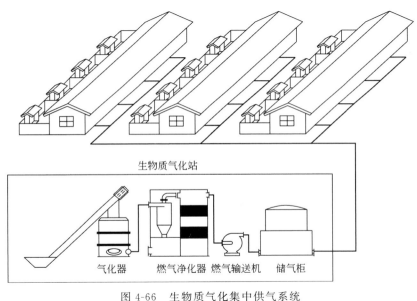

图 4-66　生物质气化集中供气系统

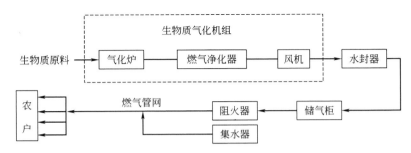

图 4-67　生物质气化集中供气系统的工艺流程

由于生物质气化技术的原材料广、要求不高、煤气热值适中、操作使用较容易，故得到了大力推广使用。利用生物质气化技术建设集中供气系统以满足农村居民炊事和采暖用气也得到了应用。我国自 1994 年在山东省东潘村建成中国第一个生物质气化集中供气试点以来，山东、河北、辽宁、吉林、黑龙江、北京、天津等省市陆续推广应用生物质气化集中供气技术。在 2000 年前后，该技术的推广曾达到了一个高峰。此后相关规范和制度逐步完善，各地制定了一系列管理办法，使生物质气化集中供气应用在中国农村能源建设中稳步推进。运行证明，生物质气化集中供气技术对处理大量的农作物秸秆、改善环境、提高农民生活水平、实现低质能源的高档利用非常有效，且具有良好的社会和经济效益。

（3）生物质气化多联产

即采取生物质气化炉，以空气为气化剂，通过控制适当的进气比，同时生产生物质燃气、生物质提取液和生物质炭，其技术路线如图 4-68 所示。生物质经上料机送入气化炉，在气化炉内进行气化反应产生可燃气体，出来的气体进入燃气净化系统，经气液分离后得到可燃气体和生物质提取液。燃气送入储气柜后，经燃气输配系统送到用户（供热或发电）。生物质提取液进入分离槽进行分离，分离出的木醋液和木焦油分别进入醋液槽和焦油槽，然后装桶入库。生物质提取液中的有机组分可加工成叶面肥等作物生长调节剂，也可制成抑菌杀菌剂，焦油可经精炼提取得到苯、甲苯、二甲苯（BTX）及其他用途的化学品或升级转化为清洁生物液体燃料。气化炉在气化过程中同时产出炭粉，冷却后的炭粉由自动出炭装置将炭粉排出，然后加工成生物质成型炭。生物质炭根据生物质原料的特性可分别制成速燃炭或烧烤炭，可用于冶金行业的保温材料，或可制成炭基肥料、缓释剂、土壤改良剂、修复剂等用于农业，还可制成高附加值的活性炭产品。生物质气化多联产技术是一条生物质综合、高效、洁净利用的先进技术路线，是综合解决生物质气化技术面临困境的重要途径和关键技术。

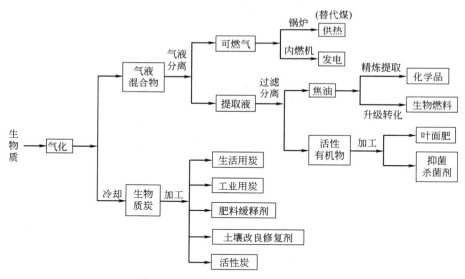

图 4-68　生物质气化多联产工艺路线

7. 生物质气化发电技术

将气化技术用于发电，是生物质气化技术的另一个重要应用。

（1）气化发电原理

生物质气化发电技术的基本原理就是将经处理的（符合不同气化炉的要求）生物质原料经气化过程转化为可燃气体，燃气经冷却及净化系统除去灰分、固体颗粒、焦油及冷凝物，最后利用净化的气体燃烧后推动发电设备（通常采用蒸汽轮机、燃气轮机及内燃机）进行发电。有的工艺为了提高发电效率，发电过程中还可以增加余热锅炉和蒸汽轮机，如图 4-69 所示。

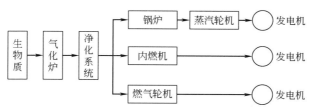

图 4-69 生物质气化发电的方式

（2）气化发电技术的分类

生物质气化发电系统由于采用气化技术，所以与燃气发电技术不同，其系统构成和工艺过程有很大的差别。从气化形式上看，生物质气化过程可以分为固定床和流化床两大类。另外，国际上为了实现更大规模的气化发电方式、提高气化发电效率，正在积极开发高压流化床气化发电工艺。

从燃气发电过程上看，气化发电可分为内燃机发电系统、燃气轮机发电系统及燃气-蒸汽联合循环发电系统。内燃机发电系统以简单的燃气内燃机组为主，可单独燃用低热值燃气，也可以燃气、油两用，它的特点是设备紧凑、系统简单、技术较成熟可靠。燃气轮机发电系统采用低热值燃气轮机，燃气需增压，否则发电效率较低。由于燃气轮机对燃气质量要求高，且须有较高的自动化控制水平和燃气轮机改造技术，所以一般单独采用燃气轮机的生物质气化发电系统较少。燃气-蒸汽联合循环发电系统是在内燃机、燃气轮机发电的基础上增加余热蒸汽的联合循环，该系统可有效地提高发电效率。一般来说，燃气-蒸汽联合循环的生物质气化发电系统采用的是燃气轮机发电设备，且最好的气化方式是高压气化，构成的系统称为生物质整体气化联合循环（BIGCC）。它的系统效率一般可达 40％以上，是目前发达国家重点研究的内容。

从发电规模上分，生物质气化发电系统可分为小型、中型、大型三种，见表 4-10。小型气化发电系统简单灵活，主要功能为农村照明或作为中小企业的自备发电机组，它所需的生物质数量较少，种类单一，所以可根据不同生物质选用合适的气化设备。中型生物质气化发电系统主要作为大中型企业的自备电站或小型上网电站。它可适用于一种或多种不同的生物质，所需的生物质数量较多，需要粉碎、烘干等预处理，所采用的气化方式主要以流化床气化为主。中型生物质气化发电系统用途广泛，适用性强，是当前生物质气化技术的主要方式。大型生物质气化发电系统主要功能是作为上网电站，适用的生物质较为广泛，所需的生物质数量巨大，必须配套专门的生物质供应中心和预处理中心，是今后生物质利用的主要方面，在生物质能发展成熟后，它将是今后替代常规能源电力的主要方式之一。

表 4-10 各种生物质气化发电技术的比较

分类	规模	气化过程	发电过程	主要用途
小型系统	功率在 200～1000kW 之间	固定床气化 流化床气化	内燃机组 微型燃气轮机	农村用电 中小型企业用电
中型系统	功率在 500～3000kW 之间	常压流化床气化	内燃机	大中型企业自备电站、小型上网电站
大型系统	功率＞5000kW	常压流化床气化、高压流化床气化、双流化床气化	内燃机＋蒸汽轮机 燃气轮机＋蒸汽轮机	上网电站、独立能源系统

（3）气化发电技术的特点

生物质气化发电技术是生物质能利用中有别于其他可再生能源的独特方式，具有以下三个方面特点。

① 灵活性。由于生物质气化发电可采用内燃机，也可采用燃气轮机，甚至结合余热锅炉和蒸汽发电系统，所以生物质气化发电可根据规模的大小选用合适的发电设备，保证在任何规模下都有合理的发电效率。这一技术的灵活性能很好地满足生物质分散利用的特点。

② 较好的洁净性。生物质本身属可再生能源，可有效地减少 CO_2、SO_2 等有害气体的排放。而气化过程一般温度较低（大约在 $700\sim900℃$），NO_x 的生成量很少，所以能有效控制 NO_x 的排放。

③ 经济性。生物质气化发电技术的灵活性，可保证该技术在小规模下有较好的经济性，同时燃气发电过程简单，设备紧凑，也使生物质气化发电技术比其他可再生能源发电技术投资更小，所以总的来说，生物质气化发电技术是可再生能源技术中最经济的发电技术之一，综合的发电成本已接近小型常规能源的发电水平。

综上，生物质气化发电技术既能解决生物质难以燃用且分散分布的缺点，又可以充分发挥燃气发电技术设备紧凑且污染小的优点，所以气化发电是生物质能最有效、最洁净的利用方法之一。

（4）典型的气化发电工艺

① 生物质整体气化联合循环（BIGCC）。BIGCC 由制氧装置和气化炉、燃气净化装置、燃气轮机、余热锅炉和汽轮机等组成，典型的工艺流程如图 4-70 所示。

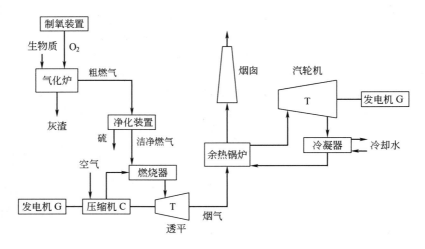

图 4-70　生物质整体气化联合循环工艺流程

瑞典的 Varnamo 生物质示范电站是欧洲发达国家第一个 BIGCC 发电项目，建设的主要目的是研究生物质 IGCC 的关键技术。该项目的流程如图 4-71 所示，从其流程上可以看出，该项目采用了生物质气化发电技术研究的所有最新成果，它包括以下几个关键技术：高压循环流化床气化技术、高温过滤技术、燃气轮机技术以及余热蒸汽发电系统。

中国自主研发的生物质气化发电技术已经解决了一些关键性问题，目前已开发出多种以木屑、稻壳、秸秆等生物质为原料的固定床和流化床气化炉，成功研制了从 400kW 到 10MW 的不同规格的气化发电装置。中国的生物质气化发电正在向产业规模化方向发展，

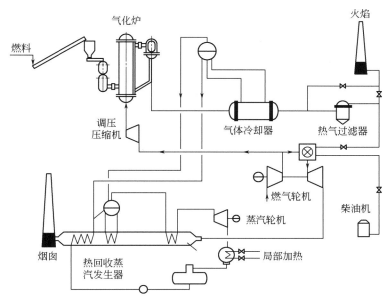

图 4-71 瑞典 Varnamo 生物质 IGCC 示范项目流程

是国际上中小型生物质气化发电应用最多的国家之一。我国的中科院广州能源研究所进行了 4MW 级生物质气化燃气-蒸汽整体联合循环发电示范工程的设计研究，并取得了较好的结果。该示范工程位于江苏省镇江市丹徒经济技术开发区，在设计条件下运行时，每年可处理 3 万多吨生物质废物，每年可减少约 30000t 的 CO_2 排放，不会或很少产生 NO_x 和 SO_x 等大气污染物，环保效果非常明显。另外，生物质气化发电成本较低，其单价仅约 0.2～0.3 元/千瓦时，接近或优于常规发电成本，就地使用可减少输电损失，比电网电价格低得多；其单位投资仅 3500～4000 元/千瓦，与煤电相当；气化发电设备易于实现国产化，因此具有良好的市场前景。

② 整体气化热空气循环（IGHAT）。IGHAT 是正处于开发阶段的气化发电技术，其流程如图 4-72 所示。与 BIGCC 的主要区别在于它用一个燃气轮机取代了 BIGCC 的燃气轮机和汽轮机，由水蒸气和燃气混合工质通过燃气轮机输出有用功。与 BIGCC 相比，IGHAT 由于充分利用了高、低品质的能量，减少了空压机消耗的功率，因此其效率可达 60%，是目前输出功热力循环所能达到的最高效率，将是 21 世纪一种新型发电技术。

三、生物质热解技术及应用

生物质热解（又称裂解或热裂解）是指生物质在隔绝空气或通入少量空气的条件下热降解为液体生物油、可燃气体和固体生物质炭三个组成部分的过程。

生物质热解技术能够以较低的成本和连续化生产工艺将常规方法难以处理的低能量密度的生物质转化为高能量密度的气、液、固产品，减少了生物质的体积，便于储存和运输，同时还能从生物油中提取高附加值的化学品。生物质中含硫、含氮量均较低，同常规能源相比，减少了空气中 SO_x 和 NO_x 的排放。生物质利用过程中所放出的 CO_2 与生物质形成过程中所吸收的 CO_2 相平衡，没有额外增加大气中的 CO_2 含量。生物油还是一种环境友好的燃料，生物油经过改性和处理后可直接用于汽轮机等场合，被视为 21 世纪的绿色燃料。

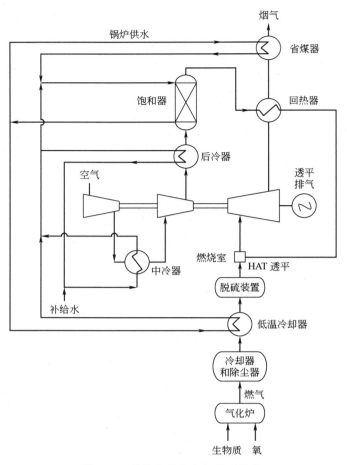

图 4-72　整体气化热空气循环流程

1. 生物质热解原理

生物质主要由纤维素、半纤维素、木质素组成，空间上呈网状结构。生物质的热解行为可归结为纤维素、半纤维素、木质素三种主要组分的热解。然而，这三种主要成分的热解并不是同时发生的。纤维素在 50℃ 以上时开始热分解，随着温度的升高降解逐步加剧，到 350℃ 以上时降解为低分子碎片。半纤维素是木材中最不稳定的组分，在 225℃ 以上时分解，且比纤维素更易热分解，其热解机制也相同。

2. 热解过程

热解过程中生物质中的碳氢化合物都可转化为能源形式。通过控制反应条件（主要是加热速率、反应气氛、最终温度和反应时间）可得到不同的产物分布。以木材为例，可以将热解过程分成如下几个阶段。

① 干燥阶段：温度为 120～150℃，热解速度非常缓慢，主要是木材所含水分依靠外部供给的热量蒸发。

② 预炭化阶段：温度为 150～275℃，热分解反应比较明显，木材的化学组分开始发生变化，其中不稳定组分（如半纤维素）分解生成 CO_2、CO 和少量乙酸等物质。

前两个阶段需要外界提供热量以确保温度上升，是吸热反应阶段。

③ 炭化阶段：温度为 275～450℃，木材急剧地热分解，产生大量的分解产物，这一阶

段放出大量反应热，是放热反应阶段。

④ 煅烧阶段：温度为 $450\sim500℃$，依靠外部供给热量进行木炭的煅烧，排除残留在木炭中的挥发物质，提高木炭中固定碳含量。

应当指出的是，以上 4 个阶段并不是严格依次进行的，界限难以明确划分。

热解的最终温度、升温速率、压力、含水率、原料的形态以及反应气氛都会对热解的产物和产量产生很重要的影响。

3. 热解产物

生物质热解可得到固体、液体和气体三类初产物，具体组成和性质与热解的方法和反应参数有关。以木材干馏为例，热解产物如下。

① 固体：生物质热解时残留的固体产物为木炭。木炭疏松多孔，是制造活性炭、二硫化碳的原料。

② 气体：干馏得到的可燃气主要成分为 CO_2、CO、CH_4、C_2H_4 和 H_2，其产量和组成情况因温度不同和加热速率不同而异。

③ 液体：从木材干馏设备中得到液体产物为粗木醋酸。粗木醋酸是棕黑色液体，除含有大量水分外，还含有 200 种以上的有机物。其中一些化合物包括饱和酸、不饱和酸、醇酸、杂环酸、饱和醇、不饱和醇、酮类、醛类、酯类、酚类、内酯、芳香化合物、杂环化合物及胶类等。

4. 生物质热解工艺的分类

根据热解条件和产物的不同，可将生物质热解工艺分为以下几种类型。

① 炭化：将薪炭材放置在炭窑或烧炭炉中，通入少量空气进行热分解制取木炭的方法。一个操作期一般需要几天，主要产物为木炭，木炭则是用途极广的原料。

② 干馏：将木材原料在干馏设备（干馏釜）中隔绝空气加热，制取乙酸、甲醇、木焦油抗聚剂、木馏油和木炭等产品的方法。整个干馏的工艺流程包括木材干燥、木材干馏、气体冷凝冷却、木炭冷却和供热系统等。根据温度的不同，干馏可分为低温干馏（温度为 $500\sim580℃$）、中温干馏（温度为 $660\sim750℃$）和高温干馏（温度为 $900\sim1100℃$）。

③ 快速热解：将林业废料（木屑、树皮）及农业副产品（甘蔗渣、秸秆等）在缺氧的情况下快速加热，然后迅速将其冷却为液态生物原油的热解方法。

炭化的过程较慢，一般持续几小时至几天，低温和较低的传热速率可使固体产物的产量达到最大。而快速热解具有较高的传热速率，在中温下使气体中高分子化合物在完全分解之前被浓缩，减少了气体产物的形成，尽可能多地获得液体产物。本节将主要介绍生物质快速热解技术。

5. 生物质快速热解技术

生物质快速热解是指生物质在缺氧状态下，在极短的时间（$0.5\sim5s$）加热到 $500\sim540℃$，然后其产物迅速冷凝的热解过程。快速热解的主要产物是液体燃料（生物原油，bio-oil），它在常温下具有一定的稳定性，热值达 $20\sim22MJ/kg$，可直接作为燃料使用，也可经精制成为化石燃料的替代物。因此，随着化石燃料资源的减少，生物质快速热解液化的研究在国际上引起了广泛的兴趣。自 1980 年以来，生物质快速热解技术取得了很大进展，成为最有开发潜力的生物质液化技术之一。

（1）生物质快速热解工艺

生物质快速热解工艺流程如图 4-73 所示。生物质首先需要干燥，将含水率降低到 10%

以内；然后进行粉碎（尺寸小于 2mm），以确保反应速率。已经粉碎的生物质进入流化床反应器，反应温度一般控制在 500℃ 以内，滞留时间小于 2s。从反应器出来的热解产物包括不冷凝的气体、水蒸气、生物油和木炭。经除尘器可分离出木炭，木炭一般为干燥和热解过程提供热量。从除尘器上部出来的气体通过冷凝器快速冷却，尽可能最大量地获得液体产物——生物原油。余下不冷凝气体包括可燃气和惰性气体，可用来提供热量或作为流化介质。相对于传统的热解技术的主要产物是木炭来说，快速热解技术最多可将 80% 的生物质转变为生物原油，其副产品（木炭和可燃气）可作为热解反应器的热源，反应过程中无需其他额外热源。

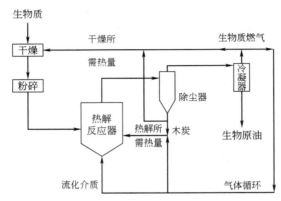

图 4-73　生物质快速热解工艺流程

由于生物原油在存储、运输和热利用等方面具有明显的优势，国外的大量研究机构对生物质快速热解技术进行了卓有成效的研究工作，开发出多种生物质快速热解工艺和反应器以及一些示范和商业化的工艺和项目。

（2）快速热解反应器及工艺

快速热解过程在几秒或更短的时间内完成，液体产物收率相对较高，所以化学反应、传热传质以及相变现象都起到重要作用。关键的问题是使生物质颗粒在极短时间内处于较低温度（此种低温利于生成焦炭），然后一直处于热解过程最优温度。要达到此目的，一种方法是使用小生物质颗粒（该方法应用于流化床反应器中），另一种方法是通过热源直接与生物质颗粒表面接触达到快速传热（这种方法应用于生物质烧蚀热解技术中）。较低的加热温度和较长的气体停留时间有利于炭的生成，高温和较长停留时间会增加生物质转化为气体的量，中温和短停留时间对液体产物增加最有利。因此，提高传热速率是热解技术的关键，为此国内外研究人员开发了多种不同类型的反应器。

① 流化床反应器。流化床反应器工艺流程如图 4-74 所示。木质材料经风干、磨碎，筛分出小于 595μm 的颗粒进行反应。木屑通过可调速的螺旋进料器把由循环吹入料斗的热裂解生成的气体送入反应器，物料喂入点在反应床中。反应器床料是砂子，流化介质为热解生成气体，它们在可控的电加热器中预热后吹入床内。当砂子提供的热量不够时，反应器外部的加热线圈可为床中的砂子和床内自由空间提供所需热量。反应产物通过旋风分离器分离掉炭，油蒸气和气体产物通过两个连接的冷凝器，生物油在冷凝器中冷凝并收集，生成的气体通过过滤器滤掉雾状焦油，一部分送入循环气体压缩机中用于使反应器中的砂子流化和将物料送入反应器，另一部分气体通过气体分析仪和流量计排出。在大约 500℃ 的反应温度下，可以得到高产率的液体产物。

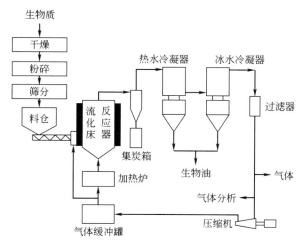

图 4-74 流化床反应器的工艺流程

② 循环流化床反应器。该反应器由加拿大 Ensyn 工程师协会开发研制,工艺流程如图 4-75 所示,工作原理为:生物质颗粒与砂子先混合预热,然后被循环的产物气体吹入反应器中;热解后的产物经过旋风分离器过滤出砂子和焦炭,气体产物进入冷凝器中冷凝成生物油,不可冷凝气体则作为载气循环利用。该工艺主反应器设计处理能力为 625kg/h,原料为硬渣木,出油率 70%,物料最大粒度 6mm。该装置的优点是设备小巧,气相停留时间短,可防止热解蒸气的二次裂解,从而获得较高的液体产率。但其主要缺点是需要载气对设备内的热载体及生物质进行流化。

③ 携带床反应器。其工艺流程如图 4-76 所示。物料干燥后粉碎至粒径 1.5mm 左右,通过一个旋转阀门的控制,在重力作用下以 56.8kg/h 的进料速率进入到反应器中。物料与吹入的气体在物料喂入点(位于反应器下部填有耐火材料的混合室)充分混合。丙烷与空气燃烧,产生的高温气体(927℃)与木屑混合,向上流动穿过反应器,在反应器中发生热解反应。反应生成的混合物包括不可凝气体、水蒸气、生物油和木炭。旋风分离器分离掉大部分的炭颗粒,剩余气体包括不可凝气体、水蒸气、生物油蒸气和一些炭粒。高温的生成物进入到水喷式冷凝器中快速冷却,随后再进入空气冷凝器中冷凝,冷凝下来的部分由水箱和接收器接收。气体经过两个相连的除雾器后,燃烧排放。生物油产率可达 60%,但是具有热

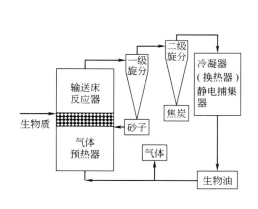

图 4-75 循环流化床热解工艺

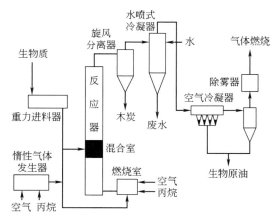

图 4-76 携带床反应器的工艺流程

不稳定性。由于面临气体与固体传热问题，制约了该技术进一步发展。

④ 旋转锥反应器。旋转锥反应器是由荷兰的 Twente 大学开发的高效反应器，其工作原理如图 4-77 所示。生物质颗粒加入惰性颗粒流（如砂子等），一同被抛入加热的反应器表面发生热解反应，同时沿着高温锥表面螺旋上升，木炭和灰从锥顶排出。热裂解产生的炽热气体流出反应器后经旋风分离器进入冷凝器。在旋风分离器中，气流中的炭、砂子在离心力作用下被抛向器壁落入集炭箱，气体中的生物油组分被冷的液体生物油喷雾冷凝下来，生物油在换热器中冷却后进入喷雾冷凝器中循环冷凝，生成新的油蒸气。不可冷凝气体通入燃烧器燃烧。因为不需要载气，从而极大地缩小了反应器尺寸和油的第二级收集系统的费用。反应器结构紧密（图 4-78），可达到 3kg/s 的非常高的固体传输能力。典型液体产物收率（质量分数）为 60%～70%（干基）。

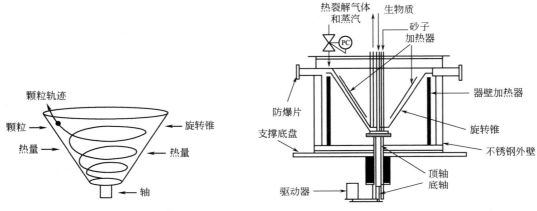

图 4-77　旋转锥反应器的工作原理　　　　图 4-78　旋转锥反应器的结构

⑤ 真空移动床反应器。该反应器的工艺流程如图 4-79 所示。生物质原料在经过干燥和粉碎后，由真空进料器送入反应器。原料在水平平板上被加热移动，发生热解反应。熔盐混合物加热平板并维持温度在 530℃。热解反应生成的蒸气气体混合物由真空泵导入两级冷凝

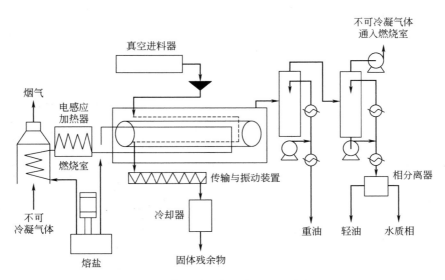

图 4-79　真空移动床反应器的工艺流程

设备，不冷凝性气体通入燃烧室燃烧，释放出的热量用于加热盐，冷凝的重油和轻油被分离，剩余的固体产物离开反应器后立即被冷却。反应的产物为35％的生物原油、34％的木炭、11％的气体和20％的水分。

⑥ 烧蚀反应器。该反应器最先是由英国的 Aston 大学提出的，其工艺流程如图4-80所示。通过外界提供的高压使生物质颗粒以相对于反应器表面较高的速率（＞1.2m/s）移动并热解，反应器表面温度低于600℃。生物质颗粒是由一些成角度的叶片压入到金属表面，并在热反应器表面水平移动。在600℃时，生成77.6％的生物原油、6.2％的气体和15.7％的木炭，而且这种方法生产的热解液体产物更加稳定。与其他反应器相比，制约反应过程的因素是加热速率而不是传热速率，因此可使用较大颗粒的原料。

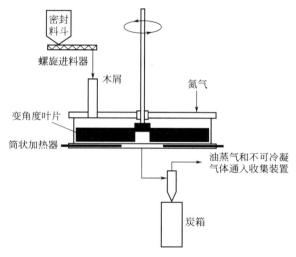

图4-80　烧蚀反应器的工艺流程

图4-81为美国国家可再生能源实验室（NREL）开发的旋转式烧蚀反应器。装置中的生物质被加速到超音速来获得加热筒体内的切向高压，未反应的生物质颗粒继续循环，反应生成的蒸气和细小的炭粒沿轴向离开反应器进入下一工序。典型的液体收率为60％～65％（干基）。同其他热解方法相比，烧蚀热解在原理上有实质性的不同。在其他热解方法中，生物质颗粒的传热速率限制了反应速率，因而要求较小的生物质颗粒。而在烧蚀热解过程中，热量通过炽热的反应器壁面来"熔化"与其接触的、处于压力下的生物质，热解前锋通过生物质颗粒单向地向前移动。

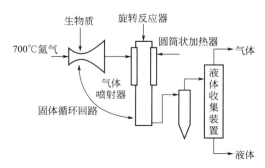

图4-81　NREL 旋转式烧蚀反应器

在上述生物质快速热解技术中，使用循环流化床工艺的最多，该工艺具有很高的加热和传热速率，且处理规模较高。目前来看，该工艺获得的液体产率最高。

此外，国内外学者还研究了一些热解新工艺。例如，热等离子体快速热解液化是最近出现的生物质液化新方法，它采用热等离子体加热生物质颗粒，使其快速升温，然后迅速分离、冷凝，得到液体产物。我国的山东理工大学开展了这方面的试验研究。

常规的生物质快速热解液化制备生物油虽然收率较高，但燃料品质较低，限制了其在各种场合的应用。因此，研究人员提出了生物质催化和热解方案。催化热解是指在催化剂的参与下改变生物质热解气成分，以实现生物油高收率和高品质的热解反应过程。目前，研究较多的催化剂有固体超强酸、强碱及碱盐、金属氧化物和氯化物、沸石类分子筛、介孔分子筛等催化裂化催化剂。但从催化效果来看，它们各有利弊，因此现阶段催化热解的主要工作还在于催化剂的筛选与开发。

生物质与其他物料的共热解液化简称为混合热解。目前，国内外学者对煤与生物质的共热解液化研究较多。由于煤热解液化过程耗氢量大、反应温度高，且需要在催化剂和其他溶剂的参与下进行，使得煤液化成本过高，而另一方面生物质热解液化所得生物油的品质较差，这些不利因素限制了它们的发展。煤与生物质的混合热解则可在它们的协同作用下降低反应温度，并显著提高液化产物的质量和收率。

（3）生物原油及其应用

生物质快速热解产物主要有气体、焦炭及液体三种。其中热解产生的中低热值的气体含有 CO、CO_2、H_2、CH_4 及饱和或不饱和烃类化合物（C_nH_m）。热解气体可作为中低热值的气体燃料，可用于原料干燥、过程加热、动力发电或改性为汽油、甲醇等高热值产品。

另一个主要产品是木炭。木炭颗粒的大小很大程度上取决于原料的粒度、热解反应对木炭的相对损耗以及焦炭的形成机制。木炭可作为固体燃料使用。

快速热解所得到的热解液通常称为生物原油或简称为油。生物原油是由复杂有机化合物的混合物所组成，这些混合物分子量大且含氧量高，主要包括醚、酯、醛、酮、酚、醇及有机酸等。生物原油的构成与热解原料、热解技术、除焦系统、冷凝系统和储存条件等因素均有关。生物质转化为液体后，能量密度大大提高，可直接作为燃料用于内燃机，热效率是直接燃烧的 4 倍以上。但是，由于生物原油含氧量和含水量高，因而稳定性比化石燃料差，而且腐蚀性较强，因而限制了其作为燃料的使用。为此，需要改善生物原油的物理和化学特性，提高稳定性，即进行重整。重整的目的是降低含氧量，主要方法是加氢裂解和催化裂解。

生物原油可以替代燃油在特定场所（如锅炉、窑炉、发动机和涡轮机等）工作，进行发电或供热（图 4-82）。通过生物原油的重整，还可以获得运输燃料。此外，生物原油还可以提取或衍生多种化工制品，如食品调味料、合成树脂和肥料等。通过蒸汽催化重整生物原油还可以获取氢。

由于生物原油具有易于存储和运输等优点，解决了生物质分散、能量密度低等问题，具有一定的发展空间。但是，大规模的快速热解设备初投资较高，缺乏足够的实际运行经验，生物原油重整技术并不完善，没有相应的产品标准，制约了生物质快速热解技术的实际应用。而且，生物原油较高的成本在目前情况无法与化石燃料相竞争。因此，生物质快速热解技术还有很多问题亟待解决。

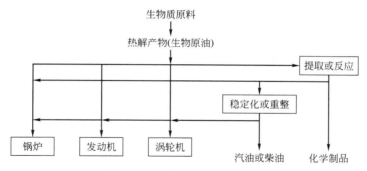

图 4-82　生物原油的主要用途

四、生物质直接液化技术简介

生物质直接液化（又称高压液化）是指把生物质放在高压设备中，添加适宜的催化剂，在一定的工艺条件下反应制成液化油。反应物的停留时间长达几十分钟，液化油可作为汽车用燃料或进一步分离加工成化工产品。直接液化与快速热解相似，都可把生物质中的碳氢化合物转化为液体燃料，其不同点是液化技术可生产出物理稳定性和化学稳定性都更好的液体产品。液化和热解的对比见表 4-11。

表 4-11　生物质液化和热解的对比

过程	温度/℃	压力/MPa	干燥	催化剂
液化	525～600	5～25	不需要	需要
热解	650～800	0.1～0.5	需要	不需要

生物质通过液化不仅可以制取甲醇、乙醇、液化油等化工产品，而且还可以减轻化石能源枯竭带来的能源危机，所以生物质液化是生物质能又一个研究热点。

1. 生物质直接液化工艺

生物质直接液化工艺流程如图 4-83 所示。木材原料中的含水率约为 50%，液化前需将含水率降低到 4%，且便于粉碎处理。木屑干燥和粉碎后，初次启动时与蒽油混合，正常运行后与循环油混合。由于混合后的泥浆非常浓稠，且压力较高，故采用高压送料器输送至反应器。CO 通过压缩机压缩至 28MPa 输送至反应器，温度为 371℃。催化剂是浓度为 20%的 Na_2CO_3 溶液，反应的产物是气体和液体。离开反应器的气体被迅速冷却为轻油、水及不能冷凝的气体。液体产物包括油、水、未反应的木屑及其他杂质，可通过离心分离机将固体杂

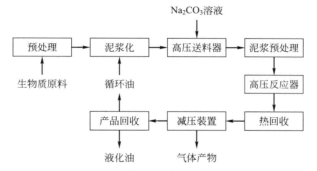

图 4-83　生物质直接液化工艺流程

质分离，得到的液体产物一部分用作循环油使用，其他作为产品。

液化油是一种高黏度、高沸点的酸性物质，不同催化剂和反应温度液化的结果是不相同的。与生物原油类似，液化油也需要重整，转化为可利用的碳氢化合物。液化油的重整可采用加氢催化（也有人提出采用催化裂解和加氢裂解进行精炼）。与液化油相比，加氢催化的产品品质明显得到提高，其中氧含量大幅度下降。

2. 生物质直接液化研究现状

生物质直接液化始于20世纪60年代，当时美国的Appell等将木片、木屑放入Na_2CO_3溶液中，用CO加压至28MPa，使原料在350℃下反应，结果得到40%～50%的液体产物，这就是著名的PERC法（见图4-83）。目前，世界各国正积极开展这方面的研究工作，其基本原理的研究也在不断展开。近年来，人们不断尝试采用H_2加压、使用溶剂及催化剂等手段，使液体产率大幅度提高。但各种工艺均有一个共同特点，即采用高压（高达5MPa以上）和低温（250～400℃），这是为了便于气体输送，同时又保持高温下的液体系统。此外液化工艺进料一般以溶剂作为固相载体来维持浆状，添加还原气体（通常为H_2）并使用催化剂。其中溶剂以水最引人关注，因其廉价且性质为人所熟悉。木材用水作溶剂可得到产率为45%的油，其含氧量为20%～25%。另外，液化过程中加入氢处理的二步法加工工艺也可得到烃产品。尽管人们对生物质高压液化研究已经进行多年，并建立了几套工业试验示范装置，不过因为操作条件太苛刻，到目前为止还没有建立商业化装置。比较著名的工艺流程包括：美国能源部与加利福尼亚的劳伦斯伯克利实验室开发的LBL工艺，德国汉堡应用技术大学（HAW）开发的DoS工艺，荷兰Shell研究实验室开发的HTU工艺等。我国的华东理工大学、山东科技大学、大连理工大学、北京化工大学等在这方面也做了不少研究工作，取得了一定的研究成果。

生物质直接液化是远期目标，目前重点放在基础研究上。国内外对直接液化技术的研究主要集中在实验室层次上液化机理的探索、液化溶剂的选择、液化工艺的确定及液化产物的利用等方面，到目前为止，直接液化的反应机理还不明晰、液化技术还不成熟、工业化生产及产物的商业化利用还未见报道。纵观国内外的研究状况及发展动态直接液化技术有以下几个发展趋势：

① 液化机理的深入探索；

② 绿色液化溶剂及催化剂的研制；

③ 液化工艺及设备的产业化开发；

④ 液化产物的高效利用。

第五节　先进生物燃料

针对玉米乙醇在原料、净能产出、应用规模及CO_2减排量上的局限性，以及曾被寄予厚望的纤维素乙醇的研发进展速度远低于预期，2009年科学家们提出了"先进生物燃料"的概念（包括纤维素乙醇，但内涵已经大大扩充），也催生了相应以热化学转化途径为特色技术的问世。

一、先进生物燃料的概念

所谓先进生物燃料，主要指玉米乙醇和植物油基生物柴油这些所谓的"第一代生物能源"以外的新型生物燃料。它们的生命全周期温室气体排放量要比化石燃料低至少 50%，只是所依赖的创新技术成熟度尚未完全达到符合商业化生产要求的程度，加以大力扶植后有望在近期内取得突破。

二、先进生物燃料的特点

一般来讲，生物质的组成成分可分为六类：淀粉、脂肪、蛋白质、纤维素、半纤维素、木质素。第一代生物质能技术主要利用的成分是淀粉、脂肪、蛋白质。第二代生物燃料技术则利用的是纤维素。但事实上，在生物质所含能量中，淀粉、脂肪、蛋白质占 40%，纤维素占了 20%，剩下占 40% 的半纤维素和木质素在前面两种方式中并不能被利用。唯一能全部利用这六大类成分的方法是燃烧，也就是通过生物质直燃电厂，但它的热量转化效率在这几种方式中是最低的，也是最不经济的方式。

通过热化学方式生产"先进生物燃料"，恰恰能利用和转化半纤维素和木质素，显著提高生物质能的转化效率，而且大大拓宽了原料的来源。生产出的生物合成燃料，属于所谓的"直接使用燃油"，即可在发动机不改装的情况下以纯态或高掺混比车用，因而完全摆脱了所谓的第一代生物燃料的"混合墙"制约。

目前先进生物燃料的技术成熟度还没有完全达到商业化生产和应用的程度，但是已经达到半商业化了。目前主要的制约因素是：项目规模化后会需要巨大数量的原料，该如何解决原料问题；还有如何保证相应较低的成本，以及如何克服预处理大幅度增大的难度等。

三、先进生物燃料的制取途径

先进生物燃料主要包括基于热化学转化途径的生物质气化——F-T 合成（biomass-to-liquids，BTL）生物烃类（汽、柴、煤油）、生物合成天然气、二甲醚类汽油、生物丁醇、呋喃类燃油和藻类生物柴油等。其最大的特点是可以用木质纤维类的生物质作原料，且因气化后的转化方式多样，可得到生物合成燃油的系列产品，反应的规模和速度也远胜于第一代生物燃料及纤维素乙醇。图 4-84 给出了木质类原料热化学平台制取先进生物燃料的技术路线。

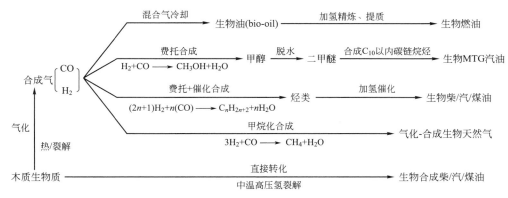

图 4-84 木质类原料热化学平台制取先进生物燃料

1. 生物质热化学合成烃类生物燃料

生物质经热化学转换可以合成得到烃类生物燃料（包括生物柴油、汽油、煤油、乙醇、丁醇等）。

烃类生物燃料最大的优点是：

① 通过在合成过程中稍微改变工艺条件，即可获得一系列优质生物合成燃油——汽油、柴油、润滑油乃至航空煤油，因而更受业界欢迎，经济效益更好；

② 生物合成燃油都是"直接用燃油"（drop-in fuels），无需与常规的燃油按一定的比例掺混，市场容量非常大。

用热化学途径生产烃类生物燃料，除了能充分利用生物质原料中通过其他转化途径难以利用的半纤维素尤其是木质素所含的能量（通常约占总能的 40%）。更重要的是，可使用各种含木质纤维类的生物质（包括可以使用有机垃圾），原料范围可极大地拓宽，且反应速度和规模远远超出常规水解-发酵转化途径。

（1）生物气化-费托合成燃油（BTL）

费托反应（F-T 反应）是德国学者 F. Fisher 和 H. Tropsh 于 1923 年发明的。其主要路线是先将煤气化为混合合成气（syngas），分离出 CO 和 H_2，经调制后进行 F-T 反应合成得到甲醇，进而被催化为二甲醚（DME），再转化成碳链的碳分子数分别为 7~20 不等的烯烃类燃油。生物质原料代替了煤，同样可气化为主要含 CO 和 H_2 的混合合成气，再进一步进行合成反应（图 4-84）。

（2）生物质气化制备 MTG 合成汽油

这是 BTL 的另一条转化路线，如图 4-84 所示。例如，美国 Sundrop Fuels 公司采用专有的"超高温高压生物重整系统"技术，结合采用埃克森公司的专利技术，将合成气转化为甲醇和二甲醚等轻烯烃后，进一步合成为重烯烃、异构烷烃、芳烃和环烷烃（均为汽油组分）；并在专门的催化剂作用下，将终端合成烯烃碳链的碳分子数限定在 10 以内，最终得到 MTG 生物合成汽油。

此外，生物质气化-合成的中间产物除了可以转化出合成燃油外，还可以转化为价值更高、用途广阔的合成材料基础化合物，如乙二醇、丙烯酸等，特称为"合成材料单体/砌块"，从而大幅度提高生物质气化合成燃油企业的经济效益。从宏观上说，合成材料单体/砌块能替代相当数量的化石能源，因为目前所有的这类化合物都只能从原油和天然气转化而来。

2. 生物质快速热解油提质

生物质快速热解油提质、制取高品位的车用燃油等的新途径，为人们克服生物质能原料分散、运输不经济的瓶颈提供了可能。例如，可将快速热解设备小型化车载到多个原料产地初加工，再将体积大为缩小的热解油集中到精炼厂提质。现已出现了这方面的示范项目。

2013 年全球首条商业化规模运行、用木质纤维类生物质直接（快速热裂解后转化）制成"直接使用"的生物柴、汽油装置由美国 KiOR 公司投资 2.1 亿美元，在密西西比州的 Columbus 市建成。KiOR 公司研制出了"一步催化法"的专利技术，载体是催化剂而非常规的石英砂的循环流化床，将木质纤维类生物质直接制成生物柴、汽油。如图 4-85 所示，采用该公司自己开发的催化系统，加上"流态催化裂化"技术，形成"催化热裂解"工艺，并于 2009 年中试成功。该工艺以美国南方盛产的黄松整枝产生的枝条及木片为原料，可年产 3.6 万吨"直接使用"的生物燃油。2013 年 3 月投产，同年 6 月开始向联邦快递等公司供应商品生物柴/汽油，到 2013 年底累计生产出约 5500t 产品。

3. 生物质酸水解生化转化

生物质酸水解生化转化技术是近年来出现的一个新方向。主要针对制脂肪酸甲酯（第一代）生物柴油需要以食用植物油为原料的弊端，探索以包括有机生活垃圾在内的木质纤维类

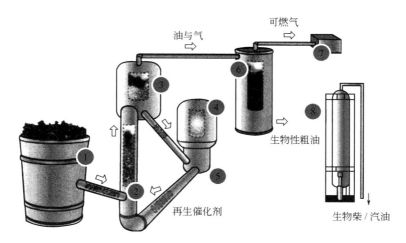

图 4-85　KiOR 公司流态催化裂化技术

1—预处理装置；2—反应器；3—分离器；4—催化剂再生装置；5—再生催化剂；

6—中间产物回收装置；7—混合燃料发电机；8—加氢反应器

生物质作原料的原创性技术。

爱尔兰和印度等国学者研究出先将生物质水解产生乙酰丙酸（糖平台化合物）、糠醛和甲酸，再用乙醇催化酯化乙酰丙酸，成为 EL 生物组分柴油（ethyllevulinate），属 "可掺混柴油"（diesel miscible biofuel，DMB），成为优质的燃油组分（blending stocks）。EL 生物组分柴油与生物乙醇的作用十分类似。尽管自身也是燃料，但更重要的是在掺入到常规柴油（生物乙醇则是添加到常规汽油中）之后，能增加柴（汽）油的含氧量，从而显著地改善燃烧性能和减少发动机尾气中致霾污染物的排放。不同之处是乙醇的添加比须≤15％，否则就须改装发动机；而生物组分柴油的掺入比可达 40％左右，因此其替代柴油的功能更强。

4. 生物质气化-合成生物天然气

生物天然气原来是在规模化生产沼气（生物质厌氧发酵）的基础上，经净化提纯而得到。在欧盟国家，近十余年内已形成一个年产能折合 100 多亿立方米的新兴产业。生物质气化-合成天然气技术的出现，对生物天然气产业而言增加了一支强大的生力军。一方面生物质气化-合成天然气（bio-SNG）的生产规模比微生物发酵法要大得多，另一方面其原料的资源量约为后者的 10 倍之多。生物质气化制取合成生物天然气的流程如图 4-86 所示，包括生物质预处理、气化、净化与调整、甲烷化和气体提质 5 个主要步骤，其中生物质气化和生物质合成气的甲烷化为最主要且重要的步骤，也是整个工艺的核心技术。

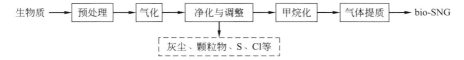

图 4-86　生物质气化制取合成生物天然气的流程

四、先进生物燃料的发展现状

1. 国外发展情况

欧美国家生物质热化学转化已处于大规模商业化的前夜。在 2009～2013 年的 5 年间，先进生物燃料项目（包括中试和生产性示范的）数目增加了 3 倍，其总产量则扩大了 10 倍，达到了 168 万吨/年。欧盟国家对用气化-费托合成途径制作生物柴油、航空煤油的热情很高，一些大型企业集团如 Uhde、UPM、Axen 也都在进行商业化的努力。

德国的科林（Choren）公司在世界上第一次生产出用木屑合成的液体柴油。2012 年 9 月，科林公司将气化技术转让给德国林德（Linde）集团。林德与芬兰 Forest BTLOy 合作，在芬兰建设一座年产 13 万吨的生物合成柴油/石脑油厂。美国伦泰克公司在科罗拉多州建成了 BTL 商业示范厂并投产，年产能 1 万吨生物合成燃油。

2012 年，全球首家用纸浆/造纸黑液（含半纤维素和木质素）年产 10 万吨生物合成柴油的规模化工厂由 UPM Kymmene 公司投资 1.5 亿欧元，筹建于芬兰东南部的 Lappeenranta。而投资 1.75 亿欧元、8.2 万吨/年的商业化示范厂已于 2014 年底投产。用制纸浆/黑液制成的粗妥尔油再气化-合成的先进生物柴油被命名为 UPM Bio Verno Diesel。作车用燃油时，它比常规柴油减排温室气体 80%。仅 Lappeenranta 厂一家，就产出占到芬兰为完成欧盟"20-20"计划下达给该国须使用生物燃油指标的 1/4。该技术路线获得了欧盟 2014 年可再生能源奖（Sustainable Energy Europe Award 2014）。

迄今为止的生物航空煤油几乎都是用植物油（如小桐子油）或用过的废烹饪油经酯化、加氢制成。但这两类原料油的资源量十分有限，不可能满足加工成百上千万吨航煤的年需求量。美国 Solena 公司和 Westinghouse 等离子公司联合开发出以生物质为原料的等离子极高温气化炉（SPG），配以 Velocys 公司提供的微通道、多反应模块卧式费托反应器组成整套技术。可以用包括有机（分拣）垃圾在内的几乎任何有机物质作原料，在 3000℃ 极高温和无氧条件下生产以生物航煤为主的合成燃油。由于可以从市政环境部门征收可观的垃圾"入门费"，原料成本为负值。因此企业无需申请政府补贴也能赢利，并创造 1200 个就业岗位。

美国普林斯顿大学 Floudas 团队 2012 年宣布，以煤、天然气和生物质（柳枝稷为主）混合作原料，可以取长补短。借助高温气化、F-T 反应和 MTG/MTO 反应，生产出汽油、柴油和润滑油。用所谓"CBGTL"技术在全美建成 130 个工厂，完全利用本国资源，可以帮助美国在今后 30~40 年内完全消除对化石原油的依赖，并减少 50% 的 CO_2 排放量。只要国际原油价格达到 95.11 美元/桶，就能平衡生产成本。

美国 Rentech 公司早在 2007 年就计划建造日产 1600 桶 CBTL 合成燃油的中试项目，2008 年在科罗拉多州 Sand Creek 建成投产 CBTL 示范厂（图 4-87）。

在生物质裂解油提质方面，除了前面提到的 KiOR 公司之外，Ensyn 公司是世界上首个规模化快速裂解技术的应用者。该公司原先主要用林木下脚料和废弃物经裂解进一步制取香料等化学品。2008 年与 UOP 公司合建 Envergent Tech. 公司后，开发出快速热裂解技术以及采用快速裂解获取"生物原油"（bio-crude oil），再加上"连续催化加氢系统"生物油提质的技术路线，将提质油掺入化石原油后共精炼，得到的车用油品质量甚至还优于常规汽、柴油。该集团已在夏威夷的 Kapolei 建立用农林纤维类生物质废弃物（如林木下脚料、柳枝稷等）制取绿色车用燃油的示范工厂。

在生物质气化制取合成生物天然气方面，荷兰能源研究中心（ECN）2004 年研发出高效间接加热气化炉（MILENA），并采用了 OLGA 公司的去焦油技术。2008 年建成日产 1500m³ 的生物天然气中试装置（55 万米³/年，如图 4-88 所示），年投料生物质颗粒/枝条 1800t，且通过了连续运行的检验。瑞典 Chalmers 技术大学的学者开发出间接气化技术，

2008年建成日产$4400 \sim 8800 \mathrm{m}^3$的气化-合成生物天然气中试厂。随后，与哥德堡能源公司合作，在该市建起日产8.8万米^{3}生物天然气示范厂，并于2013年投产，关键的林木类生物质气化-净化设备采用奥地利Repotec公司工程化了的维也纳技术大学的FICFB技术。

图4-87　在科罗拉多州Sand Creek 建成投产的CBTL示范厂　　图4-88　荷兰能源研究中心的生物质气化制取合成生物天然气装置

2. 国内发展情况

在木质纤维类热化学转化途径制取先进生物燃料产业领域，中国没有落后。

目前采用生物质气化-合成途径制取生物燃油的主要是武汉阳光凯迪新能源公司。阳光凯迪公司自主研发成功生物质热化学分解与费托合成技术。采用的是生物质间接液化工艺，即在约1400℃的超高温下，将生物质气化得到主要含CO和H_2的"合成气"（syngas），再经混合气分离、提纯和调质，通过费托合成获得包括轻质合成油和烯烃在内的混合油。最后，经加氢裂解和异构化得到优质溶剂油、石脑油、柴油和润滑油基础油等。该公司的1万吨级半工业化示范生产线自2013年1月正式投产，已连续运行至今。利用秸秆、树枝等废弃物进行加工转化，每年生产1万吨高清洁、高品质的航空煤油、汽油、柴油。其主要优点包括：

① 能量转换率高，超过60%；

② 在有外加氢的条件下，每3.4t生物质原料可生产1t生物燃油；

③ 成本优势也很显著，可控制在7000元/吨以内。对于产品，已编制相应的国家标准，产品正在被武汉市政府机构车队试用。如果今后实现规模化，成本将会有大幅的下降，在这种成本条件下，不需要政府补贴，也可以盈利。

此外，国内对EL生物组分柴油的研发也有独到之处。内蒙古金骄集团自行开发出"糖基乙酯/二甲氧基烷烃类生物柴油"，是用木质类资源酸催化双水解产生中间产物羟甲基糠醛和乙酰丙酸，再分别通过加氢、酯化、缩合等生物炼制环节，产出乙酰丙酸酯和二甲氧基烷烃类两种主要的生物柴油组分（后者为国际首创）。然后按一定的比例调制，制出燃烧性能优异（十六烷值高、发火性能优、凝点低、氧化安定性卓越）、环保性能显著优于常规柴油的高端商品生物合成柴油。已于 2009 年和 2014 年分别在包头市和赤峰市建成两座产能分别为 10 万吨/年和 4 万吨/年的生产厂（图 4-89）。每 8t 木质原料（含水 25％）可生产 1t 二甲氧基烷烃，还有乙酰丙酸 1.2t（折合乙酰丙酸乙酯生物柴油 1.6t）、生物燃气 2400m³ 和 0.6t 木炭粉，消耗二甲醚 0.24t、水 300kg，能源利用效率 67.8％。

图 4-89   内蒙古赤峰市木质资源水解生产生物燃料的生产线

同时，沼气-生物天然气产业正在我国兴起，生物质合成气有望成为发酵式生物天然气新的生力军。不适合用热化学转化的生物质原料，特别是含水量高和易腐烂的生物质，适于通过微生物厌氧发酵加上沼气提纯，制成与常规天然气质量完全相同的生物天然气。农户沼气和中小沼气工程都离不开财政大量、连续补贴（近十年累计国家财政 90 多亿元补贴和资助），始终不能成为一个有持续发展能力的产业。从 2007 年起，针对我国沼气的状况——只是没有生命力的"事业"，不能成为可持续的、能对国家能源安全做出贡献的"产业"，提出了变革思路和技术路线的"产业沼气"概念，强调需要研发规模化商品生物天然气。中国农业大学生物质工程中心与广西安宁淀粉/酒精厂合作，用高浓度有机废水生产沼气，进而提纯为车用生物天然气。2011 年 3 月投产，成为国内首家日产 10^4 m³ 以上生物天然气的示范点。河南省南阳市天冠集团用小麦＋木薯片＋玉米混合原料制生物乙醇（年产 30 万吨），如图 4-90 所示。用日产 25000m³ 的酒精废液及玉米深加工有机废水制取沼气，日产 4.5×10^5 m³，其中 10^5 m³ 提纯为车用生物天然气。从长远看，原料来源范围以及反应速率远超过发酵式沼气-生物天然气的热化学转化。生物合成天然气必将对我国生物天然气产业提供巨大的支撑，使得年产能规模最终实现超过 10^{11} m³。

热化学转化途径的出现，使生物能源原料的范畴扩展到几乎可以利用任何类型和形态的有机生物质，连以前只能填埋或焚烧掉的城镇生活垃圾也成为宝物。用分拣出的有机垃圾，现在也可以转化成为高品位的合成生物燃油或生物天然气。这样一来，以往经常为原料不足所困扰的生物能源产业就迎来了革命性的转机。不但能极充分地利用各种有机废弃物，同时还将迎来种植能源作物（灌木/草类）、经济-生态双赢的新纪元。

费托合成燃油、EL 生物组分燃油和生物合成天然气"三股生力军"，必将推动我国生物能源产业走上"快车道"，对我国能源安全、农村经济的振兴、治理雾霾、实现我国的"双碳"目标战略做出巨大贡献。

图 4-90　河南天冠集团的生物质综合转换利用项目

第六节　城市生活垃圾处理技术

城市生活垃圾通常是指居民生活、商业活动、旅游、市政维护、企事业机关单位办公等过程中所产生的生活废弃物，如厨余物、餐饮残余物、废纸、旧织物、旧家具、玻璃陶瓷碎片、废旧塑料制品、煤灰渣、废交通工具等。

随着城市发展规模逐渐扩大，城市垃圾与生活环境之间的矛盾日益突出。大量的生活和工业垃圾缺少系统处理而露天堆放，垃圾围城现象日益严重；成堆的垃圾臭气熏天，病菌滋生，有毒物质污染地表和地下水，严重危害人类的健康，这些都给人类赖以生存的自然和社会环境造成了严重污染，成为国民经济可持续发展、创建和谐社会的重要影响和制约因素。

下面就以中国的生活垃圾处理为例，介绍中国的城市生活垃圾的特点及其利用方式。

一、城市生活垃圾的基本特性

从数量上看，我国每年的垃圾产量迅速增加。从垃圾组分的变化情况来看，变化较大；特别是废纸、废塑料等组分的增加使得垃圾中可燃和回收组分大大增加，同时垃圾的热值也相应增加；不同城市生活垃圾成分也差异较大，生活垃圾成分中可回收的物质占大多数。从处理情况来看，垃圾处理存在较大困难。这主要是因为，尽管我国有些城市已经开始尝试垃圾分类，但是大部分中国城市生活垃圾是混合收集的，这使得垃圾的来源和组分都极其复杂，而且不同地区不同季节的垃圾也存在很大差别。

中国垃圾的主要特点是高水分（50%～60%）、低热值（不足 5000kJ/kg）和大波动。因此，处理中国城市生活垃圾需要克服很多困难，如多组分、多污染源、异比重、高水分、不同着火点、低热值等。

为了引导城市生活垃圾处理及污染防治技术发展，提高城市生活垃圾处理水平，防治环境污染，促进社会、经济和环境的可持续发展，我国于 2000 年颁布了《城市生活垃圾处理及污染防治技术政策》。为减少生活垃圾焚烧造成的二次污染，中国国家环保总局制定并颁布了《生活垃圾焚烧污染控制标准》（GB 18485—2014），该标准已于 2014 年 7 月开始实施。在填埋方面，也公布了《生活垃圾填埋场污染控制标准》（GB 16889—2008）。这些都为我国合理处理城市生活垃圾提供了有力的政策上的支持。

二、城市生活垃圾能量利用技术

城市生活垃圾的处理是一个系统工程，包括垃圾的收集、运输、转运、处理及资源利用等环节，如图 4-91 所示。处理以无害化、减量化、资源化为最终目标。无害化要求处理后的废物化学性质稳定，病原体被消灭，达到国家有关卫生评价标准的要求。减量化则是为了减少进入生产和消费过程中物质和能源流量，对废物的产生是通过预防的方式而不是末端治理的方式来加以解决。资源化则是把废物变成二次资源加以利用。

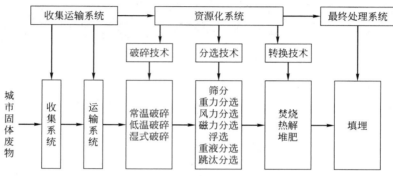

图 4-91　城市生活垃圾的资源化处理方式

就处理方式而言，目前国际上生活垃圾的处理方式主要包括填埋、堆肥、焚烧等。

填埋法是指利用天然地形或人工构造，形成一定空间，将垃圾填充、压实、覆盖达到储存的目的。垃圾填埋处理具有投资小、运行费用低、操作设备简单、可处理多种类型的垃圾等特点。

堆肥法是利用自然界广泛分布的细菌、真菌和放射菌等微生物的新陈代谢作用，在适宜的水分、通气条件下，进行微生物的自身繁殖，从而将可生物降解的有机物向稳定的腐殖质转化。目前堆肥处理主要采用静态通风好氧发酵技术。堆肥法适合于易腐烂、有机物质含量较高的垃圾处理，具有工艺简单、使用机械设备少、投资少、运行费用低、操作简单等特点。

焚烧法是一种高温热处理技术，即以一定的过剩空气量与被处理的有机废物在焚烧炉内进行氧化燃烧反应，废物中的有毒物质在高温下氧化、热解而被破坏，是一种可同时实现废物无害化、减量化、资源化的处理技术。焚烧法具有厂址选择灵活、占地面积小、处理量大、处理速度快、减容减量性好（减重一般达 70%，减容一般达 90%）、无害化彻底、可回收能源等特点，因此是世界各发达国家普遍采用的一种垃圾处理技术。

垃圾处理方式的选择与社会经济发展水平、人口密度、土地及周边条件、产生垃圾的成分以及居民的生活习惯和环保意识等有关。对于像日本、新加坡、瑞士等人口密度较高的国家以焚烧为主，所占比例已达 75%～85%，而对于人口密度相对较低的美国等大国则以填埋处理为主。

目前，我国大部分垃圾是采用填埋法进行处理的，垃圾堆肥处理技术应用的历史也较长。但从目前运行情况看，由于堆肥机械设备技术水平较低，难以正常、稳定运行，而且进入堆肥系统的垃圾没有进行分类和细分选，堆肥产品肥效不高，产品出路也越来越少。焚烧处理技术在我国的开发应用上远远滞后于填埋技术和堆肥技术。但近年来，随着国家经济的快速发展，生活垃圾的产生量增长迅速，采用堆肥或填埋方法已不能满足城市垃圾处理的需求，因此垃圾焚烧发电厂在一些经济发达地区相继开始建设并投产运行。2020 年，我国城市生活垃圾清运量达到 2.35 亿吨，总体保持上升趋势，其中无害化处理率稳步提升。2014年，全国城市生活垃圾处理率首次超过 90%，而截至 2020 年底，全国城市生活垃圾无害化处理率已达到 99.7%。从无害化处理设施分布来看：2020 年中国城市生活垃圾无害化处理场（厂）共计 1287 座，同比增长 8.1%。其中：垃圾填埋场 644 座，占全部垃圾无害化处理设施总量的 50%，数量与 2015 年末基本持平，垃圾填埋设施处于相对饱和阶段；垃圾焚烧厂数量为 463 座，占全部垃圾无害化处理设施总量的 36%，五年内新增达 240 座，增幅超 100%；其他无害化处理设施 180 座，较五年前大幅增长达 5 倍之多。从无害化处理量来看：2020 年中国城市生活垃圾无害化处理量为 23452 万吨，同比减少 2.3%。其中，焚烧处理量为 14608 万吨，占全国城市生活垃圾无害化处理量的 62%；卫生填埋处理量为 7771 万吨，占全国城市生活垃圾无害化处理量的比重约为 1/3；其他方式处理量为 1073 万吨，仅占 4.6%。从无害化处理能力来看：2020 年，全国垃圾焚烧无害化处理能力达 56.78 万吨/日，占全国垃圾无害化处理能力的比重近 60%；垃圾填埋无害化处理能力为 33.78 万吨/日，占全国垃圾无害化处理能力的比重为 35%。

下面将具体介绍一些常见的城市生活垃圾能量利用技术，以提供借鉴参考。

1. 填埋场气体发电技术

城市生活垃圾中含有大量的有机物质，被填埋后经过微生物的降解作用可以产生可燃气体，即生活垃圾填埋气，其成分与沼气差不多。通过一定的措施将其引出，加以利用，可通过内燃发电机发电或作为燃料。

（1）填埋场简介

卫生填埋的特点是事先对填埋场地进行防渗透处理，以阻止新生的污水对地下水和地表水的污染；铺设安装排气管道，防止垃圾发酵过程中产生的易燃易爆气体泄漏，同时进行回收利用，可用于发电，或可作为化工原料。垃圾运到选定的场地后，按照预定的程序在限定范围内铺成 30～50cm 的薄层，然后压实，再覆盖一层土，厚度为 20～30cm。废物层和土壤层共同构成一个单元，即填埋单元。每天的垃圾，当天压实覆土后即是一个填埋单元。具有同样高度的一系列相互衔接的填埋单元构成一个填埋层。完整的填埋场是由一个或几个填埋层组成的。当填埋厚度达到最终的设计高度之后，再在该填埋层上覆盖一层 90～120cm的土壤，压实后就形成一个完整的垃圾填埋场，见图 4-92。在铺设最终覆盖层时，要对填埋场表面进行复田处理。

（2）填埋气的产生

原始生活垃圾中存在一定量的好氧、厌氧微生物菌群。当垃圾填埋时，垃圾本身附带的空气会被一起填埋。有机物首先在好氧微生物的作用下，消耗填埋层中的氧，使好氧微生物的数量有所增加，产生热量并进行好氧分解。好氧分解在较短的时间内即可完成，最终生成二氧化碳和水等物质。随着所携带氧的耗尽，垃圾堆内变为无氧环境，垃圾迅速进入第二阶段（厌氧分解），即产酸和产甲烷阶段。对于封闭后的垃圾单元，好氧消化阶段大约需要 6个月或更多的时间。填埋场封闭 180 天或更多的时间后，甲烷会不断地增加，二氧化碳不断

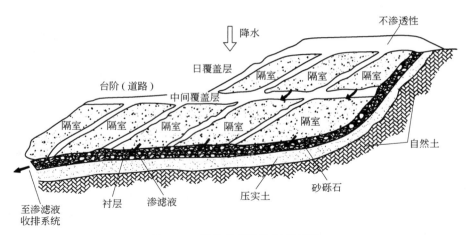

图 4-92　固体废弃物填埋场剖面

地减少，但要形成连续稳定的甲烷流量需 1～2 年。至于填埋场产气持续的时间主要取决于垃圾分解段的速度。对于快速分解的垃圾，持续产气时间可达到 5 年左右；对于分解缓慢的垃圾，持续产气时间可达数十年。

　　填埋场气体产出能力取决于很多因素，包括废弃物的构成、含水量、pH 值以及有效营养成分等。如果填埋场非常干燥，生成的气体将很少。在有些填埋场内，季节温度变化也会影响气体的产出，如填埋场埋藏较浅，在寒冷季节，其气体产出率将大大降低。同一填埋场不同位置的气体产出率也会有很大变化，因为废弃物的类型分布往往是不均匀的。

　　(3) 填埋气的组成

　　常见填埋气（LFG）主要是由可燃气体（如甲烷、氢气、一氧化碳）和少量的杂质（如氧、氨和硫化氢等）组成。影响填埋气成分的因素较多，主要有生活垃圾的组成、颗粒的大小、有机物的含量、填埋年限、温度、含水量、滤液的 pH 值以及毒素的含量等。较为典型的城市生活垃圾填埋气的组成见表 4-12。

表 4-12　典型城市生活垃圾填埋气的组成

组分	体积分数/%	组分	体积分数/%
甲烷(CH_4)	45～50	氧气(O_2)	0.1～1.0
二氧化碳(CO_2)	40～60	硫化氢(H_2S)	<1.0
一氧化碳(CO)	<0.2	氮(N_2)	2～5
氨(NH_3)	0.1～1.0	其他组分	0.01～0.6
氢(H_2)	<0.2		

注：热值为 $18MJ/m^3$。

　　(4) 填埋气的收集

　　填埋气的收集通常有两种方式，即水平收集方式（图 4-93）和竖直收集方式（图 4-94）。水平收集方式适用于新建的、有机物易于降解的和正在运行中的垃圾填埋场。由于边填埋边集气，所以其收集效率比竖井高，通常可高出 5～35 倍。但因垃圾在腐熟过程中会造成不均匀的沉降，对集气的设施会有较大的影响。另外，在敷设集气管时，对正常填埋作业也会有一定的影响。

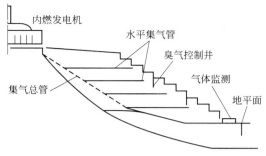

图 4-93　水平集气管结构示意

竖直收集方式既适用于已经封场的垃圾填埋场，也适用于正在运行中的垃圾填埋场。对于已封闭的填埋场来说，其特点是填埋作业已经完成，集气作用与填埋作业不交叉进行，且填埋垃圾的不均匀沉降对集气作业影响较小。竖直收集方式适用于具有中等降解能力的有机物填埋场。

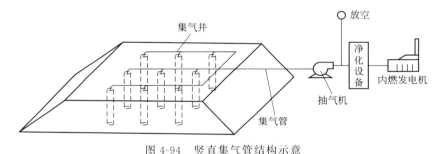

图 4-94　竖直集气管结构示意

（5）填埋气发电

填埋气发电是指通过燃气发电机将填埋气有效组分的化学能转化为电能。这一技术较为成熟，是目前国内外利用填埋气的主要方式。

填埋气的产量不大、压力低，不宜远距离输送，所以通常是将填埋气用作内燃机的燃料，带动发电机发电。这种利用方式投资少，运行和管理都非常简便，也不需要对填埋气进行复杂的净化和脱水等处理，适用于几百千瓦至数千千瓦的小型内燃发电机组。内燃发电机组的发电效率约在 40%。在征得电网公司同意的情况下，机组可以并网，全国上网的平均电价约为 0.6 元/千瓦时，有些地区不足 0.5 元/千瓦时。内燃机发电成本低、效率较高、技术较成熟。典型应用实例有杭州天子岭、北京北神树、深圳下坪等处。填埋气用于内燃机的缺点是对内燃机有腐蚀、内燃机排出的尾气 NO_x 含量高、对填埋气中甲烷浓度要求较高（甲烷含量达到 45% 以上）等。

将填埋气经过压缩送入燃烧室燃烧，燃烧后的烟气可以推动燃气轮机发电。与供内燃机发电相比，其优点是提高了燃烧效率，降低了因不完全燃烧所产生的有害物，NO_x 排放远远低于内燃机工作方式，在填埋气的甲烷含量低至 30% 时仍能稳定工作。其缺点是发电效率较低，投资也较大，填埋气还须进行严格净化，适用于几兆瓦至数十兆瓦的发电机组。填埋气发电典型流程见图 4-95。

随着越来越多的人了解这一技术的经济价值和可行性，很多国家都逐步开发垃圾的资源化产业。主要利用途径包括：

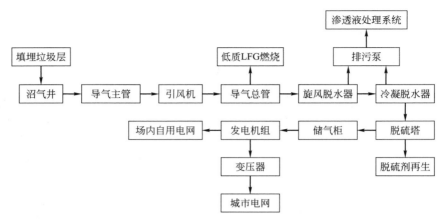

图 4-95　典型的填埋气发电流程

① 在蒸汽锅炉中燃烧用于室内供热和工业供热；

② 通过内燃机发电；

③ 作为运输工具的动力燃料；

④ 经脱水净化处理后作为管道气；

⑤ CO_2 工业；

⑥ 制甲醇。

我国广州、上海、杭州、苏州和济南等地都已经建成并运行了填埋场发电设施，并使用专门技术从已弃置不用的垃圾填埋场生产"绿色"电力。1998 年 10 月，杭州天子岭垃圾填埋气体发电厂正式并网运行，这是我国内陆第一家垃圾填埋气体发电厂，实现发电 15300MW·h 时，年产值 800 万元。它的投产象征着我国垃圾资源回收利用技术的一大突破，成为我国新开发的垃圾产业之一。2012 年 10 月，亚洲最大的垃圾填埋气发电项目在上海老港正式并网（图 4-96）。上海老港填埋气发电项目满负荷生产后每年可向上海电网输送"绿色电力"约 1.1×10^8 kW·h，解决约 10 万户居民的日常用电，年产值 7000 万元。

图 4-96　上海老港垃圾填埋气发电项目

2. 垃圾焚烧发电

垃圾焚烧是指垃圾中的可燃成分在高温（800～1000℃）下经过燃烧而充分氧化，最终成为无害、稳定的灰渣。焚烧垃圾是当前世界各国采用的城市垃圾处理主要技术之一，由于可回收热能，且不占用土地，在国内也得到很大的重视。

与其他垃圾处理技术相比，焚烧技术具有如下的主要优点：

① 可以及时处理大量垃圾；

② 减容、减重效果明显；

③ 较小的占地面积；

④ 随着垃圾热值的增加，通过能量回收可以得到较好的经济回报；

⑤ 随着焚烧技术的发展，焚烧法的处理费用可能会低于填埋法。

因此，在中国，焚烧正逐渐成为城市生活垃圾处理的主要技术。

垃圾焚烧技术起源于 19 世纪末，1876 年世界上第一个城市垃圾焚烧炉建于英国的曼彻斯特市，随后德国第一个城市垃圾焚烧炉建于 1892 年汉堡市。进入 20 世纪 70 年代后，由于垃圾中可燃物的增加、工业技术水平不断提高，使得垃圾焚烧技术迅速发展，焚烧处理技术日趋成熟。在近 30 年内，几乎所有发达国家、中等发达国家都建设了不同规模、不同数量的垃圾焚烧厂，发展中国家建设的垃圾焚烧厂也在增加中。目前，欧洲已经实现了最高标准的垃圾焚烧污染气体的排放，日本有 1000 多座焚烧厂用于垃圾处理；美国开始重新关注垃圾焚烧，目前有 71 座焚烧厂在运行。

20 世纪 80 年代后期，我国的深圳垃圾发电厂从日本引进了逆推式机械炉排焚烧炉技术，拉开了我国城市生活垃圾现代化焚烧技术的序幕。此后的 20 多年间，又有一些不同炉型的焚烧炉相继从国外引进，如珠海环卫综合厂引进美国焚烧技术于 2000 年投产，上海浦东御桥垃圾焚烧厂引进法国焚烧技术于 2001 年投产运行。2021 年，我国垃圾焚烧新增发电装机容量达 390 万千瓦，同比增长 25％；全国垃圾焚烧发电装机容量达 1729 万千瓦，同比增长 13％。深圳、广州、中山、上海、宁波、天津、成都、北京等城市均建成千吨级生活垃圾焚烧发电厂，各项环保指标均能达到国家排放标准，产生了可观的环境、社会和经济效益。

面对日益严峻的垃圾处置问题，焚烧作为垃圾减量化、资源化、无害化处理的主要方式，逐步在全国范围内推广。2020 年 8 月发布的《城镇生活垃圾分类和处理设施补短板强弱项实施方案》明确指出，生活垃圾日清运量超过 300t 的地区，要加快发展以焚烧为主的垃圾处理方式，适度超前建设与生活垃圾清运量相适应的焚烧处理设施，到 2023 年基本实现原生生活垃圾零填埋。根据国家发改委、住建部印发的《"十四五"城镇生活垃圾分类和处理设施发展规划》，到 2025 年底，全国城镇生活垃圾焚烧处理能力达到 80 万吨/日左右，城市生活垃圾焚烧处理能力占比 65％左右，预计到 2025 年全国城镇生活垃圾焚烧处理能力约有 13.81 万吨/日的增长空间，2020～2025 年复合增速约为 3.86％。加上生产设备国产化程度逐步提高，垃圾焚烧发电行业仍有不少提升空间及发展潜力。

由于垃圾焚烧技术是每个城市生活垃圾处理产业的核心技术，因此选择适合本城市的焚烧技术，对于确保垃圾处置项目的长期、可靠和安全运营、解决好城市的环境和发展问题具有十分重要的意义。

（1）炉排型垃圾焚烧炉

炉排型垃圾焚烧炉是当前各国采用比较多的炉型，也是开发最早的炉型。炉排型焚烧炉的主要特征是将被处理的垃圾堆放在炉排上，焚烧火焰从垃圾堆料层的着火面向未着火的料堆表面及内层传播，形成一层一层燃烧的过程，典型构造见图 4-97。在炉排上，沿料堆行进方向可区分出预热干燥、主燃和燃尽三个温度不等的区段，以及由不同区段产生的气体在炉排上方形成不同炉膛温区，沿炉膛高度方向温度也有明显下降。

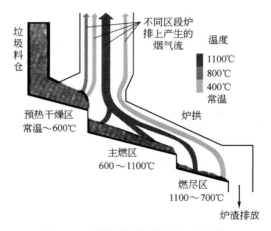

图 4-97 炉排型焚烧炉的典型结构

炉排型焚烧炉的技术特点在于：

① 生活垃圾全部焚烧，可以以油为辅助燃料，不掺煤；

② 垃圾进料不需要预处理；

③ 依靠炉排的机械运动实现垃圾的搅动与混合，促进垃圾完全燃烧，不同的炉排厂商在炉排的设计上各有特点；

④ 垃圾在焚烧炉内为稳定燃烧，燃烧较为完全，飞灰量少，炉渣热酌减率低；

⑤ 技术成熟，设备年运行时间可达 8000h 以上；

⑥ 垃圾需要连续焚烧，不宜经常启炉和停炉。

（2）流化床垃圾焚烧炉

流化床垃圾焚烧炉是基于循环流化床燃烧技术而发展起来的一种新型的集垃圾焚烧、供热、发电为一体的先进的垃圾处理设备。流化床焚烧主要依靠炉膛内高温流化床料的高热容量、强烈掺混和传热的作用，使送入炉膛的垃圾快速升温着火，形成整个床层内的均匀燃烧，其典型构造见图 4-98。流化床焚烧炉的技术特点在于：

① 需要石英砂作为床料，需要掺烧燃煤才能燃烧垃圾，在煤价较低或上网电价较高的情况下，掺煤越多焚烧厂的经济效益越好；

② 可以混烧多种废物，但是进料越均匀越好，一般需要有前分选和破碎工序；

③ 焚烧炉内垃圾处于悬浮流化状态，为瞬时燃烧，燃烧不完全，飞灰量大；

④ 物料处于悬浮状态，烟气流速高，对焚烧炉的冲刷和磨损比较严重，设备使用年限较短；

⑤ 流化床炉的检修相对较多，年运行时间较短，通常只有 6000 多小时；

⑥ 流化床炉启炉和停炉较为方便。

炉排焚烧技术作为世界主流的垃圾焚烧技术，技术成熟、可靠，由于其对垃圾质量和成分的要求低、前处理简单、入炉垃圾不需要分拣，特别适合中国生活垃圾高水分、低热值的特点，同时国产化进程也在加快，其应用前景广阔，发展空间较大。流化床焚烧技术在我国已有较多应用，有一定的优点，由于种种原因，目前发展受到制约。2011 年以前流化床从数量等各方面还是超过 50% 的份额，但在 2011 年出现了转折性的变化，就是逐渐以炉排炉为主导，机械炉排焚烧炉超过流化床炉成为主流。

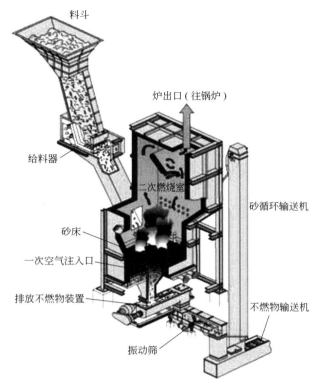

料斗

炉出口（往锅炉）

给料器

二次燃烧室

砂循环输送机

砂床

一次空气注入口

排放不燃物装置

不燃物输送机

振动筛

图 4-98　流化床垃圾焚烧炉示意图

目前国内垃圾焚烧厂余热锅炉采用的蒸汽参数多数为中温中压（400℃，4.0MPa），吨垃圾发电量 360kW·h 左右；也有中温次高压（450℃，6.5MPa），吨垃圾发电量 430kW·h 左右，比目前国内普遍采用的中温中压锅炉提高发电量 20％以上。

目前国外垃圾焚烧发电技术发展的趋势为机组高效率化及环保对策高度化。为达到机组高效率，焚烧设备研究开发的方向是大容量化、余热锅炉蒸汽高温和高压化。传统的炉排焚烧技术火焰不稳定、燃烧控制困难、垃圾停留时间短，不利于二噁英和 NO_x 的控制，排烟热损失也大，热效率低。为此，科学家们提出了高温空气燃烧技术，并将其用于垃圾焚烧中。研究表明该技术可取得均匀温度场，提高低热值燃料燃烧特性和火焰稳定性，降低二噁英和 NO_x 排放，提高热效率。随着环保要求日益严格，传统焚烧发电厂建设遇到了很大困难，目前国内外还在积极开发垃圾气化熔融技术，该技术的主要优点是垃圾处理后灰渣稳定、尾气中有害成分含量低、处理量少，但整体热效率较低，投资、运行、操作等还有许多问题需要解决，其工业化应用还有待时日。

（3）垃圾焚烧发电的工艺流程

垃圾焚烧发电作为先进的垃圾处理技术，充分体现了垃圾处理的无害化、资源化、减量化原则。垃圾发电将生活垃圾在垃圾储坑中经过 2～3 天的储存后送入焚烧炉中燃烧，利用垃圾焚烧放出的余热加热给水，产生一定温度和压力的过热蒸汽送往汽轮机发电，其工艺流程如图 4-99 所示。生活垃圾焚烧本质上与其他燃料是相同的，都是有机物在高温下的氧化放热反应，但由于垃圾作为燃料在成分上的特殊性，使得燃料入炉前和燃烧后的处理较为复杂，这也就是垃圾焚烧系统与通常燃煤系统有较大差异的原因。

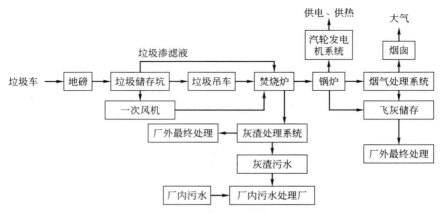

图 4-99　垃圾焚烧发电主要工艺流程

图 4-100 为我国双港垃圾焚烧发电厂，它是国内建设运营成功的垃圾焚烧发电厂之一。它选用国际先进的焚烧炉及烟气处理设备，其烟气及二噁英排放达到欧盟标准。该垃圾焚烧发电厂毗邻市区，其厂内厂外清洁卫生，厂区内外也闻不到垃圾变质所产生的异味，具有 1200t/d 的处理能力、年发电量 $1.2 \times 10^8 \mathrm{kW} \cdot \mathrm{h}$，给城市发展带来较好的环境、社会和经济的综合效益。

图 4-100　双港垃圾焚烧发电厂

需要指出的是，垃圾焚烧发电厂与一般的火力发电厂相比，主要差别在于：垃圾焚烧发电厂的主要目的是对垃圾进行处理，回收能量处于次要地位，希望在相同的垃圾释热量下处理的垃圾量越多越好。垃圾焚烧厂的主要收益来自于每吨垃圾的处理费，该处理费由垃圾的产生者和政府支付。

3. 垃圾气化发电

垃圾气化是将垃圾中有机成分（主要是碳）在还原气氛下与气化剂反应生成燃气（CO、CH_4、H_2 等）的过程。气化处理方法的特点在于可以迅速、大量地处理城市生活垃圾，在达到无害化、减量化的同时，还可生产低热值燃气，从而弥补我国能源的短缺问题，具有广泛的社会、环境和经济效益。

与煤相比，城市生活垃圾的含碳量较低，而 H/C 和 O/C 比相当高，因此垃圾具有较高的挥发分含量。此外，由于城市生活垃圾中 N、S 等元素含量较少，这样在热转化过程中由

N 和 S 成分所形成的污染排放量相对较低，同时其固定碳的活性比煤高得多。这些特点决定了城市生活垃圾更适宜于气化。

（1）垃圾气化流程

如图 4-101 所示，将经过分选、干燥等预处理工艺并且压制成型的城市生活垃圾送到气化车间。主体气化设备是一个常压移动床机械气化炉，制气工艺采用空气、水蒸气为气化剂。用翻斗提升机将物料提升到炉顶，通过气化炉上部的加料器进入气化炉，经过干燥、干馏、热分解、还原气化、氧化燃烧和灰渣层而完成工艺过程。气化炉获得的燃气的主要可燃成分是 CO、H_2 和少量烃，热值约为 $4.2MJ/m^3$，燃气出口温度为 $400 \sim 500℃$。热燃气在后段经过旋风分离器除尘后获得干净的气体可供进一步利用。

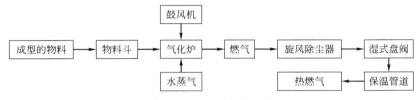

图 4-101 垃圾气化流程

由于具有污染物排放低、显著的减量减容性以及生产可燃气体等优点，垃圾气化处理技术被认为是焚烧处理最具有潜力的替代技术，逐渐成为新的研究热点。

目前该技术在日本已建有 18 座能力大小不一的城市垃圾直接气化熔融焚烧炉，其中处理能力最大的为 150t/d，最小的为 40t/d。

（2）垃圾气化发电技术

垃圾的气化发电技术不同于垃圾焚烧发电技术。在垃圾气化发电的过程中，首先将垃圾进行气化，产生可燃气体，然后对产生的可燃气体进行净化处理。净化后的可燃气体可作为燃气轮机的燃料直接进行发电，或作为燃气锅炉的燃料产生蒸汽后再带动汽轮发电机组进行发电。垃圾气化发电系统示意图如图 4-102 所示。

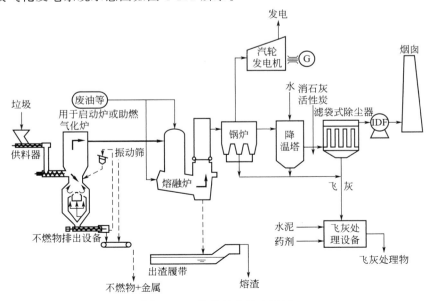

图 4-102 垃圾气化发电系统

（3）等离子气化技术简介

由于等离子体技术的高效和洁净，具有超高温和灰渣熔融特征的等离子气化技术开始受到广泛关注，国内外多家公司都已开展相关研发工作，并在美洲、欧洲、日本、印度等地建立了示范工程。然而，该技术仍然处于工程化探索阶段。

思考题

4-1　简述生物质主要分类和特点。

4-2　生物质能的利用方式有哪些？

4-3　生物质能的利用存在哪些问题？是如何解决的？

4-4　为什么要将生物质固化成型？常见的成型机有哪些？

4-5　简述生物质沼气产生的基本原理。生物质沼气有哪些应用？

4-6　燃料乙醇的生产原料有哪些？将来的开发方向是什么？

4-7　生物质直接燃烧的主要方式有哪些？各有何特点？

4-8　生物质气化炉的常见炉型有哪些？各有何特点？

4-9　试比较固定床气化炉与流化床气化炉的特点。

4-10　简述生物质气化与热解的原理、特点以及常见的工艺流程。

4-11　生物质快速热解反应器有哪些？各有何特点？

4-12　简述生物质直接液化的原理和工艺流程。

4-13　简述城市生活垃圾的组成、特点和常见的处理方式。

4-14　简述填埋场气体的成分、能源化利用的方式和特点。

4-15　垃圾焚烧的常见炉型有哪些？试就各自特点进行比较。

4-16　简述垃圾焚烧技术的主要优点。

4-17　简述垃圾气化发电技术的流程。

第五章

氢能及其应用

第一节　氢能概述

人们发现氢已有 400 多年的历史。400 多年前，瑞士科学家巴拉塞尔斯把铁片放进硫酸中，发现放出许多气泡，可是当时人们并不认识这种气体。1766 年，英国化学家亨利·卡文迪什对这种气体发生了兴趣，发现它非常轻，只有同体积空气质量的 6.9％，并能在空气中燃烧成水。到 1777 年，法国化学家拉瓦锡经过详细研究，才真正把这种物质取名为氢。

1869 年，俄国著名学者门捷列夫根据地球中各种化学元素的性质，整理出化学元素周期表，并将氢元素排在了第一周期的第一位置。此后，从氢出发，寻找其他元素与氢元素之间的关系，为众多元素的发现打下了基础，人们对氢的研究和利用也就更科学化了。

美国化学家尤里在 1932 年发现氢的一种同位素，它被命名为"氘"。氘的原子核由一个质子和一个中子构成。1934 年，卢瑟福预言氢存在着另一种同位素"三重氢"。同年，他与其他物理学家在静电加速器上用氘核轰击固态氘靶，发现了氢元素的聚变现象，并制得了氚。

一、氢的分布

在大自然中，氢的分布很广泛。水就是氢的大仓库。在常温常压下，氢以气态存在于大气中，但它的主体是以化合物——水的形式存在于地球上。氢约占水质量的 11％。海洋的总体积约为 $1.37 \times 10^9 \, \text{m}^3$，若把其中的氢提炼出来，所产生的热量是地球上矿物燃料的 9000 倍。

按质量计，在地壳里大约有 1.0％的氢；若按原子百分比计，则占 17％。矿物中石油、煤炭、天然气、动物和植物等也含有氢，它们都是碳氢化合物。而且人们还发现，氢气在燃烧过程中又能够生成水，这样循环下去，氢能的资源可以是无穷无尽的。同时，这也完全符合大自然的循环规律，不会破坏"生态平衡"。

氢以游离气态分子分布在地球的大气层中。在对流层和平流层，几乎没有氢；在地球大气内层 80～500km，氢占 50％；在地球大气外层，500km 以上，氢占 70％。

氢也是生命元素。如参比人体（鲜重 70kg）内氢占 10％（氧 61％、碳 23％、氮 2％、钙 1.4％、磷 1％）。氢在人体内是占第三位的元素，排在氧、碳之后，也是组成一切有机物的主要成分之一。

二、氢的性质

1. 物理性质

氢位于元素周期表中第一位，原子序数为 1，原子量为 1.008，分子量为 2.016。在通常情况下，氢气是无色无味的气体。氢极难溶于水，也很难液化。在 1atm（$1atm=10^5Pa$）下，氢气在 $-252.77℃$ 时，变成无色的液体；在 $-259.2℃$ 时，能变成雪花状的白色固体。在标准状况下，1L 氢气的质量为 0.0899g，氢气与同体积的空气相比，质量约是空气的 1/14。氢是最轻的气体，可用向下排空气法收集氢气。

2. 化学性质

氢气在常温下比较稳定。除氢气与氯气在光照下化合，氢与氟在冷暗处化合外，其余反应均在较高温度下才能进行。在较高温度下，特别在催化剂存在时，氢很活泼，可燃，能与多种金属、非金属反应。

① 与金属反应：氢气与活泼金属如钾、钠、锂、钙、镁等作用，生成氢化物，可获得一个电子，呈负一价。其与金属钠、钙的反应式为：

$$H_2+2Na \longrightarrow 2NaH$$
$$H_2+Ca \longrightarrow CaH_2$$

高温下，氢气可以将许多金属氧化物的氧夺取出来，使金属还原。例如氢气与氧化铜、四氧化三铁的反应式为：

$$H_2+CuO \longrightarrow Cu+H_2O$$
$$4H_2+Fe_3O_4 \longrightarrow 3Fe+4H_2O$$

② 与非金属反应：氢气与非金属如氧、硫、氟、氯等反应，失去一个电子呈正一价。其反应式为：

$$H_2+F_2 \longrightarrow 2HF（爆炸性反应）$$
$$H_2+Cl_2 \longrightarrow 2HCl（爆炸性反应）$$
$$H_2+I_2 \longrightarrow 2HI（可逆反应）$$
$$H_2+S \longrightarrow H_2S$$

高温时可将氯化物中的氯置换出来使金属与非金属还原。其反应为：

$$2H_2+SiCl_4 \longrightarrow Si+4HCl$$
$$H_2+SiHCl_3 \longrightarrow Si+3HCl$$
$$2H_2+TiCl_4 \longrightarrow Ti+4HCl$$

③ 氢气的加成反应：高温和催化剂存在的条件下，氢气可对有机化合物中的不饱和官能团进行加成。如 C=C、C=O、CHO、CN、COOH 等使不饱和化合物变成饱和化合物。

$$H_2+HCHO \longrightarrow CH_3OH$$
$$H_2+CH_3CH=CH_2 \longrightarrow CH_3CH_2CH_3$$

④ 毒性及腐蚀性：氢无毒，无腐蚀性，但对氯丁橡胶、氟橡胶、聚四氟乙烯、聚氯乙烯等具有较强的渗透性。

⑤ 氢气的燃烧：氢气和氧气（或空气中的氧气）在一定条件下，可以发生剧烈的氧化反应（即燃烧），并释放出大量的热，其化学反应式为：

$$H_2+1/2O_2 \longrightarrow H_2O+Q$$

式中，Q 表示反应热，$Q=40.2kW \cdot h/kgH_2$。

第二节　氢的制备与储运

一、氢的制取

1. 水分解法制氢

水分解法制氢，是许多年来一直开发不懈的制氢方法。水是地球的主要资源，使用水中的氢作燃料，氢燃烧还原成水，无环境污染问题而且不影响地球物质循环。

（1）电解水制氢

电解水制氢是已经成熟的一种传统制氢方法，具有制备方法和操作简单、不受原料供应的限制、纯度高等优点，其缺点是生产成本较高。

电解水制氢是氢气和氧气燃烧生成水的逆过程。将浸没在电解液中的一对电极接通直流电后，水就被分解为氢气和氧气。电解水制氢的原理如图5-1所示。

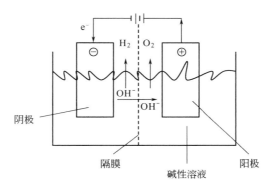

图 5-1　电解水制氢的原理

在已成型的现代工业中，水的电解是在碱溶液中完成的，所用的碱一般是 KOH（20%～30%），有关反应如下。

阳极：$2OH^- - 2e^- \longrightarrow (1/2)O_2 + H_2O$

阴极：$2H_2O + 2e^- \longrightarrow H_2 + 2OH^-$

总的电极反应：$H_2O \longrightarrow H_2 + 1/2O_2$

电解水制氢工艺过程简单，无污染，其效率一般为75%～85%，但耗电量大，每立方米氢气的电耗为4.5～5.5kW·h，在电解水制氢的生产费用构成中，原材料费用占81.9%，设备投资费用占14.1%，操作与管理费用占4.0%。显然电费占整个电解水制氢生产费用的82%。因此，与其他制氢技术相比不具竞争力。但是对于水力资源、风力资源、地热资源以及潮汐能、太阳能丰富的地区，电解水不仅可以制得廉价的氢气，还可以实现资源的再生利用，对环境与经济都具有一定的现实意义。

（2）热化学循环制氢

热化学制氢法是指将水加热到一定温度使水分解制氢的方法。纯水分解反应的自由能变化正值很大（$\Delta G = 237$kJ/mol），直接分解需要2227℃以上的温度。在这样高的温度下，要保持很高的压力才能维持水的液态，在实际中是很难实现的。多步热化学循环反应制氢可以降低温度。与电解法相比，多步热化学循环法是耗能最低、最合理的制氢工艺。若将这种方法与太阳能利用结合起来，可能成为成本最低廉的制氢工艺。

热化学循环法制氢使用化学物质将分解工序分为多段，最高温度不超过1000℃。借助于多步化学反应的配合，构成化学循环，在循环中使用的化学物质继续循环，使输入为水，输出为氢和氧。从20世纪60年代以来已经提出过几十种此类循环。主要包括：

① 金属Ca、Sr、Mn、Fe的卤化物作为氧化还原剂分解水；

② 双组分S-I氧化还原系统；

③ 蒸汽-铁系统。

从理论上讲，设计组织热化学循环反应时，应使高温（625～725℃）下的反应熵增加（$\Delta S > 0$），而使低温（225℃）下反应熵减少（$\Delta S < 0$）。其目的是提高热利用率，尽量降低组合反应的整体自由能变化，即降低功耗。

① 溴-钙-铁热化学循环分解水制氢　溴-钙-铁热化学循环将水的分解分成由吸热和放热几步循环反应所组成的过程，可以降低水分解所需要的温度。这种循环过程是由Ca和Fe化合物的溴化及水解反应组成：

$$CaBr_2(s) + H_2O(g) \xrightarrow{973 \sim 1030K} CaO(s) + 2HBr(g) \tag{1}$$

$$CaO(s) + Br_2(g) \xrightarrow{773 \sim 1073K} CaBr_2(s) + 1/2O_2(g) \tag{2}$$

$$Fe_3O_4(s) + 8HBr(g) \xrightarrow{473 \sim 573K} 3FeBr_2(s) + 4H_2O(g) + Br_2(g) \tag{3}$$

$$3FeBr_2(s) + 4H_2O(g) \xrightarrow{823 \sim 873K} Fe_3O_4(s) + 6HBr(g) + H_2(g) \tag{4}$$

该循环反应分为4步。第一步和第三步进行反应，第二步和第四步用氮气吹洗反应器为下一步反应做准备。其简易流程如图5-2所示。

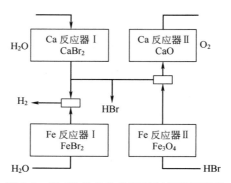

图 5-2　溴-钙-铁热化学循环制氢简易流程

将水在120℃汽化所得蒸汽引入Ca反应器Ⅰ和Fe反应器Ⅰ中，通过反应式（1）、式（4）逐渐转化成CaO和Fe_3O_4，产生的气体（HBr和H_2）及未反应的水蒸气经冷凝器以分出氢气。HBr导入Fe反应器Ⅱ，通过反应式（3），Fe_3O_4逐渐转化成$FeBr_2$。反应中生成的Br_2经冷凝器（约80℃）与HBr分离，并引入Ca反应器Ⅱ中，发生反应式（2），CaO逐渐转化成$CaBr_2$并放出O_2。

反应式（1）和式（4）完成后，向各反应器中吹入氮气，以排净残留气体，此时Ca反应器Ⅰ、Fe反应器Ⅰ、Fe反应器Ⅱ、Ca反应器Ⅱ中分别是CaO、Fe_3O_4、$FeBr_2$、$CaBr_2$。

改换H_2O、HBr和Br_2的流动方向，重复反应式（1）～式（4）。

第三步完成后用氮气吹扫反应器和管道，完成一次循环，此时各反应器中的反应物又回复到开始的情况。如此反复循环，累积得到氢气和氧气。

② 利用高温堆进行热化学循环制氢　高温气冷堆具备固有安全特性并能提供 1000℃的高温热源，除广泛应用于发电领域外，还被应用于氢气的生产。利用高温堆的高温热建立生产氢气系统有多种方法，其最终目标是从水而不是从石化燃料中生产氢气，从而得到没有二氧化碳释放的能源系统。利用高温气冷堆提供的高温热源，采用碘硫（IS）循环-热化学水解的方法大规模生产氢气（图 5-3），是一个非常新型的、有发展前景的方法。

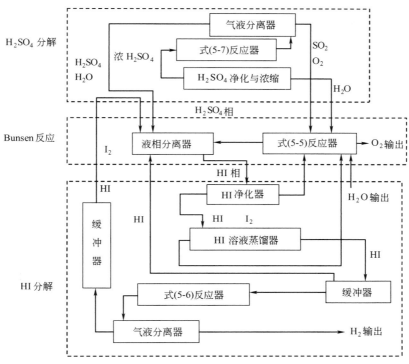

图 5-3　IS 热化学循环制氢流程

IS 循环包括以下 3 个化学反应方程式：

$$xI_2 + SO_2 + 2H_2O \longrightarrow 2HI_x + H_2SO_4 \tag{5}$$

$$2HI \longrightarrow I_2 + H_2 \tag{6}$$

$$2H_2SO_4 \longrightarrow 2H_2O + 2SO_2 + O_2 \tag{7}$$

以上 3 个方程式称为 Bunsen 反应方程式。

式（5）是放热的 SO_2 气体吸收反应，这一反应是在 20～100℃范围内在液相中自发地进行。气相的 SO_2 与水和碘反应生成了多水的 HI 和硫酸溶液。

式（6）是 HI 分解反应方程。在 300～500℃下以气相吸收少量的热生成氢气，这步反应也能在液相中进行。

式（7）是硫酸反应吸热及生成氧气的反应。它分两步进行，在 400～500℃气相的硫酸自发地分解成水及 SO_3，之后 SO_3 在 800℃左右的温度下，经固体催化剂的作用分解成 SO_2 及 O_2。

通过连续地进行这三步反应，水作为过程的净材料平衡被分解成氢气和氧气。

从 20 世纪 60 年代开始至今，科学家研究了数百个可能的热化学循环，但由于大多数循环的反应性差或产品分离困难而未获成功，只有很少几个达到实验性工厂阶段。热化学制氢最终能否规模化生产，不仅取决于其本身技术是否成熟，包括研究循环物质对环境的影响、新的耐腐蚀性容器材料、工艺规程等，还要和其他制氢方法的经济性、可靠性进行比较。

2. 化石能源制氢

氢可由化石燃料制取，也可由再生能源获得，但可再生能源制氢技术目前尚处于初步发展的阶段。世界上商业用的氢大约有 96% 是从煤、石油和天然气等化石燃料制取。

（1）天然气制氢

天然气的主要成分是甲烷。天然气制氢的方法主要有：天然气水蒸气重整制氢，天然气部分氧化制氢，天然气水蒸气重整与部分氧化联合制氢，天然气（催化）裂解制氢。

1）天然气水蒸气重整制氢

① 加压蒸汽转化制氢。加压蒸汽转化制氢是甲烷在有催化剂存在下与水蒸气反应转化制得氢气。主要发生下述反应：

$$CH_4 + H_2O \longrightarrow CO + 3H_2 - Q$$
$$CO + H_2O \longrightarrow CO_2 + H_2 - Q$$
$$C_nH_{2n+2} + nH_2O \longrightarrow nCO + (2n+1)H_2 - Q$$

其工艺流程见图 5-4。

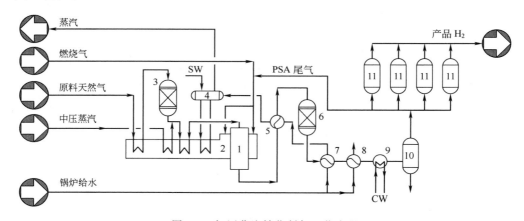

图 5-4　加压蒸汽转化制氢工艺流程

1—转化炉管；2—对流段；3—脱硫器；4—汽包；5—废热锅炉；6—变换；7—锅炉水预热器；
8—预热器；9—冷却器；10—分离器；11—变压吸附器

天然气首先经转化炉对流段加热后进入脱硫反应器，使总硫脱除至 0.2×10^{-6} 以下，脱硫后的原料气与预热后的蒸汽进入辐射段转化反应器，在镍催化剂条件下反应，转化管外用天然气或回收的变压吸附（PSA）尾气加热，为反应提供所需的热量，转化炉的烟气温度较高，在对流段为回收高位余热，设置有天然气预热器、锅炉给水预热器、工艺气和蒸汽混合预热器等，以降低排气温度，提高转化炉的热效率。转化气组成为 H_2、CO、CO_2、CH_4，该气体经过废热锅炉回收热量产生蒸汽，然后进入中温变换炉。在此转化中，大部分的 CO 被变换成 H_2，变换后的气体 H_2 含量可达 75% 以上，该气体进入 PSA 制氢工序进行分离，得到一定要求的纯氢气产品。

② 换热式蒸汽转化工艺制氢。换热转化的过程分两段进行，一段转化原理与上述相同，在第二段转化中，一段反应气体与纯氧主要进行如下反应：

$$2H_2 + O_2 \longrightarrow 2H_2O + Q$$
$$2CH_4 + O_2 \longrightarrow 2CO + 4H_2 + Q$$
$$CH_4 + H_2O \longrightarrow CO + 3H_2 - Q$$

混合气中的氢气与氧气进行剧烈燃烧，产生高温混合气，甲烷在催化剂作用下进一步转化。其工艺流程见图 5-5。

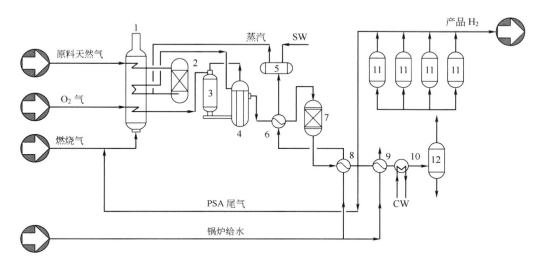

图 5-5　换热式蒸汽转化制氢流程

1—预热器；2—脱硫；3—二段炉；4—换热反应器；5—汽包；6—废热锅炉；7—变换；

8—锅炉水加热器；9—软水加热器；10—冷却器；11—变压吸附器；12—分离器

原料天然气、工艺蒸汽混合气、纯氧气在一个常规的前置直热式加热炉内进行预热。天然气预热至脱硫温度后，再与蒸汽混合预热后进入换热式反应器，换热反应器实际上是一个管式换热器，其管内填充催化剂。工艺原料气在预热到一定温度后进入罐内，管外由来自二段炉出口的工艺高温气体（温度约 1000℃）加热管内气体到烃类转化温度，并在换热反应器内发生转化反应。换热反应器出口含甲烷约 30% 的气体与氧气进入二段炉，在此，纯氧和氢发生高温放热反应，以提供一段、二段所需的全部热量并继续进行甲烷-蒸汽转化反应。二段转化后的转化气经过废热锅炉回收热量并副产蒸汽，再进入变化工序和 PSA 分离氢工序。后工序过程与前述加压蒸汽转化工艺后工序相似。

2）天然气部分氧化制氢

其主要的工艺路线为：天然气经过压缩、脱硫后，与蒸汽混合，预热到约 500℃，氧或富氧空气经压缩后也预热到约 500℃。这两股气流分别进入反应器顶的喷嘴，在此充分混合，进入反应器进行部分氧化反应。一部分天然气与氧作用生成 H_2O 及 CO_2 并产生热量，供给剩余的烃与水蒸气在反应器中部催化剂层中转化反应所需热量。反应器下部排出的转化气温度为 900～1000℃，氢含量 50%～60%。转化气经冷凝水淬冷，再经热量回收并降温，然后送 PSA 装置提取纯氢，如图 5-6 所示。

该工艺是利用内热进行烃类-蒸汽转化反应，因而能广泛地选择烃类原料并允许较多杂质存在（重油及渣油的转化大都采用部分氧化法），但需要配空分装置或变压吸附制氧装置，投资高于蒸汽转化法。与天然气-蒸汽转化制氢一样，当装置规模小时，存在转化炉等主要设备选型困难及热利用差的问题。

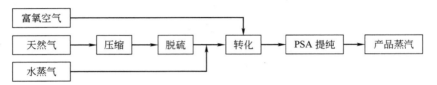

图 5-6　天然气部分氧化法制氢工艺流程

3）天然气水蒸气重整与部分氧化联合制氢

其工艺流程如图 5-7 所示。反应器的上部是一个燃烧室，用于甲烷的不完全燃烧，同时水蒸气和甲烷重整在下部进行。对于燃烧室，最主要的要求是提高反应气体的混乱度（水蒸气、甲烷、氧气），没有结炭，耐火墙的低温和输出气体有恒定的流量和温度。反应器底部装有催化剂，用于水蒸气重整反应和水汽转化反应。

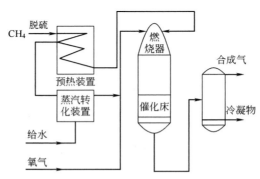

图 5-7　天然气水蒸气重整与部分氧化联合制氢反应

自热反应的气体有氧气、水蒸气和甲烷。反应方程式如下：

$$CH_4 + xO_2 + (2-2x)H_2O \longrightarrow CO_2 + (4-2x)H_2$$

式中，x 为 O_2/CH_4 的摩尔比值。通过上述方程式可以看出，减小 x 的值，相当于增加 H_2O 的量，因而 H_2 的产量增加。

一些参数如 H_2O/CH_4 和 O_2/CH_4 是天然气水蒸气重整与部分氧化联合制氢反应过程的关键，最佳的 O_2/CH_4 和 H_2O/CH_4，可以得到最多的 H_2 量、最少的 CO 量和炭沉积量。由甲烷制得的是氢气和一氧化碳的混合气体，可选择透氢型膜反应器和致密透氧型膜反应器分离纯氢。

4）天然气（催化）裂解制氢

上述三种方法在生成氢气的同时产生大量的 CO，从合成气中去除 CO 不仅使反应复杂化，而且对整个过程的经济化也不利。天然气（催化）裂解制氢技术，其主要优点在于制取高纯氢气的同时，不向大气排放二氧化碳，而是制得更有经济价值、易于储存的固体炭，减轻了环境的温室效应。甲烷的裂解反应为：

$$CH_4 \longrightarrow C + 2H_2$$

首先将天然气和空气按完全燃烧比例混合，同时进入炉内燃烧，使温度逐渐上升，至1300℃时，停止供给空气，只供应天然气，使之在高温下进行热分解生成炭黑和氢气。由于天然气裂解吸收热量使炉温降至1000～1200℃时，通入空气使原料气完全燃烧升高温度后，再停止供给空气进行炭黑生产，如此往复间歇进行。该反应用于炭黑、颜料与印刷工业已有多年的历史，而反应产生的氢气则用于提供反应所需要的一部分热量，反应在内衬耐火砖的炉子中进行，常压操作。该方法技术较简单，经济上也还合适，但是氢气的成本仍然不低。

2021年初，四川大学苟富均教授团队在国内首次研发出液态金属热裂解装置，利用液态金属产生稳态热解温度场，结合液态金属本身的催化特性，可促进甲烷分子裂解形成氢气和固态碳，实现零排放、高效制氢。近日，该团队又迎来新进展——历经一年半，成功开发了新一代绿氢制备技术——熔融介质催化热裂解制氢，利用该技术可以将天然气中的甲烷裂解成氢和固态碳（炭黑、石墨或石墨烯），无 CO_2 排放，可直接利用现有天然气和 LNG 的基础设施制备绿氢。目前研究团队已建立中试关键技术的研发平台，预计2024年实现日产 $100\sim500$kg氢气的中试目标。

（2）煤气化制氢

煤炭资源在我国相对丰富，因此煤气化制氢是主要的制氢方法。所谓煤气化，是指煤与气化剂在一定的温度、压力等条件下发生化学反应而转化为煤气的工艺过程，如图 5-8 所示。

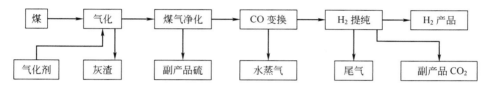

图 5-8　煤气化制氢技术工艺流程

煤气化技术按气化前煤炭是否经过开采而分为地面气化技术（即将煤放在气化炉内气化）和地下气化技术（即让煤直接在地下煤层中气化）。

1）煤地面气化技术

此技术通常按如下几种方式进一步分类：

① 按煤料与气化剂在气化炉内流动过程中的接触方式不同分为固定床气化、流化床气化、气流床气化及熔融床气化等工艺，如图 5-9 所示。

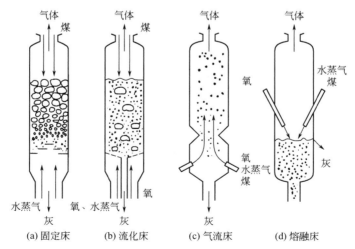

图 5-9　几种典型煤气化炉的结构简图

② 按原料煤进入气化炉时的粒度不同分为块煤（$13\sim100$mm）气化、碎煤（$0.5\sim6$mm）气化及煤粉（<0.1mm）气化等工艺。

③ 按气化过程所用气化剂的种类不同,分为空气气化、空气/水蒸气气化、富氧空气/水蒸气气化及氧气/水蒸气气化等工艺。

④ 按煤气化后产生灰渣排出气化炉时的形态不同分为固态排渣气化、灰团聚气化及液态排渣气化等工艺。表 5-1 给出了一些典型煤气化工艺及其主要特征。

表 5-1　一些典型煤气化工艺及其主要特征

气化技术	床型	煤料	气化剂	灰渣	压力	温度
煤气发生炉	固定床	块煤	空气/水蒸气	固态	常压	$<ST$[①]
煤气炉	固定床	块煤	空气/水蒸气	固态	常压	$<ST$
Lurgi	固定床	块煤	氧气/水蒸气	固态	加压	$<ST$
BG/L	固定床	块煤	氧气/水蒸气	液态	加压	$<ST$
Winkler	流化床	碎煤	空气/水蒸气	固态	常压	$<ST$
HTW	流化床	碎煤	空气/水蒸气	固态	加压	$<ST$
U-Gas	流化床	碎煤	空气/水蒸气	团聚	加压	$<ST$
KRW	流化床	碎煤	空气/水蒸气	团聚	加压	$<ST$
K-T	气流床	煤粉	氧气/水蒸气	液态	常压	$<ST$
Texaco	气流床	水煤浆	氧气/水蒸气	液态	加压	$<ST$
Shell	气流床	煤粉	氧气/水蒸气	液态	加压	$<ST$
Destec	气流床	水煤浆	氧气/水蒸气	液态	加压	$<ST$

① 煤炭灰熔融性软化温度。

煤气化制氢主要包括三个过程,即造气反应、水煤气转化反应、氢的纯化与压缩。在造气反应阶段,煤中的挥发分随着温度的升高逸出,留下焦炭和半焦。在气化炉中煤炭经历了干燥、干馏和燃烧过程。湿煤经过干燥变成干煤,干煤干馏得到煤气、焦油和焦。焦与气流中的 H_2O、CO_2、H_2 反应,生成可燃性气体。

$$C+H_2O \longrightarrow CO+H_2$$
$$C+2H_2O \longrightarrow CO_2+2H_2$$
$$C+CO_2 \longrightarrow 2CO$$

这是非常强烈的吸热反应,需要在高温中进行。同时,还可能有 CH_4 的生成。

在水煤气转化反应阶段,CO 和水蒸气反应,生成 CO_2 和氢气,这一反应也称为变换反应。利用这一反应制取氢气,并且该反应决定了出口煤气的组成。

$$CO+H_2O \longrightarrow CO_2+H_2$$

2) 煤地下气化技术

此技术就是将地下处于自然状态下的煤进行有控制的燃烧,通过对煤的热作用及化学作用产生可燃气体,这一过程在地下气化炉的气化通道中由 3 个反应区域(氧化区、还原区和干馏干燥区)来实现。煤地下气化制氢过程如图 5-10 所示。

由进气孔鼓入气化剂,其有效成分是 O_2 和水蒸气。在氧化区,主要是 O_2 与煤层中的炭发生化学反应,产生大量的热,使气化炉达到气化反应所必需的温度条件。在还原区,主要反应是 CO_2 和 H_2O(气态)与炽热的煤层相遇,在足够高的温度下,CO_2 还原成 CO,H_2O(气态)分解成氢气。在干馏干燥区,煤层在高温作用下,挥发组分被热分解,而析出干馏煤气,在出气孔侧,过量的水蒸气和 CO 发生变换反应。经过 3 个反应区后,就形成

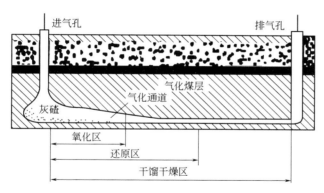

图 5-10　煤炭地下气化原理

了含有 H_2、CO 和 CH_4 的煤气。

（3）烃类制氢

1）烃类分解生成氢气和炭黑的制氢方法

烃类原料在无氧（隔绝空气）、无火焰的条件下，可直接热分解为氢气和炭黑，避免了二氧化碳的排放。反应如下式：

$$C_n H_m \longrightarrow nC + (m/2)H_2$$

产物为氢气和炭黑，炭黑可用于橡胶工业及一些塑料行业中。但是这一过程需要消耗大量的热量。

挪威的 Kverrner Oil&Gas 公司开发了等离子体法分解烃类制氢气和炭黑的工艺，即所谓的"CB&H process"。其过程为：在反应器中装有等离子体炬，提供能量使原料发生热分解。等离子气是氢气，可以在过程中循环使用，因此，除了原料和等离子体炬所需的电源外，过程的能量可以自给。用高温产品加热原料使其达到规定的要求，多余的热量可以用来生成蒸汽。在规模较大的装置中，用多余的热量发电也是可行的。由于回收了过程的热量，从而降低了整个过程的能量消耗。

等离子体法原料适应性强，几乎所有的烃类，从天然气到重质油都可以作为制氢原料，原料的改变，仅仅会影响产品中的氢气和炭黑的比例。

2）以轻质油为原料制氢

该法是在有催化剂存在下与水蒸气反应转化制得氢气。主要发生下述反应：

$$C_n H_{2n+2} + nH_2O \longrightarrow nCO + (2n+1)H_2$$

$$CO + H_2O \longrightarrow CO_2 + H_2$$

反应在 $800 \sim 820\,°C$ 下进行。从上述反应可知，也有部分氢气来自水蒸气。用该法制得的气体组成中，氢气含量可达 74%（体积分数）。其生产成本主要取决于原料价格，我国轻质油价格高，制气成本贵，应用受到限制。

3）以重油为原料部分氧化法制氢

重油原料包括常压、减压渣油及石油深度加工后的燃料油。重油与水蒸气及氧气反应制得含氢气体产物。部分重油燃烧提供转化吸热反应所需热量及一定的反应温度。气体产物组成：氢气 46%（体积分数），一氧化碳 46%，二氧化碳 6%。该法生产的氢气产物成本中，原料费约占 1/3，而重油价格较低，故为人们重视。

（4）醇类制氢

1）甲醇制氢

甲醇是由氢气和一氧化碳加压催化合成的。随着甲醇合成工艺的成熟，其价格稳中趋降。甲醇为液体，运输、储存、装卸都十分方便，因而关于甲醇制氢的研究越来越受到重视。甲醇可以通过 3 种途径制氢：甲醇裂解-变压吸附制氢，甲醇-水蒸气重整制氢及甲醇部分氧化法制氢。

甲醇裂解-变压吸附制氢是近年来开发的一种新的制氢方法，其制氢装置主要分为甲醇裂解和变压吸附两部分。装置流程如图 5-11 所示。甲醇和水的混合液经过预热汽化过热后，进入转化反应器，在催化剂作用下，同时发生甲醇的催化裂解反应和 CO 的变换反应，生成约 75% 的氢气和 25% 的 CO_2 以及少量的杂质。

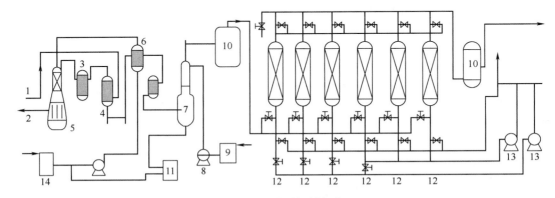

图 5-11　甲醇裂解制氢流程

1—导热油进；2—导热油出；3—汽化塔；4—转油炉；5—冷却器；6—搅热器；7—水洗塔；8—进料泵；
9—脱盐水中间罐；10—缓冲罐；11—循环液储罐；12—吸附塔；13—真空泵；14—甲醇中间罐

甲醇加水裂解反应是一个多组分、多反应的气固催化复杂反应系统，主要反应式：

$$CH_3OH + H_2O \longrightarrow CO_2 + 3H_2$$
$$CH_3OH \longrightarrow CO + 2H_2$$
$$CO + H_2O \longrightarrow CO_2 + H_2$$

反应后的气体经换热、冷凝、吸收分离后，冷凝吸收液循环使用，未冷凝的气体——裂解气再经过进一步处理，脱去残余甲醇及杂质送往氢气提纯工序。

甲醇裂解气主要组分是 H_2 及 CO_2，其他杂质组分是 CH_4、CO 及微量 CH_3OH。裂解混合气再经过 PSA 提纯净化，可以得到纯度为 98.5%～99.999% 的氢气，同时，解吸气经过进一步净化处理还可以得到高纯度的 CO_2。

第二种常见的甲醇制氢为甲醇-水蒸气重整制氢。与传统的大规模制氢相比，甲醇-水蒸气转化制氢具有独特的优势。该方法工艺流程短，设备简单，投资和耗能低；与电解水制氢相比，甲醇-水蒸气转化制氢可降低电耗 90% 以上，成本降低 30%～50%，且同时可副产 CO_2，纯度达 99.5% 的 CO_2 在烟草、饮料、钢铁保护焊接等方面需求很大。其反应方程式如下：

$$CH_3OH \longrightarrow CO + 2H_2$$
$$CO + H_2O \longrightarrow CO_2 + H_2$$

第三种常见的甲醇制氢为甲醇部分氧化制氢。如果向甲醇-水蒸气重整制氢体系中引入少量氧，产氢速率会显著提高，这就是甲醇氧化重整。甲醇氧化重整体系中主要存在着甲醇燃烧、甲醇的水蒸气重整和甲醇的分解三个独立反应，即：

$$CH_3OH+1.5O_2 \longrightarrow CO_2+2H_2O$$
$$CH_3OH+H_2O \longrightarrow CO_2+3H_2$$
$$CH_3OH \longrightarrow CO+2H_2$$

与甲醇-水蒸气转化制氢相比，甲醇部分氧化制氢具有启动快、效率高、可自供热等特点，显示出广阔的应用前景。

2）乙醇制氢

理论上乙醇可以通过水蒸气重整、部分氧化、氧化重整等方式转化为氢气。

① 水蒸气重整（steam reforming）：

$$CH_3CH_2OH+H_2O \longrightarrow 4H_2+2CO$$
$$CH_3CH_2OH+3H_2O \longrightarrow 6H_2+2CO_2$$

② 部分氧化法（partial oxidation）：

$$CH_3CH_2OH+1/2O_2 \longrightarrow 3H_2+2CO$$
$$CH_3CH_2OH+3/2O_2 \longrightarrow 3H_2+2CO_2$$

③ 氧化重整（oxidative steam reforming）：

$$CH_3CH_2OH+2H_2O+1/2O_2 \longrightarrow 5H_2+2CO_2$$
$$CH_3CH_2OH+H_2O+O_2 \longrightarrow 4H_2+2CO_2$$

值得注意的是，上述乙醇制氢过程不是一步反应，而是诸多中间反应共同作用的结果，如脱氢、脱水、水汽变换、CH_4-水蒸气重整、C—C 键断裂反应等。各个反应进行的程度随催化剂和反应条件的不同而呈现很大的差异。

具有高活性、高选择性、高稳定性的催化剂在乙醇催化制氢过程中起重大作用。乙醇-水蒸气重整制氢使用的催化剂体系还比较有限，主要为 Cu 系催化剂、贵金属和其他类型催化剂。这些催化剂大多为负载型催化剂，载体对重整催化剂的反应活性和寿命均有重要影响。目前，生物乙醇重整制氢领域中选用的载体主要为 γ-Al_2O_3、稀土氧化物和分子筛。和乙醇的水蒸气重整相比，乙醇部分氧化制氢为放热反应，因而具有启动快、效率高、可自供热、便于小型化等诸多优点，所以乙醇部分氧化制氢反应对于燃料电池电动车氢源的研究有重要意义。探索其他反应路线如乙醇的部分氧化制氢或将水蒸气重整和部分氧化有效地结合起来制氢也是重要的发展方向。

3. 生物质制氢

生物质具有可再生性且储量丰富，被誉为即时利用的绿色煤炭。生物质具有易挥发组分高，碳活性高，硫（0.1%～1.5%）、氮含量低（0.5%～3%），水分低（0.1%～3%）等优点，是完全清洁的燃料。生物质制氢技术由于具有能耗低、环保等优势而成为国内外研究的热点，将成为未来氢能制备技术的主要发展方向之一。目前对生物质制氢的研究可分为微生物法制氢和生物质气化制氢。

（1）微生物法制氢

微生物法制氢是利用某些微生物代谢过程来生产氢气的一项生物工程技术，主要包括光合生物制氢和厌氧微生物发酵制氢两种方法。光合生物制氢是利用光合细菌或藻类直接把太阳能转化为氢能；厌氧微生物发酵制氢是利用厌氧型的厌氧菌或固氮菌分解为小分子的有机物制氢。

① 光合生物制氢。第一种方式是光合细菌产氢，其原理如图 5-12 所示。

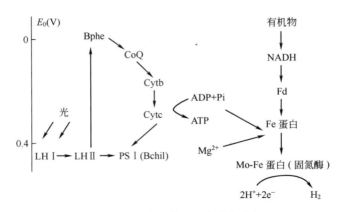

图 5-12 光合细菌的光合放氢途径

PSⅠ—光反应中心；LH—天线色素复合体Ⅰ和Ⅱ；Bchil—细菌叶绿素；

Bphe—细菌脱镁叶绿素；CoQ—泛醌；Cytb、Cytc—细胞色素 b 或 c

光合细菌产氢工艺简单，其厌氧光合放氢过程不产氧，产氢纯度和产氢效率高。目前研究较多的有颤藻属、深红红螺菌、球形红假单胞菌、深红红假单胞菌、球形红微菌、液泡外硫红螺菌等。

光合细菌的光合放氢过程由固氮酶催化，需要提供能量和还原力。光合细菌的光合作用仅提供 ATP，并不提供还原力（图 5-12）。其还原力在某些种类中是有机物经反向电子传递产生。在限氮或提供产氢条件下，有机物光氧化产生的电子传递给 Fd 使之还原，固氮酶的铁蛋白（固氮酶还原酶）在接受还原型 Fd 传来电子的同时将之氧化再生。在 ATP 和 Mg^{2+} 的作用下，铁蛋白活化形成还原型的固氮酶还原酶——$ATPMg^{2+}$ 复合物。该复合物再将电子转移给固氮酶的铁钼蛋白使之成为有活性的固氮酶，固氮酶在没有合适底物之时，将 H^+ 作为最终电子受体使其还原产生分子 H_2，即：

$$2H^+ + 4ATP + 2e^- \longrightarrow H_2 + 4(ADP + Pi)$$

第二种方式是利用藻类制氢，藻类包括了蓝藻和绿藻。蓝藻是一类能够进行放氧光合作用的原核生物，具有较好的光合速率和放氢量，其固氮酶在催化固氮的同时催化氢的产生：

$$N_2 + 8H^+ + 8e^- + 16ATP \longrightarrow 2NH_3 + H_2 + 16ADP + 16Pi$$

吸氢酶（提供电子、ATP，去除氧气）可氧化固氮酶放出的氢：

$$2H^+ + 2e^- \Longleftrightarrow H_2$$

可逆氢酶既可以吸收也可以释放氢气。蓝细菌靠这三种酶共同作用来产生氢气。

绿藻属于真核生物，含光和系统Ⅰ（PSⅠ）与含光和系统Ⅱ（PSⅡ），不含固氮酶，氢气代谢全由产氢酶调节，产氢酶对氧气很敏感，气相氧气浓度达到 1.5%，就会使其失活。因此此法产氢技术关键需要将产生的氧气很好地分离开，不影响产氢酶活性。

② 厌氧微生物发酵制氢。这类微生物产氢机制分为厌氧发酵产氢、甲酸产氢和古细菌产氢。该制氢法可降解大分子有机物产氢的特性，使其在生物转化可再生能源物质（纤维素及其降解产物和淀粉等）生产氢能研究中显示出优越于光合生物的优势。但如何解决低 pH 值下细胞产氢与生长的矛盾是该技术应着重解决的问题之一。

第一类是厌氧发酵产氢。该类群中以梭菌属（clostridium）的产氢研究最为典型。有机

物氧化产生的 $NADH+H^+$ 一般可通过与乙酸、丁酸和乙醇发酵等过程相连而使 NAD 再生，但当 $NADH+H^+$ 的氧化过程慢于形成过程时，为避免 $NADH+H^+$ 的积累，细胞则以释放 H_2 的形式保持体内氧化还原的平衡。丙酮酸经丙酮酸-铁氧还原白氧化还原酶作用后，当环境中无合适的电子受体时，氢化酶将接受铁氧还原白（Fd）传递的电子，以 H^+ 作最终电子受体而产生分子氢（图 5-13）。

糖
丙酮酸
Fdox
FdH2
1
氢酶
2H+
H2
乙酸 + 4H2 + 2CO2 + 2ATP
3
乙酰磷酸
2
乙酰辅酶 A
丁酸 + 2H2 + 2CO2 + ATP
4
丁酸辅酶 A

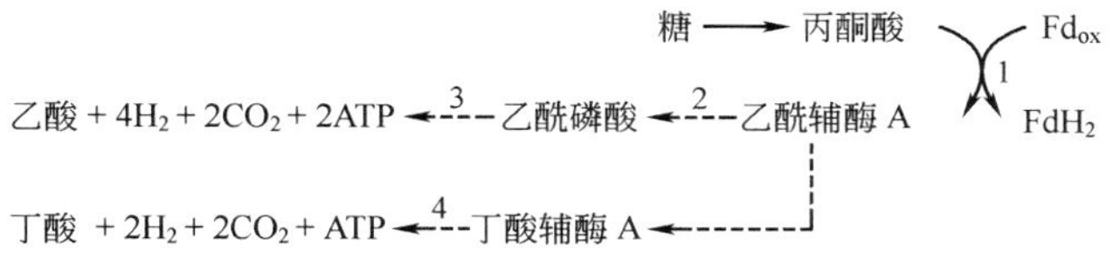

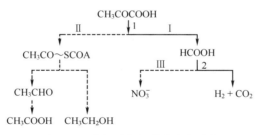

图 5-13 厌氧细菌产氢途径

1—丙酮酸-铁氧还原白氧化还原酶；2—磷酸转乙酰酶；3—乙酸激酶；4—磷酸丁酸酶和丁酸激酶

第二类为甲酸产氢，其原理如图 5-14 所示。甲酸厌氧分解产生氢气和二氧化碳，该过程由甲酸氢解酶（FHL）系统催化进行。FHL 系统含有分解甲酸产氢的甲酸脱氢酶（FDH）和不分解甲酸产 H_2 的 FDH，它可能与不同的厌氧还原酶系统（$NO_3^- \longrightarrow NO_2^-$，延胡索酸⟶琥珀酸）相连。该系统中甲酸的分解产物除 H_2 外，还有酸、醇和 CO_2 等（图 5-14 中的Ⅱ分支途径）。如果有 NO_3^- 或延胡索酸等合适电子受体时，甲酸也可通过电子传递链将之还原为 NO_2^- 或琥珀酸，所以在该类群细菌的甲酸产氢过程中，应设法阻断途径Ⅲ的发生。

CH3COCOOH
Ⅱ
1
Ⅰ
CH3CO~SCOA
HCOOH
Ⅲ
2
CH3CHO
NO3-
H2 + CO2
CH3COOH
CH3CH2OH

图 5-14 兼性厌氧细菌的产氢途径

1—丙酮酸甲酸裂解酶；2—甲酸氢解酶

第三类是古细菌产氢。古细菌是性质很特殊的细菌类群。它可以利用性质完全不同的有机物例如糖类、肽类、醛类、丙酮酸及 α-酮戊二酸等在 100℃ 高温条件下进行异养生长并产氢。

欲使微生物制氢技术尽快达到工业化生产水平，未来的研究应注重以下四个方面：

a. 应充分重视对发酵产氢微生物的研究；

b. 为了降低运行及管理的费用，利用能自固定的、产氢能力较高的厌氧活性污泥混合菌种，并寻求菌种培养容易、启动快的方法，将是未来的主攻方向之一；

c. 利用高浓度有机废水制取氢气，并注重耐酸菌种的选育；

d. 研制可以达到工业化生产规模的生物制氢反应设备。

（2）生物质气化制氢

生物质气化制氢一般是指通过热化学方式将生物质气化转化为高品质的混合燃气或合成气，然后通过分离气体得到纯氢。生物质气化制氢主要可分为：生物质催化气化制氢、超临界水中生物质催化气化制氢、等离子体热解气化制氢。

生物质催化气化制氢是指将预处理过的生物质在气化介质（如空气、纯氧、水蒸气或这三者的混合物）中加热至700℃以上，将生物质分解转化为富含氢气的合成气，然后将合成气进行催化变换得到含有更多氢气的新的合成气，最后从新的合成气中分离出氢气。因此，生物质催化气化制氢主要分三个过程：生物质气化过程（见本书第四章）、合成气催化变换过程、氢气分离和净化过程。

第二种方式是超临界水中生物质催化气化制氢。超临界水的介电常数较低，有机物在水中的溶解度较大，在其中进行生物质的催化气化，生物质可以比较完全地转化为气体和水可溶性产物，气体主要为 H_2 和 CO_2，反应不生成焦油、木炭等副产品。对于含水量高的湿生物质可直接气化，不需要高能耗的干燥过程。超临界水中生物质气化制氢技术是近年发展起来的一种新型制氢方法。尽管该方法还处于实验室阶段，但对于未来解决石油、煤炭等化石能源枯竭后的替代能源问题有着重要而深远的意义。目前国内外都对该方法开展了大量的研究，并取得了一系列有价值的研究结果。我国对生物质的超临界水催化气化制氢的研究起步较晚。自1997年起，西安交通大学多相流国家重点实验室对超临界水催化气化制氢进行了持续的理论和实验探索研究，目前已建成连续管流式超临界水气化制氢的实验装置，并已基本实现生物质模型化合物原始生物质锯屑的完全气化实验，获得了最佳反应条件和操作参数及对气化结果的影响规律。中国科学院山西煤炭化学研究所煤转化国家重点实验室用 CaO 作为 CO_2 吸收剂和生物质热解反应的催化剂，使生物质在超临界水中制氢的碳的气体转化率和氢的产率得到很大的提高。昆明理工大学环境科学与工程学院对生物质超临界水气化制氢的过渡金属催化剂进行了研究，分析了金属种类、载体材料、金属负载量对气化结果的影响，认为物料种类、物料中硫氯等微量元素、含氮杂环成分等也可能会对催化剂的性能造成影响。在催化剂的改性中，其他金属的加入与主催化剂间存在协同效应，它们或改善了金属分散程度，或缓减了催化剂表面的碳沉积，或提高了催化剂的抗烧结性，在今后催化剂的开发设计中这种协同作用应得到重视。从目前报道出的催化剂来看，虽然催化剂的活性及选择性有了较大提高，但是催化剂的稳定性仍然是今后面临的一大挑战，采用超临界流体沉积技术等新型制备方法有望进一步提高催化剂的活性及稳定性。

第三类为等离子体热解气化制氢。等离子体是由于气体不断地从外部吸收能量离解成正、负离子而形成的，基本组成是电子和重粒子，重粒子包括正、负离子和中性粒子。传统方法的活性物质是催化剂，等离子体方法的活性物质是高能电子和自由基。等离子体气化制氢是利用等离子产生的极光束、闪光管、微波等离子、电弧等离子等通过电场电弧能将生物质热解。合成气中主要成分是 H_2 和 CO，且不含焦油；在等离子体气化中，可通过水蒸气，调节 H_2 和 CO_2 的比例。但该过程能耗很高，而且等离子体制氢的成本较高。

4. 太阳能制氢

利用太阳能规模制氢的可能途径包括太阳能发电与电解水制氢、太阳能热化学分解水及生物质制氢、太阳能光电化学或光催化分解水制氢与光生物制氢等。其中，太阳能发电与电解水制氢的成本太高，缺乏商业竞争力。直接热分解法、热化学循环法是利用太阳能进行热化学反应，反应均在700℃以上进行，有的反应温度甚至达到了2100℃，因而对反应器材料的要求非常苛刻，限制了其进一步的使用。光催化法以及光电化学分解法所需装置简单、反应条件温和，是最具吸引力的制氢方法。光催化裂解水制氢是目前太阳能制氢领域的前沿和热点之一。

（1）太阳能发电与电解水制氢

常规的太阳能电解水制氢的方法与此类似。第一步是通过太阳能电池将太阳能转换成电能，第二步是将电能转化成氢，构成所谓的太阳能-光伏电池-电解水制氢系统。由于太阳能光伏电池-电的转换效率较低，价格非常昂贵，致使在经济上太阳能电解水制氢至今仍难以与传统电解水制氢竞争，更不要说和常规能源制氢相竞争了。

（2）太阳能热化学分解水制氢

利用太阳能的热化学反应循环制取氢气就是利用聚焦型太阳能集热器将太阳能聚集起来产生高温，推动由水为原料的热化学反应来制取氢气的过程。详见前面热化学循环制氢内容。这里，太阳能只是热源而已。

（3）太阳能光电化学制氧

1972 年日本科学家藤屿（Fujishima）和本多（Honda）发现光照 TiO_2 电极可以导致水分解从而产生氢气，显示将太阳能直接转换为化学能的可能性。典型的光电化学分解太阳池由光阳极和阴极构成。光阳极通常为光半导体材料，受光激发可以产生电子空穴对，光阳极和对极（阴极）组成光电化学池，在电解质存在下光阳极吸光后在半导体带上产生的电子通过外电路流向阴极，水中的氢离子从阴极上接受电子产生氢气。

（4）太阳能光催化分解水制氢

在标准状态下把 1mol 水（18g）分解成氢气和氧气需要约 285kJ 的能量，太阳能辐射的波长范围是 $0.2 \sim 2.6 \mu m$，对应的光子能量范围是 $400 \sim 45kJ/mol$（以每个水分子吸收一个光子计算）。但是水对于可见光至紫外线是透明的，并不能直接吸收太阳光能。因此，想用光裂解水就必须使用光催化材料，通过这些物质吸收太阳光能并有效地传给水分子，使水发生光解。已经研究过的用于光解水的氧化还原催化材料主要有半导体和金属配合物两种。

我国中国科学院大连化学物理研究所李灿院士研究组用双共催化剂发展了 Pt-PdS/CdS 三元光催化剂，在可见光照射下，产氢量子效率达到 93%，这是迄今为止报道的光催化产氢最高的量子效率，工业应用前景显著。

利用太阳能规模制氢并达到应用技术层面是一个充满活力且具有广阔前景的研究领域。自 1972 年科学家发现二氧化钛半导体具有光催化性能以来，光解水制氢一直受到学术界及产业界的关注与重视。如何阻止"电子-空穴"的复合，提高光催化制氢效率，成为目前国际上光催化研究领域的重大挑战之一，也是制约光催化制氢技术实用化的瓶颈难题。这其中，光催化材料是核心。而光催化材料的活性、稳定性和成本是决定光催化技术能否实际应用的关键。

5. 其他制氢方法

（1）$NaBH_4$ 的催化水解制氢

硼氢化钠的催化水解反应，可在常温下生产高纯度氢气，且生产的氢气中不含 CO，适合用作质子交换膜燃料电池或过渡性内燃机的燃料源。反应如下：

$$NaBH_4 + 2H_2O \longrightarrow 4H_2 + NaBO_2$$

$NaBH_4$ 催化水解制氢方法作为一种新的制氢工艺具有许多优点，但硼氢化钠的生产成本高，如何做到硼氢化钠的规模和经济化生产还有许多技术问题需要解决；整个生产工艺路线的可行性，如能耗、经济性等问题还需要进一步研究。

（2）硫化氢分解制氢

硫化氢是一种恶臭、剧毒、具有腐蚀性的酸性气体，是石油炼制、天然气加工和其他化学合成工艺中产生的副产品。文献报道的硫化氢分解方法较多，有热分解法、电化学法，还

有以特殊能量分解 H_2S 的方法，如 X 射线、γ 射线、紫外线、电场、光能甚至微波能等，在实验室中均取得较好的效果。我国对硫化氢废气的处理多采用 Claus 工艺，即将硫化氢部分氧化成水和硫黄，其中的氢并没有得到回收利用。光催化和光化学硫化氢分解制氢工艺的反应条件缓和，可利用廉价而丰富的太阳能，不仅可实现太阳能的转化利用，而且可以降低生产成本，具有较高的研究价值和应用前景。

（3）核能制氢

利用核能制氢主要有两种方式：一种是利用核电为电解水制氢提供电力；另一种是将反应堆中的核聚变过程所产生的高温直接用于热化学制氢。与电解水制氢相比，热化学过程制氢的效率较高，成本较低。目前涉及高温或核反应堆的热化学循环制氢方法，按照涉及的物料可分为氧化物体系、卤化物体系和含硫体系。此外，还有与电解反应联合使用的热化学杂化循环体系，详见前面热化学循环制氢内容。

（4）各种化工过程副产氢气的回收

多重化工过程如电解食盐制碱工业、发酵制酒工艺、合成氨化肥工业、石油炼制工业等均有大量副产氢气，如能采取适当的措施进行氢气的分离回收，每年可得到数亿立方米的氢气。这是一项不容忽视的资源，应设法加以回收利用。

（5）电子共振裂解水制氢

1970 年，美国科学家普哈里希在研究电子共振对血块的分解效率时发现，在经过稀释的血液中，某一频率的振动会使血液不停地产生气泡，气泡中包含着氢气和氧气。这一偶然的发现，使他奇迹般地创造出了用电子共振方法裂解水分子，把海水直接转化成氢燃料的技术。2002 年，普哈里希演示了一个用电子共振裂解水的实验。他将频率为 600Hz 的交流电，输入一个盛有水的鼓形空腔谐振器中，使水分子共振后被裂解成了氢气和氧气。这一装置的电能转换效率据说在 90％以上。因而可以说是一条很好的制氢途径。

（6）陶瓷和水反应制氢

日本东京工业大学的科学家在 300℃下，使陶瓷跟水反应制得了氢。他们在氩和氮的气流中，将炭的镍铁氧体（CNF）加热到 300℃，然后用注射针头向 CNF 上注水，使水跟热的 CNF 接触，就制得氢。由于在水分解后 CNF 又回到了非活性状态，因而铁氧体能反复使用。在每一次反应中，平均每克 CNF 能产生 $2 \sim 3cm^3$ 的氢气。

（7）海上风电制氢

2020 年 2 月，荷兰启动全球最大海上风电制氢计划，项目名称为 NortH2，即北海的制氢项目。NortH2 是全球最大的海上风电制氢项目，由德国 RWE、挪威 Equinor、荷兰 Shell、荷兰天然气网运营商 Gasunie 和大型商业运营商 Groningen Seaports 联合开发。Gasunie 承担 NortH2 项目氢气存储、运输、基础设施的开发建设工作。预计在 2027 年首批风机并网发电并制氢，到 2030 年在北海建成 4GW 的海上风电，完全用于制造绿色氢气；到 2040 年实现 10GW＋海上风电，年产 100 万吨绿氢，项目规模堪称全球第一。

二、氢的纯化

氢气纯化过程就是利用各种分离净化方法将经过催化变换制得的合成气中的氢气分离出来的过程。在氢气的分离过程中常用的方法主要有变压吸附法、钯合金薄膜扩散法、金属氢化物分离法、聚合物薄膜扩散法、低温分离法。

1. 变压吸附法

在前面介绍制氢技术时，已提到了变压吸附（PSA）法。变压吸附法就是在常温和不同压力条件下，利用吸附剂对氢气中杂质组分的吸附量的不同而加以分离的方法。主要优点是：一次吸附能除去氢气中多种杂质组分，分离、纯化流程简单，当原料气中氢含量比较低时，变压吸附法具有突出的优越性。其回收率一般在 70%～85%。

变压吸附提纯工艺通常包括四个工序，即原料气压缩工序、预处理工序、变压吸附工序、脱氧及干燥工序。以变压吸附焦炉煤气提纯氢气为例，其工艺流程如图 5-15 所示。

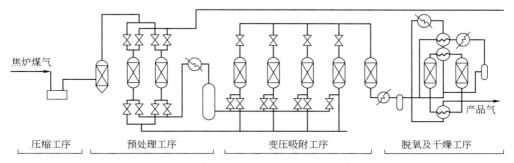

图 5-15　变压吸附焦炉煤气提氢工艺流程

原料煤气经压缩机分段压缩、冷却，初分水分和部分油后，在压力 1.8MPa、温度 40℃下进入装有焦炭和活性炭的除油器除去气体中的机油、焦油及少量萘，进入正处于吸附步骤的吸附器，除去 C_5 及 C_5 以上烃类、芳烃类等高沸点组分及硫化物。经净化后的煤气温度约为 40℃，输入 PSA 工序中正处于吸附步骤的吸附器，在此除氢和少量氧外其余组分均被吸附剂吸附。经 PSA 工序后的气体压力为 1.65MPa，含 0.3% 左右的氧气，进入脱氧器中在钯催化剂作用下 O_2 与 H_2 反应生成 H_2O，再经过干燥后即可得到 1.5MPa 的纯氢。用于脱除高沸点组分和硫化物的吸附器再生气是采用 PSA 工序的低压脱附气。该气体最终在 0.02MPa 下送回焦化生产系统。用于脱氧干燥工序的干燥器再生气，是未经干燥的产品气，经加热后进入处于脱附步骤的吸附器，再经冷却除水后送入处于吸附步骤的干燥器。

霍尼韦尔 UOP 于 1966 年发明了 Polybed PSA 变压吸附技术，并不断进行优化以满足全球范围内对氢气日益增长的需求。该工艺采用霍尼韦尔 UOP 专利吸附剂，在高压环境下净化含氢工业气体，进行氢气回收和提纯，氢气纯度高达 99.9%。除了通过蒸汽转化反应生成的气体以及炼厂尾气来回收并提纯氢气之外，Polybed PSA 变压吸附装置还可以利用诸如生产乙烯、甲醇所产生的尾气以及部分氧化/合成气等气源来生产氢气。

2. 钯合金薄膜扩散法

钯合金薄膜扩散法是根据氢气在通过钯合金薄膜时进行选择性扩散而纯化氢的一种方法。此法可用于处理含氢量低的原料气，且氢气纯度不受原料气质量的影响。钯合金薄膜扩散法在采用富氢原料气时，其回收率可达 99%。

钯具有的特殊的透氢性是由其原子结构决定的，由"质子模型"，即溶解-扩散机理控制。钯原子的 4d 层缺少 2 个电子，表面具有较强的吸氢能力，氢分子首先在钯表面被解离吸附，然后被电离成质子与电子在钯内沿着梯度方向进行扩散，透过钯膜，在膜的另一侧（低氢分压侧），质子再从金属格子接纳电子变成吸附氢原子、缔合后作为氢原子被脱附。只有被解离吸附成为质子状态的氢才能扩散透过钯膜，而不能变成质子的其他气体便不能透过，这也是为什么钯致密膜只对氢具有选择性的原因。钯膜的主要制备方法有传统卷轧、物理气相沉积（PVD）、化学气相沉积（CVD）、电镀或电铸、化学镀（EP）以及喷射热分解等。

目前，对钯合金膜的中毒机理以及对其引起中毒机理的研究还不够完备。复合钯膜结合了钯膜的高选择性和多孔支撑体高透量的优点，并且也降低了金属钯的用量，目前研究较多的是以多孔陶瓷或金属为支撑体，既减少了钯的用量，降低了成本，又提高了膜的透量，还可提高复合膜的稳定性，但要制备无裂缝、不脱落、均匀的致密复合膜在工艺上难度较大。多孔金属基复合钯膜用于工业生产仍有很大的挑战性，这也是复合钯膜的一个发展方向。进一步开发机械强度和耐热性更高的膜支撑体，确立钯基膜更廉价的制备方法，深入探索高使用寿命、高透过速度的新型复合膜等，这都是今后钯膜的发展方向。

3. 金属氢化物分离法

氢同金属反应生成金属氢化物的反应是可逆反应。当氢同金属直接化合时，生成金属氢化物，当加热和降低压力时，金属氢化物发生分解，生成金属和氢气，从而达到分离和纯化氢气的目的。金属氢化物分离法就是利用这一原理来分离、纯化氢气的。利用金属氢化物分离法纯化的氢气，纯度高且不受原料气质量的影响，其回收率一般在70%～85%。

4. 聚合物薄膜扩散法

聚合物薄膜扩散法是利用差分扩散速率原理纯化氢的方法，输出的氢气纯度受原料气含氢量和输入气流中的其他成分的影响。其回收率一般在70%～85%。

5. 低温分离法

低温分离法就是在低温条件下，使气体混合物中的部分气体冷凝而达到分离的方法。此方法适合于含氢量范围较宽的原料气，一般为30%～80%。低温分离法回收率达到95%。

三、氢的储存

氢气是一种密度非常小、性质活泼的气体，它飘浮不定，很难储存，因此在使用上往往受到限制。如果不解决氢的储存问题，即使能大量生产氢气，氢能的应用推广也成问题。

1. 对储氢系统的要求

对储氢系统的要求很多，在安全性保障的前提下，最重要的是高储氢密度。衡量氢气储运技术先进与否的主要指标是单位质量储氢密度，即储氢单元内所储氢质量与整个储氢单元的质量（含容器、存储介质材料、阀及氢气等）之比。

储氢设备使用的方便性，例如充放氢气的时间、使用的环境温度等也是很重要的要求。以燃烧氢气的汽车为例，汽车的燃料消耗与其行驶状态有关。快速行驶要求储氢系统大量供应氢气，而汽车在等待红灯时，则要求储氢系统停止供氢，这说明储氢系统应该有很好的动态响应；而汽车在中途补充燃料时，也希望在几分钟内完成，这就要求充氢气的速度特别快；寒冷的季节，气温会降到零下几十度，此时要求储氢系统也能及时供应氢气。这些常见而实际的要求关系到氢能是否实用的全局，就是这些实际要求，有时也会给不同的储氢系统带来相当大的难题。

2. 气态氢的储存

高压气态储氢技术是指在高压下，将氢气压缩，以高密度气态形式储存，具有成本较低、能耗低、易脱氢、工作条件较宽等特点，这是发展最成熟、最常用的储氢技术。但是它储量小、耗能大，需要耐压容器，存在氢气泄漏与容器爆破等不安全因素。

该技术的储氢密度受压力影响较大，压力又受储罐材质限制。因此，目前研究热点在于储罐材质的改进。ZUTTEL 等发现氢气质量密度随压力增加而增加，在 30～40MPa 时，增加较快，当压力大于 70MPa 时，变化很小。因此，储罐工作压力须在 35～70MPa，故寻找轻质、耐高压的储氢罐成为了高压气态储氢的关键。

目前，高压气态储氢容器主要分为纯钢制金属瓶（Ⅰ型），钢制内胆纤维环向缠绕瓶（Ⅱ型），铝内胆纤维全缠绕瓶（Ⅲ型）及塑料内胆纤维缠绕瓶（Ⅳ型）4 个类型。其中Ⅲ型瓶和Ⅳ型瓶具有重容比小、单位质量储氢密度高等优点，已广泛应用于氢燃料电池汽车。高压储氢瓶的工作压力一般为 35～70MPa，国内车载高压储氢系统主要采用 35MPa 型Ⅲ型瓶，国外以 70MPa Ⅳ型瓶为主。

高压储氢的优点很明显，在已有的储氢体系中，动态响应最好，能在瞬间提供足够的氢气保证氢燃料车高速行驶或爬坡，也能在瞬间关闭阀门，停止供气。高压氢气在零下几十度的低温环境下也能正常工作。高压氢气的充气速度很快，10min 就可以充满一辆大客车，是目前实际使用最广泛的储氢方法。未来高压气态储氢如何达到轻量化、高压化、质量稳定、成本低的目标，还需不断探索。

3. 液态氢的储存

通过氢气绝热膨胀而生成的液氢也可以作为氢的储存状态。液氢沸点仅 20.38K，气化潜热小，仅 0.91kJ/mol，因此液氢的温度与外界的温度存在巨大的温差，稍有热量从外界渗入容器，即可快速沸腾而损失。液氢通常储存在绝热的密封储罐内，液氢储罐分为大型站用储罐、中型运输储罐和车用储罐。图 5-16 给出了车用液氢储罐结构。

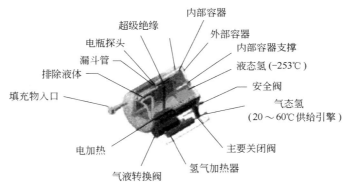

图 5-16 车用液氢储罐结构

液氢和液化天然气在大的储罐中储存时都存在热分层问题。即储罐底部液体承受来自上部的压力而使沸点略高于上部，上部液氢由于少量挥发而始终保持极低温度。静置后，液体分为下"热"上"冷"的两层。上层因冷而密度大，蒸气压较低；反之底层因热而密度小，蒸气压较高。显然这是一个不稳定状态，稍有扰动，上下两层就会翻动，如果略热而蒸气压较高的底层翻到上部，就会发生液氢暴沸，产生大体积氢气，使储罐爆破。为防止事故的发生，大的储罐都备有缓慢的搅拌装置以阻止热分层。如果在液氢中加入胶凝剂，进一步降温就会生成液氢和固体氢的混合物（即胶氢），含有 50% 固体氢的胶氢的温度为 13.8K，密度为 81.5kg/m³。我国已经可以自行生产液氢，并成功地用于航天航空事业。

液氢方式储运的最大优点是质量储氢密度高（按目前的技术可以大于 5%），存在的问题是液氢蒸发损失和成本问题。

4. 固体氢储存

研究发现，某些金属具有很强的捕捉氢的能力，在一定的温度和压力条件下，这些金属能够大量"吸收"氢气，反应生成金属氢化物，同时放出热量。其后，将这些金属氢化物加热，它们又会分解，将储存在其中的氢释放出来。这些会"吸收"氢气的金属，称为储氢合金。常用的储氢合金有：稀土系（AB_5 型）、钛系（AB 型）、锆系（AB_2 型）、镁系（A_2B 型）四大系列。自 20 世纪 70 年代起，储氢合金就受到重视。为改善合金的储氢性能和降低成本，科技工作者们在合金成分、制备工艺等方面进行不懈的探索。

储氢合金的优点是有较大的储氢容量，单位体积储氢密度是相同温度、压力条件下气态氢的 1000 倍，也即相当于储存了 1000atm 的高压氢气，其单位体积储氢密度可高达 40～50kg/m³。储氢合金安全性也很好，即使遇枪击也不爆炸。

该方法的缺点是储氢质量分数低，多数储氢金属的质量分数仅为 1.5%～3%，在车上使用会增加很大的负载。另外，储氢合金易粉化。储氢时金属氢化物的体积膨胀，而解离释氢过程又会发生体积收缩。经多次循环后，储氢金属便破碎粉化，氢化和释氢变得越来越困难。储氢合金的低温特性不好，要是储氢合金释放氢，必须向合金供应热量。AB_5 型合金所需的加热温度最低，为 40～50℃，而镁基合金则需加热到 300℃左右。实际应用中还装设热交换设备，进一步增加了储氢装置的体积和重量。由于汽车上的热源不稳定，因此储氢合金难以在汽车上应用。

上面三种储氢方法是目前实际应用的主流，特别是高压储氢方法应用最为广泛，三种储氢方式对比如表 5-2 所示。同时，科学家们正在积极探索新的储氢方法。

表 5-2 氢气储存方式对比

项目	高压气态储氢	液化储氢	固体吸附储氢
储氢成本	低	高	中
质量储氢密度/%	<5.7	5.1～7.4	4.5～18.5
安全性	较差	较差	安全
优点	充放氢速度快、容器结构简单	储氢密度高、性能稳定	储氢密度高、储氢压力低、安全性好、氢气纯度高
缺点	体积比容量小、安全性差	投资大、能耗高、有蒸发损失、反应温度高、脱氢效率低	吸放氢温度偏高、循环性能较差

5. 储氢新方法

无机物储氢是一种目前正在研究的储氢新技术。不少离子型氢化物，如络合金属氢化物 NH_3BH_4、$NaBH_4$ 等加热可分解放出氢气，其理论质量储氢密度分别高达 19.6% 和 10.7%，引起了科学家的注意。其实，这些可以算是较早的储氢材料，我国在 20 世纪 50 年代就开始了这类氢化物合成和应用的研究。近年来国内外的研究更注重实用化，主要聚焦在释放氢用催化剂、吸放氢速度控制、氢化物复用等方面。这类储氢系统用于氢燃料汽车的主要问题是系统的动态响应，另外，化合物的高昂价格也是大问题。除上述的氢化物外，常见的氨（NH_3）也是一种有效的氢载体，经分解和重整后可从中获得大量氢气。

有机物储氢也是一种有希望的储氢方法。有机液体化合物储氢剂主要是苯和甲苯，其原理是苯（或甲苯）与氢反应生成环己烷（或甲基环己烷），此载体在 0.1MPa、室温下呈液体状态，其储存和运输简单易行，通过催化脱氢反应产生氢以供使用，该储氢技术具有储氢量大（环己烷和甲基环己烷的理论储氢量分别为 7.19% 和 6.18%）、能量密度高、储存设备简单等特点，已成为一项有发展前景的储氢技术。

有机液体氢化物作为氢载体的储氢技术是在 20 世纪 80 年代发展起来的。美国布鲁克海文国家实验室（BNL）首先成功地将 $LaNi_5$ 等粉末加入到 3% 左右的十一烷或异辛烷中，制成了可流动的浆状储氢材料。近年来，浙江大学在国家氢能 973 项目的支持下，系统研究了高温型稀土-镁基储氢合金及其氢化物在浆液中催化液相苯加氢反应的催化活性，对合金相结构、微观结构形貌、表面状态及吸放氢性能的影响及其相关机制，提出了合金表面与有机物中碳原子发生电荷转移的新机制。但该体系的缺点也很突出，加氢时放热量大、脱氢时能耗高，脱放氢时的温度在 1000℃ 左右，也正是氢循环时的高温限制了它的应用。该系统能否应用的关键性问题是要开发低温高效、长寿命的脱氢催化剂。

碳质储氢材料一直为人们所关注。碳质储氢材料主要是高比表面活性炭、石墨纳米纤维、碳纳米纤维和碳纳米管。特殊加工后的高比表面积活性炭，在 2～4MPa 和超低温（77K 为液氮的温度）下，储氢的质量分数可达 5.3%～7.4%，但低温条件限制了它的广泛应用。

纳米碳材料是 20 世纪 90 年代才发展起来的储氢材料。已报道的储氢碳材料包括纳米碳纤维、纳米碳管等高碳原子簇材料。1995 年，有科学家报道纳米碳纤维的吸附特性与常规活性炭的吸附特性正好相反，表明纳米碳纤维有可能对小分子氢显示超强吸附。1997 年，美国人 A. C. Dillon 等曾报道单壁纳米碳管对氢的吸附量比活性炭大得多，其吸附热约为活性炭的 5 倍。最令人心动的结果是 1998 年，美国东北大学罗格里德斯教授等报道的试验结果，她们得到纳米石墨纤维在 12MPa 下的储氢容量高达 23.33L/g。纳米石墨纤维的试验结果，比现有的各种储氢技术的储氢容量高出 1～2 个数量级，引起了世人的瞩目。按照她的结果推算，按现有汽车油箱大小的体积，装上纳米碳储氢，一次储氢足够燃料电池汽车行驶 8000km。此外，1999 年 7 月 2 日的《科学》杂志介绍了新加坡国立大学的科学家在碳纳米管中嵌入钾离子和锂离子之后，在 200～400℃ 时吸放氢的数据相当高。但是这类材料难以通过系统的设计来控制其结构形貌，如比表面积、孔隙率、微孔体积以及微孔形状，并且难以大量制备，成本高，目前还处于实验室研究阶段。尽管很多工作还未展开，但纳米碳材料极高的储氢量已经充分显示了其作为储氢介质的优越性及巨大的潜力。

另外还有一些复合储氢方法，如同时使用高压和储氢合金、同时使用高压和液氢等，希望提高储氢容量，改善储氢系统特性。

储氢材料吸放氢的过程就是储氢材料与氢的可逆循环反应，涉及材料多孔界面微区的传热、传质，氢分子、氢原子的动态激发及其能级迁跃，情况较复杂，由于受测试仪器精度的限制，许多过程机理尚不清楚。储氢技术是氢能应用必须克服的难关，要使氢能得到广泛应用，需要开发高效、便捷的储氢技术，包括但不限于：

① 开发轻质、耐压、高储氢密度的新型储罐；

② 完善化学储氢技术中相关储氢机理，寻找高储氢密度、高放氢效率、高氢气浓度的方法；

③ 提高储氢技术的效率，降低储氢成本，提高安全性；

④ 开发复合储氢技术，两种或多种储氢技术协同使用，提高复合储氢技术的效率。

氢能可储可输，既是氢能的优势所在，又是氢能应用的主要瓶颈，其高密度低成本安全储存一直是一个世界级难题。未来储氢技术需要有创新突破，进一步为可持续利用的能源资源开辟全新的道路。

四、氢的输运

氢气输运是氢能利用的重要环节。按照氢在输运时所处状态的不同，可以分为气氢输送、液氢输送和固氢输送。其中前两者是目前正在大规模使用的两种方式。根据氢的输送距离、用氢要求及用户的分布情况，气氢可以用管网，或通过高压容器装在车、船等运输工具上进行输送。管网输送一般适用于用量大的场合，而车、船运输则适合于量小、用户比较分散的场合。液氢、固氢输运方法一般是采用车船输送。

1. 气氢输送

氢气的密度特别小，为了提高输送能力，一般将氢气加压，使体积大大缩小，然后装在高压容器中，用牵引卡车或船舶进行较长距离的输送。在技术上，这种运输方法已经相当成熟。但是，由于常规的高压储氢容器的本身重量很重，而氢气的密度又很小，所以装运的氢气重量只占总运输重量的 1%～2% 左右。它只适用于将制氢厂的氢气输送到距离不太远而同时需用氢气量不很大的用户。国内常见的单车运氢量约为 260～460kg，最高工作压力限制在 20MPa。另外氢气瓶卸车时间较长，需要约 2～6h，效率较低。而国际上已经推出 50MPa 的氢气长管拖车，每次可运氢气 1000～1500kg。

对于大量、长距离的气氢输送，可以考虑用管道。管道输氢是实现氢气大规模、长距离、低成本运输的重要方式。目前全球已建成的氢气管道近 5000km，而中国不足 100km。氢气的长距离管道输送已有 80 余年的历史。最早的长距离氢气输送管道于 1938 年在德国鲁尔建成，其总长达 208km，输氢管直径在 0.15～0.30m 之间，额定的输氢压力约为 2.5MPa，连接 18 个生产厂和用户，从未发生任何事故。欧洲大约有 1500km 输氢管。世界最长的输氢管道建在法国和比利时之间，长约 400km。目前使用的输氢管线一般为钢管，运行压力为 1～2MPa，直径 0.25～0.30m。由于管材存在"氢脆"现象，氢气管道需选用低碳钢材且要特殊处理，导致造价是普通天然气管道的 2 倍以上，所以成本是制约氢气管道建设的重要因素。目前的研究热点是利用现有的天然气管网混氢运输。据研究，如果将掺混的氢气控制在 15%～20% 以内，可以直接利用现有天然气管道输送，德国、英国等已有类似示范项目。目前该项研究仅停留在试验阶段，且要面临分离等技术难题，所以管道输氢短期内不具备成为运氢主要方式的可能。

2. 液氢输送

当液氢生产厂离用户较远时，可以把氢气深度冷冻至 21K 液化，再装入 0.6MPa 的专用低温绝热槽罐内，放在卡车、机车、船舶或者飞机上运输。这是一种既能满足较大输氢量又比较快速、经济的运氢方法。

液氢槽车是关键设备，常用水平放置的圆筒形低温绝热槽罐。液氢槽罐车的容量大约为 65m^3，每次可运输氢气约 4000kg，是气氢拖车运量的 10 倍以上，大大提高了运输效率，适合大批量、远距离运输。汽车用液氢储罐储存液氢的容量可达 100m^3，铁路用特殊大容量的槽车甚至可运输 120～200m^3 的液氢。

液氢可用船运输，这和运输液化天然气（LNG）相似，不过需要更好的绝热材料，使液氢在长距离运输过程中保持液态。美国宇航局（NASA）还建造了输送液氢的大型专用驳船。

在特别的场合，液氢也可用专门的液氢管道输送，由于液氢是一种低温（−253℃）的液体，其储存的容器及输送液氢的管道都需有高度的绝热性能。即便如此，还会有一定的冷量损耗，所以管道容器的绝热结构就比较复杂。液氢管道一般只适用于短距离输送，如空间飞行器发射场内从液氢生产场所或大型储氢容器罐输送液氢给发动机。

3. 固氢输送

用储氢材料储存与输送氢比较简单，即用储氢合金储存氢气，然后运输装有储氢合金的容器。固氢有以下优点：

① 体积储氢密度高；

② 容器工作条件温和，不需要高压容器和隔热容器；

③ 系统安全性好，没有爆炸危险。

最大的缺点是运输效率太低（不到1%）。

由于储氢合金价格高（通常几十万元/吨），放氢速度慢，还要加热，所以用固氢输送的情形并不多见。表5-3为不同运氢方法对比。

表5-3 不同运氢方法对比

运氢方式		运输量	应用情况	优缺点
气态	集装格	5～10kg/格	广泛用于商品氢运输	技术成熟，运输量小，适用于短距离运输
	长管拖车	250～460kg/车	广泛用于商品氢运输	技术成熟，运输量小，适用于短距离运输
	管道	310～8900kg/h	国外处于小规模发展阶段，国内尚未普及	一次性投资高，运输效率高，适合长距离运输，需要注意防范氢脆现象
液态	槽车	360～4300kg/车	国外应用较为广泛，国内目前仅用于航天及军事领域	液化能耗和成本高，设备要求高，适合中远距离运输
	有机载体	2600kg/车	试验阶段，少量应用	加氢及脱氢处理使得氢气的高纯度难以保证
固态	储氢金属	24000kg/车	试验阶段，用于燃料电池	运输容易，不存在逃逸问题，运输的能量密度低

第三节 氢 的 应 用

氢气的应用领域很广，用于生产合成氨、甲醇和石油炼制。另外，在电子工业、冶金工业、食物加工、浮法玻璃、精细化工合成、航空航天工业等领域也有应用。

氢气还可用作燃料，主要使用方式是直接燃烧和电化学转换。氢能在发动机、内燃机内进行燃烧转换成动力，成为交通车辆、航空的动力源或者固定式电站的一次能源。燃料电池将氢的化学能量通过化学反应转换成电能，可用作电力工业的分布式电源、交通部门的电动汽车电源和微小型便携式移动电源等。

此外，利用氢的同位素氘、氚在可控情况下发生核聚变，聚变反应中释放出来的核能提供大量的热量，就像造出一个"人造小太阳"，反应后的生成物是无放射性污染的氦，详见本书第七章的内容。

一、直接燃烧

1. 氢在燃气轮机发电系统中的应用

燃烧天然气、以燃气轮机为核心的燃气-蒸汽联合循环技术在商业上已经日趋成熟，但这种双工质循环耦合带来的传热和顶部循环的烟气排放热量损失却是无法避免的，与此同时也带来了 CO_2 和 NO_x 的排放。直接采用氢作为燃气轮机的燃料而构成的联合循环系统将会提高整个循环的热效率，真正实现零排放的目的。

图 5-17 所示为简单的氢-氧联合循环系统。该系统主要由燃气轮机（GT）和蒸汽轮机（ST）组成，以纯氢为燃料，以纯氧为氧化剂。燃料在喷水的燃烧室内燃烧后，高温水蒸气直接进入燃气轮机，做功后排气直接进入到蒸汽轮机，然后排到凝汽器冷凝，完成做功循环。

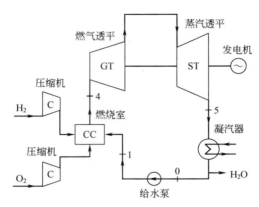

图 5-17　简单的氢-氧联合循环系统

意大利威尼斯工业区富西纳创新型氢燃料联合循环发电厂是世界上同类规模的首个氢能发电厂，总发电功率为 16MW。它采用氢燃料联合循环发电，热电联供，输出功率为 12MW。将排气产生的高温蒸汽流送入附近的燃煤发电厂产生另外 4MW 的功率，提高该过程的效率。该电厂每小时消耗 1.3t 的氢气，总发电效率约为 42%，基本上实现零排放。年发电量 $6 \times 10^7 kW \cdot h$，可满足 20000 户家庭的用电需求，减少的碳排放量达到 17000t 以上。

挪威斯塔文格大学的研究人员表示，他们自 2022 年 5 月以来，已经实现用 100% 的氢气燃料运行燃气轮机，这在世界上是首次。该大学拥有自己的微型燃气发电厂，其燃气轮机产生的热量、电力和热水用于循环加热。

降低氮氧化合物排放量、提高燃烧室和涡轮叶片装置耐高温性能、降低纯氧生产成本等是氢气燃气轮机发电大型化、商业化所需解决的技术难题。

2. 氢在内燃机中的应用

现在各国都在寻找替代能源，大力发展低污染、节能的"清洁燃料"汽车，用以解决环境污染日趋加剧和石油资源短缺的问题。氢燃料被认为是未来最理想的车用能源之一。

氢作为车用能源有两种主流的转化方式，以质子交换方式的车用燃料电池发动机和以现有车用内燃机为基础的燃用氢的车用发动机。发展氢内燃机相对来说更容易实现，只需对传统内燃机作一些修改；此外，氢内燃机对氢纯度的要求也没有燃料电池那么严格，而且在内燃机应用方面，现有企业已经拥有了大量的经验。所以，很多人认为，发展氢内燃机是未来一段时间内的最好选择。

（1）氢在内燃机中的燃用方式和特点

主要包括两种燃用方式，即双燃料法和纯氢气法。

第一种燃烧方式是天然气掺氢燃烧（即双燃料法）。天然气和氢气同为气体，它们的混合气可以压缩后储存于同一气瓶内，在汽车上布置比较简单，而且天然气加氢后，内燃机性能和排放都有很大的改善，所以天然气加氢汽车，在近年来得到了广泛的研究。

汽油机掺氢燃烧的主要目的是提高热效率和降低油耗。氢气点火能量低（0.02MJ），火焰传播速度快，汽油机掺氢燃烧的着火延迟期将大大缩短，火焰传播速度也明显加快。同时，氢燃烧过程中 OH、H、O 活性离子也会使燃烧速度加快，抑制爆燃，这样发动机可以采用较大的压缩比，热效率较高。汽油-氢内燃机与传统汽油机的区别在于多了一套控制加氢量的装置。加氢量根据发动机的转速、负荷等参数确定。高速高负荷时，为了防止气缸内充量系数过小、功率不足而少加或不加氢气；在中等转速、中等负荷范围内，加氢率一般为 5% 左右效果较好；低速低负荷时，应多加氢或只用氢气作燃料，可以节约燃料、降低排放，且低温时易启动。

氢气的自燃温度很高，不能直接应用在柴油机上，需要在柴油机上安装火花塞或者使用一小部分柴油引燃氢气。

第二种燃烧方式是纯氢气法。燃用纯氢气的发动机称为氢气发动机。目前，氢气发动机的类型按混合气形成方式可分为预混式（采用化油器、进气管喷射）和缸内直喷式（氢气直接喷入燃烧室）。缸内直喷式又分为低压喷射型（即氢气在压缩行程前半行程喷入，采用火花点火和热表面点火）和高压喷射型（即氢气在压缩行程末期将压力为 6MPa 以上的氢气喷入气缸，采用缸内炽热表面点火和火花塞点火）。

采用预混式外部混合气形成方式的氢气发动机输出功率低，易发生回火和早燃等不正常燃烧；若采用进气管喷水和废气再循环等措施，则需较大的喷水率和废气再循环率才有明显效果，但这会降低发动机性能。低压喷射型虽可控制回火，但喷入常温下的氢气时易发生早燃等异常燃烧，而喷入低温（−50～−30℃）氢气虽可抑制早燃和提高发动机功率，但使其成本上升。高压喷射型由于氢气和空气混合不良，指示热效率稍低，但不会发生回火和早燃等异常燃烧，并可提高压缩比，从而提高输出功率，补偿热效率，改进发动机的整体性能。

（2）氢气在内燃机中的应用及存在的问题

在氢能源车研究领域，宝马和马自达一直走在世界前列，它们将氢气作为发动机燃料，实现了氢气和汽油双燃料的供应模式。但受制于配套设施的高昂费用使得这一新能源的普及还需时日。早在 2005 年，我国长安汽车就开始了氢内燃机研究，并获得国家"863"计划立项。2007 年 6 月，长安汽车与北理工合作研究的 PFI 氢内燃机成功点火。2021 年 4 月，由中国一汽自主设计研发的首款红旗 2.0L 氢能专用发动机在研发总院试制所顺利下线交付，并于当月在北理工实现点火。该发动机基于中国一汽最先进的第三代汽油机产品平台自主研发，发动机排量 2L，目标热效率大于 42%。图 5-18 是中国第一辆氢内燃机轿车。

图 5-18 中国第一辆氢内燃机轿车

氢动力汽车是一种真正实现零排放的交通工具，排放出的是纯净水，其具有无污染、零排放、储量丰富等优势，因此，氢动力汽车无疑是传统汽车最理想的替代方案。

然而，氢气在内燃机应用中仍存在一些问题有待解决。

① 氢燃料发展中面临的问题。首先，必须发展先进的、有价格竞争力的制氢技术。其次，实用的储存和携带技术，使其在价格、携带量、易用性、安全性等方面更具吸引力。最后，加强加氢基础设施的建设，形成系统的供氢网络。

② 氢气发动机自身存在的问题。由于氢燃料与石油燃料的物化特性有明显的差异，若按传统发动机的理论和实践来组织氢发动机的混合气形成和燃烧，将出现严重的回火、早燃和爆燃等异常燃烧，并产生较多的 NO_x（氢燃料发动机的唯一有害排放物）。为了解决这些问题，人们尝试着使用了许多方式，如临近气缸供氢、改造燃烧室、提高压缩比、向混合气中喷水、使用液态氢和废气再循环等，且都取得了一定的效果。

3. 氢在喷气发动机上的应用

氢用作燃料能源的优点，在对重量十分敏感的航天、航空领域，显得格外突出。首先，在航天方面，对于航天飞机来说，减轻燃料自重，增加有效载荷极为重要，而氢的能量密度很高，为 18000W/kg，是普通汽油的 3 倍，也就是说，只要用 1/3 重量的氢燃料，就可以代替汽油燃料，这对航天飞机无疑是极为有利的。以氢作为发动机的推进剂、以氧作为氧化剂组成化学燃料，把液氢装在外部推进剂桶内，每次发射需用 $1450m^3$，约 100t，这就可以节省 2/3 的起飞重量，从而也就满足了航天飞机起飞时所必需的基本燃料的需求。氢作为航天动力燃料，可追溯到 1960 年，液氢首次成为太空火箭的燃料，到 20 世纪 70 年代，美国发射的"阿波罗"登月飞船使用的起飞火箭燃料也是液态氢。今后，氢将更是航天飞机必不可少的动力燃料。

科学家们正在研究设计一种"固态氢"宇宙飞船。这种飞船由直径为 3.6m 的"氢冰球"簇制成，这是用小型助推火箭发射的氢冰球在地球轨道上组装起来的，固态氢既作为飞船的结构材料，又作为飞船的动力燃料，在飞行期间，飞船上的所有非重要零件都可以"消耗掉"。预计这种飞船在地球轨道附近可维持运行 24 年；如在离太阳较远的深层宇宙飞行，这种氢冰球体，则可维持更长的时间。

在航空方面，氢作为动力燃料也已经开始飞上飞机试飞航线。1989 年 4 月，苏联用一架图-155 运输客机改装的氢能燃料实验飞机，试飞成功，它为人类应用氢能源迈出了成功的一步。到了 21 世纪，空客公司的 Cryoplane 研究小组完成了部分关于氢能飞机的探索性研究与设计，但是最终没有制造出相关的产品。

直到最近 10 年，使用氢气作为动力源的早期原型机才逐渐被制造出来并进行实验，比如为动力研究而设计的 HY4 滑翔机。空客公司在 2020 年 9 月宣布把氢燃料推进系统作为新一代零排放商业飞机的核心。这项名叫 ZeroE（零排放）的项目如今是欧盟数十亿欧元绿色经济刺激计划的旗舰项目。空客公司计划在 2035 年前，将三架氢动力概念机投入运营。首先是一架螺旋桨飞机，可搭载约 100 名乘客，航程约为 1000 海里（约合 1850km）。其次是一架喷气式飞机，可搭载 200 名乘客，航程也是前者的两倍。这两架飞机的外观都与现有飞机很类似，但第三架概念机则采用翼身融合式设计。氢能飞机在目前阶段主要面临的挑战还是在各个技术环节，主要集中在储氢罐质量、关键组件的可靠性和安全性等方面。

二、燃料电池

燃料电池是一种直接将储存在燃料和氧化剂中的化学能高效地转化为电能的发电装置。

这种装置的最大特点是由于反应过程不涉及燃烧，因此其能量转化效率不受"卡诺循环"的限制，能量转换效率高达 $60\%\sim80\%$，实际使用效率是普通内燃机的 2～3 倍。

1. 燃料电池的基本工作原理

燃料电池由阳极、阴极和电解质隔膜构成。燃料在阳极氧化，氧化剂在阴极还原，从而完成式（8）、式（9）两个半反应，总反应为式（10）。

阳极反应：
$$H_2 \longrightarrow 2H^+ + 2e^-$$
（8）

阴极反应：
$$\frac{1}{2}O_2 + 2H^+ + 2e^- \longrightarrow H_2O$$
（9）

总反应：
$$\frac{1}{2}O_2 + H_2 \longrightarrow H_2O$$
（10）

燃料电池的基本工作原理如图 5-19 所示。氢气由燃料电池的阳极进入，氧气（或空气）则连续吹入燃料电池的阴极。为了加速电极上的电化反应，燃料电池的电极上都包含了一定的催化剂。催化剂一般做成多孔材料，以增大燃料、电解质和电极之间的接触面。氢分子在阳极分解成两个氢质子与两个电子，其中质子被吸引到薄膜的另一边，电子则经由外电路形成电流后，到达阴极。在阴极催化剂的作用下，氢质子、氧及电子发生反应形成水分子，因此水可以说是燃料电池唯一的排放物。燃料电池与一般传统电池一样，是将活性物质的化学能转化为电能的装置，因此都属于电化学动力源，但燃料电池的电极本身不具有活性物质，只是个催化转换组件。

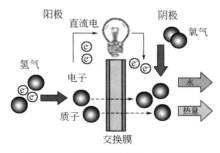

图 5-19 燃料电池基本工作原理

由于燃料电池工作时要连续不断地向电池内输送燃料和氧化剂，所以燃料电池使用的燃料和氧化剂均为流体，即气体和液体。最常用的燃料为纯氢、各种富含氢的气体（如重整气）和某些液体（如甲醇水溶液），而氢燃料可以来自于任何的碳氢化合物，例如天然气、甲醇、乙醇、水的电解等。常用的氧化剂为纯氧、净化空气等气体和某些液体（如过氧化氢和硝酸水溶液）。

2. 燃料电池的分类

燃料电池按照其电解质不同，可分为碱性燃料电池、磷酸盐型燃料电池、固体氧化物燃料电池、熔融碳酸盐燃料电池和质子交换膜燃料电池。

（1）碱性燃料电池（alkaline fuel cell，AFC）

碱性燃料电池的电解质为液体氢氧化钾或者液体氢氧化钠，通常工作温度为 50℃。它是最早获得应用的燃料电池。图 5-20 为碱性燃料电池原理。

其电极反应式如下。

阳极：$H_2 + 6OH^- - 6e^- \longrightarrow 4H_2O + O_2$

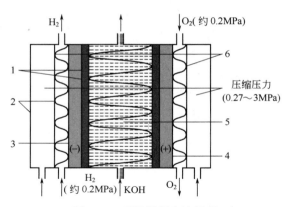

图 5-20　碱性燃料电池原理

1—隔膜；2—连接片；3—阳极；4—阴极；5—电解质；6—支撑网

阴极：$\frac{1}{2}O_2 + H_2O + 2e^- \longrightarrow 2OH^-$

总反应：$\frac{1}{2}O_2 + H_2 \longrightarrow H_2O$

20 世纪 50 年代，英国剑桥大学的 F. T. Bacon 教授用高压氢、氧气体演示了世界第一个功率为 5kW 的碱性燃料电池，工作温度为 150℃。随后建造了一个 6kW 的高压氢氧碱性燃料电池的发电装置。60 年代，由美国联合技术公司把该系统加以发展，成功地为阿波罗登月飞船提供电力。但是，碱性燃料电池的研究工作基本已在 20 世纪 70～80 年代末中止，因为碱性电解质液体氢氧化钾、氢氧化钠易与空气中的 CO_2 生成 K_2CO_3 和 Na_2CO_3 沉淀，严重影响电池性能。而要除去 CO_2，这在常规环境中有很大的困难。现在碱性燃料电池基本已被质子交换膜燃料电池取代。

90 年代后期，德国西门子公司在原有的 AFC 基础上，将 8 个 6kW 氢/氧 AFC 电堆组合在一起构成 48kW 的 AFC 电堆，该电堆输出电压 192V，输出电流 250A，该公司还用 AFC 电堆装备了一艘德国潜艇。现在，西门子公司用 PEMFC 装备德国 U31 潜艇。20 世纪 90 年代，德国卡尔斯鲁厄研究中心研制了以 AFC 作为动力的汽车，这是德国第一辆用燃料电池作动力的汽车，现陈列于德国奥海姆技术博物馆。德国卡尔斯鲁厄研究中心的 AFC 研制工作现已停止。碱性燃料电池在地面上的应用几乎全部停止。其最辉煌的历史是曾在航天飞行中得到应用。

（2）磷酸盐型燃料电池（phosphoric acid fuel cell，PAFC）

PAFC 是一种以浓磷酸为电解质的燃料电池，采用重整气（$H_2 + CO$）作燃料，空气作氧化剂，浸有浓磷酸的 SiC 微孔膜作为电解质，产生的直流电经过直交变换后以交流电的形式供给用户。图 5-21 为磷酸盐型燃料电池原理。

其电极反应如下。

阳极：$H_2 \longrightarrow 2H^+ + 2e^-$

阴极：$\frac{1}{2}O_2 + 2H^+ + 2e^- \longrightarrow H_2O$

在该电池中，阳极燃料气中的 H_2 在多孔扩散电极表面生成 H^+ 并释放电子，H^+ 通过电解质迁移到阴极，并同外部供应的 O_2 及外部电路流入的电子反应生成水。为完成上述反

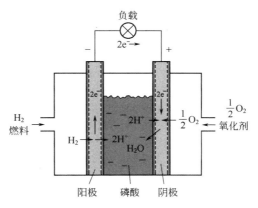

图 5-21 磷酸盐型燃料电池原理

应，PAFC 采用高活性、寿命长的电催化剂及浓度为 98%～99% 的浓磷酸作为电解质。浓磷酸电解质不仅能耐燃料气及空气中的 CO_2，承受 CO 导致的中毒现象，而且可以降低电池内水蒸气的分压。但磷酸在低温时的离子传导度差，PAFC 的工作温度需控制在 160～220℃ 之间。目前 PAFC 的发电效率能达到 40%～45%，但燃料必须外重整，且磷酸电解质的腐蚀作用使 PAFC 的寿命难以超过 4000h。PAFC 的技术已属成熟，产品也已进入商业化，多作为特殊用户的分布式电源、现场可移动电源及备用电源等。目前，美国、加拿大、欧洲和日本建立的大于 200kW 的 PAFC 电站已运行多年。

（3）固体氧化物燃料电池（solid oxide fuel cell，SOFC）

SOFC 以重整气为燃料，空气为氧化剂，使用的电解质为固态非多孔金属氧化物，通常为 YSZ（三氧化二钇稳定的氧化锆，Y_2O_3-stabilized-ZrO_2），在 650～1000℃ 的工作温度下，不需要使用昂贵的贵金属为催化剂，氧离子在电解质内具有很高的离子传导度。一般而言，阳极使用的材料为钴-氧化锆或镍-氧化锆（Co-ZrO_2 或 Ni-ZrO_2）陶瓷，阴极则为掺入锶的锰酸镧（Sr-doped-$LaMnO_3$）。图 5-22 为固体氧化物燃料电池原理。

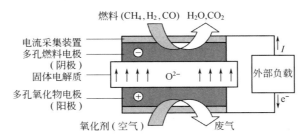

图 5-22 氧离子传导型 SOFC 的工作原理

SOFC 电池的工作过程与其他燃料电池有所不同。由于固体电解质不允许电子和氢离子通过，而只允许带负电的氧离子通过，其电极反应如下。

阳极：$H_2 + O^{2-} \longrightarrow H_2O + 2e^-$

$CO + O^{2-} \longrightarrow CO_2 + 2e^-$

$CH_4 + 4O^{2-} \longrightarrow CO_2 + 2H_2O + 8e^-$

阴极：$\frac{1}{2}O_2 + 2e^- \longrightarrow O^{2-}$

由于电解质是固体，SOFC 外形较具灵活性，可以被制作成管型、平板型或整体型等。与液体电解质的燃料电池相比，SOFC 避免了电解质蒸发和电池材料的腐蚀问题，电池的寿命较长。此外，由于在高温下运行，反应热品位较高，可以用于发电或供热，如果将高温反应热综合利用，其能量利用率可达 80% 左右。近日，国内首个百千瓦级固体氧化物燃料电池发电项目实现示范应用，经国际权威第三方认证机构 SGS 检测，项目交流发电净效率达 64.1%，综合热电联供效率达 91.2%，并实现连续 1000h 并网发电，主要技术指标达到国际领先水平。

SOFC 具有燃料适应性广、能量转换效率高、全固态、模块化组装、零污染等优点，可以直接使用氢气、一氧化碳、天然气、液化气、煤气及生物质气等多种碳氢燃料。在大型集中供电、中型分电和小型家用热电联供等民用领域作为固定电站，以及作为船舶动力电源、交通车辆动力电源等移动电源，都有广阔的应用前景。

（4）熔融碳酸盐燃料电池（molten carbonate fuel cell，MCFC）

熔融碳酸盐燃料电池原理见图 5-23。

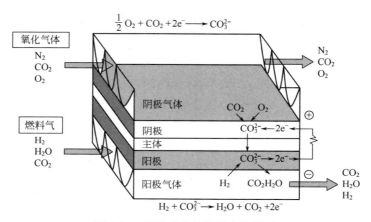

图 5-23 熔融碳酸盐燃料电池原理

MCFC 所使用的电解质为分布在多孔陶瓷材料（$LiAlO_4$）中的碱性碳酸盐。碱性碳酸盐电解质在 600～800℃ 的工作温度下呈现熔融状态，通过电解质的载流子是碳酸根离子，此时具有极佳的离子传导度。MCFC 的电极反应如下。

阳极：$H_2 + CO_3^{2-} \longrightarrow H_2O + CO_2 + 2e^-$

$CO + CO_3^{2-} \longrightarrow 2CO_2 + 2e^-$

阴极：$\frac{1}{2}O_2 + CO_2 + 2e^- \longrightarrow CO_3^{2-}$

MCFC 工作温度高，电极反应活化能小，可以不用高效的催化剂，一般可以采用镍与氧化镍分别作为阳极与阴极的催化剂。MCFC 电极、电解质隔膜、双极板的制作技术简单，密封和组装的技术难度相对较小，易于大容量发电机组的改装，而且造价较低。其缺点是必须配置二氧化碳循环系统，而且易挥发；激活时间较长，不适合作为备用电源。由于高温电解质具有腐蚀性，MCFC 对电池材料有严格的要求。

MCFC 具有内重整能力，不但提高了发电效率，而且简化了系统，在建立高效、环境友好的 50～10000kW 的分散电站方面具有显著优势。MCFC 以天然气、煤气和各种碳氢化合物为燃料，可以实现减少 40% 以上的 CO_2 排放，余热可以回收或与燃气轮机相结合组成复合发电系统，使发电机容量和发电效率进一步提高。

① 发电能力 50kW 左右的小型 MCFC 电站，主要用于地面通信和气象台站等。

② 发电能力在 200～500kW 的 MCFC 中型电站，可用于水面舰船、机车、医院、海岛和边防的热电联供。

③ 发电能力在 1000kW 以上的 MCFC 大型电站，可与热机联合循环发电，作为区域性供电站，还可以与市电并网。

（5）质子交换膜燃料电池（proton exchange membrane fuel cell，PEMFC）

PEMFC 的工作原理如图 5-24 所示。

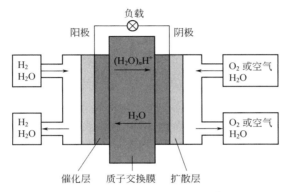

图 5-24　质子交换膜燃料电池工作原理

燃料（含氢、富氢）气体和氧气通过双极板上的导气通道分别到达电池的阳极和阴极，反应气体通过电极上的扩散层到达质子交换膜。在膜的阳极一侧，氢气在阳极催化剂的作用下解离为氢离子（质子）和带负电的电子，氢离子以水合质子 H^+（nH_2O）的形式，在质子交换膜中从一个磺酸基（—SO_3H）转移到另一个磺酸基，最后到达阴极，实现质子导电。质子的这种转移导致阳极出现带负电的电子积累，从而变成一个带负电的端子（负极）。与此同时，阴极的氧分子与催化剂激发产生的电子发生反应，变成氧离子，使阴极变成带正电的端子（正极），其结果在阳极带负电终端和阴极带正电终端之间产生了一个电压。如果此时通过外部电路将两极相连，电子就会通过回路从阳极流向阴极，从而产生电能。同时，氢离子与氧离子发生反应生成水。电极反应如下。

阳极：$nH_2O + \dfrac{1}{2}H_2 \longrightarrow H^+ \cdot nH_2O + e^- - Q$

阴极：$2H^+ \cdot nH_2O + \dfrac{1}{2}O_2 + 2e^- \longrightarrow (n+1)H_2O + Q$

PEMFC 以质子传导度佳、不导电子的固态高分子膜为电解质。当以富氢气体为燃料时，不能含有过量的 CO [容忍度 $<10\times10^{-6}$（体积分数）]，以避免毒化阳极催化剂。

PEMFC 是目前主要的燃料电池类型，在 2020 年出货量占据全部燃料电池的 79% 左右。质子交换膜燃料电池具有较短的启动时间、较低的运行温度和高能量密度，已经成为全球燃料电池应用和推广的主流技术之一。在环保背景下，燃料电池应用需求持续攀升，预计到 2025 年全球燃料电池市场规模将达到 93 亿美元。PEMFC 行业发展和燃料电池趋势相同，随着燃料电池产业发展，PEMFC 市场规模不断扩大。

表 5-4 所列为常见燃料电池的分类和基本特性。

表 5-4 常见燃料电池的分类和基本特性

项目	高温燃料电池		中温燃料电池	低温燃料电池	
电解质类型	MCFC	SOFC	PAFC	AFC	PEMFC
电解质	熔融碳酸盐	固体氧化物	磷酸溶液	KOH	高分子质子膜
阳极材料	Ni、Cr、Al	Ni、Zr	C(含Pt)	C(含Pt)	C(含Pt)
阴极材料	$LiCoO_2$	La、Sr、MnO_3	C(含Pt)	C(含催化剂)	C(含Pt)、铂黑
工作温度/℃	600~1000	600~1000	160~220	60~90	80~100
反应离子	CO_3^{2-}	O^{2-}	H^+	OH^-	H^+
燃料	天然气、沼气、氢气、煤气	天然气、沼气、氢气、煤气	氢气	纯氢	氢气、甲醇
氧化剂	空气、氧气	空气、氧气	空气、氧气	纯氧	空气、氧气
适用范围	热电联产电厂、复合电厂等	分布式发电、热电联供等	热电联产电厂等	太空飞行、国防、车辆等	汽车、便携式电源、固定电源等

3. 燃料电池的应用

燃料电池应用范围非常广泛，在分布式电站、应急电源、交通运输、军事和海洋等领域具有广阔的应用前景。随着全球变暖以及环境污染问题日益严重，各国及地区提出了减排要求，燃料电池应用需求持续攀升。近五年全球燃料电池出货量持续攀升，自 2016 年的 6.4万套增长到 2020 年的 8.3 万套。

（1）微型燃料电池

微型燃料电池定义为功率为几瓦到十几瓦的燃料电池，用于日常微电器。它可以是直接甲醇燃料电池，也可以是改型的质子交换膜燃料电池。微型燃料电池可作为移动电话、照相机、摄像机、计算机、无线电台、信号灯和其他小型便携电器的电源，无论是民用还是军事用途，都具有广阔的应用前景。

（2）家庭用燃料电池

分布式供电是最近兴起的供电方式，是指将发电系统以小规模（数千瓦至 50MW 的小型模块）、分散式的方式布置在用户附近，可独立地输出电、热或（和）冷能的系统。分布式供电方式最大的优点是不需远距离输配电设备，输电损失显著减少，并可按需要方便、灵活地利用排气热量实现热电联产或冷热电三联产。燃料电池电站的综合效率可达 70%～80%，未利用的废热只有 20%～30%，大大提高了能源利用率。

目前家庭用燃料电池主要包括了两大类应用形式，即社区用分布式热电联供燃料电池电站和家用热电联供燃料电池电站。

社区用分布式热电联供燃料电池电站一般是指功率在 100kW 以上的电站。目前，已经商业化应用的这类电站主要有磷酸盐燃料电池电站、熔融碳酸盐燃料电池电站和固体氧化物燃料电池电站。2021 年 10 月，世界最大的氢燃料电池发电站（78.96MW）在韩国仁川市投入运行，每年可向 25 万户家庭提供电力，如图 5-25 所示，在同一地区，SK 集团下属的能源公司 SK E&S 将从 2023 年开始建设年产 3 万吨液化氢的工厂。为了减少化石燃料的使用，韩国正在逐步转型到清洁能源。2021 年 3 月，位于首尔西南约 30km 的华城市与韩国西部电力公司合作，计划在 2024 年建成一座 80MW 的氢燃料电池发电厂。

家用热电联供燃料电池电站主要是指功率为千瓦级的燃料电池电站。家用电站用城市煤气作燃料，经燃料电站给家庭供电，同时供应热水及地暖等。图 5-26 所示为日本松下公司开发的用于独户住宅的家用燃料电池"ENE-FARM"，其发电输出功率为 200～700W。截至 2019 年 4 月初，松下在日本全国已经累计推广 30 余万台 ENE-FARM，在世界上率先实

图 5-25   韩国 78.96MW 氢燃料电池发电站

图 5-26   松下家用燃料电池 "ENE-FARM"

现了商品化。

（3）交通运输

燃料电池作为动力系统在摩托车、小轿车、大客车、机车、船舶及飞机上被广泛地研究和运用。2008 年 4 月，波音公司在西班牙奥卡尼亚镇成功试飞全球首架以氢燃料电池为动力源的小型飞机，如图 5-27 所示。

全球第一艘以燃料电池作为动力系统的海洋工程供应船 "Viking Lady" 号，装备 320kW 的全尺寸燃料电池动力系统，在北海运营，如图 5-28 所示。

氢燃料电池车是利用燃料电池发出的电力驱动电动机，带动汽车行驶，是一种电动汽车。一次加氢后，燃料电池车能跑的里程取决于车上所携带的氢气的数量，而燃料电池车的动力特性，如能跑多快、能爬多陡的坡，则主要取决于燃料电池动力系统的功率及匹配。

燃料电池车的动力系统可分为以下三种情况：

① 全燃料电池，即汽车的动力全部来自燃料电池；

② 燃料电池和电池（或超级电容器，或飞轮等储能设备）的混合系统；

③ 燃料电池和内燃机组成混合系统。

2010 年 1 月，美国加州橘郡（Orange County）测试一列以氢燃料电池为动力的机车。

图 5-27　氢燃料电池飞机

图 5-28　燃料电池船舶

2010 年 2 月，燃料电池叉车正式列入林德物料搬运公司（Linde Material Handling）产品系列，可进行标准型和定制式生产，产品已获 CE 认证，能够在公路上行驶。2022 年北京冬奥会是氢燃料电池汽车应用规模最大的一届奥运会，共有 816 辆氢燃料电池汽车为冬奥会提供交通运输服务，如图 5-29 所示。

　　然而，氢燃料电池车的成本居高不下。比如：丰田 Mirai 售价 6.9 万美元，远高于其他动力形式的同级别车辆。比较总体能源转换效率，氢能源车并不如目前较为成熟的其他动力形式的新能源车辆，同时需要一整套氢能源生产和运输网络作为支撑。氢气本身的安全问题、加注氢燃料时的安全及操作过程中的安全问题都需要解决好。

　　近几年我国氢燃料电池汽车销量持续攀升，自 2017 年的 1275 辆增长到 2021 年的 1586辆，截止到 2021 年我国燃料电池汽车保有量约为 8936 辆。在第二届中国国际消费品博览会上，氢燃料电池汽车海马 7X-H 亮相，该车型是海马"光伏发电→电解水制氢→高压加氢→氢燃料电池汽车运营"全产业链零碳排放的关键组成部分。海马 7X-H 是国内首台 70MPa氢燃料电池 MPV，如图 5-30 所示，采用高功率密度金属堆、高集成高效率燃料电池系统、高安全车载氢系统，是具备零碳排放零污染的清洁能源汽车，适用于公共出行、旅游租赁等

图 5-29　2022 年北京冬奥会 BJ6122 氢燃料客车

应用场景。以燃料电池车为最终目标的新一轮汽车技术创新是国内汽车产业的一次革命，燃料电池车的发展应该作为一个长期的战略目标而持续推进。

图 5-30　海马 7X-H

思考题

5-1　简述氢气的性质、特点和氢气常见的化学反应。

5-2　简述氢能的资源状况。与其他能源相比，氢气作为能源具有哪些优点？

5-3　简述氢气的常见制备方法。

5-4　如何进行氢气的存储和运输？

5-5　简述不同种类燃料电池的基本原理、特点和用途。

5-6　燃料电池的技术现状和发展趋势如何？影响燃料电池商业化应用的主要因素有哪些？

5-7　简述氢能的利用技术现状和发展趋势。影响氢能商业化进程的因素有哪些？

第六章

地热能及其应用

第一节　地热能概述

地热能是由地壳抽取的天然热能，这种能量来自地球内部的熔岩，并以热力形式存在，是引致火山爆发及地震的能量。地球内部的温度高达 7000℃，而在离地面 128～160km 的深度，温度会降至 650～1200℃。透过地下水的流动和熔岩涌至离地面 1～5km 的地壳，热量得以被转送至较接近地面的地方。高温的熔岩将附近的地下水加热，这些加热了的水最终会渗出地面。运用地热能最简单和最合乎成本效益的方法，就是直接取用这些热源，并抽取其能量。地热能是可再生资源。

一、地热能的基本概念

1. 地球内部构造及温度变化

地球是一个巨大的实心椭球体，它的表面积约为 $5.11 \times 10^8 km^2$，体积约为 $1.0833 \times 10^{12} km^3$，赤道半径为 6378km，极半径为 6357km。地球的构造好像是一只煮熟的鸡蛋，主要分为 3 层。

地球的最外面一层，即地球外表相当于鸡蛋壳的部分，叫做"地壳"。地壳由土层和坚硬的岩石组成，它的厚度各处不一，介于 5～70km 之间，陆地上平均为 30～40km，高山底下可达 60～70km，海底下仅为几公里左右。地球的中间部分，即地壳下面相当于鸡蛋白的部分，叫做"地幔"，也叫做"中间层"，它大部分是熔融状态的岩浆，可分为"上地幔"和"下地幔"两部分，地幔的厚度约为 2900km，它由硅镁物质组成，温度在 1000℃ 以上。地球的中心，即地球内部相当于鸡蛋黄的部分，叫做"地核"，地核的温度在 2000～5000℃ 之间，外核深 2900～5100km，内核深 5100km 以下至地心，一般认为是由铁、镍等重金属组成的。地球内部各层温度如图 6-1 所示。

地球的内部是一个高温、高压的世界，是一个巨大的热库，蕴藏着无比巨大的热能。地球内部蕴藏的热量有多大？假定地球的平均温度为 2000℃，地球的质量为 $6 \times 10^{27} g$，地球内部的比热容为 $1.045J/(g \cdot ℃)$，那么整个地球内部的热含量大约为 $1.25 \times 10^{31} J$。即便是地球表层 10km 这样薄薄的一层厚度，所储存的热量也有 $10^{25} J$。地球通过火山爆发、间歇喷泉和温泉等途径，源源不断地把它内部的热能通过传导、对流和辐射的方式传到地面上来。据估计，全世界地热资源的总量大约为 $1.45 \times 10^{26} J$，相当于 $4.948 \times 10^{15} t$ 标准煤燃烧时所放出的热量。如果把地球上储存的全部煤炭燃烧时所放出的热量作为标准来计算，那么石油的储存量约为煤炭的 3%，目前可利用的核燃料的储存量约为煤炭的 15%，而地热能的

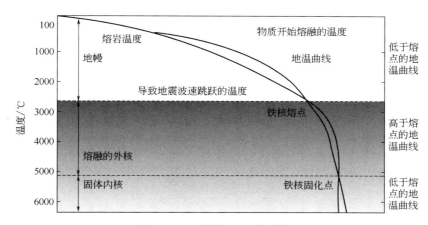

图 6-1　地球内部的温度分布

总储存量则为煤炭的 1.7 亿倍。可见，地球是一个名副其实的巨大热库，我们居住的地球实际上是一个庞大的热球。

地球内部的温度这样高，它的热量是从哪里来的？地球内热的来源问题是与地球的起源问题密切相关的。关于地球的起源问题，目前有许多不同的假说，因此关于地热的来源问题也有许多不同的解释。但是，这些解释都一致承认，地球物质中放射性元素衰变产生的热量是地热的主要来源。放射性元素有铀 238、铀 235、钍 232 和钾 40 等，这些放射性元素的衰变是原子核核能的释放过程。放射性物质的原子核，无需外力的作用，就能自发地放出电子、氦核和光子等高速粒子并形成射线。在地球内部，这些粒子和射线的动能和辐射能，在同地球物质的碰撞过程中便转变成了热能。

目前一般认为，地下热水和地热蒸汽主要是由在地下不同深处被热岩体加热了的大气降水所形成的。

在地壳中，地热的分布可分为 3 个带，即可变温度带、常温带和增温带。地球每一层次的温度状况是迥然不同的。在地壳的常温带以下，地热温度随深度增加而不断升高，越深越热。这种沿地下等温面的法线向地球中心方向上单位距离内温度增加的数值，叫做地温梯度，也叫做地热增温率，其单位通常采用℃/km。地球各层次的地热增温率差别是很大的：地表至 15km 深处，地热增温率平均为 2~3℃/km；15~25km 深处，地热增温率降为平均 1.5℃/km；再往下，则只有 0.8℃/km。根据各种资料推断，地壳底部至地幔上部的温度大约为 1100~1300℃，地核的温度大约在 2000~5000℃之间。

按照地热增温率的差别，陆地上的不同地区可划分为地热正常区和地热异常区。除地热增温率外，大地热流值也是衡量地热正常区和地热异常区的重要指标。大地热流值是指单位时间内通过地球表面单位面积所散失的热量，用符号 HFU 表示热流单位 [1HFU=4.1868× 10^{-7}J/(cm^2·s)]。从全球来看，地表大地平均热流值为 1.4~1.5 热流单位 [5.9~6.3μJ/ (cm^2·s)]，地表平均地温梯度为 1.5~3.0℃/km。凡接近上述平均热流值和地温梯度的地区，均称为地热正常区；凡热流值和地温梯度超过上述平均值的地区，称为地热异常区。在地热正常区，较高温度的热水和蒸汽埋藏在地壳的较深处；在地热异常区，由于地热增温率较大，较高温度的热水或蒸汽埋藏在地壳的较浅部位，有的甚至露出地表。一般把那些天然露出的地下热水和蒸汽叫做温泉，温泉是在当前技术水平下最容易利用的一种地热资源。在地热异常区，除温泉外，人们也较容易通过钻井等人工方法把地下热水或蒸汽引导到地面上来并加以利用。

2. 地热资源与地热田

（1）地热资源

地热资源是指地壳表层以下，到地下 3000～5000m 的深度以内，聚集 15℃ 以上的岩石和热流体所含的总热量。根据科学家们的研究，地热资源有以下四种类型：水热型、干热岩型、地压地热型和岩浆型，其中以水热型最为常见。水热型可分为蒸汽型和热水型两种。蒸汽型又可分为干蒸汽（以蒸汽为主的）和湿蒸汽（有的学者把干度小的湿蒸汽划入热水型中）两类。地热资源分类详见表 6-1。

表 6-1　地热资源分类

资源类型		含义	特征
水热型	蒸汽型	地下以蒸汽为主的对流系统的地热资源	以温度较高的过热蒸汽为主，杂有少量其他气体，水很少或没有，无水的干蒸汽资源罕见，含水的称为湿蒸汽资源
	热水型	热储中以水为主的对流系统的地热资源	包括低于当地气压下饱和温度的热水和温度等于饱和温度的湿蒸汽，分布广、储量大
地压地热型		蕴藏在含油气沉积盆地深处（3000～6000m），由机械能（高压）、热能（高温）和化学能组成的地热资源	热储中受岩层和封存水负荷而导致高温（120～180℃）、高压（几百个大气压），并在高温高压下积聚了溶于水中的烃类物质，是一种综合性能源
干热岩型		地下一定深度 2～3km，含水量少或不含水，渗透性差而含有异常高热的地质体	含热量甚大，曾估计 1mile³（1mile = 1609.34m）350℃ 的热岩体冷却到 150℃，可产出相当于 3 亿桶石油的热量
岩浆型		在熔融状或半熔融状炽热岩浆中蕴藏着的巨大能量资源	温度在 600～1500℃ 不等，一些火山地区资源埋藏较浅，而多数埋藏于目前钻探技术还比较困难的地层中，因此开采难度大

（2）地热田

地热田是指在目前技术条件下可以采集的深度内，富含可经济开发和利用的地热流体的地域。它一般包括热储、盖层、热流体通道和热源四大要素，是具有共同的热源，形成统一热储结构，可用地质、物化探方法圈闭的特定范围。目前，可以开发的地热田有两种类型，即热水田和蒸汽田。

第一类为热水田。热水田的地区富集的主要是热水，水温一般在 60～120℃。地下热水的形成过程大致可分为以下两种情况。

① 深循环型：大气降水落到地表以后，在重力作用下，沿着土壤、岩石的缝隙，向地下深处渗透，成为地下水。地下水在岩石裂隙内流动的过程中，不断吸收周围岩石的热量，逐渐被加热成地下热水。渗流越深，水温越高，地下水被加热后体积要膨胀，在下部强大的压力作用下，它们又沿着另外的岩石缝隙向地表流动，成为浅埋藏的地下热水，如果露出地面，就成为温泉。在地质构造发育地区，特别是两条不同方向的断裂交叉的地方，常常容易形成深循环地下热水田。

② 特殊热源型：地下深处高温灼热的岩浆，沿着断裂上升，如果岩浆冲出地表，就形成火山爆发；如果压力不足，岩浆未冲出地表，而在上升通道中停留下来，就构成岩浆侵入

体。这是一个特殊的高温热源，它可以把渗透到地下的冷水加热到较高的温度而成为热水田中的一种特殊类型。

第二类为蒸汽田。蒸汽田内由水蒸气和高温热水组成，它的形成条件是：热储水层的上覆盖层透水性很差，而且没有裂隙。这样，由于盖层的隔水、隔热作用，盖层下面的储水层在长期受热的条件下，就聚集成为具有一定压力、温度的大量蒸汽和热水的蒸汽田。蒸汽田按物质喷出井口的状态，又可分为干蒸汽田和湿蒸汽田。干蒸汽田喷出的是纯蒸汽，而无热水；湿蒸汽田喷出的是蒸汽与热水的混合物。干、湿蒸汽田的地质条件通常是类似的。有时，同一地热田在一个时期内喷出干蒸汽，在另一个时期喷出湿蒸汽。

到目前为止，世界各国多开发热水田，然而蒸汽田的利用价值更高一些。

二、地热能的分类

地热能分为以下 3 个层次。

① 地面以下至 200m 深度内储存的是浅层地热能，温度低于 25℃，依靠地源热泵技术提取或释放热量，冬季可以供暖，夏季可以制冷（空调）。

② 200～3000m 深度内，称为水热型地热能，不同地区的钻井可以产出高温地热蒸汽或中低温的地热水。高温地热资源可以发电，中低温地热水可用于房屋冬季供暖、地热温室种植和水产养殖、温泉洗浴医疗和休闲度假，以及工业洗染和农业干燥等。

③ 3000～10000m 深度内，称为干热岩地热能，那里通常没有流体的水或汽，只有高热，是干的。开采这样的资源需要钻两眼井，用石油钻井的压裂技术在两井间造成裂隙连通，然后从一眼井灌入冷水，从另一眼井就会喷出蒸汽和热水。干热岩的主要用途是发电。干热岩温度很高，发电过后的尾水还能达到 70～80℃，相当于普通地热水，能再次用于供暖、制冷。

三、我国的地热资源

在一定地质条件下的"地热系统"和具有勘探开发价值的"地热田"都有它的发生、发展和衰亡过程，绝对不是只要往深处打钻，到处都可发现地热。作为地热资源的概念，它也和其他矿产资源一样，有数量和品位的问题。就全球来说，地热资源的分布是不平衡的。明显的地温梯度每千米深度大于 30℃ 的地热异常区主要分布在板块生长、开裂-大洋扩张脊和板块碰撞、衰亡-消减带部位。环球性的地热带主要有下列 4 个。

① 环太平洋地热带。它是世界最大的太平洋板块与美洲、欧亚、印度板块的碰撞边界。世界许多著名的地热田，如美国的盖瑟尔斯、长谷、罗斯福，墨西哥的塞罗、普列托，新西兰的怀腊开，我国的台湾马槽，日本的松川、大岳等，均在这一带。

② 地中海-喜马拉雅地热带。它是欧亚板块与非洲板块和印度板块的碰撞边界。世界第一座地热发电站——意大利的拉德瑞罗地热田就位于此地热带中。我国的西藏羊八井及云南腾冲地热田也在此地热带中。

③ 大西洋中脊地热带。这是大西洋海洋板块开裂部位。冰岛的克拉夫拉、纳马菲亚尔和亚速尔群岛等一些地热田就位于此地热带。

④ 红海-亚丁湾-东非裂谷地热带。它包括吉布提、埃塞俄比亚、肯尼亚等国的地热田。除了在板块边界部位形成地壳高热流区而出现高温地热田外，在板块内部靠近板块

边界部位，在一定地质条件下也可形成相对的高热流区。其热流值大于大陆平均热流值 1.46 热流单位，而达到 1.7～2.0 热流单位。如我国东部的胶、辽半岛，华北平原及东南沿海等地。

1. 我国地热资源储量

据中国地质调查局评价结果，我国地热资源总量约占全世界的 7.9%，可开采的地热资源约为 2.6×10^9 吨标准煤/年。我国已发现的地热温泉达到了 3000 多个，其中高于 25℃ 的大约为 2200 个。全国地级以上城市浅层地热能年可开采资源量折合 7 亿吨标准煤，能够满足房屋夏天制冷面积约为 $3.26 \times 10^{10} \text{m}^2$，冬天供暖面积约为 $3.23 \times 10^{10} \text{m}^2$，截至 2020 年底，我国浅层地热资源能够满足房屋制冷/供暖面积达 $8.1 \times 10^8 \text{m}^2$。全国水热型地热资源量折合 1.25 万亿吨标准煤，年可开采资源量折合 19 亿吨标准煤，以中低温为主（<150℃），高温（>150℃）为辅；埋深在 3000～10000m 的干热岩资源量折合 856 万亿吨标准煤。

总体而言，我国地热资源储量十分丰富，具有"东高西低、南高北低"的特点，主要分布在西藏、云南等西南高原地区，华北和中南地区次之，而华东地区比较少，东北、西北地区有待后续的勘探调查。

2. 我国地热资源的类型

我国大陆属欧亚板块的一部分，它的东侧为岛弧型洋-陆汇聚边缘，西南侧为陆-陆碰撞造山带，是由许多不同时期的古板块（如华北、华南、塔里木、哈萨克斯坦、西伯利亚等）经碰撞、增生和拼接而成的。中国大陆构造演化经历了古生代陆洋分化对立阶段、石炭二叠纪软碰撞转化阶段和中新生代盆山对峙发展阶段，多旋回构造运动与多期盆地叠加塑造出不同的地热田。构造的演化伴随着不同时期的岩浆活动，形成了不同岩性和结构的地层，使得大地热流值的分布具有明显的规律性。西南地区沿雅鲁藏布江缝合带，热流值较高（91～364MW/m²），向北随构造阶梯下降，到准噶尔盆地只有 33～44MW/m²。我国东部台湾板块地缘带，热流值较高，为 80～120MW/m²，越过台湾海峡到东南沿海燕山期造山带，降为 60～100MW/m²，到江汉盆地热流值只有 57～69MW/m²。

我国中低温水热型地热能资源占比达 95% 以上，主要分布在华北、松辽、苏北、江汉、鄂尔多斯、四川等平原（盆地）以及东南沿海、胶东半岛和辽东半岛等山地丘陵地区，可用于供暖、工业干燥、旅游和种养植等；高温水热型地热能资源主要分布于西藏南部、云南西部、四川西部和台湾省，西南地区高温水热型地热能年可采资源量折合 1800 万吨标准煤，发电潜力 7120MW，地热能资源的梯级高效开发利用可满足四川西部、西藏南部少数民族地区约 50% 人口的用电和供暖需求。

3. 我国地热资源的开发利用

我国地热能直接利用以供暖为主，其次为康养、种养植等。截至 2020 年年底，我国地热直接利用装机容量达 40.6GW，占全球 38%，连续多年位居世界首位。其中，地热供暖装机容量 7GW，地热热泵装机容量 26.5GW，分别比 2015 年增长 138%、125%。

根据国家地热能中心公布的数据，截至 2020 年年底，我国地热能供暖制冷面积累计达到 13.9 亿平方米。其中，水热型地热能供暖 5.8 亿平方米，浅层地热能供暖制冷 8.1 亿平方米，每年可减排二氧化碳 6200 多万吨，折合标煤超过 2500 万吨。

2022 年 6 月 1 日，国家发改委、国家能源局、财政部、自然资源部、生态环境部、住房城乡建设部、农业农村部、气象局、林草局等部门联合印发《"十四五"可再生能源发展规划》，提出优化发展方式，大规模开发可再生能源。其中，积极推进地热能规模化开发。具体包括：

① 积极推进中深层地热能供暖制冷。结合资源情况和市场需求，在北方地区大力推进中深层地热能供暖，因地制宜选择"取热不耗水、完全同层回灌"或"密封式、井下换热"技术，最大限度减少对地下土壤、岩层和水体的干扰。探索新型管理技术和市场运营模式，鼓励采取地热区块整体开发方式，推广"地热能＋"多能互补的供暖形式。推动中深层地热能供暖集中规划、统一开发，鼓励开展地热能与旅游业、种养殖业及工业等产业的综合利用。加强中深层地热能制冷研究，积极探索东南沿海中深层地热能制冷技术应用。

② 全面推进浅层地热能开发。重点在具有供暖制冷双需求的华北平原、长江经济带等地区，优先发展土壤源热泵，积极发展再生水源热泵，适度发展地表水源热泵，扩大浅层地热能开发利用规模。满足南方地区不断增长的供暖需求，大力推进云贵等高寒地区地热能开发利用。

③ 有序推动地热能发电发展。在西藏、青海、四川等地区推动高温地热能发电发展，支持干热岩与增强型地热能发电等先进技术示范。在东中部等中低温地热资源富集地区，因地制宜推进中低温地热能发电。支持地热能发电与其他可再生能源一体化发展。

积极开发利用地热能对缓解我国能源资源压力、实现双碳目标、推进能源生产和消费革命、促进生态文明建设具有重要的现实意义和长远的战略意义。该规划的颁布无疑为我国地热事业的发展带来了新的动力，地热利用的步伐将会大大加快。地热作为国土资源的一部分，既要积极开发利用，又要加以保护，使这一宝贵资源能为我国的能源事业做出应有的贡献。

第二节　地热资源的直接利用

地热能的利用可分为地热发电和直接利用两大类，而对于不同温度的地热流体可能利用的范围如下。

① 200～400℃：直接发电及综合利用。

② 150～200℃：双循环发电、制冷、工业干燥、工业热加工。

③ 100～150℃：双循环发电、供暖、制冷、工业干燥、脱水加工、回收盐类、罐头食品。

④ 50～100℃：供暖、温室、家庭用热水、工业干燥。

⑤ 20～50℃：沐浴、水产养殖、饲养牲畜、土壤加温、脱水加工。

为了提高地热利用率，现在许多国家采用了梯级开发和综合利用的办法，如热电联产联供、热电冷三联产、先供暖后养殖等。下面先介绍地热资源的直接利用。

一、地源热泵

1. 地源热泵的定义及工作原理

地源热泵是一种利用地下浅层地热资源（包括地下水、土壤或地表水等）的既可供热又可制冷的高效节能空调系统，如图 6-2 所示。在制冷状态下，地源热泵机组内的压缩机对冷媒做功，使其进行气-液转化的循环。通过冷媒/空气热交换器内冷媒的蒸发将室内空气循环所携带的热量吸收至冷媒中，在冷媒循环的同时再通过冷媒/水热交换器内冷媒的冷凝，由水路循环将冷媒所携带的热量吸收，最终由水路循环转移至地下水或土壤里。在室内热量不断转移至地下的过程中，通过冷媒-空气热交换器，以冷风的形式为室内供冷；在制热状态下，地源热泵机组内的压缩机对冷媒做功，并通过四通阀将冷媒流动方向换向。由地下的水路循环吸收地下水或土壤里的热量，通过冷媒/水热交换器内冷媒的蒸发，将水路循环中的热量吸收至冷媒中，在冷媒循环的同时再通过冷媒/空气热交换器内冷媒的冷凝，由空气循环将冷媒所携带的热量吸收。在地下的热量不断转移至室内的过程中，以强制对流、自然对流或辐射的形式向室内供暖。

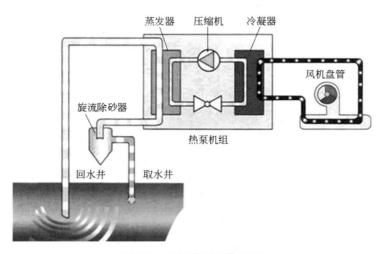

图 6-2 地源热泵工作原理

地源热泵系统主要由四部分组成：浅层地能采集系统、水源热泵机组、室内采暖空调系统和控制系统。所谓浅层地能采集系统是指通过水或防冻液的水溶液将岩土体或地下水、地表水中的热量采集出来并输送给水源热泵系统。室内采暖空调系统主要有风机盘管系统、地板辐射采暖系统、水环热泵空调系统等，如图 6-2 所示。

2. 地源热泵的类型

地源热泵在国内也被称为地热泵。根据利用地热源的种类和方式不同，可以分为以下 3 类：土壤源热泵（或称土壤耦合热泵）、地下水热泵、地表水热泵。

（1）土壤源热泵

土壤源热泵以大地作为热源和热汇，其换热器埋于地下，与大地进行冷热交换。土壤源热泵系统主机通常采用水-水热泵机组或水-气热泵机组。根据地下热交换器的布置形式，主要分为垂直埋管、水平埋管和蛇行埋管 3 类。

① 垂直埋管式地源热泵。如图 6-3 所示，垂直埋管换热器通常采用的是 U 形方式，按其埋管深度可分为 3 种：浅层（<30m）、中层（30～100m）和深层（>100m）。埋管深，则地下岩土温度比较稳定，钻孔占地面积较少，但相应会带来钻孔、钻孔设备的费用和高承压埋管的造价提高等问题。总的来说，垂直埋管换热器热泵系统优势在于：占地面积小；土壤的温度和热特性变化小；需要的管材最少；泵能耗低，能效比很高。而劣势主要在于：由于缺乏相应的施工设备和施工人员，造价偏高。

② 水平埋管式地源热泵。图 6-4 所示为水平埋管式地源热泵。水平埋管换热器有单管和多管两种形式。其中单管水平埋管换热器占地面积最大，虽然多管水平埋管换热器占地面

积有所减少，但需增加管长以补偿相邻管间的热干扰。水平埋管换热器热泵系统由于施工设备广泛使用而且施工容易，再加上许多家庭有足够大的施工场地，因此造价就可以降低。除需要较大场地外，水平埋管换热器系统的劣势还在于：运行不稳定（由于浅层大地的温度和热特性随着季节、降雨以及埋深而变化）；泵能耗较高；系统效率较低。

图 6-3　垂直埋管式地源热泵

图 6-4　水平埋管式地源热泵

③ 蛇形埋管式地源热泵。图 6-5 所示为蛇形埋管式地源热泵。蛇形埋管换热器比较适用于场地有限又较经济的情况。虽然挖掘量只有单管水平埋管换热器的 20%～30%，但是用管量会明显增加。这种方式的优缺点类似于水平埋管换热器，所以有的文献将其归入水平埋管换热器。

图 6-5　蛇形埋管式地源热泵

（2）地下水热泵

在土壤源热泵得到发展之前，欧美国家最常用的地源热泵系统是地下水热泵系统，如图 6-6、图 6-7 所示。目前在民用建筑中已经很少使用，主要应用在商业建筑中。最常用的系统形式是采用水-水板式换热器，一侧走地下水，一侧走热泵机组冷却水。早期的地下水系统采用的是单井系统，即地下水经过板式换热器后直接排放。这样做，一则浪费地下水资源，二则容易造成地层塌陷，引起地质灾害。后来出现了双井系统，一个井抽水，一个井回灌。地下水热泵系统的优势是造价要比土壤源热泵系统低，另外水井很紧凑，不占太多场地，技术也相对比较成熟，水井承包商容易找。其劣势在于：有些地方法规禁止抽取或回灌地下水；可供的地下水有限；如果水质不好或打井不合格要注意水处理问题；如果泵选择过大、控制不良或水井与建筑偏远，泵能耗就会过大。

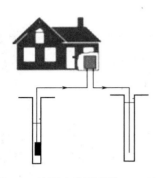

图 6-6　地下水热泵系统——双井

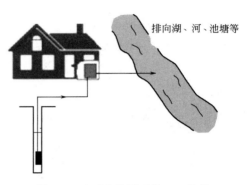

排向湖、河、池塘等

图 6-7　地下水热泵系统——单井

（3）地表水热泵

地表水热泵系统如图 6-8 所示。总的来说，地表水热泵系统具有造价低、泵能耗低、维修率低以及运行费用少等优点。但是，在公用河水中的设备容易受到损害。另外，如果湖泊过小或过浅，湖泊的温度会随着室外气候发生较大的变化，就会使效率降低，制冷或供热能力下降。

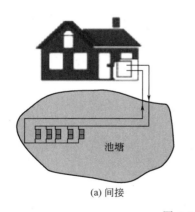

（a）间接

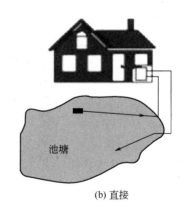

（b）直接

图 6-8　地表水热泵系统

3. 地源热泵的优点

① 节能、高效性：地源热泵系统在提供 100 单位能量时，70% 的能量来源于土壤，30% 的能量来自电力，电能的消耗主要用于压缩机的做功和使空调系统运行，即将土壤中的热量"搬运"至室内。它要比电锅炉加热节省 2/3 以上的电能，比燃料锅炉节省 1/2 以上的能量；由于土壤的温度全年较为稳定，一般在 10～20℃之间，其制冷、制热系数可达 3.5～4.7，与传统的空气源热泵相比，能效要高出 40% 以上。

② 环保无污染：与空气源热泵相比，地源热泵的污染物排放，相当于减少 40% 以上；与电供暖相比，相当于减少 70% 以上；如果结合其他节能措施，节能减排效果会更明显。

虽然也采用制冷剂，但比常规空调装置减少 25% 的充灌量；属自含式系统，即该装置能在工厂车间内事先整装密封好，因此制冷剂泄漏概率大为减小。该装置的运行没有任何污染，可以建造在居民区内。

③ 属可再生能源利用技术：地源热泵是利用了地球表面浅层地热资源（通常小于 400m 深）作为冷热源，进行能量转换的供暖空调系统。地表浅层是一个巨大的太阳能集热器，收集了 47% 的太阳能量，比人类每年利用能量的 500 倍还多。它不受地域、资源等限制，真正是量大面广、无处不在。这种储存于地表浅层近乎无限的可再生能源，使得地能也成为清洁的可再生能源的一种形式。

④ 低运行费用：地源热泵系统的高效节能特点，决定了它的运行费用低，比其他各种采暖和制冷设备节能 30%～70%；使用寿命 50 年以上，折旧费和维修费也都大大低于传统空调。

⑤ 应用灵活、安全可靠、用途广泛：灵活性强，可用于新建工程或扩建、改建工程，可逐步分期施工，热泵机组可灵活地安置在任何地方，节约空间。无储煤、储油罐等卫生及安全隐患。从严寒地区至热带地区均适用。可为各类建筑物提供冷暖两用空调系统，同时提供生活热水。

当然，地源热泵技术不是十全十美的，例如其应用会受到不同地区、不同用户和国家能源政策、燃料价格的影响；一次性投资及运行费用会随着用户的不同而有所不同；采用地下水的利用方式，会受到当地地下水资源的制约。

4. 地源热泵的发展现状

地源热泵系统是一种新兴的浅层地热能利用技术，最早源于欧美等发达国家，它的历史可以追溯到 1912 年，瑞士 Zoelly 首先提出了"地热源热泵"的概念。1946 年美国开始对地源热泵进行系统的研究，在俄勒冈州成功地建成了第一个地源热泵系统，但是这种能源的利用方式没有引起当时社会各界的广泛注意，无论是在技术、理论上都没有太大的发展。20世纪 50 年代，欧洲开始了研究地源热泵的第一次高潮，但由于当时的能源价格低，这种系统并不经济，因而未得到推广。直到 70 年代初世界上出现了第一次能源危机，它才开始受到重视，许多公司开始了地源热泵的研究、生产和安装。这一时期，欧洲建立了很多水平埋管式土壤源热泵，主要用于冬季供暖。虽然欧洲是世界上发展地源热泵最成熟的地区，但是它也曾因为地源热泵专家不懂安装技术，安装工人又不懂地源热泵原理等因素，致使地源热泵的发展走了一段弯路。

随着科技的进步，关于能源消耗和环境污染的法律制定越来越严格，地源热泵的发展迎来了它的另一次高潮。欧洲国家以瑞士、瑞典和奥地利等国家为代表，大力推广地源热泵供暖和制冷技术。政府采取了相应的补贴和保护政策，使得地源热泵生产和使用范围迅速扩大。

20 世纪 80 年代后期，地源热泵技术已趋于成熟，更多的科学家致力于地下系统的研究，努力提高热吸收和热传导效率，同时越来越重视环境的影响问题。地源热泵生产呈现逐年上升趋势，瑞士和瑞典的年递增率超过 10%。美国的地源热泵生产和推广速度很快，技术产生了飞速的发展，成为世界上地源热泵生产和使用的头号大国。

我国浅层地热能的开发利用起步较晚，20 世纪 90 年代开始推广和研究地源热泵系统浅层地热能的开发利用技术。2001 年，国家建设部在《夏热冬冷地区居住建筑节能设计标准》

中专门做了推荐。从 2006 年开始，国家分别将三个城市作为地源热泵试点城市，分别是北京、天津、沈阳，大力发展地源热泵。国家努力引导发展地源热泵，一些政府部门的建筑、学校、医院等都进行了地源热泵改造。根据国家地热能中心数据，截至 2020 年底，我国地热能供暖制冷累计面积为 13.9 亿平方米，位居全球第一。随着民众对生活质量要求的不断提高，人们越来越追求生活的舒适性，建筑物供暖对能源的需求量随之增加，这会极大提高对标准煤的耗用，这就充分提高了应用新能源和可再生能源的必要性，浅层地热能开发应用的最佳途径是将之应用于建筑物供暖制冷。

近几年，我国浅层地热能开发利用以平均每年近 30% 的速度在增长，北京、上海、河北以及山东和天津等人口密度大的省份和城市，都实现了利用浅层地热能供暖制冷，尤其是我国的京津冀地区，形成了规模性的浅层地热能开发利用。

5. 地源热泵的应用

纵观全球范围，地源热泵系统已日益普及，已经有超过 30 个国家在使用地源热泵。地源热泵除在发源地的欧洲各国和美国正在大发展外，加拿大、新西兰和日本等国都在加速发展。地源热泵在世界各国的普及和发展呈现出雨后春笋般的趋势。

据统计，截至 2020 年，美国国内约有 60 万台地源热泵系统正常运行，占世界总量的 46%。加拿大、日本、德国、法国以及北欧等发达国家地源热泵系统的应用也比较广泛。目前我国地源热泵应用呈现普及率小、集中度高的特点，采用地源热泵供暖制冷的 3000 多个项目中，有超过一半以上集中在北京、天津、河北等地。近年来，人民生活水平快速提高，我国南方地区对冬季采暖的呼声越来越高，在国家大力推进"双碳"战略背景下，北方地区常见的燃煤、燃气锅炉采暖方式逐渐被淘汰，而地源热泵系统相较于空气源热泵系统效率更高、运行更稳定，具有巨大的发展潜力。

北京大兴国际机场项目围绕机场内蓄滞洪区开展集中式地埋管地源热泵系统的研究，充分利用浅层地热能，耦合天然气、电力等常规能源，结合烟气余热回收、冰蓄冷、大温差等多项节能技术，集中解决机场配套区近 257 万平方米公共建筑的供冷供热需求。该项目规划设计了 2 座集中能源站，分别为 1 号能源站和 2 号能源站，1 号能源站的供热方案为地源热泵＋烟气余热回收热泵＋换热机组的复合型供热方式，2 号能源站的供热方案为地源热泵＋换热机组的复合型供热方案。该项目的成功实施为大型集中式浅层地源热泵系统的技术推广提供了设计经验和工程经验，也为国家实现 2030 年碳达峰、2060 年碳中和战略目标提供了科技支撑。北京大兴国际机场全景如图 6-9 所示。

图 6-9　北京大兴国际机场全景

二、地热干燥

中低温地热水在工业上有广泛的应用。特别是轻纺、食品、造纸、木材等行业多有烘干工序，地热水是难得的稳定热源，烘干质量好，可以避免过热而损坏产品。另外，在酿造业和大型沼气工程中，也可采用地热水保温，使微生物繁育旺盛，提高产出率。

在上述各种用途中，地热烘干与脱水可能是目前地热能在工业中最主要的应用。地热干燥是以地热水为热源，通过"水-气"空气加热器将空气加热，然后用风机将热风送入烘道，对物料进行烘干的人工干燥方法，如图 6-10 所示。用于烘干的地热流体的温度下限为 80℃，上限可达 160～170℃。利用地热给工厂供热，如用作干燥谷物和食品的热源，用作硅藻土生产以及木材、造纸、制革、纺织、酿酒、制糖等生产过程的热源也是大有前途的。目前世界上最大两家地热应用工厂就是冰岛的硅藻土厂和新西兰的纸浆加工厂。冰岛北部著名硅藻土厂即利用传送带的办法烘干硅藻土产品；美国加州则用该法烘干洋葱与大蒜，该烘干厂采用一水温为 130℃的地热井供热，将空气加热至 38～104℃，每年生产的洋葱与大蒜干货达600 多万千克。

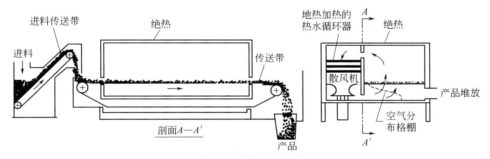

进料传送带　绝热　　　　　　　　　　地热加热的热水循环器　A　绝热

进料　　　　　　　　　　传送带

剖面A—A′

产品

散风机　　　　产品堆放

空气分布格栅

A′

图 6-10　烘干场连续脱水装置示意图

在我国，地热广泛地应用于农业干燥。特别是南方多阴雨天气，农副产品容易发芽霉变。用地热干燥就可减少这样的麻烦。如广东的邓屋，用 82℃的地热水建立烘干温室，加热地板的板面温度可达 53℃，原来在太阳光下晾晒 3 天才干的小麦，地热烘干只要 6h。广东省的佛冈县农产品地热烘干厂，采用热风式干燥设备，热风最高可达 61℃。福建省连江县用 81℃的地热水建立了烘道式香菇干燥装置，18～20h 便可使香菇含水率下降到 11%。

三、地热资源的其他利用

1. 温泉

（1）温泉的形成和类型

温泉是一种温热或滚烫的泉水。目前科学界认为，温泉的最低温度不得少于 20℃，否则不能称为温泉。德国和英国的标准是高于 20℃，日本则为 25℃，我国一般也将 25℃作为温泉的下限温度。

温泉的形成，一般而言可分为两种：第一种是地壳内部的岩浆作用所形成，或为火山喷发所伴随产生，火山活动过的死火山地形区，因地壳板块运动隆起的地表，其地底下还有未冷却的岩浆，均会不断地释放出大量的热能。由于此类热源的热量集中，因此只要附近有孔隙的含水岩层，不仅会受热成为高温的热水，而且大部分会沸腾为水蒸气，多为硫酸盐泉。

第二种则是受地表水渗透循环作用所形成，也就是说当雨水降到地表向下渗透，深入到地壳深处的含水层（砂岩、砾岩、火山岩）形成地下水。地下水受下方的地热加热成为热水，深部热水多数含有气体，这些气体以二氧化碳为主，当热水温度升高，上面若有致密、不透水的岩层阻挡去路，会使压力愈来愈高，以致热水、蒸汽处于高压状态，一有裂缝即窜涌而上。热水上升后愈接近地表压力则逐渐减小，由于压力渐减而使所含气体逐渐膨胀，减轻热水的密度，这些膨胀的蒸汽更有利于热水上升。上升的热水再与下沉较迟受热的冷水因密度不同所产生的压力（静水压力差）反复循环产生对流，在开放性裂隙阻力较小的情况下，循裂隙上升涌出地表，热水即可源源不绝涌升，终至流出地面，形成温泉。在高山深谷地形配合下，谷底地面水可能较高山中地下水位低，因此深谷谷底可能为静水压差最大之处，而热水上涌也应以自谷底涌出的可能性最大，故温泉大多发生在山谷中河床上。

一般来说，温泉的形成须具备下列三个条件：

① 地下必须有热水存在；

② 必须有静水压力差导致热水上涌；

③ 岩石中必须有深长裂隙供热水通到地面。

地球上的温泉很多，无论是温泉本身的温度，还是它所含有的化学成分，以及它冒出地表时的形态，都是多种多样的。因而，温泉类型的划分就随其标准不同而不同。

1）按温度分

① 沸泉。泉水温度等于或高于当地水的沸点，海拔高的地区，水的沸点低于100℃，一般地区水的沸点就是100℃。

② 热泉。泉水温度在沸点以下，45℃以上。

③ 中温泉。泉水温度在45℃以下，年平均气温以上。

世界上的温泉，水温多为热泉和中温泉。我国的热泉和中温泉占温泉的90%以上，分布也十分广泛。大多数温泉疗养院都在热泉和中温泉附近修建。

2）按成分分

根据泉水中溶解物质的不同，温泉可划分为单纯泉、碳酸泉、重碳酸盐泉、硫酸盐泉、食盐泉、硫黄泉、放射性泉和铁泉等。

① 单纯泉。水温多在25℃以上，水中所含矿物质很少，每升水中含有各种矿物质的总量低于100mg。这种温泉在我国分布广泛，著名的西安华清池就是此类温泉。

② 碳酸泉。在1L水中含游离二氧化碳达750mg的泉水。我国大地上碳酸泉很多。根据温度的不同又分低温碳酸泉和高温碳酸泉。我国辽宁、吉林、黑龙江、内蒙古、甘肃以低温碳酸泉为主，泉温在25℃以下，泉水清凉甘甜，很像汽水，所以又称天然汽水泉；在云南、四川、西藏、广东、台湾及新疆等地，以中、高温碳酸泉为主，泉温在25℃以上。

③ 重碳酸盐泉。每升水中含重碳酸盐多达1000mg以上。

④ 硫酸盐泉。每升水中含硫酸盐在1000mg以上。这类泉多出现在火山地区。

⑤ 食盐泉。即氯化钠型温泉，每升含氯化钠在1000mg以上。

⑥ 硫黄泉。水中含有硫黄成分的泉水，一般每升水中含量在1mg以上。

此外，还有硫化氢泉、放射性泉，每升水含有20eman（1eman＝3700Bq/m³）以上的氡气，即为放射性氡泉。

3）按形态分

① 喷泉。顾名思义，是水、气以喷射的方式冲出地面，喷出高度由几米到十几米以上。

我国西藏念青唐古拉山南麓、拉布藏布河右岸的南木林、毕毕龙高温喷泉，其主泉口泉水喷出高度达 10m，气势磅礴，非常壮观。这里喷泉的水温多在沸点以上，只有少数喷泉水温低于沸点。间歇喷泉和爆炸喷泉是极为罕见的显示类型。在美国黄石公园内，约有 200 个间歇喷泉，其中最著名的间歇喷泉就是老实泉了。老实泉喷发出来的泉水温度均高达 90.4℃，喷高约在 40～70m 之间。老实泉的间歇性喷发活动比较有规律，一般根据前一次喷发的持续时间，就能够准确地预测下一次喷发的时间。如前一次喷发持续在 2min 左右，则与下一次喷发的间隔时间为 44～55min；如前一次喷发持续 3～5min，其间隔时间就将推延为 70～85min。

② 沸泥泉。这是由于高温热流将通道周围的岩石蚀变成黏土，然后与水汽一起涌出地面而形成的一种高温泥水泉。有的泉冲击力较小，黏土被带到泉口后，堵塞在泉口四周，而水汽流量又难以冲开这些黏土，只是由于水汽的冲力，使黏土呈上下鼓动状态，好似沸腾的面糊。这些沸泥泉在我国西藏的措美县布雄朗谷、萨迦县卡乌地区都有。以冒气为主的喷气孔和硫质气孔，也是重要的显示类型。喷气孔是指气体通过明显的孔隙逸出地表，如果无数小的冒气孔密集在一起，便形成冒气地面。若气孔比较大，即形成气洞、气穴，洞、穴往往呈喇叭形或瓮形，直径约有数米，深度多在 2～5m 不等。硫质气孔系指喷出的气体含有浓烈的硫黄味，这种气体沿裂隙喷出地表时，在冒气孔周围常形成硫黄晶体。

③ 热水河、热水湖、热水塘、热水沼泽。实际上都是由众多密集的泉眼涌出大量泉水后汇集而成，这在我国的西藏比较多见。以热水湖为例，羊八井热水湖面积达 7350m^2，最深为 16.1m，水温在 45～57℃，是少见的大型热水湖。

（2）温泉的利用

温泉的利用是从洗澡开始的。我国远在秦汉以前就已开始用温泉洗澡了，陕西临潼骊山脚下的华清池，可算是我国使用最早的温泉之一。温泉不仅因为水温合适，可以沐浴，还有医用价值，即可以治愈某些病痛。温泉把地热传到地面的同时，也把所含的各种矿物盐类、少量的活性离子、一定的微量元素携带出来了，这些物质对人体有一定的医疗作用。如硫酸盐温泉，由于水中含有硫酸根离子和其他钙离子、镁离子、钠离子，具有消炎作用，饮用可治疗慢性肠炎、腹泻。又如氯化钠温泉水中所含的钠，对肌肉收缩、心脏的正常跳动，都是不可缺少的重要元素；饮用这种泉水，可帮助消化，增进饮食，对慢性肠胃炎、十二指肠溃疡疗效较好。再如碳酸泉水中富含二氧化碳，饮时清凉舒适；经常饮用，可改善肠胃的消化功能，增进身体健康。又如硫化氢泉水中的有效成分是游离的硫化氢气体，用这种泉水洗浴，能使血流加速，改善组织营养，浴后伤口肉芽、上皮生长都较快。

温泉用以治病的方法，包括浴疗、饮疗、蒸疗、拔罐、砂浴疗法、吸入法和肠浴疗法等。

① 浴疗是古今最普遍的一种温泉疗法。根据患者的病情、体质状况，采用不同温度的泉水进行浸浴和淋浴。浸浴即把身体的全部或半部、局部浸入水中，每天泡浴一定时间，连续数日为一疗程。浸浴刺激作用大，疗效好。淋浴由于泉水与皮肤接触时间短，而一些有效气体又易散失，因此，应用不如浸浴广泛。

② 饮疗为肠道病人常用的方法。饮用含有不同化学成分的泉水，通过泉水的刺激和渗透压的作用来消除炎症，改善呼吸系统和消化系统的功能，促进新陈代谢。

③ 蒸疗是指利用喷气泉喷出的热气，对患者进行以蒸为主、蒸洗结合的治疗方法。我国云南腾冲疗养院首创了这一方法。他们在喷气地面上，先铺上一层石块、细砂，上面再铺

上一层 3～5cm 厚的松毛，松毛上面是草席，热气经过这几层隔垫以后，可使温度降到 40～50℃，患者躺在上面，经过 40min 的熏蒸以后，马上大汗淋漓。然后到温泉池进行浴疗，进行 10min 左右，持续 40 天为一疗程，对风湿性疾病和急慢性腰腿疼疗效明显。

④ 拔罐疗法是指将蒸汽充入罐子内，然后迅速扣到患者的疼处或某个穴位上，罐内热气冷却收缩后，罐子就紧紧吸在皮肤上，它的作用类似通常所用的拔火罐。

⑤ 砂浴疗法。有些温泉附近的砂土、泥土，具有一定的温度或是含有一定的矿物质，加上砂土本身的压力，具有刺激性，可治疗许多疾病。

⑥ 温泉水吸入法。通常用吸入器将温泉水喷射成雾状，患者将口、鼻对准喷雾器做深呼吸。这种疗法多利用硫化氢温泉，对慢性气管炎疗效较好。

⑦ 肠浴疗法是将泉水灌入肠内，主要治肠道炎一类的病症。

温泉医疗能健身防老、延年益寿，被许多国家看好。据不完全统计，我国已建温泉地热水疗养院 200 余处，突出医疗利用的温泉有 430 处。

我国许多温泉区既是疗养地，又是旅游观光区。一些温泉区在历史上就建有专供王室游乐之地。如北京小汤山建有供慈禧专用的亭池，陕西的临潼建有华清宫，河南林如温泉建有供武则天专用的武后池、八卦楼等。新中国成立后，我国在不少温泉区建立了职工疗养院。近年来，随着我国旅游业的发展，温泉疗养和旅游业的发展尤为迅速，同时在不少温泉区开展了勘探工作，既扩大了资源量，又达到了增温效果，为人们提供了越来越多的供疗养康复和旅游观光的场所。

我国藏南、滇西、川西及台湾一些高温温泉和沸泉区，不仅拥有高能位地热资源，同时还拥有绚丽多彩的地热景观，为世人所瞩目。如云南省腾冲是我国大陆唯一的一处保存完好的火山温泉区，拥有罕见的火山、地热景观及珍贵的医疗矿泉水；台湾省的大屯火山温泉区也是温泉疗养和旅游观光胜地。

2. 农业和养殖

（1）农业温室种植和灌溉

地热是一种复合型资源，非常适合生物的反季节、异地养殖与种植。

地处北极圈边缘上的冰岛，是一个远离欧洲大陆、很少有人光顾的小海岛。公元 864 年斯堪的那维亚航海家弗洛克踏上这个海岛以后才引起欧洲人的注意，并陆续有爱尔兰、苏格兰人向这里移民，因移民船只驶近南部海岸时，巨大的瓦特纳冰川留给人们深刻的印象，故将这个海岛取名为"冰岛"。应当说她是一个很冷的国家，但因为她有丰富的地热资源，到处都有热泉、温泉、蒸汽泉等，使得这里的气候宜人，冬暖夏凉。还由于地热温室的应用使得热带植物也能在这个北极圈附近的国家生根落户。冰岛首都雷克雅维克以东的维拉杰迪村，距北极圈仅 200km，在这里的地热温室中却盛产着黄瓜、西红柿、草莓和热带的香蕉、咖啡、橡胶和各种花卉。

在我国，地热水在农业上应用很早，唐代时就已经用地热水浇灌瓜果了。不过，地热水大面积地用于农副业生产，造福于人民，仅仅是近半个世纪的事。尤其是近 30 多年来，利用地热水培育农作物新品种的科学试验，已经取得了可喜成果。

用地热水浸种、育秧、保苗，可使作物的成熟期缩短，提前收获。天津地区用 30℃ 的地热水浸种，只经过 48h，稻种即可发芽，比用冷水浸种可提前 4～5 天。若再用 30℃ 以下的地热水灌溉，只需 20 天左右，秧苗便可栽插，用凉水灌溉一般则需 40 天左右。所以用地热水浸种和灌溉，缩短了作物的生长期，这在无霜期短的地区是大有好处的。在南方，用地热水育秧能避免春寒的袭击，可促进早稻增产。

利用地热水进行农业种植灌溉，不仅可以促进早熟，而且还有明显的增产效果。据实验，地热温室的瓜果蔬菜产量，比用煤作燃料的温室生长出来的瓜果蔬菜产量要高出 50%。多年来，不少地方利用地热温室大搞科学试验，培育优良品种，为农业增产做出了贡献。我国湖南省农业科学研究院在宁乡灰汤温泉建起了一所大温室，进行植物保护、栽培技术和良种繁殖等试验。湖北英山也建立了地热利用科学试验站，设有农科组、微生物组、水产组、医疗组，取得多项新成果。其中农科组培育出了多种水稻、棉花、蔬菜等优良品种，在寒冷的冬季，地热温室里，水稻已经抽穗，棉花开始现蕾结铃，黄瓜、茄子挂满枝头，呈现出丰收景象。西藏地热科研所现已修建了 6 座地热能温室，面积约达 $1600m^2$，隆冬季节，温室内气温保持在 30℃ 左右，西红柿、茄子、黄瓜、辣椒等作物长势良好。

（2）养殖

北京、天津、福建、广东等地起步较早，现已遍及 20 多个省（区、市）的 47 个地热田，建有养殖场约 300 处，鱼池面积约 $4.45 \times 10^6 m^2$。全国水产养殖耗水量约占地热水总用水量的 5.7% 左右，主要养殖罗非鱼、鳗鱼、甲鱼、青虾、牛蛙、观赏鱼等，以及鱼苗越冬。例如沧州地区的中捷友谊农场和南大港农场及黄骅地区都开发了地热水养殖，拥有规模较大的地热对虾繁育基地、罗非鱼养殖基地。湖南利用地热水养殖元鱼、罗非鱼等，养殖水面面积达 $74000m^2$。湖南省汝城有热水圩地热田和暖水地热田，建立了鱼苗、特种鱼水产种苗基地。湖北省利用地热的水产养殖面积达 $126000m^2$。湖北省英山地热试验站与长江水产研究所等单位合作，利用地热水已培育出 XY 型全雄性罗非鱼新品种。由于各地温泉养殖业迅速发展，新鲜成鱼畅销海内外，取得了显著经济效益。

由于能源紧缺状况加剧和地热资源的开发利用，以地热为热源的孵化机日益受到人们的重视。利用地热提供孵化机内需要的温度，保持鸡蛋在最适宜的环境温度（37.8℃），胚蛋在此温度下经过 21 天孵化发育成为雏鸡。与电孵化相比，地热孵化具有以下优点：

① 节省电力，合理利用了低品位能源；

② 减少了采用电加热器加热时对胚蛋热辐射的影响；

③ 地热水水温较低（一般在 50～80℃），孵化机内的温度较易控制。

此外，部分地热水还可提取工业原料，如腾冲热海硫黄塘采用淘洗法取硫黄，洱源九台温泉区挖取芒硝和自然硫，台湾自明清以来就已经在大屯火山温泉区开采自然硫等。不少低温地热水因其来源于深部，未受人为污染并含有一些有益于人体健康的微量元素，可作为饮用天然矿泉水开发利用。我国近年来开发的一些饮用天然矿泉水中，就有相当一部分是低温地热水。华北油田利用封存的油井深部奥陶系进行地热水伴热输油，取得了明显的经济、社会效益。

总之，我国地热资源的直接利用方式各具特色。如北京温泉旅游业新秀辈出，带动了房地产业发展；天津地热区域供暖成为我国的典范，也使京津冀地热区域供热已形成规模产业，正在带动着北方地热区域供热的发展；广东等地推出的"中国温泉之乡"品牌吸引国内外游客。我国建立了四处地热水梯级利用的农业利用示范点，取得了显著综合效益，并在全国得到推广。同时，地热农业利用示范，其地热能的广泛利用活跃了农村经济，也带动了全国县乡以及少数民族地区的经济发展。

在地热利用技术上，为解决地热尾水排放温度高、资源利用率低与环境污染问题，目前逐步开发了地热资源梯级利用技术，多级次地从地热水中提取热能，多层次地利用地热能。

理想的梯级利用情况是，高温的地热水先用来发电，之后用于建筑物供暖、农业养殖、工业利用，最后略高于体温的地热水可以用来开展温泉洗浴。经过这样的梯级利用之后，最后的尾水温度较低，一般为20℃左右，排放到自然环境的危害比较小。地热梯级利用工艺充分发挥了地板辐射采暖、地源热泵的优势，可应用于烘干工艺、加热汽化、蒸馏、洗涤、盐分析取、化学萃取等方面；采用地热回灌技术，总结推广地下含水层储冷和储热技术，可以实现"夏灌冬用"进行供热、"冬灌夏用"解决制冷，循环利用能源，形成区域封闭性供热与制冷系统。

第三节　地热发电技术及应用

地热发电是利用地下热水和蒸汽为动力源的一种新型发电技术，它涉及地质学、地球物理、地球化学、钻探技术、材料科学和发电工程等多种现代科学技术。地热发电和火力发电的基本原理是一样的，都是将蒸汽的热能经过汽轮机转变为机械能，然后带动发电机发电。所不同的是，地热发电不像火力发电那样要备有庞大的锅炉，也不需要消耗燃料，它所用的能源就是地热能。地热发电的过程，就是把地下热能首先转变为机械能，然后再把机械能转变为电能的过程。地热发电如图6-11所示。

要利用地下热能，首先需要由载热体把地下的热能带到地面上来。目前能够被地热电站利用的载热体主要是地下的天然蒸汽和热水。按照载热体类型、温度、压力和其他特性的不同，可把地热发电的方式划分为地热蒸汽发电和地下热水发电两大类。此外，还有正在研究试验的地压地热发电系统和干热岩发电系统。

一、地热蒸汽发电

1. 地热干蒸汽发电

① 背压式汽轮机发电系统。如图6-12所示，其工作原理为：首先把干蒸汽从蒸汽井中引出，先加以净化，经过分离器分离出所含的固体杂质，然后就可把蒸汽通入汽轮机做功，驱动发电机发电。做功后的蒸汽，可直接排入大气，也可用于工业生产中的加热过程。这种系统大多用于地热蒸汽中不凝结气体含量很高的场合，或者综合利用于工农业生产和人们生活的场合。

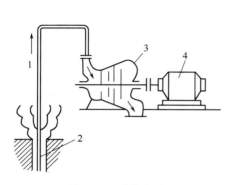

图6-11　地热发电
1—地热蒸汽；2—地热蒸汽井；
3—汽轮机；4—发电机

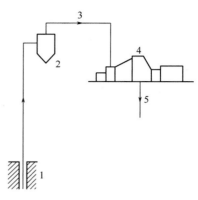

图6-12　背压式汽轮机地热蒸汽发电系统
1—蒸汽井；2—净化分离器；3—干蒸汽；
4—汽轮发电机组；5—排气

② 凝汽式汽轮机发电系统。为提高地热电站的机组出力和发电效率，通常采用凝汽式汽轮机地热蒸汽发电系统，如图 6-13 所示。在该系统中，由于蒸汽在汽轮机中能膨胀到很低的压力，因而能做出更多的功。做功后的蒸汽排入混合式凝汽器，并在其中被循环水泵打入冷却水所冷却而凝结成水，然后排走。在凝汽器中，为保持很低的冷凝压力（即真空状态），设有两台带有冷却器的射汽抽气器来抽气，把由地热蒸汽带来的各种不凝结气体和外界漏入系统中的空气从凝汽器中抽走。

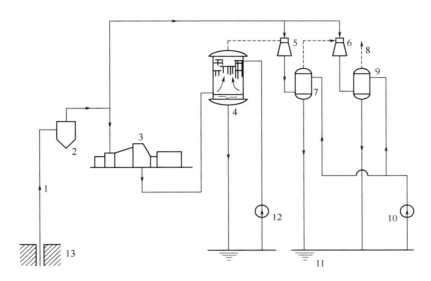

图 6-13　凝汽式汽轮机地热蒸汽发电系统

1—干蒸汽；2—净化分离器；3—汽轮发电机组；4—大气压式凝汽器；

5——级抽气器；6—二级抽气器；7—中间冷却器；8—排气；9—最后冷却器；

10—冷却水泵；11—冷却水；12—循环水泵；13—蒸汽井

2. 地热湿蒸汽发电

① 单级闪蒸地热湿蒸汽发电系统。不带深井泵的自喷井、井口流体为湿蒸汽的单级闪蒸地热发电系统如图 6-14 所示。这种系统的闪蒸过程是在井内进行的，然后在地面进行汽水分离。分离后的蒸汽送往汽轮发电机组发电。从广义上说，它也是一种闪蒸发电系统。它

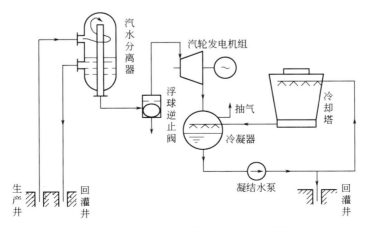

图 6-14　单级闪蒸地热湿蒸汽发电系统

和干蒸汽发电系统相比，所不同的是多了一个汽水分离器和浮球止回阀——防止分离出来的地热蒸汽中含有水分进入汽轮机。这类地热电站，在墨西哥的 Cerro Prieto，日本的大岳、大沼、鬼首、葛根田，萨尔瓦多的 Ahuachapan，苏联的 Pauzhetka 等，都有机组运行。

　　② 两级闪蒸地热湿蒸汽发电系统。如图 6-15 所示，当由汽水分离器排出的饱和水温度仍较高时，为了充分利用这部分废弃热水的能量，可采用两级闪蒸发电系统，即在汽水分离器后多装一台闪蒸器，将分离器排出的饱和水在闪蒸器内闪蒸，产生一部分低压蒸汽，作为二次蒸汽，进入汽轮机的低压缸，和膨胀后的一次蒸汽一起，在汽轮机内一起膨胀至终点状态。这种两级闪蒸的地热电站，在新西兰的 Wairakei、日本的八町原和冰岛的 Krafla 都有运行。

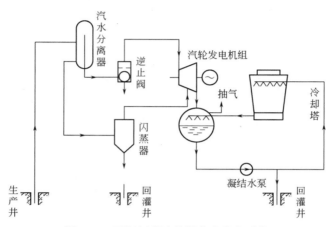

图 6-15　两级闪蒸地热湿蒸汽发电系统

二、地热水发电

　　地下热水发电有两种方式：一种是直接利用地下热水所产生的蒸汽进入汽轮机工作，叫做闪蒸地热发电系统；另一种是利用地下热水来加热某种低沸点工质，使其产生蒸汽进入汽轮机工作，叫做双循环地热发电系统。

1. 闪蒸地热发电系统

　　在此种方式下，不论地热资源是湿蒸汽田或是热水田，都是直接利用地下热水所产生的蒸汽来推动汽轮机做功。用 100℃ 以下的地下热水发电，是如何实现将地下热水转变为蒸汽来供汽轮机做功的？要回答这个问题，就需要了解在沸腾和蒸发时水的压力和温度之间的特有关系。众所周知，水的沸点和气压有关，在 101.325kPa 下，水的沸点是 100℃。如果气压降低，水的沸点也相应地降低。在 50.663kPa 时，水的沸点降到 81℃；20.265kPa 时，水的沸点为 60℃；而在 3.04kPa 时，水在 24℃ 就沸腾。

　　根据水的沸点和压力之间的这种关系，就可以把 100℃ 以下的地下热水送入一个密封的容器中进行抽气降压，使温度不太高的地下热水因气压降低而沸腾，变成蒸汽。由于热水降压蒸发的速度很快，是一种闪急蒸发过程，同时，热水蒸发产生蒸汽时，它的体积要迅速扩大，所以这个容器就叫做闪蒸器或扩容器。用这种方法来产生蒸汽的发电系统，叫做闪蒸地热发电系统，也叫做减压扩容地热发电系统。它又可以分为单级闪蒸地热发电系统、两级闪蒸地热发电系统和全流法地热发电系统等。

（1）单级闪蒸地热发电系统

单级闪蒸地热发电系统如图 6-16 所示。由热水井出来的地热水先进入闪蒸器（亦称降压扩容器）降压闪蒸，生产出一部分低压饱和蒸汽及饱和水，然后蒸汽进入凝汽式汽轮发电机组将其热能转变为机械能及电能，残留的饱和水则回灌地下。如美国加州的 East Mesa 地热电站属于此类型。

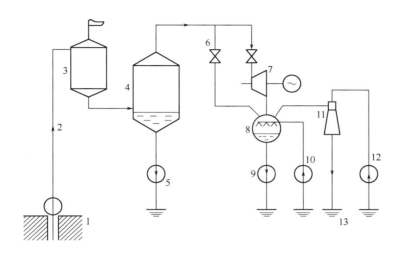

图 6-16　单级闪蒸地热发电系统

1—热水井；2—地下热水；3—除气器；4—闪蒸器；5—排水泵；6—旁通阀；7—汽轮发电机组；
8—凝汽器；9—凝结水泵；10—循环水泵；11—抽气器；12—射水泵；13—冷却水源

（2）两级闪蒸地热发电系统

两级闪蒸地热发电系统，即第一次闪蒸器中剩下来汽化的热水，又进入第二次压力进一步降低的闪蒸器，产生压力更低的蒸汽再进入汽轮机做功，如图 6-17 所示。它的发电量可比单级闪蒸法发电系统增加 15％～20％。我国羊八井地热电站有的机组就是采用这种发电系统。

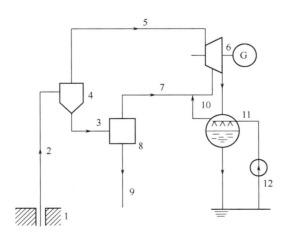

图 6-17　两级闪蒸地热发电系统

1—蒸汽井；2—蒸汽；3—热水；4—汽水分离器；5—一次蒸汽；6—汽轮发电机组；7—二次蒸汽；
8—闪蒸器；9—热水；10—抽气；11—混合式凝汽器；12—循环水泵

（3）全流法地热发电系统

如图 6-18 所示，全流法地热发电系统是把地热井口的全部流体，包括蒸汽、热水、不凝气体及化学物质等，不经处理直接送进全流动力机械中膨胀做功，而后排放或收集到凝汽器中，这样可以充分地利用地热流体的全部能量。该系统由螺杆膨胀器、汽轮发电机组和冷凝器等部分组成。它的单位净输出功率可比单级闪蒸法和两级闪蒸法发电系统的单位净输出功率分别提高 60％和 30％左右。

采用闪蒸法发电的地热电站，基本上是沿用火力发电厂的技术，即将地下热水送入减压设备——扩容器，将产生的低压水蒸气导入汽轮机做功。在热水温度低于 100℃时，全热力系统处于负压状态。这种电站设备简单，易于制造，可以采用混合式热交换器。其缺点是设备尺寸大，容易腐蚀结垢，热效率较低。由于是直接以地下热水为工质，因而对于地下热水的温度、矿化度以及不凝气体含量等有较高的要求。

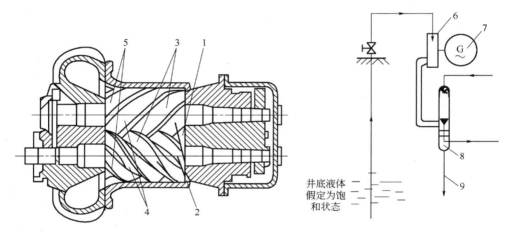

图 6-18　全流法地热发电系统

1—高压气室；2～4—啮合螺旋转子；5—排出口；6—全流膨胀器；
7—汽轮发电机组；8—凝汽器；9—热水排放

2. 双循环地热发电系统

双循环地热发电也叫做低沸点工质地热发电或中间介质法地热发电，又叫做热交换法地热发电。这是 20 世纪 60 年代以来在国际上兴起的一种地热发电技术。这种发电方式，不是直接利用地下热水所产生的蒸汽进入汽轮机做功，而是通过热交换器利用地下热水来加热某种低沸点的工质，使之变为蒸气，然后以此蒸气去推动汽轮机，并带动发电机发电；汽轮机排出的乏汽经凝汽器冷凝成液体，使工质再回到蒸发器重新受热，循环使用。在这种发电系统中，低沸点介质常采用两种流体：一种是采用地热流体作热源；另一种是采用低沸点工质流体作为一种工作介质来完成将地下热水的热能转变为机械能。所谓双循环地热发电系统即由此而得名。常用的低沸点工质有氯乙烷、正丁烷、异丁烷、氟利昂-11、氟利昂-12 等。

在常压下，水的沸点为 100℃，而低沸点的工质在常压下的沸点要比水的沸点低得多。这些低沸点工质的沸点与压力之间存在着严格的对应关系，如表 6-2 所示。

表 6-2 常用低沸点工质的沸点与压力之间关系

工质	压力/kPa	沸点/℃	工质	压力/kPa	沸点/℃
水	101.325	100	正丁烷	101.325	−0.5
氯乙烷	101.325	12.4	异丁烷	101.325	−11.7
	162.12	25		425.565	32
	354.638	50		911.925	60.9
			氟利昂-11	101.325	24
	445.83	60	氟利昂-12	101.325	−29.8

　　根据低沸点工质的这种特点，就可以用100℃以下的地下热水加热低沸点工质，使它产生具有较高压力的蒸气来推动汽轮机做功。这些蒸气在冷凝器中凝结后，用泵把低沸点工质重新打回热交换器循环使用。这种发电方法的优点是，利用低温位热能的热效率较高；设备紧凑，汽轮机的尺寸小；易于适应化学成分比较复杂的地下热水。其缺点是不像扩容法那样可以方便地使用混合式蒸发器和冷凝器；大部分低沸点工质传热性都比水差，采用此方式需有相当大的金属换热面积；低沸点工质价格较高，来源欠广，有些低沸点工质还有易燃、易爆、有毒、不稳定、对金属有腐蚀等特性。双循环地热发电系统又可分为单级双循环地热发电系统、两级双循环地热发电系统和闪蒸与双循环两级串联发电系统等。

　　① 单级双循环地热发电系统。单级双循环地热发电系统如图6-19所示。发电后的热排水还有很高的温度，可达50~60℃。

　　② 两级双循环地热发电系统。两级双循环地热发电系统，是利用单级双循环发电系统发电后的热排水中的热量再次发电的系统，如图6-20所示。采用两级利用方案，各级蒸发器中的蒸发压力要综合考虑，选择最佳数值。如果这些数值选择合理，那么在地下热水的水量和温度一定的情况下，一般可提高发电量20%左右。这一系统的优点是能更充分地利用地下热水的热量，降低发电的热水消耗率；缺点是增加了设备的投资和运行的复杂性。

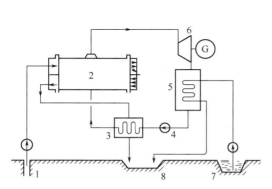

图 6-19　单级双循环地热发电系统

1—热水井；2—蒸发器；3—预热器；
4—工质循环泵；5—凝汽器；6—汽轮发电机组；
7—冷却水；8—排水沟

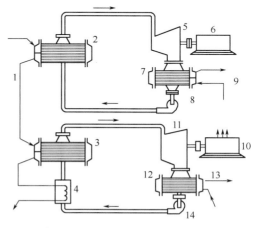

图 6-20　两级双循环地热发电系统

1—地热水；2—一级蒸发器；3—二级蒸发器；
4—预热器；5,11—汽轮机；6,10—发电机；
7,12—凝汽器；8,14—工质循环泵；9,13—冷却水

③ 闪蒸与双循环两级串联发电系统。闪蒸与双循环两级串联发电系统如图 6-21 所示。该系统是前面的闪蒸系统与两级双循环系统的结合。

三、地压地热发电

地压地热是指埋深在 2～3km 以下的第三纪碎屑沉积物中的孔隙水，由于热储上面有盖层负荷，因而地热水具有异常高的压力，此外还具有较高温度并饱含着天然气。这种资源的能源由以下三方面所组成。

① 高温水势能；

② 高温地热能；

③ 地压水中饱含的甲烷等天然气的化学能。

甲烷等天然气是该资源开发的主要目标。

利用地压地热发电的方案有多种。图 6-22 是其中一种基本的发电方案。地热水在高压及低压分离器中将天然气分离出来送往用户或发电。高压地热水通过水力涡轮发电机组利用其势能来发电，然后高温地热水在一个双工质循环中再利用其热能来发电。

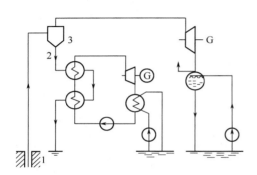

图 6-21　闪蒸与双循环两级串联发电系统
1—地热井；2—热水；3—汽水分离器

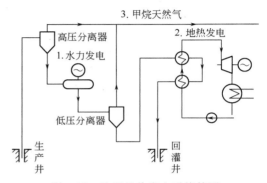

图 6-22　地压地热发电系统简图

四、干热岩地热发电

干热岩（hot-dry-rock，HDR），是由地球深处的辐射或固化岩浆的作用，在地壳中蕴藏的一种不存在水或蒸汽的高温岩体，地球上的干热岩资源占已探明地热资源的 30% 左右，其中距地表 4～6km 岩体温度为 200℃ 的干热岩具有较高的开采和利用价值。

利用干热岩发电与传统热电站发电的区别主要是采热方式不同，如图 6-23 所示。干热岩地热发电的流程为：注水井将低温水输入热储水库中，经过高温岩体加热后，在临界状态下以高温水、汽的形式通过生产井回收发电。发电后将冷却水排至注入井中，重新循环，反复利用。在此闭合回流系统中不排放废水、废物、废气，对环境没有影响。

天然的干热岩没有热储水库，需在岩体内部形成网裂缝，以使注入的冷水能够被干热岩体加热形成一定容量的人工热储水库。人工网裂缝热储水库可采用水压法、化学法或定向微爆法形成。其中，水压法应用最广，它是向注水井高压注入低温水，然后经过干热岩加热产生非常高的压力。在岩体致密无裂隙的情况下，高压水会使岩体在垂直最小的应力方向上产生许多裂缝。若岩体中本来就有少量天然节理，则高压水会先向天然节理中运移，形成更大的裂缝，其裂缝方向受地应力系统的影响。随着低温水的不断注入，裂缝持续增加、扩大，

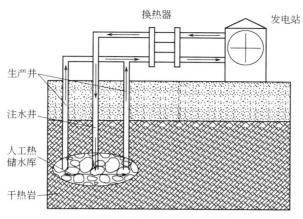

图 6-23　干热岩地热发电系统

并相互连通，最终形成面状的人工热储水库，而其外围仍然保持原来的状态。由于人工热储水库在地面以下，可利用微震监测系统、化学示踪剂、声发射测量等方法监测，并反演出人工热储水库构造的空间三维分布。

从生产井提取到高温水、蒸汽等中间介质后，即可采用常规地热发电的方式发电，如前所述。

利用地下干热岩体发电的设想，是美国人莫顿和史密斯于 1970 年提出的。1972 年，他们在新墨西哥州北部打了两口约 4000m 的深斜井，从一口井将冷水注入干热岩体中，从另一口井取出自岩体加热产生的蒸汽，功率达 2.3MW。进行干热岩发电研究的还有日本、英国、法国、德国和俄罗斯。经过多年研究与探索，美国、法国、德国等科技发达国家在干热岩发电的基本原理和技术方面取得了相当大的进展。干热岩地热发电与传统能源发电相比，可大幅降低温室效应和酸雨对环境的影响。干热岩地热发电与核能、太阳能或其他可再生能源发电相比，尽管目前技术尚未成熟，但作为重要的潜在能源，已具备了一定的商业价值。在采用先进的钻井和人工热储水库技术条件下，干热岩地热发电比传统火力、水力发电更具有电价竞争力，届时干热岩地热资源将成为全球的主导能源之一。

2021 年 6 月，由河北省煤田地质局组织实施的唐山市马头营凸起区干热岩开发关键技术研究与示范项目实现了干热岩试验性发电。这是我国首次实现干热岩试验性发电，为干热岩这一清洁能源的开发利用奠定了坚实基础。目前，我国已开展的示范区主要位于贵德县扎仓沟地热田、共和盆地干热岩、福建漳州、海南陵水县南平地区、湖南汝城热水圩、广东阳江新洲热田及广东惠州矮陂黄沙洞地热田。

目前，能够较大规模进行地热能发电的国家，主要都是利用与火山有关的地热资源。除了美国、意大利以及新西兰等发达国家一直以开发地热能进行发电外，许多拥有丰富高温地热资源的发展中国家也非常重视地热能发电。目前，世界已开发利用的地热田主要分布在高温地热带上。高温地热带的发电产业发展迅猛，2020 年世界地热发电达 15.95GW，较 2015 年增长了 3.70GW，5 年增速为 27.7%，超过了 2011～2015 年 25.7% 的增速。地热发电装机容量超过 1GW 的国家有 7 个，分别是美国、印度尼西亚、菲律宾、土耳其、肯尼亚、新西兰和墨西哥，装机容量依次为 3.700GW、2.289GW、1.918GW、1.549GW、1.193GW、1.064GW、1.005GW。

西藏羊八井地热电站是目前我国最大、运行最久的地热电站，一直在安全、稳定发电，

图 6-24　西藏羊八井地热发电厂

如图 6-24 所示。西藏的能源结构中石油和煤炭所占比例非常小，而且开发困难。70 多年来，国家投资上百亿元在西藏各地市、县，建立了一批中小骨干电站及区乡小水电站。西藏电力主要以水力发电为主，2003 年水电比例高达 90.6%。为了缓解紧张的能源局势，支持西藏发展经济，国家做出战略决定发展西藏地热能具有非常重要的意义。首先，可以解决无电行政村和无电牧民的生产和生活用电。其次，可以保证西藏工业发展和城市化建设。

羊八井地热发电厂从 1977 年 10 月第 1 台 1000kW 试验机组发电成功投入运行后，先后建成 35kV 升压站两座，1981 年由国家投资修建了 110kV 变电站及输电线路。随着装机容量逐步增加，生产规模逐渐扩大，发电量逐年增长。从 1977 年年发电量 49400kW·h 增长到 2004 年年发电量 1 亿多千瓦时。通过 110kV 输电线路向藏中电网输电电量达 8.428×10^7 kW·h，有效地缓解了拉萨电网的供需矛盾，每年的发电量约占拉萨总电量的 40%，冬季可达到 50%。同时西藏的羊八井电站为我国的地热发电事业积累了大量的经验，培养了大批的专家和技术人才。西藏羊八井地热发电站还具有很大的开发潜力。2008 年，该电站利用原生产井和新增的一口深部高温生产井，进行了增容发电，兴建了装机容量为 6MW 的第三发电站。2010 年以后建设了第四发电站，装机容量为 12MW。目前，西藏羊八井地热发电站的装机容量包括了 24.18MW 闪蒸地热发电和 2MW 螺杆膨胀机地热发电，共 9 台机组，占全国地热总装机容量的 95.9%。

我国国内其他运行中的地热发电站还包括了广东邓屋 300kW 闪蒸地热电站、华北油田 400kW 双工质螺杆膨胀机地热发电站以及西藏羊易 400kW 螺杆膨胀机地热发电站。

另外，云南省地热资源十分丰富。2018 年 1 月 13 日，在云南省德宏傣族景颇族自治州瑞丽市的地美特瑞丽地热发电站内，分布式地热发电集装箱组项目一期工程全部四台发电设备发电试验成功，机组生产过程中设备各项参数正常，状态控制良好。地美特瑞丽地热发电站目前净发电量已达到 1.2MW，该电站仍在扩建之中。这一地热发电项目建设完成后，装机容量可达 10MW。

云南省腾冲地区是中国大陆有名的高温地热区，也是中国大陆独一无二的火山热区。地质普查显示全区有 27 个高温地热田，但却没有建成一座地热发电站。云南的资源分布不均衡，西部的水能和地热能资源十分丰富，但是缺乏煤炭资源；东部地区煤炭资源丰富，但水能和地热能资源相对缺乏。这就造成了西部仅靠水电供应，枯水季节电量短缺的局面。如果可以有地热电站辅助供电，该地区的电力紧张将得到缓解。

《关于促进地热能开发利用的若干意见》（简称《意见》）中提出，到 2025 年全国地热能发电装机容量比 2020 年翻一番。基于羊八井和羊易电站建设的基础上，在西藏、川西、滇西等高温地热资源丰富的地区打造地热资源综合开发利用示范工程，聚焦"一线两带"，地中海—喜马拉雅山地热带东段地区、青藏铁路沿线和川藏铁路沿线的地热资源详勘和推进地热发电项目建设，通过地热发电和产业化利用，助力清洁能源发电快速发展。此外，《意见》鼓励有条件的地方建设中低温和干热岩地热能发电工程，探索干热岩发电，重点在青海地区开展干热岩地热发电项目，通过建立地热发电示范基地，推进深部干热岩资源勘察发现和干热岩发电关键技术成熟，引领我国干热岩资源开发利用。

思考题

6-1　简述地热能的来源和特点。

6-2　简述地热能的资源状况和地热能的分类。

6-3　简述不同地热能资源的利用方法。

6-4　简述地源热泵的定义、分类及各自的特点。

6-5　简述常见的地热能发电方式和各自的特点。

第七章

其他新能源及其应用 ▮▮▮▮▮

第一节　核能及其应用

1938年，德国物理学家哈恩和斯特拉斯曼利用中子轰击铀核时发现了铀核的裂变，这一发现使人类开始利用核能，如核能发电、工业探伤、辐照育种、材料改性、放射性诊断和治疗等。尤其是核能发电，在矿物燃料短缺、石油价格攀升、火电环境污染严重、水能源缺乏的局面下，发展核能势所必然。

一、核能概述

1. 核能简介

核能又称原子能，是原子核中的核子重新分配时释放出来的能量。核能分为核裂变能和核聚变能。核裂变能是通过重元素（如铀、钍等）的原子核发生链式裂变反应时释放出来的能量；核聚变能是轻元素（氘和氚）原子核发生聚合反应时释放出来的能量。迄今，工业应用的核能只有核裂变能。

原子由原子核和电子组成，其中原子核又由质子和中子组成。19世纪末，英国物理学家汤姆逊首先发现了电子。英国物理学家卢瑟福于1914年和查德威克于1932年分别发现了质子、中子。19世纪末，法国物理学家贝克勒尔、居里夫妇分别发现了铀和镭的放射性。1938年，德国奥托·哈恩等用中子轰击原子核，首次发现重原子核聚变弦线。1942年美国芝加哥大学成功启动了世界上第一座核反应堆。1945年美国成功研制出原子弹。1954年苏联在莫斯科近郊的奥布灵斯克建成世界上第一座核电站。爱因斯坦是核能理论的伟大奠基者，他在1905年提出相对论。根据此理论，世人才认识到放射性元素在释放肉眼看不见的射线后，变成其他元素，原子的质量会有所减轻，所损失的质量转变成巨大的能量，这就是核能的本质。

2. 核能的应用基础与特点

为了有效利用核能技术，早在20世纪40年代就有大批学者进行了有关研究，并掌握了核能技术，使核能在可控制的条件下被利用。从此之后，核能发挥着巨大的作用。目前用于民用的核能技术主要是核裂变技术，其主要的相关概念如下。

（1）核燃料

核能的释放必须有充足的可裂变铀235，称之为核燃料。铀在自然界中主要以两种同位素形式存在：铀238和铀235，其中铀238占99.3%、铀235占0.7%。由于铀238不易裂变，无法维持链式反应，所以天然铀中只有铀235才是真正的核燃料。但是，天然铀235含量太低，满足不了链式反应的需求，故必须寻求其他的核燃料。为此，美国化学家尤里采用气体扩散法使铀235得到浓缩。目前，生产铀燃料主要分为铀矿开采（包括露天开采、地下开采和原地浸出等形式）、铀矿石的加工（铀化学浓缩物精制）、铀的浓缩和核燃料元件制造四个步骤。

然而陆地上铀的储藏量并不丰富，且分布极不均匀。只有少数国家拥有有限的铀矿，全世界较适于开采的只有100万吨，加上低晶位铀矿及其副产铀化物，总量也不超过500万吨。按目前的消耗量，只够开采几十年。而在巨大的海水水体中，却含有丰富的铀矿资源。据估计，海水中溶解的铀的数量可达45亿吨，相当于陆地总储量的几千倍。不过，海水中含铀的浓度很低，1000t海水只含有3g铀。只有先把铀从海水中提取出来，才能应用。而要从海水中提取铀，从技术上讲是件十分困难的事情——需要处理大量海水，技术工艺十分复杂。为此，人们已经试验了很多种海水提铀的办法，如吸附法、共沉法、气泡分离法以及藻类生物浓缩法等。

此外，钚239也是很好的可裂变材料，但钚239在地壳中不存在。需要用中子照射铀238或钍232，然后经过两次 β 衰变就可获得这种核燃料，最重要的是使铀238变为制造核燃料的原料。

（2）减速剂

裂变反应中新产生的中子速度非常快，可达到 $2 \times 10^7 \text{m/s}$，其结果是中子要么逃逸到空气中，要么被其他物质吃掉，由这种快中子引起裂变的概率很小。当中子的运动速度降到约 $2.2 \times 10^3 \text{m/s}$ 时，它在铀核附近停留的时间加长，容易击中铀核使铀发生裂变，这时的中子被称为热中子。如何使快中子减速成为热中子，就需要减速剂。根据弹性碰撞原理，减速剂的质量与中子的质量越接近，对中子的减速效果就越好，因此一般选用轻核物质如普通水、重水、纯石墨等作为减速剂。

（3）增殖系数与控制棒

为了维持链式反应自持地进行，并使裂变能源源不断地释放出来，必须严格控制中子的增殖速度，使中子增殖系数 K 等于1。如果 K 等于1，产生的中子与外逸及被吸收的中子相互抵消，使发生核裂变的原子数目既不增加也不减少，保持不变，链式反应自持地进行着，此状态称为临界状态，而此时核燃料铀块的质量称为临界质量，它与铀的浓度有关。K 大于1的状态为超临界状态，此时参与核裂变的原子数目急剧增加，反应激烈进行，大量的能量瞬间释放，以致发生核爆炸。

控制中子的增殖速度可以控制核能的释放，保证堆芯中子增殖系数恒等于1，所以需要控制棒。以金属镉（Cd）为材料制成控制棒控制中子增殖速度，称为镉棒。利用镉对中子较大的俘获截面、能吸收大量中子的特殊性质，把镉棒插在反应堆堆芯中上下移动，通过改变镉棒插在堆芯中的深浅度，就可以人为地控制中子的增殖速度。

（4）核反应堆

又称原子反应堆，是装配了核燃料以实现大规模可控制裂变链式反应的装置。它是发生核裂变产生热能的场所，是核电站的心脏。它产生的热量使水变成高温、高压的蒸汽以推动汽轮机带动发电机发电。核反应堆的类型主要有压水堆、沸水堆和重水堆三种（表7-1），在结构上主要由活性区、反射层、外压力壳和屏蔽层所组成（图7-1）。活性区又由核燃料、慢化剂、冷却剂和控制棒等组成。现在用于核电站的反应堆中，压水堆是最具竞争力的堆型（约占61%），沸水堆占一定比例（约占24%），重水堆用得较少（约占5%）。目前许多国家正在积极研发使用液体金属、气体等其他冷却剂的先进反应堆，主要为六种第四代堆。

表 7-1　核电站反应堆分类

堆型		燃料	慢化剂	冷却剂
轻水反应堆	压水堆	浓缩铀	轻水	轻水
	沸水堆	浓缩铀	轻水	轻水
重水反应堆	重水冷却型	天然铀	重水	重水
	轻水冷却型	天然铀、浓缩铀、钚	重水	重水
石墨气冷型	天然铀气冷堆	天然铀	石墨	二氧化碳
	改进型气冷堆	浓缩铀	石墨	二氧化碳
	高温气冷堆	浓缩铀、钚	石墨	氦
快中子增殖堆		浓缩铀＋钚	无	钠、氦

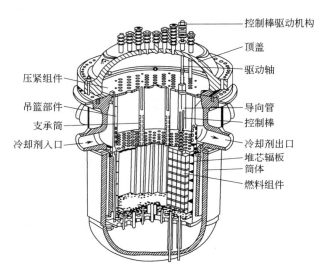

图 7-1　压水反应堆本体结构示意图

　　压水堆以普通水作慢化剂和冷却剂，价格低廉。为了使反应堆内温度很高的冷却水保持液态，反应堆在高压力（水压约为 15.5MPa）下运行，所以称为压水堆。压水堆必须使用浓缩铀（铀 235 的含量为 2%～4%）作核燃料，同时由于反应堆内的水处于液态，驱动汽轮发电机组的蒸汽必须在反应堆以外的蒸汽发生器中产生，从而得到压力为 6～7MPa、温度为 275～290℃的蒸汽，而后推动汽轮机发电机组发电。

　　沸水堆和压水堆同属于轻水堆，也是用普通水作慢化剂和冷却剂，不同的是在沸水堆内产生蒸汽（压力约为 7MPa），蒸汽直接进入汽轮机发电机组发电，无需蒸汽发生器，系统特别简单，工作压力比压水堆低。然而，沸水堆的蒸汽带有放射性，需采取屏蔽措施以防止放射性泄漏。

　　重水堆用重水作慢化剂和冷却剂。重水（氧化氘）是由氘和氧组成的化合物，分子式 D_2O，分子量 20.0275，比普通水（H_2O）的分子量 18.0153 高出约 11%，因此叫做重水。重水堆可用天然铀作为核燃料。

　　(5) 乏燃料

　　又称辐照核燃料，是指在反应堆内燃烧过的核燃料。核燃料在反应堆内不断裂变、消耗和转化，释放的核能逐渐减小，当剩余燃料释放的能量达不到满功率输出时就须更换。这些乏燃料从堆内卸出时总是含有一定量未分裂和新生的裂变燃料。乏燃料后处理的目的就是回收这些裂变的燃料（如铀235等），利用它们再制造新的燃料元件或提取处理得到超铀元素以及某些放射性裂变产物，这些都具有很大的科学和经济价值。

（6）三废处理与处置

在核工业生产过程中，会产生一些不同程度的放射性的固态、液态和气态的废物，简称"三废"。在这些废物中，放射性物质的含量虽然很低，但是危害却很大。普通的外界条件基本对放射性物质不起作用，因此在放射性废物处理过程中，除了靠放射性物质的衰变使其放射性衰减之外，只能采取多级净化、去污、压缩减容、焚烧、固化等措施将放射性物质从废物中分离出来，使放射性物质的废物体积尽量减小，并改变其存在的状态，以达到安全处置的目的。

3. 核能的优越性

核能是一种经济、清洁和安全的能源，目前在民用领域主要是核能发电。它具有以下优势。

（1）能量密度大

核能的能量密度大。消耗少量的核燃料就可以产生巨大的能量，每千克铀235释放的能量相当于2500t优质煤燃烧释放的能量。对于核电厂来说，只需消耗少量的核燃料，就能产生大量的电能。例如一座1000MW的火力发电厂每年要耗煤$(3\sim4)\times10^6$t，而相同功率的核电厂每年只需核燃料30～40t。因此，核能的利用不仅可以节省大量的煤炭、石油，且极大地减少了运输量。

（2）比较清洁

核能是一种清洁能源，核能利用是减少我国能源环境污染的有效途径。与煤电相比，核电对公众产生的辐射照射相对较小，因此对公众健康的影响也较小。从对环境的影响来说，煤电排出SO_2和NO_x等气体，对森林、农作物等的影响十分明显。而除核事故外，未发现其他明显的影响。此外，核电是各种能源中温室气体排放量最小的发电方式。图7-2给出了各种类型能源温室气体排放量的估计。核能温室气体排放源大部分来自于核燃料的提取、加工、富集过程以及建筑材料钢和水泥生产过程而消耗的化石燃料。从图中可看出，核电温室气体排放量甚至小于水电、风力和生物质能。最后，核电向环境排放的废物要少得多，大约是煤电的几万分之一。它不排放SO_2，也不产生粉尘、灰渣，是排放温室气体最少的能源，也是减小温室气体排放经济有效的手段。

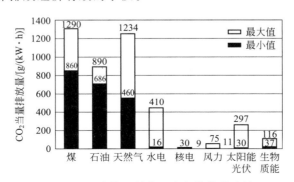

图 7-2 整个能源链的温室气体排放比较

我国核工业辐射环境质量评价表明：核工业对评价范围内居民产生的集体剂量小于同一范围内居民所受天然辐射剂量的 1/10000；核设施周围关键居民组（指所受剂量中的最大者）所受剂量基本上均小于天然本底的 1/10；秦山、大亚湾核电站小于 1/100。由此可见，核能是一种环境友好的绿色能源。

（3）比较经济

发电的成本由投资费、燃料费和运行费三部分组成，它们在核电站、燃煤电站中所占比重各不相同。表 7-2 给出了几种发电成本的比较，可以看出核电的投资费比重约 60%，几乎等于煤电的燃料费比重；而核电的燃料费比重约 25%，则等于或小于煤电的投资费比重。核电站由于特别重视安全和治理，投资与运行维修费用高于燃煤电站。但核能是高密度能源，故核电站的燃料费用相比燃煤电站要低得多。这就意味着，投产后核电站的发电成本受燃料价格波动的影响远小于煤电，而天然气发电成本受燃料价格波动的影响最大。尽管核电站的投资与运行维修费用比燃煤电站高，但将各自的燃料开采、加工、运输费用包括进去后，其综合投资相近。从长远看，随着技术水平的提高，核电设备的改进，核电规模扩大，核电的费用会逐步降低。而随着环境要求的提高，燃煤电站需要增加环境保护设备来减少燃烧释放物的污染，其成本会逐渐增加。相比来说，核电是一种运行起来非常经济的能源。

表 7-2　标准化发电成本组成　　　　　　　　　　　　单位：%

项目	核电站	煤电站	气电站
投资费	43～70	23～45	13～33
燃料费	13～30	35～65	53～84
运行检修费	17～31	6～28	3～19
合计	100	100	100

现在，一些国家和地区的核电成本已经低于燃煤、天然气发电的成本。例如法国的核电站发电成本只有燃煤电站的 52%；韩国的核能发电成本大约是 3 韩元/千瓦时，是燃煤发电成本的 1/7、天然气发电成本的 1/30。我国秦山一期 300MW 核电站的比投资约为 710 美元/千瓦时，相当于当时国内燃煤电站比投资的 1.2～1.4 倍；而大亚湾 2×900MW 核电站比投资为 2000 美元/千瓦时。主要原因在于大亚湾核电站是全套引进设备，而秦山一期为自行设计，并且设备国产化比例达到 70%。如果能够实现完全国产化、标准化、系列化，我国 2×1000MW 核电站的基础价比投资预计可降至 1500 美元/千瓦时以下，为煤电比投资的 1.2～1.4 倍，发电成本不超过 0.35 元/千瓦时，目前核电的电价为 0.39～0.42 元/千瓦时。

4. 核能利用

核能目前的主要民用为高效发电。此外，利用核能还可以开展其他综合利用，如制氢、海水淡化、供热供冷及化工工艺利用等，如图 7-3 所示。核裂变过程释放出大量热能，可以较好匹配工业生产过程中对高温工艺热参数的需求。核能综合利用，就是契合各类应用场景，或将热能转化为电能或直接提供高温工艺热，通过能量的梯级利用，实现科学用能，有助于提高能源利用效率。在"十四五"期间（2021～2025 年），建成"清洁低碳、安全高效"的能源体系将成为长期目标，安全高效发展核电依然是重要内容，同时未来核能将从"单一型选手"转向"全能型辅助"，为绿色低碳发展贡献更多"核"力量。

（1）核能制氢

即将核反应堆技术与先进制氢工艺耦合进行制氢，不同的堆型可以在不同的温度范围内

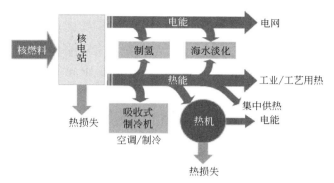

图 7-3 核能的综合利用

提供制氢所需的热能或电能。目前核能制低碳氢主要有以下几种途径：

① 冷水电解制氢。即通过核能为冷水电解提供电力，该工艺可行性高且在现有技术中成本最低，并已在小规模利用中得到验证。

② 蒸汽电解制氢。高温蒸汽电解温度约在 $600 \sim 1000℃$，其能耗比冷水电解少 $1/3$，因此有望实现更高效率；即使是低温热也可提高电解效率，如英国的压水堆（EPR）的低温热能（$150 \sim 200℃$）支持蒸汽电解证实是可行的，其效率也优于冷水电解。

③ 热化学水解制氢。利用先进模块化反应堆（AMR）产生的 $600 \sim 900℃$ 高温，在使用化学催化剂的情况下可使水分解为氢气，且效率较高。

④ 化石燃料重整制氢。通过核能废热为化石燃料蒸汽重整制氢提供高温热，但需要配备碳捕集和封存设施。常见制氢工艺对比如表 7-3 所示。

表 7-3 核能制氢工艺

反应堆	出口温度/℃	适合制氢工艺
轻水堆	$280 \sim 325$	水电解
重水堆	$310 \sim 319$	
超临界水堆	$430 \sim 625$	水电解、热化学循环
快堆	$500 \sim 800$	水电解、热化学循环、甲烷蒸汽重整
熔盐堆	$750 \sim 1000$	
气冷快堆	850	水电解、蒸汽电解、热化学循环、甲烷蒸汽重整
高温气冷堆	$750 \sim 950$	

（2）核能供热

核能供热是以核裂变产生的能量为热源的城市集中供热方式。核反应堆在核裂变过程中会释放巨大的能量，可用于加热给水获取高温蒸汽，若从核电机组二回路中抽取蒸汽作为热源，通过厂内换热首站、厂外供热企业换热站进行多级换热，最后经市政供热管网将热量传递至最终用户，即可实现核能供热。核能供热和煤电厂供热一样都是电厂余热的利用，供热方、采热方之间只有热量交换，不存在其他任何介质传递。核电站与供热用户间有多道回路进行隔离，每个回路间只有热量的传递，没有水的交换，因此核能供热是非常安全、可靠的，它是解决城市能源供应，减轻运输压力和消除烧煤造成的环境污染的一种新途径。核能供热根据用户需求提供不同品质的热能：核能低温供热（$<200℃$）可用于居民用热水暖气、海水淡化、制冷、造纸、制糖、水产业等；中温供热（$250 \sim 550℃$）可用于纺织工业等；高

温供热（>550℃）可用于石油开采与炼制、煤气化与液化、化工、冶金、制氢等。我国低温核供热堆已形成拥有完全自主知识产权的技术体系，跨入世界先进水平。2017年11月，中国原子能科学研究院的泳池式低温供热堆项目发布并实现安全供热168h。该项目只有供热目的，该堆型供热能力达到400MW，成为目前全球在研最大的供热核反应堆。2019年11月，山东海阳核能供热项目首次正式商用，采用2台AP1000机组抽汽供热方式，为70万米²住宅供热。据估计，随着后续机组的建成投运，最终可达到超过2亿米²的供热能力，供热半径达100km，每年可节约标准煤约662万吨。海阳市已建成全国首个核能供热商用示范工程，成为全国首个"零碳"供暖城市。不管是核能热电联产还是单独核能低温供热，目前已经具有相当成熟的技术储备和广大的市场需求，因此，我国核能供热的潜力巨大。

二、核能发电

发展核电是和平利用核能的一种主要途径。核能发电利用铀燃料进行核分裂链式反应所产生的热量，将热水加热成高温高压的水蒸气，水蒸气推动汽轮机，汽轮机带动发电机发电。

1. 核能发电技术

如图7-4所示，核能发电是利用核反应堆中核裂变所释放出来的热能进行发电，与火力发电十分相似。只是以核反应堆蒸汽发生器来代替火力发电的锅炉，以核裂变能代替化石燃料的化学能。核反应堆中释放出的热能将水加热变成7MPa左右的过饱和蒸汽，经汽、水分离及干燥后推动汽轮机并带动发电机发电。相同质量的核燃料与化石燃料相比，放出的热量是燃烧化石燃料放出热量的百万倍。

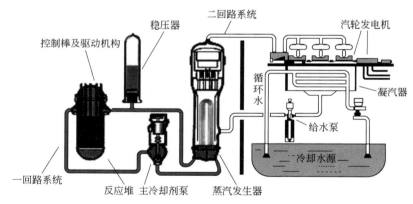

图 7-4　核能发电系统

核电站通常由一回路系统和二回路系统两大部分组成（见图7-4）。核电站的核心是反应堆，反应堆工作时放出核能主要是以热能的形式由一回路系统的冷却剂带出，用以产生蒸汽，所以一回路系统又被称为"核供汽系统"，又称作核岛。由蒸汽驱动汽轮发电机组进行发电的二回路系统与传统的汽轮发电机系统基本相同，又称常规岛。工业核电站的功率一般达到几十万千瓦、上百万千瓦。

从20世纪50年代第一座核电站诞生以来，全球核电发展很快，核电技术不断完善，出现各种类型的反应堆，如压水堆、沸水堆、重水堆、石墨堆、气冷堆及快中子堆等，其中，以轻水（H_2O）作为慢化剂和载热剂的轻水反应堆（包括压水堆和沸水堆）应用最多，技术也最完善。

2. 核电站的发展进程

1954 年，苏联建成世界上第一座装机容量为 5MW 的奥布灵斯克实验核电站。英、美等国也相继建成各种类型的核电站。到 1960 年，有 5 个国家建成 20 座核电站，装机容量 1279MW。由于核浓缩技术的发展，到 1966 年核能发电的成本已低于火力发电的成本，核能发电真正进入实用阶段。1978 年全世界 22 个国家和地区正在运行的 30MW 以上的核电站反应堆已达 200 多座，总装机容量已达 107776MW。20 世纪 80 年代因化石能源短缺日益突出，核能发电的进展更快。到 1991 年全世界近 30 个国家和地区建成的核电机组为 423 套，总容量为 327500MW，其发电量约占全世界总发电量的 16%。中国大陆的核电起步较晚，20 世纪 80 年代才动工兴建核电站。中国自行设计建造的 300MW 秦山核电站在 1991 年底投入运行；大亚湾核电站于 1987 年开工，1994 年全部并网发电。

核能发电的历史与核动力堆的发展历史密切相关。根据核电站中核反应堆的特点不同，一般将核电站分为四代。

① 第一代核电站：核电站的开发与建设开始于 20 世纪 50 年代。1954 年，苏联建成实验性核电站。1957 年，美国建成 90MW 的原型核电站。这些成就证明了利用核能发电的技术可行性。国际上把上述实验性的原型核电机组称为第一代核电机组。

② 第二代核电站：20 世纪 60 年代后期，在实验性和原型核电机组基础上，陆续建成发电功率 300MW 的压水堆、沸水堆、重水堆、石墨水冷堆等核电机组，在进一步证明核能发电技术可行性的同时，使核电的经济性也得以验证。目前，世界上商业运行的 400 多座核电机组绝大部分是在这一时期建成的，习惯上称为第二代核电机组。

③ 第三代核电站：20 世纪 90 年代，为了消除三哩岛和切尔诺贝利核电站事故的负面影响，世界核电业界集中力量对严重事故的预防和缓解进行了研究和攻关，美国和欧洲先后出台了《先进轻水堆用户要求文件》（即 URD 文件）和《欧洲用户对轻水堆核电站的要求》（即 EUR 文件），进一步明确了预防与缓解严重事故、提高安全可靠性等方面的要求。国际上通常把满足 URD 文件或 EUR 文件的核电机组称为第三代核电机组。

④ 第四代核电站：2000 年 1 月，在美国能源部的倡议下，美国、英国、瑞士、南非、日本、法国、加拿大、巴西、韩国和阿根廷共 10 个有意发展核能的国家，联合组成了"第四代国际核能论坛"（简称 GIF 论坛），于 2001 年 7 月签署了合约，约定共同合作研究开发第四代核能技术。第四代核能机组的开发目标为：2030 年前创新地开发出新一代核能系统，使其在安全性、经济性、废物产量、防核扩散、防恐怖系统等方面都有显著提高；研究开发不仅包括用于发电或制氢等的核反应堆装置，还包括核燃料循环以达到组成完整核能利用系统的目标。GIF 论坛选出了钠冷快堆、气冷快堆、铅冷快堆、超高温气冷堆、熔盐堆和超临界水冷堆六种堆型作为候选的第四代堆型。

3. 核电站的优缺点

① 优点：干净，无污染，几乎是零排放，不会产生二氧化碳；铀燃料暂时没有其他用途，且燃料体积小，运输与储存方便；核电成本比火电成本约低 20%，且核电成本不易受到国际经济形势的影响，故发电成本比其他发电方式稳定。

② 缺点：核电站会产生放射性废料或使用过的核燃料，必须慎重处理，且需面对来自世界的政治困扰；核电站的投资成本较高，电力公司的财务风险较高；核电站适宜作基本负荷机组，不大适宜作尖峰、调峰机组；核电站的反应器内有大量放射性物质，如果出现事故而释放到外界环境，会对生态和民众造成伤害。

三、核聚变

尽管新发展的裂变核能已成为较成熟的替代能源，但是核电站所用的燃料铀和钍等储量也有限。那么几十年或几百年后，人类将依赖何种能源呢？目前看来，最有希望的能源将是氢同位素的受控聚变核反应提供的核聚变能。也就是说，通过建造由核聚变提供能源的新一代核电站，让核聚变能在有控制的条件下，温和、缓慢、持续地释放，并把它转化成为可应用于诸多领域的电能。由于核聚变电站就像太阳一样发生着氢聚合成为氦的反应，所以被人们形象地称为"人造小太阳"。

1. 核聚变反应

核聚变反应是指两个或两个以上轻原子核在超高温条件下聚合成一个较重原子核的核反应，简称核聚变，其反应见图7-5。核聚变所释放出来的能量称为核聚变能。核聚变的燃料是氘（$_1^2$H，重氢，符号为D）和氚（$_1^3$H，超重氢，符号为T），一些重要的核聚变反应如下：

$$_1^2H + _1^2H \longrightarrow _2^3He + n + 3.27\,MeV$$
$$_1^2H + _1^2H \longrightarrow _1^3H + _1^1H + 4.05\,MeV$$
$$_1^2H + _1^3H \longrightarrow _2^4He + n + 17.58\,MeV$$
$$_1^2H + _2^3He \longrightarrow _2^4He + _1^1H + 18.34\,MeV$$

式中，n表示中子。

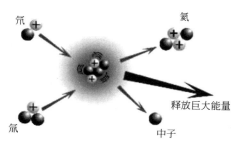

图 7-5　核聚变反应示意图

核聚变所释放的能量要比等量的裂变原料发生裂变释放的能量大很多倍。0.03g重氢在聚变反应中释放出的能量，相当于燃烧300L汽油。1kg氘全部聚变释放的能量相当于11000t煤炭，而1kg铀235裂变所释放的能量仅相当于1500t煤炭。

不仅如此，聚变核反应的原料也十分丰富。以水的形式存在的氢里就含有氘，也就是说，水实际上有两种：一种是由两个氢原子（H）和一个氧原子（O）结合生成的水分子H_2O，这就是普通水，称为轻水；另一种是由两个重氢原子（D）和一个氧原子（O）结合生成的重水分子D_2O，称为重水。在水中，每6700个氢原子（H）里有一个重氢原子（D）；每1L海水中含有30mg的氘。地球上有大量的水，所以世界上氘的储量很大，足以供人类使用几百万年，甚至几千万年。

自然界中几乎不存在氢的同位素氚，但它可以通过中子与锂（Li）原子核作用制造出来：

$$_3^6Li + n \longrightarrow _2^4He + _1^3H + 4.8\,MeV$$
$$_3^7Li + n + 2.8\,MeV \longrightarrow _2^4He + _1^3H + n$$

目前世界已探明锂的储量为 349.5 万吨，中国占 44.71%。据估算，自然界中锂的储量用于生产氚，可产生的能量大约相当于自然界中裂变材料产生的能量，可供人类使用几百年。用锂生产氚所需要的中子由核裂变供给，即可用核裂变反应堆制造出来。

更为可贵的是，核聚变能不像核裂变能那样产生放射性，它是一种更为清洁的能源。首先，核聚变的产物是氦，它没有放射性。而放射性裂变产物的产生和释放是使用核裂变能令人头痛的问题，它们对人类和环境造成危害，需要采取复杂、昂贵的防护措施，特别是那些半衰期长的放射性核素。其次，如果核聚变反应的产物之一是质子，即正电子，有可能以电能的形式直接引出来加以利用，省去热能—机械能—电能转换过程，这将大大提高能量使用效率，减少废热排放。当然，由于核聚变产生大量快中子（单位能量产生的快中子数约为重核裂变产生的快中子数的 3 倍），对快中子流及聚变堆材料吸收中子后产生的感生放射性辐射仍需采取措施加以防护。

2. 核聚变的条件

既然核聚变能可以说是取之不尽、用之不竭的能源，那么现在为什么不大规模地开发利用呢？原来要使轻核聚变，存在着一系列技术上的难题。要实现可控核聚变反应，必须满足三个苛刻条件：一是温度足够高，必须达到上亿度的高温，才能使轻核之间接近到可以发生聚变的距离。这样的温度不仅高于太阳表面的温度（6000℃），而且也比太阳中心温度（1.3×10^7℃）高得多。二是密度要足够高，这样两原子核发生碰撞的概率就大。三是等离子体在有限的空间里被约束足够长时间。人们常把聚变反应称为"热核反应"。

当具备了这种超高温条件，且原子核都具备了足够高的速度时，所有参加反应的原子的核外电子都被剥离出去而成为自由的电子，原子核裸露出来，所有的核聚变材料成为带正电的原子核和带负电的自由电子组成的高度电离的气体，其正负电荷的总量相等，这种正负电荷总量相等的高度电离的气体称为等离子体。在这种状态下，核运动极其迅速激烈。因此，把这样高温高能的等离子体约束在一定的区域里，让它们在这个密闭的区域里以极高的速度相互碰撞（等离子体不与装它的容器碰撞，否则等离子体要降温，容器要烧毁），只要温度不下降，速度就不会减小，等离子体就能发生碰撞而产生核聚变。另外，还要防止杂质混入等离子体，这是因为杂质会增加辐射而使等离子体冷却。

3. 核聚变的研究与应用

核聚变的研究经历了漫长的历史。与核裂变一样，核聚变的应用首先也是用于军事方面，即用来制造氢弹。由于发生氘-氚聚变所需的上亿度高温只能通过原子弹的爆炸来获得，因此氢弹要用原子弹来引爆。早在第二次世界大战期间，美国在研制原子弹的同时，已经关注热核聚变反应的可能性；第二次世界大战末期，美、英和苏联从军事上考虑，一直在相互保密的情况下展开核聚变研究。1952 年 11 月 1 日，美国成功地进行了世界首次氢弹爆炸试验。

只有受控核聚变才能用于发电，即核聚变电站。科学家们正在进行可控制核聚变的试验。从目前看，实现核聚变的可控主要有两种方法：一种是磁约束，另一种是惯性约束。

（1）磁约束聚变（MCF）

磁约束是用一定强度和几何形状磁场将带电粒子约束在一定的空间范围内，并保持一段时间。20 世纪 60 年代，苏联科学家发明了著名的磁约束装置——托卡马克装置（Toka-mak），如图 7-6 所示，使核聚变研究进入快速发展期。其原理是沿环形磁场通电流，加以与之垂直的磁场，使高温等离子体在环形磁场约束下，不与器壁接触而作螺旋运动，并被加热、压缩成细柱状，当磁场周围温度达到一定温度时，内部粒子将发生核聚变，产生能量，这样就可以实现按人们的需要进行核聚变反应。

20 世纪 90 年代，在欧洲、日本、美国的几个大型托卡马克装置上，聚变能研究取得突破性进展。不论在等离子体温度、稳定性及约束方面都已基本达到产生大规模核聚变的条件。初步进行的氘-氚反应实验，得到了 16MW 的聚变功率。聚变能的科学可行性已基本得到论证，有可能考虑建造"聚变能实验堆"，创造研究大规模核聚变的条件。1985 年，美、苏首脑在日内瓦峰会上倡议，由美、苏、欧、日共同启动"国际热核聚变实验堆（ITER）"计划，目标是要建造一个可自持燃烧（即"点火"）的托卡马克核聚变实验堆，以便对未来聚变示范堆及商用聚变堆的物理和工程问题作深入探索。该计划在 1988～1990 年已完成概念设计，1992 年开始工程设计研究，于 2001 年完成了 ITER 装置新的工程设计及主要部件的研制。此后经过五年谈判，ITER 计划七方（中国、欧盟、印度、日本、韩国、美国、俄罗斯）于 2006 年 5 月 25 日正式签署联合协议，启动建设 ITER 装置。2020 年 7 月，国际热核聚变实验堆（ITER）计划重大工程安装启动仪式在法国 ITER 总部举行，标志着 ITER 由此前成员国制造零部件的建设阶段正式转换到装置组装阶段。

ITER 装置是一个能产生大规模核聚变反应的超导托卡马克，如图 7-7 所示。作为核聚变能实验堆，ITER 要把上亿摄氏度、由氘氚组成的高温等离子体约束在体积达 $837m^3$ 的"磁笼"中，产生 500MW 的聚变功率，持续时间达 500s。500MW 热功率已经相当于一个小型热电站的水平，这将是人类第一次在地球上获得持续的、有大量核聚变反应的高温等离子体，产生接近电站规模的受控聚变能。

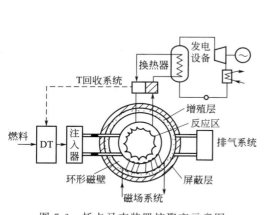

图 7-6　托卡马克装置核聚变示意图

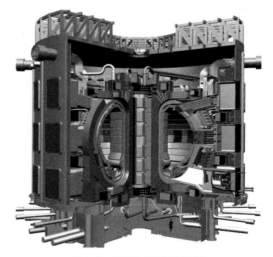

图 7-7　ITER 装置示意图

ITER 不仅反映了国际聚变能研究的最新成果，而且综合了当今世界各领域的一些顶尖技术，如大型超导磁体技术，中能高流强加速器技术，连续、大功率毫米波技术，复杂的远程控制技术等。然而，要实现 ITER，还有很长的路要走，因为核聚变反应堆的任务不仅是连续地实现可控的核聚变反应，还必须不断地把聚变能变为电能输出。这就需要解决一系列复杂的工程问题，如等离子加热和控制、燃料注入和聚变的取出、利用聚变反应释放的中子就地生产氚燃料以及核辐射防护等。

我国的核聚变能研究开始于 20 世纪 60 年代初，尽管经历了长时间非常困难的环境，但始终能坚持稳定、逐步的发展，建成了两个在发展中国家最大的、理工结合的大型现代化专业研究所，即中国核工业集团公司所属的西南物理研究院及中国科学院所属的合肥等离子体物理研究所。我国 1984 年正式建成受控核聚变装置——中国环流器 1 号，成为继美国、苏联、日本和西欧一些国家之后，研制中型受控核聚变试验装置的唯一发展中国家。1994 年又建成中国环流器新 1 号装置，等离子体电流达 320kA、纵向磁场 29T，等离子体放电时间持续 4s。中国科学院等离子体物理研究所的 HT-7 超导托卡马克实验装置在 1999 年底获得稳定可重复的准稳态等离子体，等离子体放电时间长达 10.71s。我国"十五"期间建成中等规模的环流器 HL-2A 和超导磁体托卡马克装置 HT-7U，标志着我国的核聚变研究进入新的阶段。在 HT-7U 的基础上，我国于 2007 年 3 月自行设计研制出国际首个全超导托卡马克装置 EAST（图 7-8），并完成了放电试验，首次放电获得电流 200kA，2012 年实现 411s 2 千万度高参数设备和高约束（30s 运转一周）的结合运行；2016 年又有了新的突破，其运行时间可持续到 102s，且高约束运行周期也达到了 60s；2017 年其运转速率为 101.2s，且基本处于稳定状态，它也成为世界上首个托卡马克核聚变实验装置百秒以上的结构；2018～2019 年，该装置又在原有成果之上，增加了高温运行的试验，其技术研究与发展形式，更进一步接近核聚变反应堆的开发与探索需求；2021 年，EAST 成功实现了 1056s 的长脉冲高参数等离子体运行，打破了由自己保持的世界纪录，我国核聚变研究实现了从跟跑并跑到领跑的跨越。2020 年 12 月，新一代"人造太阳"装置——中国环流器 2 号 M 装置（HL-2M）在成都建成并实现首次放电，标志着中国自主掌握了大型先进托卡马克装置的设计、建造、运行技术。该装置是我国目前规模最大、参数最高的先进托卡马克装置，是我国新一代先进磁约束核聚变实验研究装置，采用更先进的结构与控制方式，等离子体体积达到国内现有装置 2 倍以上，等离子体电流能力提高到 2.5MA 以上，等离子体离子温度可达到 1.5 亿摄氏度，能实现高密度、高比压、高自举电流运行。综上，近年来 EAST 和 HL-2M 取得的一系列处于国际领先地位的试验成果，为 ITER 计划和中国未来独立设计建设运行核聚变堆打下基础，不仅是我国科技研究水平提升与发展的见证，也是人类科学文明结构实践中自我创新的体现。

图 7-8 我国的 EAST 装置

此外，在托卡马克基础上研制的反场箍缩磁约束聚变实验装置是这一领域的最新成果，美国在 1999 年投入使用的"国家球形环实验"装置是世界首个此类装置。反场箍缩是有别于托卡马克、仿星器的另一类环形磁约束聚变装置，是先进磁约束聚变位形探索研究的重要平台。反场箍缩最重要的特点是约束等离子体的磁场由等离子体内部电流产生，具有纯欧姆加热达到聚变点火条件、高质量功率密度等优势，是未来磁约束反应堆位形的候选方案。2015 年，我国的 Keda Torus Experiment（KTX，中文简称"科大一环"）装置完成了整体安装调试并实现了首次成功放电，这是我国完全自行设计、自主研制集成的国际先进反场箍缩装置，从而为国内外从事等离子体物理研究的科研人员提供一个全新的大型实验平台，对我国磁约束聚变领域高端人才培养、发展磁约束聚变能科学技术研究事业具有重要意义。

（2）惯性约束核聚变（ICF）

惯性约束核聚变是利用高功率激光束（或粒子束）均匀辐照氘氚等热核燃料组成的微型靶丸，在极短的时间里靶丸表面在高功率激光的辐照下会发生电离和消融而形成包围靶心的高温等离子体。等离子体膨胀向外爆炸的反作用力会产生极大的向心聚爆的压力，这个压力大约相当于地球上大气压力的 10 亿倍。在这么巨大压力的作用下，氘氚等离子体被压缩到极高的密度和极高的温度（相当于恒星内部的条件），引起氘氚燃料的核聚变反应。

原理虽然简单，但是现有的激光束或粒子束所能达到的功率还与此相差几十倍，甚至几百倍，加上其他种种技术上的问题，使惯性约束核聚变的实施仍面临诸多困难。但毫无疑问，该方法具有很好的发展前景。

位于美国加州利弗摩尔国家实验室的国家点火装置（NIF）用 192 路激光束对直径仅2.22mm 的氘氚靶丸进行轰击，希望实现聚变能量的输出。2010 年 10 月首次进行了 1MJ 的激光发射，2012 年 3 月又实现了 2.03MJ 的发射，向着实现可控核聚变更近了一步。

早在 1964 年，我国著名核物理学家王淦昌就在国际上独立提出激光驱动聚变的建议，由此掀开了我国 ICF 研究的历史。我国 ICF 点火研究采取的是一种从万焦耳级到十万焦耳级，再到百万焦耳级的循序渐进的路线图，即在万焦耳级激光器（神光Ⅲ原型、神光Ⅱ以及即将运行的神光Ⅱ升级装置）研究的基础上，2014 年左右进入激光能量 20 万～40 万焦耳神光Ⅲ平台研究。经过这一中间平台对靶物理进行充分研究，然后外推到激光能量约为神光Ⅲ能量 4～5 倍的神光Ⅳ上进行惯性约束聚变研究和点火演示，这样可以减少风险。这一路线选择也得到了国际同行的认可。神光Ⅲ装置设计是 48 束激光，2012 年 1 月已出第一束激光，2015 年 2 月，六个束组均实现了基频光 7500J、三倍频光 2850J 的能量输出，激光器主要性能指标均达到了设计要求，这标志着神光Ⅲ主机基本建成，我国成为继美国国家点火装置后，第二个开展多束组激光惯性约束聚变实验研究的国家。

核聚变的应用还有很多问题亟须解决，核聚变的潜能非常巨大，但所需解决的问题难度也很大。核聚变的研究必将走上一条各国合作的道路上来，任何一个国家单独研究花费的代价是难以承受的，且任何一个国家都没有独立解决所有问题的技术。虽然核聚变的研究与利用面临很大的问题，但这不能掩盖作为一种具有巨大潜能的新能源崛起的锋芒。也许很快，人类将真正进入没有任何核污染、燃料来源丰富的核文明时代。

四、国际核电发展动向

核电虽不是解决能源短缺和气候变暖等问题的唯一方式，但它清洁、成本具有竞争力、能够满足工业需求并可 24h 连续供电。虽然近年来受到日本福岛核电站泄漏的影响，核电行业受到了较大影响，但是自 2013 年以来，世界核电行业开始逐步复苏（图 7-9）。国际原子能机构（IAEA）报告显示，截至 2022 年 6 月底，全球运营的核电反应堆共计 441 个，来自33 个国家，核电总装机容量为 394GW。其中，美国的核电装机容量为 95.5GW，位居第 1，之后为法国 61.4GW，中国 52.2GW。全球正在建设的核电反应堆有 53 座，总装机容量为

54.5GW，另外处于计划和提议阶段的核电反应堆的装机容量分别为 95.3GW 和 376GW；大多数在建、计划和提议的核电项目都在中国，装机容量合计为 249GW，约为全球总量的一半。国际原子能机构 2021 年 9 月发布第 41 版核电发展预测报告，并自 2011 年日本福岛核事故以来首次上调了未来核电发展预测值：2050 年全球核电装机容量低值和高值预测结果分别为 3.9 亿千瓦和 7.9 亿千瓦。国际能源署于 2021 年 10 月也发布《2021 年全球能源展望》报告，说明核发电量均呈稳步上升趋势，尤其是在"净零发放情景"中，2050 年核发电量将在 2020 年的基础上翻番。

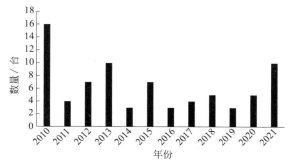

图 7-9 自 2010 年以来全球每年正式开工建设的核电机组数量

下面介绍几个主要国家和地区核电发展情况。

1. 美国

美国在核科技研究与开发领域始终保持世界领先地位。美国是世界第一核电大国。截至 2021 年底，美国共有 93 台在运核电机组，总装机容量 9552.3 万千瓦；2 台在建机组，总装机容量 250 万千瓦，批准 6 台机组延寿至 80 年，核电发电量占到总发电的 20% 以上。为应对气候变化的政策，美国推出了一揽子措施，包括《基础设施投资与就业法》《战略愿景》等文件，实施"先进反应堆示范计划"，明确了未来核工业发展的五个重点领域。

2. 法国

法国的核电占比世界最高，达到了 70% 以上。在经历了短期的调整之后，2021 年，法国政府宣布将很快作出重启核电建设的决定；核监管机构有条件地批准 90 万千瓦级核电机组延寿至 50 年。2021 年 10 月宣布的"法国 2030"计划中明确提出到 2030 年建成一座模块化小堆，并大规模利用核能制氢。这些动向意味着法国核工业可能会扭转近期的发展预势，重启发展。截至 2021 年底，法国共有 56 台在运机组，总装机容量 6137 万千瓦；1 台在建机组，总装机容量 165 万千瓦。

3. 英国

自 2014 年以来，英国政府开始重视核电建设工作，并推出了一系列举措，如《核能（融资）法案》《英国聚变能发展战略》《助推净零排放：通往清洁能源未来的先进燃料循环路线图》等，有力地促进了英国核工业的发展。2021 年英国政府公布核电建设项目融资模式，表示将为大型核电建设项目提供资助，开始就推进首座先进反应堆示范堆建设的方法征集各方意见，并发布《英国聚变能发展战略》报告。国家核实验室发布先进燃料循环路线图，描绘了核燃料循环产业未来发展愿景。截至 2021 年底，英国共有 12 台在运机组，总装机容量 734.3 万千瓦；2 台在建机组，总装机容量 344 万千瓦。

4. 俄罗斯

俄罗斯在快堆、浮动电站、小型模块堆、核燃料循环等方面都取得重大进展，同时在国际核电市场开拓方面在世界核电竞争中遥遥领先。俄政府批准将核电项目划分为绿色项目，为确保未来核电建设项目的投资回报率，俄政府批准将"装机容量供应协议"机制的适用范围拓展到 2025 年后投运的核电机组；根据最新获批的《至 2035 年直至 2040 年电力设施建设总体安排》，俄在 2035 年之前将建成 16 台核电机组。此外，俄罗斯于 2021 年 2 月宣布，将为新核能发展计划拨款约 1000 亿卢布（13 亿美元），包括建造小型核电厂、建立基于闭式燃料循环技术的无废物能源技术平台、开拓核技术市场以及研发新型核燃料等。截至 2021 年底，俄罗斯共有 37 台在运核电机组，总装机容量 2765.3 万千瓦；3 台在建机组，总装机容量 281 万千瓦。

5. 韩国

韩国是发展核电最成功的国家之一。从 20 世纪 70 年代第一个核电站建成后，韩国核电一直稳步发展。韩国政府 2014 年 1 月正式批准在新古里启动 2 台 APR-1400 核电机组的建设工作。这是韩国在日本福岛核电站事故之后首次批准新建核电机组。韩国的核电在发电量中的占比接近 30%，截至 2021 年底，韩国共有 24 台在运机组，总装机容量 2313.6 万千瓦；4 台在建机组，总装机容量 560 万千瓦。

6. 日本

日本政府在 2014 年 4 月召开的内阁会议上通过了《基本能源计划》。根据该计划，核电仍将是日本未来能源结构的重要组成部分，并将重启目前处于停堆状态的核电机组。2021 年，日本明确了核工业发展目标，1 台机组重启，使福岛后重启机组数量达到 10 台。同年日本发布新版《2050 年碳中和绿色增长战略》，为核工业发展制定了四个目标：一是通过国际合作稳步推进快堆技术发展；二是通过国际合作，到 2030 年完成模块化小堆技术示范；三是到 2030 年完成高温气冷堆制氢技术研究；四是通过国际合作，包括参加国际热核聚变反应堆（ITER）计划，稳步推进聚变能研发，计划在五年内完成日本第一座通过核聚变发电的试验工厂。截至 2021 年底，日本共有 33 台可运行机组，总装机容量 3167.9 万千瓦，但仅 10 台机组处于运行状态，总装机容量 948.6 万千瓦；2 台在建机组，总装机容量 275.6 万千瓦。

7. 印度

2005 年 8 月印度与美国缔结了原子能合作协定，美国向印度进行核技术输出解禁。印度能源计划草案认为核能为印度的长期能源安全提供了最有效的保证，并制定三步走的政策。印度按照优选方案计划到 2030 年核电总装机容量为 63GW，到 2040 年核电总装机容量为 131GW，到 2050 年核电总装机容量上升为 275GW。2014 年 5 月上任的印度总理纳伦德拉·莫迪敦促印度原子能部到 2024 年将核电装机容量达到 17GW。截至 2021 年底，印度共有 23 台在运机组，总装机容量 688.5 万千瓦；8 台在建机组，总装机容量 670 万千瓦。

8. 中国

核能对于我国的可持续发展具有重要的战略意义，它将确保我国长期的能源安全，也将维持我国的核大国地位从而确保国家安全，还将带动我国相关产业及高新技术的发展，并为改善环境污染、实现"双碳"目标做出贡献。从长远看，今后核能除了发电之外，还将为交通运输和工业供热（如可用核能产氢和海水淡化等）提供能源，逐步取代日益短缺的石油资源。中国拥有相对完整的核工业体系。1958 年建成第一座研究性重水反应堆和第一台回旋加速器，标志着我国进入核能时代。1983 年在确定压水堆核电技术路线之后，在核电站设计、设备制造、工程建设和运行管理方面有一定的能力。"十三五"期间，自主三代核电技术"华龙一号"的成功开发和应用，开创了我国核电发展的新时代。"华龙一号"充分借鉴国际先进三代堆型的设计理念，依托业已成熟的我国核电装备制造业体系和能力，体现了安全性与经济性的均衡、先进性与成熟性的统一、能动与非能动的结合的设计理念，成功跻身世界一流三代技术的行列，并实现了国内的批量化建设和"走出去"的重大突破。2021 年 12 月，国家科技重大专项——华能石岛湾高温气冷堆核电站示范工程 1 号反应堆成功并网并发出第一度电，标志着我国成为世界少数几个掌握第四代核能技术的国家之一，实现了高温气冷堆核电技术的"中国引领"。高温气冷堆核电站具备完全自主知识产权，设备国产化率高达 93.4%，对于发挥产业集聚效应、促进全产业链创新研发具有重要意义。

目前我国已率先实现由二代向三代核电技术的跨越，跻身世界核电大国行列。我国核电行业全面掌握了反应堆压力容器、蒸汽发生器、保护控制系统和核级焊材、核级密封件等关键设备、材料制造技术，部分领域填补了国内空白，具备每年 8～10 台/套核电主设备制造能力和同时建造 30 台以上核电机组的工程施工能力，综合国产化率已达 88% 以上。我国核电始终保持高水平安全运行业绩，总体水平居世界先进行列。

截至 2021 年底，我国（不含台湾省）商运核电机组 53 台，总装机容量 5559 万千瓦，居全球第三，仅次于美国和法国；在建核电机组 23 台，总装机容量 2419 万千瓦，我国在建机组装机容量连续保持全球第一。

表 7-4 给出了我国目前已经建成且正在运行的核电机组。图 7-10 为"华龙一号"示范核电站工程。

表 7-4 我国正在运行的核电机组（截至 2020 年 12 月 31 日）

序号	核电厂	地理位置	堆型	装机容量/MW	发电量/亿千瓦时
1	秦山核电站	浙江海盐	压水堆	330	26.82
2	昌江核电站	海南昌江	压水堆	1300	95.63
3	秦山第三核电站	浙江海盐	重水堆	1456	116.64
4	大亚湾核电站	广东深圳	压水堆	1968	166.01
5	防城港核电站	广西防城港	压水堆	2172	168.38
6	方家山核电站	浙江海盐	压水堆	2178	165.02
7	三门核电站	浙江台州	压水堆	2502	189.13
8	海阳核电站	山东海阳	压水堆	2506	190.51
9	秦山第二核电站	浙江海盐	压水堆	2620	214.55
10	台山核电站	广东台山	压水堆	3500	231.18
11	岭澳核电站	广东深圳	压水堆	4152	310.52
12	宁德核电站	福建宁德	压水堆	4356	327.52
13	红沿河核电站	辽宁大连	压水堆	4475.16	327.03
14	田湾核电站	江苏连云港	压水堆	5490	355.39
15	福清核电站	福建福清	压水堆	5506	325.03
16	阳江核电站	广东阳江	压水堆	6516	453.07

自 1994 年我国首台核电机组投入商运以来，核能发电量已累计达到 2.6 万亿千瓦时以上，相当于减少二氧化碳排放约 21 亿吨，为我国能源安全和经济社会绿色低碳转型做出了重要贡献。因此，发展核能将为我国碳达峰、碳中和战略实施发挥不可替代的作用。

图 7-10　"华龙一号"示范工程

根据《中华人民共和国国民经济和社会发展第十四个五年规划和 2035 年远景目标纲要》，到 2025 年我国核电运行装机容量将达到 7000 万千瓦，预计到 2035 年核电发电量全国占比将达 10％。2021 年 10 月，我国印发了《2030 年前碳达峰行动方案》，在重点实施"能源绿色低碳转型"行动中，提到要"积极安全有序发展核电"，并且指出要在"核电站布局和开发时序"，"核能综合利用示范"，"核电标准化、自主化"和"核安全监管"四个领域重点关注与发展。2022 年颁布的《"十四五"现代能源体系规划》指出："积极安全有序发展核电"。即在确保安全的前提下，积极有序推动沿海核电项目建设，保持平稳建设节奏，合理布局新增沿海核电项目。开展核能综合利用示范，积极推动高温气冷堆、快堆、模块化小型堆、海上浮动堆等先进堆型示范工程，推动核能在清洁供暖、工业供热、海水淡化等领域的综合利用。切实做好核电厂址资源保护。这些都为"十四五"期间我国的核电发展指明了方向。

五、未来核电发展方向

当前国际能源发展形势表明，核电将在未来全球电力供应中发挥重要作用，小型模块化核反应堆和核聚变则是核能发展的 2 个重点方向。其中，小型模块化核反应堆代表核裂变反应堆的未来发展方向，核聚变则被称为清洁能源的"圣杯"，能够提供几乎取之不尽的能源。

（1）小型模块化核反应堆（SMR）

据 IAEA 定义，SMR 是先进的核反应堆，其每个模块的装机容量小于 300MW。SMR 可以根据需求进行模块构建和组装，通过批量生产和缩短施工时间来降低成本。SMR 发展的核心驱动力主要来自灵活发电的需求、更换老化的化石燃料发电厂、提高供电安全性、为偏远地区提供电力、经济吸引力以及可能使难以减排的行业实现脱碳等。SMR 的主要应用领域是电力生产，其次是热量生产。基于热能和制氢的应用可以帮助工业部门脱碳。目前在欧洲新近投入运营的一些核电厂已经融入了可再生能源元素。截至 2021 年，全球有 72 个处于不同发展阶段的 SMR 项目，其中 19 座基本进入商业运行阶段。来自中国、俄罗斯、美国和日本的在建核反应堆合计有 47 座，占全球在建核反应堆总数的 65％。综合考虑各个项目的进展时间表，以及可能因新冠肺炎疫情和经济放缓而导致的延迟等因素，预计 SMR 的商业化运营将在 2027 年获得突破。我国具有自主知识产权的玲珑一号（ACP100）示范工程项目是全球首个陆上商用多用途模块式小堆，标志着我国模块式小堆技术处于世界先进水平。

（2）核聚变

不久的将来，核聚变终将从"大科学"研究转变为真正的示范工厂。核聚变发电的商业化时间表主要围绕 ITER 项目展开，在不断研发出的新方法和私人资金支持下，核聚变商业化进程至少缩短了 10 年。多数核聚变公司都开展多种应用业务，其中发电（包括离网能源）是最具吸引力的应用领域，核动力推进系统（用于太空和海洋应用）具有更高的优先级。大部分公司都对未来核聚变商业化充满信心，他们普遍认为人类将在 2030 年左右首次实现基于核聚变的商业电网。

中国核电的总方针是"以我为主，中外合作"，突出自主创新。从技术的角度来看，我国当前以压水堆核电站为主，中期发展中子反应堆核电站，远期发展聚变堆。具体而言，近期发展热中子反应堆核电站；为充分利用铀资源，采用铀钍循环的技术路线，中期发展快中子增殖反应堆核电站；远期发展聚变堆核电站，从而基本上"永远"解决能源需求的矛盾。

第二节　海洋能及其利用

海洋能是指蕴藏于海水中的各种可再生能源，主要包括潮汐能、波浪能、海流能、海水温差能和盐差能等（更广义的海洋能源还包括海洋上空的风能、海洋表面的太阳能以及海洋生物质能等）。潮汐能和海流能来源于太阳和月亮对地球的引力变化，其他均源于太阳辐射。海洋能按储存形式又可分为机械能、热能和化学能。其中，潮汐能、海流能和波浪能为机械能，海水温差能为热能，海水盐差能为化学能。

海洋能具有如下特点：

① 蕴藏量大。海水占到地球表层存水量的 97.4%。

② 海洋能具有可再生性。海洋能来源于太阳辐射能与天体间的万有引力，只要太阳、月球等天体与地球共存，这种能源就会再生，就会取之不尽，用之不竭。

③ 能流的分布不均、密度低。单位体积、单位面积、单位长度所拥有的能量较小。因此，要想得到大能量，就得从大量的海水中获得。

④ 海洋能有较稳定与不稳定能源之分。较稳定的为温差能、盐差能和海流能。不稳定能源分为变化有规律与变化无规律两种：属于不稳定但变化有规律的有潮汐能与海流能，既不稳定又无规律的是波浪能。

⑤ 属于清洁能源。海洋能一旦开发后，其本身对环境污染影响很小。

我国有 18000km 的海岸线，300 多万平方公里的管辖海域，海洋能资源十分丰富（表7-5），利用价值极高。大力发展海洋新能源，对于优化我国能源消费结构、支撑社会经济可持续发展具有重要意义。

表 7-5　我国各类海洋能资源储量

能源类型		调查计算范围	理论资源储量/kW	技术可利用量/亿千瓦
潮汐能		沿海海湾	1.1×10^8	0.2179
波浪能	沿岸	沿岸海域	1.285×10^7	0.0386
	海域	近海及毗邻海域	5.74×10^{11}	5.7400

续表

能源类型	调查计算范围	理论资源储量/kW	技术可利用量/亿千瓦
海流能	沿岸海峡、水道	1.395×10^7	0.0419
温差能	近海及毗邻海域	3.662×10^{10}	3.6600
盐差能	主要入海河口海域	1.14×10^8	0.1140
全国海洋能资源储量	—	6.1087×10^{11}	9.8100

一、潮汐能

潮汐能是指海水潮涨和潮落形成的水势能，其利用原理和水力发电相似。潮汐能的能量与潮量和潮差成正比，或者说与潮差的平方和水库的面积成正比。和水力发电相比，潮汐能的能量密度很低，相当于微水头发电的水平。世界上潮差的较大值约为 $13 \sim 15 m$，我国的最大值（杭州湾澉浦）为 8.9m。一般来说，平均潮差在 3m 以上就有实际应用价值。

全世界潮汐能的理论估算值为 $1 \times 10^{10} MW$，我国的潮汐能理论估算值虽为 $1.1 \times 10^5 MW$，但实际可利用数远小于此数。根据中国海洋能资源区划结果，沿海潮汐能可开发的潮汐电站坝址为 424 个，总装机容量约为 $2.2 \times 10^7 kW$。浙江和福建沿海为潮汐能较丰富地区。

1. 潮汐发电的原理与技术

潮汐能利用的主要方式是发电。通过储水库，在涨潮时将海水储存在储水库内，以势能的形式保存；然后，在落潮时放出海水，利用高、低潮位之间的落差，推动水轮机旋转，带动发电机发电。潮汐电站的功率和落差及水的流量成正比。但由于潮汐电站在发电时储水库的水位和海洋的水位都是变化的（海水由储水库流出，水位下降，同时海洋水位也因潮汐的作用而变化），因此潮汐电站是在变工况下工作的，水轮发电机组和电站系统的设计要考虑变工况、低水头、大流量以及防海水腐蚀等因素，远比常规的水电站复杂，效率也低于常规水电站。

潮汐电站按照运行方式和对设备要求的不同，可分成单库单向型、单库双向型和双库单向型三种。

① 单库单向型：单库单向型潮汐电站（图 7-11）是在涨潮时将储水库闸门打开，向水库充水，平潮时关闸；落潮后，待储水库与外海有一定水位差时开闸，驱动水轮发电机组发电。单库单向发电方式的优点是设备结构简单，投资少；缺点是发电断续，1 天中约有 65% 以上的时间处于储水和停机状态。

图 7-11 单库单向型潮汐电站

② 单库双向型：单库双向型潮汐电站（图 7-12）有两种设计方案。第一种方案利用两

套单向阀门控制两条向水轮机引水的管道。在涨潮和落潮时，海水分别从各自的引水管道进入水轮机，使水轮机单向旋转带动发电机。第二种方案是采用双向水轮机组。

③ 双库单向型：双库单向型潮汐电站（图 7-13）采用两个水力相连的水库，可实现潮汐能连续发电。涨潮时，向高储水库充水；落潮时，由低储水库排水，利用两水库间的水位差，使水轮发电机组连续单向旋转发电。其缺点是要建两个水库，投资大且工作水头降低。

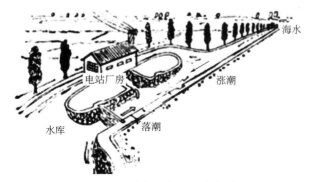

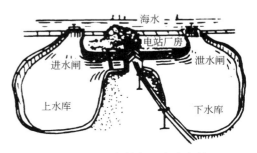

图 7-12　单库双向型潮汐电站　　　　　　　图 7-13　双库单向型潮汐电站

潮汐发电有许多优点：潮水来去有规律，不受洪水或枯水的影响；以河口或海湾为天然水库，不会淹没大量土地，还可以大力发展海洋化工、水产养殖等，有效缓解人多地少、海边农田稀缺的问题，促进当地经济的发展；不污染环境，不消耗燃料，是一种清洁可再生能源等；潮汐电站无需建筑高水坝，水库中的水位不会过高，即使发生地震等灾害导致水坝遭到破坏，也不会对下游城市、人民生命财产安全造成严重灾害。因此，利用潮汐能发电不但可以弥补能源不足的问题，而且可发展成为沿海地区人民生产生活和国防建设的重要补充能源。

但潮汐电站也有工程艰巨、一次性投资大、造价高、海水对水下设备有腐蚀作用等缺点。综合经济比较结果，潮汐发电成本低于火电。

2. 潮汐能发电技术的应用概况

潮汐发电的主要研究与开发国家有法国、苏联、加拿大、中国和英国等，它是海洋能中技术最成熟和利用规模最大的一种。目前，世界潮汐能发电站总装机容量为 265GW，年发电量超 $6 \times 10^8 kW \cdot h$。据世界动力会议估算，目前约有近百个站址可建设大型潮汐能发电站，能建设小型潮汐能发电站的地方则更多。

图 7-14　法国朗斯潮汐电站

① 法国：位于法国圣马洛附近朗斯河口的朗斯潮汐电站工程（图 7-14）是当今最著名的潮汐装置。该电站 1953 年由法国政府决定兴建，实际建设工作开始于 1961 年，第一台设备于 1966 年投入运行，发电站包括 24 台每台装机容量 10MW 的可逆型机组，总计电站容量 240MW。平均潮差约为 8.5m，最高大潮达 13.5m。水库面积 90000m²。其水轮机可用来在水流流入或流出时发电、泵水和起闸门的作用。现在年总发电能力约为 $6×10^8 kW·h$。法国还在圣马诺湾兴建了一座巨型潮汐电站，装机 10GW，相当于朗斯电站的 40 多倍，年发电量达到 $2.5×10^{10}kW·h$，几乎是朗斯电站的 50 倍。法国还准备在圣马诺湾 2000km² 的海面上建造三座拦潮坝，装配容量最大的水轮机组，使每年的发电量达 $3.5×10^{10}kW·h$。

② 苏联：苏联于 1968 年在乌拉湾中的基斯拉雅湾建成了一座潮汐实验电站。这个钢筋混凝土的站房在摩尔曼斯克附近的一个干船坞中建好，里面装了一台灯泡式水轮机。然后整个站房用拖船拖到站址，下沉到预先准备好的砂石基础上。用一些浮筒来减少站房结构的吃水，并使其在拖运时保持稳定性。

③ 加拿大：加拿大于 1984 年在安纳波利斯建成一座装机容量为 20MW 的单库单向落潮发电站。该电站的主要目的是验证大型贯流式水轮发电机组的实用性，为计划建造的芬地湾大型潮汐电站提供技术依据。安纳波利斯电站额定效率为 89.1%，采用了全贯流技术，其成本比灯泡贯流机组低 15%，是目前世界上最大的机组。多年运行结果表明，机组完好率达 97% 以上。

④ 韩国：韩国高度重视潮汐能的开发利用。2011 年，建成始华湖潮汐电站，总装机容量达 254MW，电站采用单库单向发电方式，装有 10 台 25.4MW 的灯泡贯流式水轮机组，设计年发电量 5.5 亿千瓦时，每年可减少 CO_2 排放 31.5 万吨。电站建成运行后，由于引入了外界海水，湖内水体化学需氧量（COD）指标由 $17×10^{-6}$ 降到了目前的 $2×10^{-6}$，较好地解决了始华湖水体富营养化严重的状况，2014 年始华湖电站发电量为 4.92 亿千瓦时。此外，韩国还计划在加露林、江华、仁川等地建设更大的潮汐电站。

⑤ 英国：全球最大的潮汐能发电计划为英国的"MyGen"项目，自 2016 年 11 月在彭特湾海峡投产以来，两部涡轮机于 2017 年 8 月刷新单月潮汐电站发电记录达 700MW·h，为苏格兰 2000 户家庭提供充足电力。预计到 2024 年，该潮汐电站将提供 1.9GW 的电力，相当于苏格兰地区总用电量的 43%。

⑥ 中国：我国潮汐能技术成熟度已达 9 级，是世界上建造潮汐电站最多的国家。在 20 世纪 50 年代至 70 年代先后建造了近 50 座潮汐电站，但据 80 年代初的统计，只有 8 个电站仍正常运行发电，如表 7-6 所示。截至 2021 年，我国仅有江厦潮汐电站在正常运行发电，浙江海山电站还在升级改造中，其他潮汐电站大多因无法实现盈利而相继关停。中国的潮汐电站无论是开发利用程度、建设规模还是单机容量均有待进一步提高，潮汐电站的发展还仅位于初级阶段，潮汐能开发量远远没有达到中国潮汐能实际可开发利用量，潮汐能开发利用技术需进一步完善。

表 7-6　中国主要的潮汐电站

站名	潮差/m	容量/MW	投运年份	站名	潮差/m	容量/MW	投运年份
江厦	5.1	3.2	1980	海山	4.9	0.15	1975
白沙口	2.4	0.64	1978	沙山	5.1	0.04	1961
幸福洋	4.5	1.28	1989	浏河	2.1	0.15	1976
岳浦	3.6	0.15	1971	果子山	2.5	0.04	1977

江厦电站（图7-15）是中国最大的潮汐电站，目前已正常运行30多年，但未能达到原设计的发电水平。江厦电站研建是国家"六五"重点科技攻关项目，总投资为1130万元人民币，1974年开始研建，1980年首台500kW机组开始发电，至1985年完成6电站共安装500kW机组1台、600kW机组1台和700kW机组3台。电站为单库双作用式，水库面积为$1.58 \times 10^6 \, \text{m}^2$，设计年发电量为$1.07 \times 10^7 \, \text{kW} \cdot \text{h}$。江厦电站总体说是成功的，至今总装机容量已达到4.1MW，规模仅次于韩国始华湖电站、法国朗斯电站、加拿大安纳波利斯电站，位居世界第四。它为中国潮汐电站的建造提供了较全面的技术，同时，也为潮汐电站的运行、管理和多种经营等积累了丰富的经验。

图7-15　江厦潮汐试验电站

3. 潮汐发电关键技术的进展

潮汐发电的关键技术包括潮汐发电机组、水工建筑、电站运行和海洋环境等。中国20世纪60年代和70年代初建的潮汐电站技术水平相对较低。法国的朗斯潮汐电站、加拿大安纳波利斯潮汐电站和中国的江厦潮汐电站属技术上较成熟的潮汐电站。

在潮汐电站中，水轮发电机组约占电站总造价的50%，且机组的制造与安装又是电站建设工期的主要控制因素。朗斯电站采用的灯泡贯流式机组属潮汐发电中的第一代机型，单机容量为10MW。加拿大安纳波利斯电站采用的全贯流式机组为第二代机型，单机容量20MW。中国的江厦电站机组参照法国朗斯电站并结合江厦的具体条件设计，单机容量0.5～0.7MW，总体技术水平和朗斯电站相当。"八五"期间，在原国家科委重点攻关项目计划的支持下，中国也研究开发了全贯流机组，单机容量0.14MW，并在广东梅县禅兴寺低水头电站试运行。全贯流机组比灯泡贯流机组的造价可降低15%～20%。总的来说，潮汐发电机组的技术已成熟，朗斯电站机组正常运行约50年，江厦电站也已工作超过了30年。但这些机组的制造是基于20世纪60～70年代的技术，因此利用先进制造技术、材料技术和控制技术以及流体动力技术设计，对潮汐发电机组仍有很大的改进潜力（主要是在降低成本和提高效率方面）。

水工建筑在潮汐电站中约占造价的45%，也是降低造价的重要方面。传统的建造方法多采用重力结构的当地材料坝或钢筋混凝土，工程量大，造价贵。苏联的基斯拉雅电站采用了预制浮运钢筋混凝土沉箱的结构，减少了工程量和造价。中国的一些潮汐电站也采用了这项技术，建造部分电站设施（如水闸等），起到同样效果。

潮汐电站的海洋环境问题是一个很复杂的课题，主要包括两个方面：一是建造电站对环境产生的影响，如对水温、水流、盐度分层以及水浸到的海滨产生的影响等。这些变化又会影响到浮游生物及其他有机物的生长以及这一地区的鱼类生活等。对这些复杂的生态和自然关系的研究还有待深入。二是海洋环境对电站的影响，主要是泥砂冲淤问题。泥砂冲淤除了与当地水中的含砂量有关外，还与当地的地形及潮汐和波流等相关，作用关系复杂。总之，潮汐电站的环境问题复杂，须对具体电站进行具体分析。

二、波浪能

波浪能是指海洋表面波浪所具有的动能和势能。波浪的能量与波高的平方、波浪的运动周期以及迎波面的宽度成正比。波浪能是海洋能源中能量最不稳定的一种能源。台风导致的巨浪，其功率密度可达每米迎波面数千千瓦，而波浪能丰富的欧洲北海地区，其年平均波浪功率密度也仅为 $20\sim40kW/m$。中国海岸大部分的年平均波浪功率密度为 $2\sim7kW/m$。

全世界的波浪能达 7×10^7MW，可供开发的波浪能为 $(2\sim3)\times10^6MW$。利用中国沿海海洋观测台站资料估算得到中国沿海波浪能理论储量约为 5.74×10^7kW。但由于不少海洋台站的观测地点处于内湾或风浪较小位置，故实际的沿海波浪功率要大于此值。其中我国浙江、福建、广东和台湾沿海为波浪能丰富的地区。

1. 波浪能转换的原理与技术

波浪能利用的主要方式是波浪发电，还可以用于抽水、供热、海水淡化以及制氢等。波浪能利用装置的种类繁多，但这些装置大部分源于几种基本原理：

① 利用物体在波浪作用下的振荡和摇摆运动；

② 利用波浪压力的变化；

③ 利用波浪的沿岸爬升将波浪能转换成水的势能等。

经过 20 世纪 70 年代对多种波能装置进行的实验室研究和 80 年代进行的海况试验及应用示范研究，波浪发电技术已逐步接近实用化水平，研究的重点也集中于 3 种被认为是有商品化价值的装置，即振荡水柱式装置、摆式装置和聚波水库式装置。

（1）振荡水柱式波能装置

振荡水柱式波能装置（图 7-16）可分为漂浮式和固定式两种。目前已建成的振荡水柱式波能装置都利用空气作为转换的介质。气室的下部开口在水下与海水连通，气室的上部也开口（喷嘴），与大气连通。在波浪力的作用下，气室下部的水柱在气室内作强迫振动，压缩气室的空气往复通过喷嘴，将波浪能转换成空气的压能和动能。在喷嘴安装一个空气透平并将透平转轴与发电机相连，则可利用压缩气流驱动透平旋转并带动发电机发电。振荡水柱式波能装置的优点是转动机构不与海水接触，防腐性能好，安全可靠，维护方便。其缺点是二级能量转换效率较低。

目前已建成的振荡水柱式装置有挪威的 $500kW$ 岸式装置、英国的 $500kW$ 岸式装置 LIMPET、澳大利亚的 $500kW$ 离岸装置 Uisce Beatha、中国的 $100kW$ 岸式装置、日本和中国的航标灯用 $10W$ 发电装置等。其中日本和中国的航标灯用 $10W$ 发电装置处于商业运行阶段，其余处于示范阶段。

（2）摆式波能装置

摆式波能装置也可分为漂浮式和固定式两种。在波浪的作用下，摆体作前后或上下摆动，将波浪能转换成摆轴的动能。与摆轴相连的通常是液压装置，它将摆的动能转换成液力泵的动能，再带动发电机发电。摆体的运动很适合波浪大推力和低频的特性。因此，摆式装置的转换效率较高，但机械和液压机构的维护较为困难。摆式装置的另一优点是可以方便地

图 7-16　振荡水柱式波能装置示意图

与相位控制技术相结合。相位控制技术可以使波能装置吸收到装置迎波宽度以外的波浪能，从而大大提高装置的效率。

已研制成功的装置包括英国的海蛇（Pelamis）装置、AWS 装置，美国的 PowerBuoy 和中国的 50kW 岸式振荡浮子波能电站、30kW 沿岸固定式摆式电站等。其中英国的海蛇装置效率较低，可靠性较高，处于商业运行阶段；其余装置效率较高，但可靠性较低，尚处于示范阶段。

（3）聚波水库式波能装置

聚波水库式装置利用喇叭形的收缩波道，波道与海连通的一面开口宽，然后逐渐收缩通至储水库。波浪在逐渐变窄的波道中，波高不断地被放大，直至波峰溢过边墙，将波浪能转换成势能储存在储水库中。收缩波道具有聚波器和转能器的双重作用。水库与外海间的水头落差可达 3～8m，利用水轮发电机组可以发电。聚波水库式装置的优点是一级转换没有活动部件，可靠性好，维护费用低，系统出力稳定。不足之处是电站建造对地形有要求，不易推广。已研制的装置有挪威的 350kW 收缩波道式电站、丹麦的 Wave Dragon 波能装置、挪威的 SSG 槽式装置等，均处于示范或试验阶段。

2. 波浪发电技术

波浪能利用的主要方面之一是波浪发电。波浪能发电技术形式多种多样，根据安装形式可分为固定式和漂浮式，根据工作原理的不同分为振荡体式、振荡水柱式和越浪式三类。此外，常见的波浪能发电技术形式还可以根据安装位置、波能吸收类型等进行分类，具体如表 7-7 所示。

表 7-7　波浪能发电系统种类

类型		优点	缺点	应用情况
发电装置的安装位置	靠岸式	易于维护和安装，不需要系泊系统，并网方便	波浪能量少，可能出现环境问题	受地形约束，规模化发展受限
	近岸式	通常靠在海床上，不需要系泊	波浪能较少	难以大规模运用
	离岸式	装置周围的波浪能能流密度大	构建和维护难度大，管理和输电成本高	当今波浪能发电技术发展的主流

续表

类型		优点	缺点	应用情况
波浪能能量转换方式	振荡水柱式	发电部分与海水隔离,不易腐蚀	投放位置局限,仅适合近海,转化效率极低	研究最多且较早发展起来的技术
	振荡浮子式	体积小,效率高,成本低,可离岸	发电量小	具有较好的发展前景
	摆式	发电成本低,转换效率高	机械和液压机构的维护不方便	投放在波浪推力大且频率低的场合
	越浪式	具有较好的输出稳定性、效率及可靠性	规模较大,建造难度大	处于示范或试验阶段
能量输出方式	齿轮箱式	结构简单	机械结构降低了能量转化效率和可靠性,增加了维护成本	在波浪能领域的应用还有待开发
	液压式	抗浪性能较好,研发技术相对成熟	成本较高,部件易损,液压系统维护困难,对环境不友好	仅适用于岸边或浅海地区,主要应用于摆式和筏式
	气动式	可靠性好	能量转化效率较低,噪声大,安装位置有限,对陆地影响较大	目前比较成熟的形式,应用于振荡水柱式和聚波围堰式
	直驱式	单位体积功率高,转化效率高,制造成本低,维护较少	俘获波能有限	发展前景好,近20多年来研究较多,主要应用于振荡体式

（1）波浪发电的基本原理

如图 7-17 所示，波浪能利用的原理主要有三个基本转换环节：第一级转换为吸能装置；第二级是中间转换，即能量传递机构，其目的是要把低速、低压，也就是低品位的波能变成高品位的机械能；第三级是最终转换，即发电机系统。

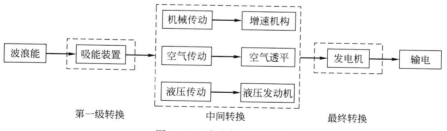

图 7-17　波浪能转换流程

第一级转换是指将波浪能转换为装置实体所特有的能量。因此，要有一对实体，即受能体和固定体。受能体必须与具有能量的海浪相接触，直接接受从海浪传来的能量，通常转换为本身的机械运动；固定体相对固定，与受能体形成相对运动。波力装置有多种形式，如浮子式、鸭式、筏式、推板式、浪轮式等，它们均为第一级转换的受能体。图 7-18 是几种常见的受能体示意图。

中间转换即能量转换的中间环节，是将装置吸收的波浪能变成可供人们利用的电能或其他用处。由于波浪能的水头低，速度也不高，经过第一级转换后，往往还不能达到最终转换的动力机械要求。中间转换的主要作用是稳向、稳速和增速。此外，第一级转换是在海洋中

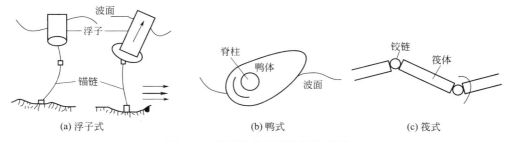

(a) 浮子式　　　　　　　(b) 鸭式　　　　　　　(c) 筏式

图 7-18　几种常见的受能体示意图

进行的，它与动力机械之间还有一段距离，而中间转换还能起到传输能量的作用。中间转换的种类有机械式、液动式、气动式等。

为适应用户的需要，最终转换多为机械能转换为电能，即实现波浪发电。这种转换基本上是采用常规的发电技术，但是作为波浪能用的发电机，首先要适应有较大幅度变化的工况。一般小功率的波浪发电都采用整流输入蓄电池的办法，较大功率的波浪发电站一般与陆地电网并联。

（2）波浪发电的应用

波浪发电的应用之一是海上波浪发电航标灯。波浪发电的航标灯具有市场竞争力，目前波浪航标灯价格已低于太阳能电池航标灯，很有发展前景。波浪发电航标灯（图 7-19）是利用灯标的浮桶作为第一级转换的吸能装置，固定体就是中心管内的水柱。由于中心管伸入水下 4～5m，水下波动较小，中心管内的水位相对海面近乎于静止。当灯标浮桶随浪漂浮时产生上下升降，中心管内的空气就受到挤压，气流则推动汽轮机旋转，并带动发电机发电。发出的电不断输入蓄电池，蓄电池与浮桶上部的航标灯接通，并用光电开关控制航标灯的关启，以实现完全自动化，航标工只需适当巡回检查即可，使用非常简便。

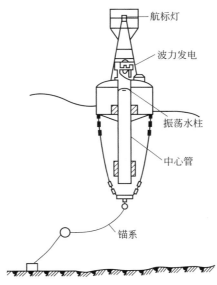

图 7-19　波浪发电航标灯

波浪发电的另一个应用是波浪发电船。它是一种利用海上波浪发电的大型装置，实际上是漂浮在海上的发电厂。它可以用海底电缆将发出的电输送到陆地并网，也可以直接为海上加工厂提供电力。日本建造的"海明号"波浪发电船，船体长 80m、宽 12m、高 5.5m，大致上相当于一艘 2000t 级的货轮。该发电船的底部设有 22 个空气室，作为吸能固定体的空腔。每个空气室占水面面积 25m^2，室内的水柱受船外海浪作用而升降，使室内空气受压缩或抽吸。每 2 个空气室安装 1 个阀箱、1 台空气汽轮机和发电机。共装 8 台 125kW 的发电机组，总计 1000kW，年发电量 1.9×10^5kW·h。日本又在此基础上研究出冲浪式浮体波浪发电装置（图 7-20），该装置可以是并列的几个、形成一排波浪发电装置，以减轻强大波浪的冲击，因此也是一种消浪设施。

为避免采用海底电缆输电和减轻锚泊设施，一些国家正在研究岸式波浪发电站。日本建立的岸式波浪发电站（图 7-21），采用空腔振荡水柱气动方式。电站的整个气室设置在天然岩基上，宽 8m，纵深 7m，高 5m，用钢筋混凝土制成。空气汽轮机和发电机装在一个钢制箱内，置于气室的顶部。汽轮机为对称翼形转子，机组为卧式串联布置，发电机居中，左右各一台汽轮机，借以消除轴向推力。机组额定功率为 40kW，在有效波高 0.8m 时开始发电，有效波高为 4m 时，出力可达 4kW。为使电力平稳，采用飞轮进行蓄能。

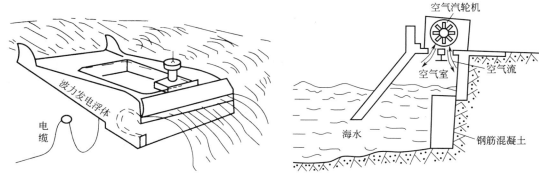

图 7-20   冲浪式浮体波浪发电装置   图 7-21   岸式波浪发电站

目前世界上第一座商用波浪能发电站位于葡萄牙（图 7-22）。该电站采用的是英国的海蛇装置，它部分漂浮于海面，部分浸入海中，长约 150m，宽约 3.5m，像蛇一样蜿蜒曲折。

图 7-22   位于葡萄牙的波浪能发电站

3. 波浪能利用的研究进展

波浪能是全世界被研究得最为广泛的一种海洋能源。在 20 世纪 60 年代以前，付诸实施的装置报道至少在 10 个以上，遍及美国、加拿大、澳大利亚、意大利、西班牙、法国、日本等。60 年代初，日本的益田善雄成功研制出航标灯用波浪发电装置，开创了波浪能利用商品化的先例。但对波浪能进行有计划的研究开发，则是 70 年代石油危机之后。以英、美、挪、日为代表，对众多的波浪能转换原理进行了较全面的实验室研究。80 年代以来，波浪能利用进入了以实用化、商品化为目标的应用示范阶段，并基本建立了波浪能装置的设计理论和建造方法。

国内外示范工程见表 7-8。

表 7-8 国内外示范工程

示范工程	研究机构	从属国家	投放年份	安装位置	转换方式	PTO 类型	额定功率
Pendulor	室兰工业大学	日本	1983	靠岸	振荡水柱式	液压式	5kW
Pelamis	海洋电力传输有限公司	英国	2003	离岸	筏式	液压式	750kW
舟山号	广州能源研究所	中国	2020	近岸	振荡浮子式	液压式	500kW
LIMPET	Wavegen Ltd	英国	2001	靠岸	振荡水柱式	气动式	500kW
Pico	Instituto Superior Tecnico	葡萄牙	2005	近岸	振荡水柱式	气动式	400kW
AWS	AWS Ocean Energy	葡萄牙	2004	离岸	振荡浮子式	直驱式	2MW
Sting Ray	哥伦比亚电力技术	美国	2019	离岸	振荡浮子式	直驱式	500kW
Wave Rider	Wave Rider Energy	澳大利亚	2011	离岸	筏式	齿轮箱式	1MW
Wave Dragon	Wave Dragon Aps	丹麦	2003	离岸	越浪式	水轮机式	7MW
Oyster	Aquamanne Power	英国	2012	近岸	摆式	水轮机式	800kW

以日本为例，日本是近年来研建波浪电站最多的国家。先后建造了漂浮式振荡水柱装置、固定式振荡水柱装置和摆式装置等十多座各类电站。日本建造的装置的特点是可靠性较高，但效率较低。1978 年，日本海洋科学中心与美国、英国、挪威、瑞典、加拿大等国合作，在一条由船舶改造的、被称作"海明号"的漂浮式装置上进行联合试验研究，不仅获得了技术成果，还在世界范围内推动了波浪能研究。随后，日本科研人员还先后建造了 40kW 的岸式振荡水柱试验电站、5kW 的摇摆式波浪电站、振荡水柱阵列电站等，除了试验之外，还实现了民用。后弯管式波能装置是日本的一项有创新性的工作，由日本著名波能装置发明家益田善雄提出。它是一个向后伸展的漂浮式振荡水柱系统。气室的开口在浮体的后方，背向波浪。这种大胆的设计可充分利用浮体来自振荡和摇摆两方面的能量，且向后伸展的气室可以方便地调整长度以适应不同的波浪。日本海洋科学中心于 20 世纪 90 年代初开始研建一个称作"巨鲸"的波浪能装置，它是一种发展的后弯管漂浮式装置。其外形类似一条巨大的鲸鱼。装置的气室设计在结构的前部，长长的身体除了利于吸收波浪能外，还可作为综合利用的空间，是一个包括波浪发电、海上养殖和旅游的综合系统。

英国是世界上重要的波浪能研究国家，曾投入数千万英镑用于波浪能开发的试验研究，其中包括著名的苏尔特鸭式装置等。但英国开始建造波浪能示范装置比较晚，数量也不多。1991 年，英国女王大学在能源部支持下在苏格兰西部内赫里底群岛的艾莱岛建成一座装机容量 70kW 的岸式振荡水柱波浪电站，电站的平均发电功率约为 7.5kW。在能源部和欧共体的支持下，女王大学又在电站附近研建一座 1MW 的同类型电站。

中国也是世界上主要的波浪能研究开发国家之一，波浪能技术成熟度为 5～6 级。从 20 世纪 80 年代初开始主要对固定式和漂浮式振荡水柱波能装置以及摆式波能装置等进行研究。1985 年中科院广州能源研究所成功开发了利用对称翼透平的航标灯用波浪发电装置。经过十多年的发展，已有 60W～45kW 的多种型号产品并多次改进，目前已累计生产 600 多台在中国沿海使用，并出口到日本等国家。"七五"期间，在原国家科委海洋专业组的资助下，由中科院广州能源研究所牵头，在珠海市大万山岛研建中国第一座波浪电站并于 1990 年试发电成功。电站装机容量 3kW，对称翼透平直径 0.8m。"八五"期间，在原国家科委的支持下，由中科院广州能源研究所和国家海洋局天津海洋技术所分别研建了 20kW 岸式电站、5kW 后弯管漂浮式波力发电装置和 8kW 摆式波浪电站，均试发电成功。"九五"期间，在科技部科技攻关计划支持下，广州能源研究所在广东汕尾市遮浪研建 100kW 的岸式振荡水柱电站，安装 100kW 的异步发电机并计划实现并网发电。近年来，科研人员针对我国波浪能资源特点，研发出小功率波浪能发电装置，目前约有 30 台装置完成了海试，最大单机功率 500kW，已初步实现为偏远海岛供电。近年来还探索了波浪能网箱养殖、导航浮标供电等应用。中科院广州能源研究所研制的鹰式波浪能发电装置，基于振荡浮子式工作原理，采用漂浮安装方式。2012 年起，中科院广州能源研究所在珠海万山岛海域先后布放了 10kW 和 100kW 鹰式波浪能发电装置（图 7-23），首次实现我国利用波浪能为海岛居民供电。2018 年 10 月，200kW 鹰式波浪能发电装置在南海永兴岛完成并网试验。2020 年 7 月，500kW 鹰式波浪能发电装置开始在广东万山岛海域海试，这是国内目前装机容量最大的波浪能发电装置。该装置采用半潜式平台设计，通过波浪浮动带动"鹰嘴"上下开合使液压缸储存液压能，再通过转换装置转变为电能，可实现自主运行，转换效率较高，并且无需燃料，可实现碳的零排放。

图 7-24 为广东海事局与中国科学院广州能源研究所合作研发的振荡水柱技术 "BD102G" 型航标灯用波浪能发电装置。该装置利用标体通道内的水柱随波浪上下振荡，挤压空气带动叶轮转动，进而驱动发电机发电，由于工作稳定且装机功率较小，可以为航标灯供电。

图 7-23　100kW 鹰式装置 "万山号"

图 7-24　BD102G 型波浪能发电装置

波浪能转换过程是海洋能转换中最复杂的过程。其主要科学问题在于：波浪具有的随机性造成能流不稳定，设计者难以确定波浪能装置各级转换的设计点；波浪的多向往复性运动，使设计者难以设计出合理的能量俘获系统和动力摄取系统；波浪能装置工作在波浪最大的地方，波浪的随机性和不稳定性导致波浪能装置的各种突发性波浪载荷；恶劣的海洋环境造成的腐蚀、海洋生物附着又可能造成装置某些环节的失效。

因此，波浪能利用方面，需要解决的关键技术包括：波浪聚集与相位控制技术；波能装置的波浪载荷及在海洋环境中的生存技术；波能装置建造和施工中的海洋工程技术；不规则波浪中的波浪能装置的设计与运行优化；往复流动中的透平研究；波浪能的稳定发电技术和独立发电技术等。

未来波浪能的发展方向为：可形成微电网供电，或并入大型电网供电，成为大型电网的有力补充，或将多台波浪能装置灵活组成波浪能装置群，形成不同装机容量的波浪能发电站，为不同规模、不同需求的用户供电。此外，随着海上生产活动的广泛开展，波浪能装备最终将向多能互补和平台化方向发展，且有望建成集科考、探测、旅游、科普、供电等多种功能为一体的综合平台，甚至建造供人类生产与生活的浮动岛屿。

三、海流能

海流能是指海水流动的动能，主要是指海底水道和海峡中由于潮汐导致的有规律的海水流动而产生的能量。海流能的能量与流速的平方和流量成正比。一般来说，最大流速在2m/s以上的水道，其海流能均有实际开发的价值。全世界海流能的理论估计值为10^8kW量级。

1. 海流能成因

风力的大小和海水密度不同是产生海流的主要原因。首先，海面上常年吹着方向不变的风，如赤道南侧常年吹着东南风，而北侧是东北风。风吹动海水使水表面运动起来，而水的黏性使这种运动传到海水深处。随着深度增加，海水流速降低，有时流动方向也会逐渐改变，甚至出现下层海水与表层海水流动方向相反的情况。在太平洋和大西洋以及印度洋的南半部，占主导地位的风系造成了一个广阔的、按逆时针方向旋转的海水环流。在低纬和中纬度海域，风是形成海流的主要动力。这种由定向风持续地吹拂海面所引起的海流称为风海流。其次，不同海域的海水温度和含盐度常常不同，它们会影响海水的密度。海水温度越高，含盐量越低，海水密度就越小，两个邻近海域海水密度不同也会造成海水环流。这种由于海水密度不同所产生的海流称为密度流。归根结底，这两种海流的能量都来源于太阳的辐射能。

2. 我国海流能资源分布

我国海域辽阔，既有风海流，又有密度流；有沿岸海流，也有深海海流。这些海流的流速在0.5海里/时（1海里＝1.85km），流量变化不大，流向较稳定。

根据我国130个水道的计算统计，我国沿海海流理论平均功率为1.4×10^7kW。这些资源在全国沿岸的分布，浙江为最多，有37个水道，理论平均功率为7.09×10^6kW，约占全国的1/2以上。其次是台湾、福建、辽宁等省份的沿岸，约占全国总量的42%，其他省区较少。根据沿海能源密度、理论蕴藏量和开发利用的环境条件等因素，舟山海域诸水道开发前景最好，如金堂水道（25.9kW/m²）、龟山水道（23.9kW/m²）、西侯门水道（19.1kW/m²），其次是渤海海峡和福建的三都澳等，如老铁山水道（17.4kW/m²）。以上海区均有能量密度高、理论蕴藏量大、开发条件较好的优点，可优先开发利用。

3. 海流能的合理开发

海水流动会产生巨大能量，据估计，世界大洋中所有海流的总功率达50TW，是海洋能中蕴藏量最大的一种。海流能的利用方式主要是发电，其原理和风力发电相似，几乎任何一个风力发电装置都可以改造成海流能发电装置。

利用海流发电比陆地上的河流发电优越得多，既不受洪水的威胁，又不受枯水季节的影

响，常年水量和流速不变，完全可成为人类可靠的能源。但由于海水的密度约为空气的
1000 倍，且装置必须放置于水下，故海流发电存在着一系列的关键技术问题，如安装维护、
电力输送、防腐、海洋环境中的载荷与安全性能等。

海流发电技术可用类似江河电站管道导流的水轮机，还可利用类似风机桨叶或风速仪这
种机械原理的装置。

4. 海流发电技术

（1）海流发电原理的研究

目前所采用的海流发电原理与风力发电、水力发电相似，是利用海水流动的动能来推动
水轮机发电。英国科学家法拉第提出还可以利用海流切割地球磁场的磁力线所做的功来发
电。但是，地球磁场的强度很弱，海流流动产生的电流强度也不大，难以为人们提供电力。
超导材料的出现给这种设想带来了希望，利用超导材料制成的超导磁体可获得高强度的磁
场。所以一些科学家提出了一个大胆的设想，只要将一个 31000Gs（$1Gs = 10^{-4}T$）的超导
磁体放入黑潮流经的海域，黑潮区的海流切割超导磁体磁场的磁力线，即可发出 1500kW 的
电。尽管这种设想目前在技术上还难以实现，但它为建立一种全新的海流发电技术提供了最
基本的框架。

（2）海流发电站的设计

海流发电是依靠海流的冲击力使水轮机旋转，然后再转变成高速带动发电机发电。目
前，海流发电站多是浮在海面上，用钢索和锚加以固定。

有一种称为"花环式"的海流发电站（图 7-25），它是用一串螺旋桨组成的，它的两端
固定在浮筒上，浮筒里装有发电机。整个电站迎着海流的方向漂浮在海面上。这种发电站之
所以用一串螺旋桨组成，主要是因为海流的流速小，单位体积内所具有的能量小的缘故。其
发电能力通常较小，一般只能为灯塔和灯船提供电力，或为潜水艇上的蓄电池充电。

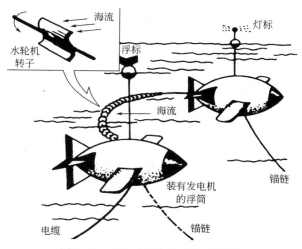

图 7-25　花环式海流发电站示意图

美国曾设计一种驳船式海流发电站，其发电能力比花环式发电站要大得多。这种发电站实
际上就是一艘船，在船舷两侧装有巨大的水轮，在海流推动下不断地转动，进而带动发电机发
电，通过海底电缆送到岸上。这种驳船式发电站的发电能力约为 50MW，且由于发电站是建在
船上，所以当有狂风巨浪袭击时，可以驶到附近港口躲避，保证了发电设备的安全。

（3）海流发电装置

海流能发电装置按获能装置工作原理，可分为水平轴叶轮式、垂直轴叶轮式、振荡式和其他方式；按照支撑载体固定形式的不同，可分为桩基式、坐底式、悬浮式和漂浮式；按有无导流装置，可分为有导流罩式和无导流罩式。海流能发电技术基本成熟，单台机组最大功率已超过 1MW，基本完成了全比例样机实海况测试，并进入试商业化运行。

海流发电机是最重要的海流发电设备，常见的有水平轴式和垂直轴式，一般由叶片、变速箱、发电机和海底电缆四部分组成，利用海水流动转动叶片，将动能转变为机械能从而带动发电机发电。水平轴式机组与风机原理类似，机组在水中必须按水流方向放置，叶片可以是固定桨距，也可以是变桨距的，比较适合在水深较深的海域应用。垂直轴式机组的转轴在垂向上与水流方向保持正交，或者在水平方向与水流方向保持正交，在浅水区或者狭窄且深的水道中有更大应用优势。近年来，中国已开发的水平轴式潮流能机组，最大单机装机容量 650kW，最小单机容量 1kW；已开发了 5 个垂直轴式机组，最大单机装机容量 300kW，最小单机容量 15kW。

1976 年，美国科学家加里·斯蒂尔曼设计出了一种被称为"降落伞"的海流发电装置，如图 7-26 所示。这个发电装置很特别，它用 50 只直径为 0.6m 的"降落伞"串缚在一根 150m 长的绳子上，头尾相连，形成一个圆环，套在固定于船底的转轮上，而船则锚泊在海上。在海流的作用下，逆流运动的"降落伞"像被大风撑开的雨伞一样被张开了；而顺流运动的"降落伞"则被压缩，串缚"降落伞"的绳子像传动带一样，带动转轮不停地转动，通过多级传动增速齿轮系统就可改变转速，带动发电机发电。在墨西哥湾流流经的佛罗里达海峡中进行试验的结果表明，该海流试验电站每天能工作 4h，功率为 500W。

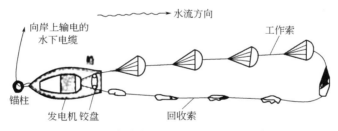

图 7-26 "降落伞"式海流发电装置示意图

图 7-27 为研究人员提出的科里欧利斯（Coriolis）式发电装置，它拥有一套外径为 171m、

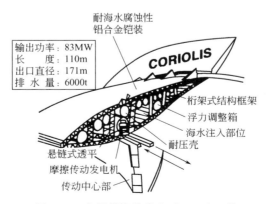

图 7-27 大规模海流发电 "Coriolis-1"

长 110m、重 6000t 大型管道的大规模海流发电系统。该系统的设计能力是在海流流速为 2.3m/s 的条件下输出 83MW 的功率。其原理是在一个大型轮缘罩中装有若干个发电装置，中心大型叶片的轮缘在海流能的作用下缓慢转动，其轮缘通过摩擦力带动发电机驱动部分运动，经过增速传动装置后，驱动发电机旋转，以此将大型叶片的转动能变换成电能。

海流发电装置涉及的关键技术主要包括：叶片设计、功率控制技术、传动系统、自动对流技术、叶片可调距系统、密封与防腐蚀、电力传输、安装支撑和机组布局等。另外，海流发电还涉及海洋环境影响、系统的维护和安全等重要问题。目前国内的一些大学和研究所正进行海流发电机项目的研究，但大多研究成果距工程应用还有一段距离。

5. 海流能的发展

海流能从被发现其巨大的利用价值以来，一直受到世界各国的重视。世界上从事海流能开发的国家主要有美国、英国、加拿大、日本、意大利和中国等。

（1）国外海流能的研究进展

1973 年，美国的莫顿教授提出了"科里欧利斯"方案，将一组巨型涡轮发电机用固定在海底的缆绳系住并悬浮于海中。每台涡轮发电机足有城市街区建筑群那么大，安装在一种能大量聚集海流能量的导管内，当海流通过导管时，就带动涡轮机像风车一样转动发电，通过水下电缆输入佛罗里达电网。加拿大一直在大力研究试验海流发电技术，2006 年 4 月，第一台并网型海流发电机已经成功并网发电。英国目前是海流能发电技术最先进的国家，海流发电已进入商业化运作阶段。2003 年，英国海洋涡轮机公司（MCT）在德文郡的 Lynmouth 外海布放了首台 300kW 的 SeaFlow 型海流能发电机组；2008 年 4 月，1.2MW 的 SeaGens 型海流能发电机组在北爱尔兰 Strangeford 湖并网运行，截至 2014 年 2 月，累计发电已超过 900 万千瓦时。MCT 公司还研发了适应深水区的漂浮式海流能发电装置 SeaGenU（3MW），计划在加拿大芬迪湾布放测试。在挪威，2003 年 20 台 300kW 的海流发电装置已经建成于 KVALSUNDET（大桥墩项目，离桥西约 80m 处），此处最大流速 2.5m/s，年平均流速为 1.8m/s。韩国和日本的海流发电计划均在积极地推进中。

（2）我国海流能的研究进展

20 世纪 70 年代末，舟山的何世钧先生进行过海流能开发研究，建造了一个试验装置并得到了 6.3kW 的电力输出。80 年代初，哈尔滨工程大学开始研究一种直叶片的新型海流透平，获得了较高的效率，并于 1984 年完成 60W 模型的实验室研究，之后开发出千瓦级装置并在河流中进行试验。

我国海流能技术近年快速发展，使我国成为世界上为数不多的掌握规模化海流能开发利用技术的国家。20 世纪 90 年代以来，我国开始计划建造海流能示范应用电站，在"八五"、"九五"、"十一五"时期科技攻关中均对海流能进行连续支持。2005 年，浙江大学在国家自然科学基金资助下开始进行"水下风车"的关键技术研究，图 7-28 为 2006 年 4 月在浙江省舟山市岱山县进行的 5kW 水平轴螺旋桨式海流能发电样机海上试验。同年，东北师范大学研制成功小型低功率的放置于海底的低流速海流发电机（图 7-29）。2008 年中国海洋大学也进行了 5kW 级样机的原理性试验。浙江大学 2009 年 4 月又开发了 25kW 的海流能发电装置。浙江舟山联合动能新能源开发有限公司于 2016 年 3 月在舟山秀山岛海域下水的兆瓦级 LHD 海流能示范平台于 2016 年 8 月实现并网发电，截至 2020 年年底，总装机容量达 1.7MW，先后共安装了 7 台垂直轴和水平轴机组，最大机组功率为 400kW。该平台的连续发电时间、累计发电量等指标处于国际先进水平。浙江大学于 2017 年 11 月在舟山摘箬山岛

图 7-28　浙江大学 5kW 样机试验图

图 7-29　东北师范大学低流速海流发电机

海域实现了 650kW 水平轴海流能机组并网发电，是目前国内单机功率最大的潮流能机组。目前我国约有 20 台机组完成了海试，最大单机功率 650kW，部分机组实现了长期示范运行。

未来海流能的发展将主要集中在：设计高效率叶片以提高获能效率；改进功率控制方式以提高获能效率；改进自对流技术以提高获能效率；改进传动方式以提高获能效率；改进安装、锚定与维修技术以减少开发成本；提高装置运行的可靠性。

四、温差能

温差能是指海洋表层海水和深层海水之间水温之差的热能。海洋的表面把太阳辐射能的大部分转化成为热水并储存在海洋的上层。另一方面，接近冰点的海水大面积地在不到 1000m 的深度从极地缓慢地流向赤道。这样，就在许多热带或亚热带海域终年形成 20℃ 以上的垂直海水温差。利用这一温差可以实现热力循环并发电。

全世界海洋温差能的理论估算值为 $5 \times 10^7 \mathrm{MW}$，而可转换成电能的海洋温差能仅为 $2 \times 10^6 \mathrm{MW}$。根据中国海洋水温测量资料计算得到的中国海域的温差能约为 $1.5 \times 10^5 \mathrm{MW}$，其中 99% 在南中国海。南海的表层水温年均在 26℃ 以上，深层水温（800m 深处）常年保持在 5℃，温差为 21℃，属于温差能丰富区域。

1. 海洋温差能的转换原理

温差能的开发以综合利用为主。除了电力之外，海洋温差能利用装置还可以同时获得淡水、深层海水、进行空调并可与深海采矿系统中的扬矿系统相结合。因此，基于温差能装置可建立海上独立生存空间并作为海上发电厂、海水淡化厂或海洋采矿、海上城市或海洋牧场的支持系统。

海水温差发电的基本原理是利用海洋表面的温海水（26～28℃）加热某些低沸点工质并使之气化，或通过降压使海水汽化以驱动汽轮机发电。同时利用从海底提取的冷海水（4～6℃）将做功后的乏气冷凝，使之重新变为液体。

海洋温差能转换主要有开式循环和闭式循环两种方式。

（1）开式循环发电系统

开式循环发电系统主要包括真空泵、温海水泵、冷海水泵、蒸发器、冷凝器、汽轮发电机组等部分。真空泵先将系统抽到一定的真空，接着启动温海水泵把表层的温水抽入蒸发器，由于系统内已保持有一定的真空度，所以温海水就在闪蒸器内沸腾蒸发，变为蒸汽。蒸汽经管道由喷嘴喷出推动汽轮机运转，带动发电机发电。从汽轮机排出的低压蒸汽进入冷凝器，被由冷海水泵从深层海水中抽上的冷海水所冷却，重新凝结为水，并排入海中。在此系统中，作为工作介质的海水，由泵吸入蒸发器蒸发，推动汽轮机做功，经冷凝器冷凝后直排入海中，故称此工作方式的系统为开式循环发电系统，如图 7-30 所示。

在开式循环系统中，用海水作工作流体和介质，蒸发器和冷凝器之间的压差非常小。因此，必须充分注意管道等的压力损耗，且使用的透平尺寸较大。开式循环的副产品是经冷凝器排出的淡水，这是它的有利之处。其缺点在于采用海水作为工质，沸点高，汽轮机工作压力低，导致汽轮机尺寸大，机械能损耗大，单位功率的材料占用大等。

（2）闭式循环发电系统

闭式循环发电系统不以海水为工作介质，而采用一些低沸点的物质（如丙烷、氟利昂、氨等）作为工作介质，在闭合回路内反复进行蒸发、膨胀、冷凝等过程，如图 7-31 所示。因为系统使用低沸点的工作介质，蒸汽的工作压力得到提高。

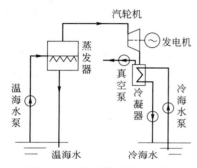

图 7-30　开式循环发电系统

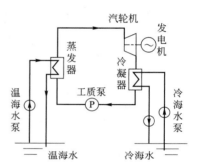

图 7-31　闭式循环发电系统

闭式循环与开式循环的系统组件及工作方式均有所不同。当温海水泵将表层海水抽上送往蒸发器时，海水自身并不蒸发，而是通过蒸发器内的盘管把部分热量传递给低沸点的工作流体，如氨水。温水的温度降低，氨水的温度升高并开始沸腾变为氨气。氨气经过汽轮机的叶片通道，膨胀做功，推动汽轮机旋转。汽轮机排出的氨气进入冷凝器，在冷凝器内由冷海水泵抽上的深层冷海水冷却后重新变为液态氨，再用氨泵（工质泵）把冷凝器中的液态氨重新压进蒸发器，以供循环使用。

闭式循环系统由于使用低沸点工质，可大大减小装置（特别是汽轮机组）的尺寸。但使用低沸点工质可能会对环境产生污染。

另外还有一种发电系统是混合循环发电系统，如图 7-32 所示。该系统基本与闭式循环系统相同，但用温海水闪蒸出来的低压蒸汽来加热低沸点工质。这样做的好处在于减小了蒸发器的体积，可节省材料，便于维护。

海洋温差能发电装置的核心技术包括泵与汽轮机技术、平台技术、平台定位技术、热交换技术、冷水管技术、平台水管接口技术和水下电缆技术。

温差能利用的最大困难是温差太小，能量密度太低。温差能转换的关键是强化传热传质技术。同时，温差能系统的综合利用，还是一个多学科交叉的系统工程问题。

2. 海洋温差发电的应用

温差能发电的环保优点是显而易见的。首先，温差能是清洁的可再生能源，其利用不消耗燃料，不会受到能源枯竭的威胁，还可以减少 CO_2 的排放，不会加重日益恶化的环境负

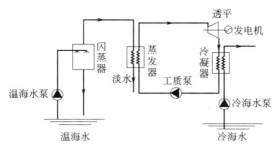

图 7-32　混合式循环发电系统

担。其次，在各类海洋能源中，温差能储量又是居于首位的，能量资源大，来源稳定，不受时间和气候的限制，不存在间歇性等问题。温差能发电站与珊瑚岛礁生态系统相结合，还具有固定温室效应气体 CO_2 的作用。这些优点对于实现 CO_2 减排、减轻温室效应及我国的"双碳"目标具有非常重要的意义。温差发电车间还可辅助电解海水而获得氢气，从而为世界能耗从石化燃料转向氢燃料提供了潜力。但是，利用温差能发电对生态环境也存在一定影响：电站排入海洋的水与海水的温度和密度不同，会同时出现温度扩散和密度扩散的现象；排出的冷水也会使生物存在的环境发生变化；大规模利用温差能发电，会对大气和海洋的热交换有所影响，从而可能使得电站周围的海洋蒸发率降低，局部气候有所改变。

虽然利用温差能发电还存在一定的问题，造成的生态问题有多大还不明朗，但是比火力发电和核电造成的污染危害要小。因此，在全球面临常规能源日益耗减、环境负荷日益加深的迫切形势下，海水温差能作为一种有发展潜力的新能源引起了许多海洋国家的重视。

目前世界上最具有代表性的海洋温差发电装置是美国夏威夷建立的海洋温差发电试验装置，如图 7-33 所示。该电站安装在一艘重 268t 的驳船上，发电机组的额定功率为 53.6kW，实际输出功率为 50kW，采用聚乙烯制成的冷水管深入到海底，长达 663m，管径 0.6m，冷水温度为 7℃，表层海水温度 28℃。所发出的电可用来供给岛上的车站、码头和居民照明。

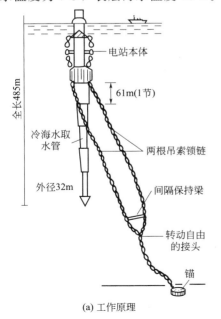

(a) 工作原理

(b) 实景

图 7-33　海洋温差发电装置

3. 海洋温差能利用技术的进展

美国、日本和法国是海洋温差能研究开发的领先国家。1881年法国科学家最早提出海洋温差能利用的设想,于1926年首次进行了海洋温差能利用的实验室原理试验。1929年6月,在古巴的马但萨斯海湾的陆地上,建成了一座输出功率为22kW的温差能开式循环发电装置,引起了人们对温差能的浓厚兴趣。但由于温差能利用在技术上,特别是经济性上存在很多问题和困难,开发工作一直受到冷遇。直至1973年石油危机之后,才复苏起来。1979年8月美国在夏威夷建成第一座闭式循环海洋温差发电装置,是温差能利用的一个里程碑。这座50kW级的电站不仅系统地验证了温差能利用的技术可行性,而且为大型化的发展取得了丰富的设计、建造和运行经验。1980年美国能源部支持参与Mini-OTEC的两家主要公司,在夏威夷建造了另一座被称为OTECI的1MW的实验装置。1990年洋高技术研究国际中心(PICHTR)开始一项开式循环温差能利用计划,进行了蒸发器喷嘴、温海水除气、湿分分离、冷凝能力等试验研究。在这些试验的基础上,于1991年11月开始在夏威夷进行开式循环净功生产试验并于1993年4月建成,发电功率为210kW,扣除系统自身用电后的净出力为40～50kW。PICHTR还开发了多功能的温差能利用系统,不仅发电,还同时产生淡水、进行空调和制冷以及强化的海水养殖等,在太平洋热带岛屿有良好的市场前景。

日本一共建成3座岸式海洋温差电站。1980年6月,日本东京电力等公司和日本政府各出资50%,共11亿日元,在瑙鲁共和国开始建造一座100kW闭式循环温差电站,并于1981年10月开始发电试验,运行了1年。1981年8月,九州电力公司等又在鹿儿岛县的德之岛开始研建50kW的试验电站,并于1982年9月发电试验并运行到1994年8月为止。这是一座混合型电站,工质为氨,采用板式热交换器。电站的热源不是直接取海洋表层的温海水,而是利用岛上的柴油发电机的发动机余热将表层海水再加热后作为热源,电站的平均净出力可达32kW。此外,九州大学还于1985年建造了一座75kW的实验室装置,并得到35kW的净出力。2013年,日本海洋深水研究院在久米岛建成50kW的闭式循环系统的海洋温差能发电站,其最大发电功率为50kW,表层海水温度为27℃,冷水源抽取612m深处海水,温度为8.8℃,工质为四氟乙烷(R134a)。日本IHI公司50kW温差能综合利用示范电站,已运行6年,除发电外,还开展了深海水养殖、深海水化学利用等。日本将在2030年前后在海洋温差发电领域进军全球市场,届时发电输出功率将达到50000kW级,发电成本更是进一步降低至8～13日元/千瓦时。

1980年我国台湾电力公司计划将第3和第4号核电厂余热和海洋温差发电并用。经过3年的调查研究,认为台湾东岸及南部沿海有开发海洋热能的自然条件,并初步选择在花莲县的和平溪口、石梯坪及台东县的樟原三地做厂址,并与美国进行联合研究。1985年中国科学院广州能源研究所开始对温差利用中的"雾滴提升循环"方法进行研究。这种方法于1977年由美国的Ridgway等提出,其原理是利用表层和深层海水之间的温差所产生的焓降来提高海水的位能。据计算,温度从20℃降到7℃时,海水所释放的热能可将海水提升到125m的高度,然后再利用水轮机发电。该方法可大大减小系统的尺寸,并提高温差能量密度。广州能源研究所在实验室实现了将雾滴提升到21m高度的记录。同时,该所还对开式循环过程进行了实验室研究,建造了两座容量分别为10W和60W的试验台。2012年,由国家海洋局第一海洋研究所承担的"十一五"国家科技支撑计划"15kW温差能发电装置研究及试验"项目通过验收,标志着我国科学家对海洋能量的利用更进了一步,我国也成为继美日之后第三个独立掌握温差能发电技术的国家。2017 年开展了高效氨透平、热交换器等关键技术研发，并搭建了 10kW 温差能实验室模拟系统。

4. 发展趋势

目前，海洋温差发电在循环过程、热交换器、工质以及海洋工程技术等方面均取得很大进展。从技术上讲已没有不可克服的困难，且大部分技术已接近成熟。存在的问题主要是经济性和长期运行的可靠性。

热交换器是温差发电系统的关键部件，约占总生产成本的 20%～50%，直接影响了装置的结构和经济性。提高热交换器的性能，关键在于交换器的形式和材料。研究结果表明，钛是较优的材料，其传热及防腐性能均好。板式热交换器因体积小，传热效率高，造价低，在闭式循环中适合采用。

工质也是闭式循环中的重要课题。从性能的角度来看，氨和 R22 被证明是理想的工质。但从环保的角度，还须寻求新的工质。

在海洋工程技术方面，对冷水管、输电等技术均进行了研究，特别是冷水管的铺设技术，对多种连接形式进行了试验，已有较成熟的成果。

此外，发电装置的安全稳定、深层冷海水的综合利用、转换效率与多能互补以及温差能利用的环境效应等问题也是技术攻关的重点和难点。

五、盐差能

盐差能是指海水和淡水之间或两种含盐浓度不同的海水之间的化学电位差能，主要存在于河海交接处。同时，淡水丰富地区的盐湖和地下盐矿也可以利用盐差能。盐差能是海洋能中能量密度最大的一种可再生能源。通常，海水（3.5% 盐度）和河水之间的化学电位差有相当于 240m 水头差的能量密度，这种位差可以利用半渗透膜（水能通过，盐不能通过）在盐水和淡水交接处实现，利用这一水位差就可直接由水轮发电机发电。全世界海洋盐差能的理论估算值为 $2.6×10^6$ MW，我国的盐差能估计为 $1.1×10^5$ MW，主要集中在各大江河的出海处。同时，我国青海省等地还有不少内陆盐湖可以利用。

1. 盐差能转换原理与关键技术

盐差能的利用主要是发电。其基本方式是将不同盐浓度的海水之间的化学电位差能转换成水的势能，再利用水轮机发电，具体有渗透压式、蒸汽压式和机械-化学式等，其中渗透压式方案最受重视。

将一层半透膜放在不同盐度的两种海水之间，通过这个膜会产生一个压力梯度，迫使水从盐度低的一侧通过膜向盐度高的一侧渗透，从而稀释高盐度的水，直到膜两侧水的盐度相等为止。此压力称为渗透压，它与海水的盐浓度及温度有关。下面介绍两种渗透压式盐差能转换方法。

① 水压塔渗透压系统：水压塔渗透压系统主要由水压塔、半透膜、海水泵、水轮机-发电机组等组成，如图 7-34 所示。其中水压塔与淡水之间由半透膜隔开，而塔与海水之间通过水泵连通。系统的工作过程如下：先由海水泵向水压塔内充入海水。同时，由于渗透压的作用，淡水从半透膜向水压塔内渗透，使水压塔内水位上升。当塔内水位上升到一定高度后，便从塔顶的水槽溢出，冲击水轮机旋转，带动发电机发电。为了使水压塔内的海水保持一定的盐度，必须用海水泵不断向塔内打入海水，以实现系统连续工作，扣除海水泵等的动力消耗，系统的总效率为 20% 左右。

　　② 强力渗压系统：强力渗压系统（图 7-35）的能量转换方法是在河水与海水之间建两座水坝，分别称为前坝和后坝，并在两水坝之间挖一低于海平面约 200m 的水库。前坝内安装水轮发电机组，使河水与低水库相连，而后坝底部则安装半透膜渗流器，使低水库与海水相通。系统的工作过程为：当河水通过水轮机流入低水库时，冲击水轮机旋转并带动发电机发电。同时，低水库的水通过半透膜流入海中，以保持低水库与河水之间的水位差。理论上这一水位差可以达到 240m。但实际上要在比此压差小很多时，才能使淡水顺利地通过透水而不透盐的半透膜直接排到海中。此外，薄膜必须用大量海水不断地冲洗才能将渗透过薄膜的淡水带走，以保持膜在海水侧的水的盐度，使发电过程可以连续进行。

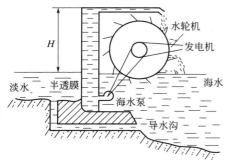

图 7-34　水压塔渗透压系统

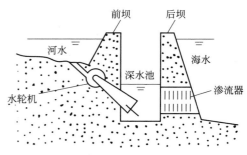

图 7-35　强力渗压系统

2. 盐差能技术的应用与发展

　　盐差能的研究以美国、以色列的研究为先，中国、瑞典和日本等也开展了一些研究。但总体上，盐差能研究还处于试验室水平，离示范应用还有较长的路程。

　　20 世纪 70 年代至 80 年代，以色列和美国的科学家对水压塔和强力渗压系统均进行了试验研究，中国西安冶金建筑学院也于 1985 年对水压塔系统进行了试验研究。上水箱高出渗透器约 10m，用 30kg 干盐可以工作 8～14h，发电功率为 0.9～1.2W。中国海洋大学也开展了 100W 缓压渗透式盐差能发电关键技术研究。

　　全球首个盐差能发电示范系统，是由挪威 Statkraft 公司于 2009 年建成的 10kW 盐差能示范装置，该装置采用缓压渗透式发电技术，即淡水和海水经过预处理后在装置膜组件半透膜两侧形成渗透压差，淡水向浓水渗透，使高压浓水体积增大，盐差能转化为压力势能，推动涡轮发电。

　　荷兰特文特大学纳米研究所于 2015 年宣布，该所在荷兰北部参与建设的荷兰首家盐差能试验电厂已成功发电。这家电厂建在荷兰北部连接北荷兰省和弗里斯兰省的阿夫鲁戴克大坝中段。这座大坝东南面的艾瑟湖是人工淡水湖，其西北面瓦登海的盐浓度则高得多。当淡水经过半渗透膜与海水相遇时就会产生渗透压，形成淡水不断流入海水的水流势能，进而推动水轮发电机产生电能。据悉，这家电厂每小时可处理 2.2×10^5 L 海水和 2.2×10^5 L 淡水，电厂装有 $400m^2$ 的半渗透膜。特文特大学纳米研究所经过 8 年研究，改进了作用于半渗透膜的水流动力和抗污染能力，使这一发电技术投入试验性应用。然而，这家电厂目前产生的电能尚无法满足自身用电需求，但其试验前景值得重视。盐差能发电要实现经济盈利，半渗透膜的发电功率应达到 $2 \sim 3W/m^2$，半渗透膜安装总面积应达到数百万平方米。

　　盐差能开发的技术关键是膜技术。除非半透膜的渗透流量能在目前水平的基础再提高一个数量级，并且海水可以不经预处理。否则，盐差能的利用还难以实现商业化。

六、各类海洋能的特点

各类海洋能的特点总结如表 7-9 所示。

表 7-9 各类海洋能的特点

种类	成因	富集区域	能量大小	时间变化
潮汐能	由于作用在地球表面海水上的月球和太阳的引潮力产生	北纬 45°～55° 的大陆沿岸	与潮差的平方以及港湾面积成正比	潮差和流速、流向以及半日、半月为主周期变化,规律性很强
波浪能	由于海面上风的作用产生	北半球两大洋东侧	与波高的平方以及波动水面面积成正比	随机性的周期性变化范围 10^0～10^1 s
海流能	由于海水温度、盐度分布不均引起的密度、压力梯度,或海面上风的作用产生	北半球两大洋西侧	与流速的平方以及流量成正比	比较稳定
温差能	由于海洋表层和深层吸收的太阳辐射热量不同和大洋环流向热量输送而产生	低纬度大洋	与具有足够温差海区的暖水量以及温差成正比	相当稳定
盐差能	由于淡水向海水渗透形成的渗透压产生	大江河入海口附近	与渗透压和入海淡水量成正比	随海水量的季节和年际变化而变化

七、海洋能利用的前景

海洋被认为是地球上最后的资源宝库,也被称为能量之海。21 世纪海洋将在为人类提供生存空间、食品、矿物、能源及水资源等方面发挥重要作用,而海洋能源也将扮演重要角色。从技术及经济上的可行性、可持续发展的能源资源以及地球环境的生态平衡等方面分析,海洋能中的潮汐能作为成熟的技术将得到更大规模的利用;波浪能将逐步发展成为行业,近期主要是固定式,但大规模利用要发展漂浮式;可作为战略能源的海洋温差能将得到更进一步的发展,并将与开发海洋综合设施、建立海上独立生存空间和工业基地相结合;海流能也将在局部地区得到规模化应用。

近年来,我国高度重视海洋能开发利用,海洋能装机规模位居世界前列。2020 年,我国海洋能累计装机约 8MW,位居世界第五,年并网发电量约 7GW·h,主要为潮汐能发电。海流能和波浪能累计装机约 4MW,占全球在运行的潮流能和波浪能装机的 25％ 以上。

然而,必须强调的是,海洋能的利用是和能源、海洋、国防和国土开发都紧密相关的领域,应当以发展和全局的观点来全面考虑。

<h1 align="center">第三节　天然气水合物</h1>

天然气水合物(NGH)又叫"可燃冰",它是一定条件下由水和天然气组成的类冰的、非化学计量的笼形结晶化合物,遇火就可以燃烧。组成天然气水合物的成分主要有烃类(如 CH_4、C_2H_6、C_3H_8、C_4H_{10} 等同系物)及非烃类气体(如 CO_2、N_2、H_2S 等),这些气体赋存于水分子笼形格架内。由于形成天然气水合物的气体主要是甲烷,因此通常将甲烷质量分数超过 99％ 的天然气水合物称为甲烷水合物。

天然气水合物在自然界广泛分布于大陆、岛屿的斜坡地带、活动边缘的隆起处、极地大陆架以及海洋和一些内陆湖的深水环境。在标准状况下，$1m^3$ 的天然气水合物分解最多可产生 $164m^3$ 的甲烷气体。天然气水合物具有能量密度高、分布广、规模大、埋藏浅、成藏物化条件优越等特点，被公认为 21 世纪新型洁净高效能源。其总能量约为煤、油、气总和的 2～3 倍。20 世纪 60 年代以来，人们陆续在冻土带和海洋深处发现天然气水合物，日益引起科学家和世界各国的关注。

一、天然气水合物的物理化学性质

在自然界发现的天然气水合物多呈白色、淡黄色、琥珀色、暗褐色的亚等轴状、层状、小针状结晶体或分散状。它可存在于零下，又可存在于零上温度环境。从所取得的岩心样品来看，天然气水合物可以多种方式存在：

① 占据大的岩石粒间孔隙；

② 以球粒状散布于细粒岩石中；

③ 以固体形式填充在裂缝中；

④ 大块固态水合物伴随少量沉积物。

迄今，已经发现的天然气水合物结构类型有 3 种，即 Ⅰ 型结构、Ⅱ 型结构和 H 型结构，如图 7-36 所示。Ⅰ 型结构天然气水合物为立方晶体结构，其在自然界分布最为广泛，其仅能容纳甲烷（C_1）、乙烷（C_2）这两种小分子的烃以及 N_2、CO_2、H_2S 等非烃分子。Ⅱ 型结构的天然气水合物为菱形晶体结构，除包容 C_1、C_2 等小分子外，较大的"笼子"（水合物晶体中水分子间的空穴）还可容纳丙烷（C_3）及异丁烷等烃类。H 型结构的天然气水合物为六方晶体结构，其大的"笼子"甚至可容纳直径超过异丁烷的分子以及其他直径相当的分子。H 型结构的天然气水合物早期仅见于实验室，1993 年才在墨西哥湾大陆斜坡发现其天然形态。Ⅱ 型和 H 型天然气水合物比 Ⅰ 型天然气水合物更稳定。除墨西哥湾外，在格林大峡谷地区也发现了 Ⅰ、Ⅱ、H 型 3 种天然气水合物共存的现象。

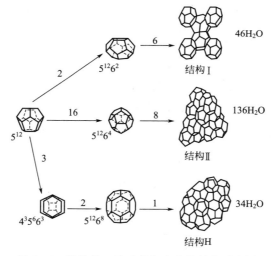

图 7-36 常见的 3 种天然气水合物结构示意图

二、天然气水合物的形成原理

天然气水合物的形成有 3 个基本条件：

① 温度不能太高；

② 压力要足够大，0℃时 30atm 以上可生成；

③ 地下要有气源。

苏联学者首先提出气体水合物属于固体溶液的假设，认为气体水合物是水分子与气体分子构成的络合物。按照固体溶液理论，由水分子构成的结晶体晶格是"溶剂"，而气体分子则被看作是"溶质"。在生成水合物时，体系中存在两种平衡，即准化学平衡和气体分子在孔穴中的物理吸附平衡。天然气水合物的生成是晶核形成和晶体成长的过程。在动力学上，天然气水合物的形成分为 3 步：

① 具有临界半径晶核的形成；

② 固态晶核的长大；

③ 组分向处于聚集状态晶核的固液界面转移。

晶核的形成比较困难，一般都包含一个诱导期，当过饱和溶液中的晶核达到某一稳定的临界尺寸，系统将自发进入水合物的快速生长期。在一定压力条件下，当温度低至一定数值时，天然气水合物结晶即可形成。

天然气水合物的形成严格受温度、压力、水、气组分相互关系的制约。一般来说，天然气水合物形成的最佳温度是 0～10℃，压力则应大于 10.1MPa。但具体到高纬度地区和海洋中的情况是不同的。在极地，因其温度低于 0℃，天然气水合物形成的压力无需太高，如美国阿拉斯加、加拿大和俄罗斯北部陆地的永久冻土带与陆架海区均可出现天然气水合物，在永久冻土带天然气水合物的成藏深度可达 150m；在海洋中，因为水层的存在使压力相应增加，导致天然气水合物可形成于稍高的温度条件下，通常是在水深 500～4000m 处（5～40MPa），相应温度 15～25℃，天然气水合物仍可形成并稳定存在。世界上许多大陆坡及海底高原就具有这类环境，在其中的许多地方已经找到了天然气水合物。

三、天然气水合物的分布

天然气水合物在地球上广泛存在，大约有 27% 的陆地是可以形成天然气水合物的潜在地区，而在世界大洋水域中约有 90% 的面积也属这样的潜在区域。海底天然气水合物主要产于新生代地层中，天然气水合物矿层厚度达数十厘米至上百米，分布面积数千至数万平方公里；天然气水合物储集层为粉砂质泥岩、泥质粉砂岩、粉砂岩、砂岩及砂砾岩，储集层中的水合物含量最高可达 95%；天然气水合物广泛分布于内陆海和边缘海的大陆架（限于高纬度海域）、大陆坡、岛坡、水下高原，尤其是那些与泥火山、盐（泥）底壁及大型构造断裂有关的海盆中。此外，大陆上的大型湖泊（如贝加尔湖），由于水深且有气体来源，温压条件适合，同样可以生成天然气水合物。

当今天然气水合物资源的储量在 $2.8 \times 10^{15} \sim 8 \times 10^{18} \mathrm{m}^3$ 之间。其中，98% 的天然气水合物资源分布在海洋，只有不到 2% 的天然气水合物资源分布在大陆永久冻土区。具体来讲，天然气水合物主要分布在阿拉斯加北坡、西西伯利亚麦索雅哈气田、加拿大马更些三角洲及西北部北极诸岛、美国的墨西哥湾西北部及东海岸的布莱克地区、俄罗斯北部、我国的青藏高原冻土区、南海海槽、印度海域等地。

中国海域适宜天然气水合物形成的地区主要包括南海西沙海槽、东沙群岛南坡、台西南盆地、笔架南盆地、南沙海域以及东海冲绳海槽南部。上述地区水深（最小水深在 300m 以上）、沉积厚度大（新生代地层厚度一般在 3000～6000m）、沉积速率高、具有天然气水合物存在的地球物理和化学标志。在陆地，我国在青藏高原永久冻土带已发现蕴藏有天然气水合物。现有的调查结果表明，我国天然气水合物主要分布在南海海域、东海海域、青藏高原及东北冻土带，上述各地区的资源量为：南海海域约为 $6.497 \times 10^{13} \, m^3$，东海海域约为 $3.38 \times 10^{12} \, m^3$，青藏高原约为 $1.250 \times 10^{13} \, m^3$，东北冻土带约为 $2.80 \times 10^{12} \, m^3$。

四、天然气水合物的环境效应

天然气水合物的气体主要成分为甲烷。甲烷作为一种一次能源，资源相对于其他矿物燃料，具有清洁、优质、高效的特点。

天然气水合物能量密度高、产物清洁，可替代多碳石化燃料而降低人为温室气体的排放。$1 \, m^3$ 天然气水合物可释放出 $160 \sim 180 \, m^3$ 天然气，其能量密度是煤的 10 倍、传统天然气的 $2 \sim 5$ 倍。天然气水合物产生同样的热值所释放的硫化物、烟尘、二氧化碳均比煤炭、石油小得多，是一种非常清洁的能源。天然气水合物资源丰富、高效清洁，是破解我国"煤改气"瓶颈的战略选择，对缓解我国能源短缺和环境问题具有重要的意义。同时，天然气水合物矿床是二氧化碳封存的有效场所，采用二氧化碳置换法开采水合物，既能开发天然气又能以固态水合物形式封存温室气体，同时也不会破坏地层的稳定性。因此，相较于传统油气资源，天然气水合物不仅可以有效减少二氧化碳的排放，也可以在负碳技术应用方面发挥天然优势，有效助力实现"碳达峰、碳中和"。

然而，天然气水合物埋藏在海洋地层及大陆冻土带中，与自然环境条件处于十分敏感的平衡之中，在一定压力和温度下是稳定的。当赋存条件因种种原因（如气候变化、构造活动、地震、火山甚至人为开采等）发生变化时，往往能够导致天然气水合物的失稳和释放，有可能造成海洋地质灾害或影响全球气候变化，引发强烈的环境效应。

甲烷是一种重要的温室气体，其温室效应是 CO_2 的 20 倍以上。若天然气水合物得不到合理的开采，造成天然气水合物分解，使大量甲烷释放，进入大气，将会引起严重的温室效应，并可能加剧全球变暖，引起海平面上升。因而在进行天然气水合物勘探开发的同时，一定要注意其造成的环境效应，防患于未然。

若天然气水合物稳定存在所需的温度和压力平衡条件遭到破坏，就会使天然气水合物自然分解，诱发海底地质灾害。这些海底地质灾害可能是由海平面升降、海啸和地震导致天然气水合物分解而引起的，而天然气水合物分解产生的滑塌、滑坡则可能进一步引发新的地震和海啸。这些海底地质灾害会对海底电缆、通信光缆、钻井平台、采油设备等海底工程装置造成威胁或破坏，甚至可能波及沿岸的建筑等，影响航行安全和人民的生命财产安全。

五、天然气水合物的开采方式

天然气水合物在地层储存环境（低温、高压）下以固体状态存在，而在开采过程中由于减压或升温的原因，将分解成水合天然气。天然气水合物的开发必须控制固体向液体、气体的分解，控制采收过程中分解的气体和水会再次形成天然气水合物。这是天然气水合物开采的技术难点。

目前，天然气水合物的开发技术尚处于工业化试验阶段，工业开采案例有苏联麦索雅哈天然气水合物气田。目前，大多数天然气水合物的开发思路基本上都是首先考虑如何使蕴藏在沉积物中的天然气水合物分解，然后再将天然气采至地面。一般来说，改变天然气水合物稳定存在的温度及压力造成其分解，是目前开发天然气水合物资源的主要方式。天然气水合物开采方法有降压法、热采法、化学试剂法、水力压裂法等。

1. 降压法

通过降低压力使天然气水合物稳定的平衡曲线移动，从而达到促使水合物分解的目的。一般是在水合物层下的游离气聚集层中"降低"天然气压力或形成一个天然气空腔（可由热激发或化学试剂作用人为形成），使水合物变得不稳定并分解为天然气和水，如图 7-37 所示。降压法最大的特点是不需要费用昂贵的连续激发，因而可能成为今后大规模开采天然气水合物的有效方法之一。但是仅使用降压法开采天然气速度很慢。通常降压开采适合于高渗透率和深度超过 700m 的天然气水合物气藏，若气体中含有重烃就需要较大的降压。另外，通过调节天然气的开发速度可以达到控制储层压力的目的，进而达到控制水合物分解的效果。

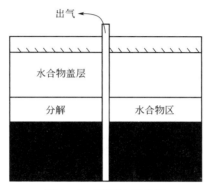

图 7-37　降压法示意图

2. 热采法

热采法是研究最多、最深入的天然气水合物开采技术。热采法是利用钻探技术在天然气水合物稳定层中安装管道，对水合物地层进行加热，提高储层温度，造成天然气水合物分解，再用管道收集分解出的天然气，如图 7-38 所示。其主要方法是将蒸汽、热水、热盐水从地面注入水合物层，这些方法各有其优点和不足。例如，蒸汽注入在薄水合物气层的热损失很大，只有在气层大于 15m 时热效率才较高；注入热水的热损失较注入蒸汽的小，但水合物气层内水的注入率限制了该方法的大规模使用。另一种加热方法是电磁加热法。实践证明，电磁加热法是一种比常规加热方法更有效的方法，电磁热很好地降低了流体的黏度，促进了气体的流动。

3. 化学试剂法

在储层中注入抑制剂（甲醇、乙二醇、氯化钙等）以打破天然气水合物平衡，造成部分天然气水合物的分解，如图 7-39 所示。这种方法虽然可降低初期能量输入，但缺陷却很明显，它所需的化学试剂费用昂贵，对天然气水合物层的作用缓慢，而且还会带来一些环境问题，所以，目前对这种方法投入的研究相对较少。近年来，国外正在开发两种新型水合物抑制剂，即动态抑制剂和防聚剂，它们抑制水合物形成的机理与传统的热力学抑制剂不同，加入量少，一般注入浓度低于 1%。试验表明，天然气水合物的溶解速率与抑制剂浓度、注入排量、压力、抑制液温度等因素有关。麦索雅哈气田在开采初期，有两口井在其底部层段注入甲醇后产量增加了 6 倍。美国在阿拉斯加的永冻层天然气水合物中做过试验，也获得明显的产气量。

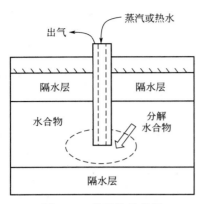

图 7-38　热采法示意图

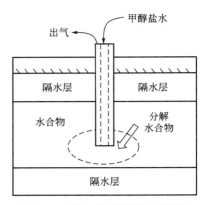

图 7-39　添加化学试剂法示意图

4. 水力压裂法

水力压裂工艺是利用温度相对较高的海水由高压泵通过注入井注入水合物储层，在加热水合物储层的同时还使其产生人工裂缝，为分解气体提供运移通道，从而达到高效开采水合物储层的目的。从生产井流出的气水两相流体经气水分离器分离出气体，经加工后直接输出，如图 7-40 所示。这种方法通过人工控制增加储层裂隙，促进储层压力降低，同时温热海水提供分解所需热量，可认为水力压裂开采是一种强化的综合热激法与减压法开采结合的新方法。

5. 气体置换开采法

这种方法首先由日本研究者提出，方法依据的仍然是天然气水合物稳定带的压力条件。在一定的温度条件下，天然气水合物保持稳定需要的压力比 CO_2 水合物更高。因此在某一特定的压力范围内，天然气水合物会分解，而 CO_2 水合物则易于形成并保持稳定。如果此时向天然气水合物藏内注入 CO_2 气体，CO_2 气体就可能与天然气水合物分解出的水生成 CO_2 水合物，如图 7-41 所示。这种作用释放出的热量可使天然气水合物的分解反应得以持续地进行下去。

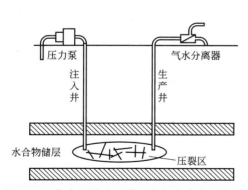

图 7-40　水力压裂法开采天然气水合物示意图

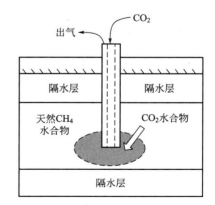

图 7-41　气体置换开采法示意图

6. 固体开采法

固体开采法最初是直接采集海底固态天然气水合物，将天然气水合物拖至浅水区进行控制性分解。这种方法进而演化为混合开采法（或称为矿泥浆开采法）。具体步骤为首先促使天然气水合物在原地分解为气液混合相，然后采集混有气、液、固体水合物的混合泥浆，接着将这种混合泥浆导入海面作业船或生产平台进行处理，促使天然气水合物彻底分解，从而获取天然气。

降压法无需连续激发，被认为是极具发展潜力且经济的天然气水合物开采方法，但存在的问题是水合物二次生成、开采效率低以及可能引发海底滑坡、井壁失稳等地质工程灾害。热采法和化学试剂法经济性较差，目前对这两种方法的研究相对较少。气体置换法具有降低地质灾害风险、封存 CO_2 以缓解温室效应的优点，但置换速率和置换效率较低，制约了方法的应用。与其他开采方法相比，固体开采法能降低水合物地下分解所引发的地质环境风险，但存在产量偏低、采后地层修复技术难度大等问题（见表 7-10）。目前，降压法和固体开采法已成功用于海洋天然气水合物试采工程，标志着开采技术的重大进步。但也应清楚认识到，试采的水合物产量还很低，相较商业化开采的差距仍然很大，开采过程中的潜在地质、装备、环境风险仍未从根本上消除。

需要指出的是，天然气水合物储层蕴藏有巨大的天然气资源，在天然气水合物储层之下往往还存在常规天然气资源。因此，开发天然气水合物不是采用单一方式的资源开发技术可以实现的，而需要利用综合开发技术。

表 7-10 天然气水合物开采技术的优缺点对比

开采技术	优点	缺点
降压法	温度、压力敏感性强，开采成本较低，设备相对简单	处于温度与压力平衡边界时才更有效，分解速度慢
热采法	工艺简单，开采速度快，可控性好	导热能力差，注热损失大，能量利用率低
气体置换法	开采效率高，环境安全，可存储 CO_2	施工工艺复杂，技术不成熟，需要 CO_2 气源
化学试剂法	方法简单，使用方便	费用昂贵，作用缓慢，对环境造成污染
固体开采法	原位开采	产量低，可动用储量较低、能耗高

六、全球天然气水合物的开发

天然气水合物作为能源矿产的研究已经进行了几十年。1965 年，苏联首次在西伯利亚永久冻土带发现了世界上第一处天然气水合物矿床——麦索雅哈气田，几年后开始商业化开采。1970 年，深海钻探计划（DSDP）在美国东部大陆边缘布莱克海台实施，在取心过程中发现冰冷岩心冒气时间长达数小时，实际上气泡是由水合物分解形成的。1971 年，美国学者 Stoll 等在深海钻探中发现海洋天然气水合物并首次正式提出"天然气水合物"这一概念。自此，全球掀起了大规模研究、调查和勘探天然气水合物的热潮。

全球天然气水合物试采状况见表 7-11。

自人类发现天然气水合物以来，大致经历了实验室研究、管道堵塞及防治、资源调查与开发利用四个阶段。第一阶段始于 1810 年英国科学家在实验室合成了氯气水合物，以实验室研究为主。第二阶段自 1934 年起始，美国科学家提出输气管道堵塞与天然气水合物有关，从负面加深了对水合物的研究。第三阶段是从 20 世纪 60 年代起始，苏联借助地球物理方法首次在西伯利亚永冻层中发现了天然气水合物，有碍油气输送的阻塞物被重新定位为天然气矿产资源。20 世纪 70 年代末至 80 年代初，深海钻探计划（DSDP）和大洋钻探计划（ODP）陆续实施，在全球多处海底发现了天然气水合物，天然气水合物研究以及综合普查勘探工作进入全面发展阶段。21 世纪开始进入开发利用阶段，世界各国独立或合作进行了试验性开发。国际上先后有美国、日本、印度、俄罗斯、加拿大与韩国等 40 余个国家和地区开展了天然气水合物的相关工作，全球范围内已发现天然气水合物矿点 230 余处，其中约 97％分布于海洋中。目前天然气水合物研究重点已从资源勘查转向开发利用，已进入试验开采阶段的有美国、日本、印度、韩国、俄罗斯和加拿大等国家。近年来，试采领域从陆地转向海洋，试采规模逐渐扩大，试采方法也不断更新。

表 7-11   全球天然气水合物试采状况

区域	试采地点	试采年份	试采方法	试采井型	试采时长	最高日产量/m³	总产气量/m³
陆域冻土区	俄罗斯麦索雅哈	1971	降压＋注入化学试剂	—	断续生产 40 余年	—	—
	加拿大马更些	2002	加热	单直井	123.65h		516
		2007	降压＋加热	单直井	12.5h		830
		2008	降压	单直井	6.8d(139h)		13×10⁴
	中国青海水里	2011	降压＋加热	单直井	101h		95
		2016	降压	水平井(3 井对接)	23d	136.6	1078.4
	美国阿拉斯加	2012	CO₂ 置换＋降压	单直井	30d	5000	2.4×10⁴
海域	日本海楼	2013	降压	单直井	6d	2×10⁴	12×10⁴
		2017	降压	直井(2 井)	12d＋24d	8330	23.5×10⁴
	中国南海神狐	2017	降压	单直井	60d	3.5×10⁴	30.9×10⁴
		2017	固态硫化法	直井	10d	—	81
		2020	降压	水平井	30d	日均 2.87×10⁴	86.14×10⁴

天然气水合物理论研究主要包括实验室水合物合成研究、管道堵塞及防治研究、资源调查研究、开发利用研究和环境效应研究五个方面，涉及到的关键技术包括天然气水合物模拟实验技术、勘查识别技术、开采技术等。虽然还有许多问题尚待解决，但是多数科学家仍然相信可以准确定位水合物并安全采收甲烷。

海洋天然气水合物是全球天然气水合物资源开发的重头戏，不仅因为海洋天然气水合物占总资源量的大半以上，而且分布广泛，它不像陆上天然气水合物仅局限在少数的几个高纬度国家的永冻带或北极和南极，对那些滨海而又缺乏能源的国家来说，天然气水合物则带来了莫大的希望和寄托。

七、中国天然气水合物的研究与开发

我国的天然气水合物的研究起步较晚。从 20 世纪 80 年代才开始天然气水合物研究，勘查开采历程总体上可分为三个阶段。第一阶段是研究预查阶段（1985～2001 年），设立专项课题，首次证实在南海北部存在似海底反射层（BSR），设立天然气水合物模拟实验室并成功合成样品。第二阶段是调查突破阶段（2002～2010 年），在南海开展调查研究，初步圈定找矿重点目标区，2007 年于神狐海域获取第一件水合物实物样品，同时在东北地区、青藏高原等永久冻土区展开调查并发现水合物存在标志。第三阶段是勘查试开采阶段（2011 年至今），于 2011 年和 2016 年在祁连山地区成功实施陆域天然气水合物试采工程；2013 年，在珠江口东部、神狐海域等第二次钻获水合物样品，证实可观的资源潜力；2017 年和 2020 年在神狐海域开展两次试采，分别采用直井和水平井钻采技术，试采试气分别持续 60 天和 30 天，累积产气量分别超过 30 万米^3 和 86.14 万米^3，平均日产气 5000 m^3 以上和 2.87 万米^3，标志着我国天然气水合物开采已经达到"技术上可行"，成为第一个实现在海域天然气水合物试采且能够连续稳产的国家，实现了从"探索性试采"向"试验性试采"的重大跨越、从"跟跑"到"领跑"的历史性一步。

目前来看，我国的天然气水合物的研究与应用还存在如下问题：天然气水合物的勘查方面，理论、技术研究弱，调查程度低，目标储备区不足；在开采方面，理论、技术尚不成熟，实现商业化开采任重道远；在碳封存应用方面，二氧化碳-甲烷置换开采方式存在"卡脖子"问题；在环境风险方面，监测-防控体系不完善，气候影响观点仍存在争议。

为此，将来可尝试组建多机构、多学科联合的国家级攻关团队，助力推动勘探开发进程；继续加大海域和陆域天然气水合物的资源调查和勘查开采力度；加强环境风险监测、防控，积极参与国际合作；完善与"双碳"目标并行的天然气水合物发展规划与配套管理政策。相信在不久的将来，天然气水合物将在我国的能源建设中占据非常重要的地位。

思考题

7-1 核能发电的特点有哪些？核能发电系统的组成包括哪些？

7-2 什么是核聚变？如何实现核聚变的可控利用？

7-3 什么是核反应堆？简述其分类和特点。

7-4 海洋能包括哪些能量形式？海洋能的特点有哪些？

7-5 什么是天然气水合物？它有什么特点？如何开采天然气水合物？

参 考 文 献

[1] 国家能源集团技术经济研究院. 全球新能源发展报告（2021）［M］. 北京：社会科学文献出版社，2022.

[2] 桑宁如，陈浩龙，张发庆，罗素保，刘明洋. 新能源系统概述［M］. 天津：天津大学出版社，2021.

[3] 杨圣春，李庆，黄建华，冯黎成，杨若朴. 新能源与可再生能源利用技术［M］. 北京：中国电力出版社，2021.

[4] 朱永强，赵月红. 新能源发电技术［M］. 北京：机械工业出版社，2020.

[5] 魏龙. 热工与流体力学基础［M］. 北京：化学工业出版社，2017.

[6] 赵振宙，郑源，高玉琴. 风力机原理与应用［M］. 北京：中国水利水电出版社，2010.

[7] 杨凯. 碳达峰、碳中和目标下新能源应用技术［M］. 武汉：华中科技大学出版社，2022.

[8] 翟秀静，刘奎仁，韩庆. 新能源技术［M］. 第 3 版. 北京：化学工业出版社，2017.

[9] 杨金良，刘代丽，万小春. 太阳能光热利用技术［M］. 北京：中国农业出版社，2019.

[10] 李风海，张传祥. 新能源技术基础与应用［M］. 北京：化学工业出版社，2022.

[11] 周锦，席静. 新能源技术［M］. 北京：中国石化出版社，2020.

[12] 马隆龙，吴创之，孙立. 生物质气化技术及其应用［M］. 北京：化学工业出版社，2003.

[13] 邵志勇. 新能源时代背景下的生物质资源转化技术及应用［M］. 北京：中国水利水电出版社，2021.

[14] 刘广青，董仁杰，李秀金. 生物质能源转化技术［M］. 北京：化学工业出版社，2009.

[15] 王如竹. 新能源系统［M］. 北京：机械工业出版社，2021.

[16] 袁吉仁. 新能源技术概论［M］. 北京：科学出版社，2019.

[17] 姚向君，田宜水. 生物质能资源清洁转化利用技术［M］. 北京：化学工业出版社，2014.

[18] 王黎. 新能源发电技术与应用研究［M］. 北京：中国水利水电出版社，2019.

[19] 中国核电发展中心. 核电知识手册［M］. 北京：新华出版社，2022.

[20] 史宏达，王传崑. 我国海洋能技术的进展与展望［J］. 太阳能，2017（3）：30-37.

[21] 苗青青，石春艳，张香平. 碳中和目标下的光伏发电技术［J］. 化工进展，2022，41（3）：1125-1131.

[22] 王怡. 碳中和背景下，全球风电技术创新前沿研究［J］. 中国能源，2021（8）：69-76.

[23] 刘玮，万燕鸣，熊亚林，等. "双碳"目标下我国低碳清洁氢能进展与展望［J］. 储能科学与技术，2022，11（2）：635-642.

[24] 黄璜，刘然，李茜，等. 地热能多级利用技术综述［J］. 热力发电，2021，50（9）：1-10.

[25] 邢继，高力，霍小东，等. "碳达峰，碳中和"背景下核能利用浅析［J］. 核科学与工程，2022，42（1）：10-17.

[26] 王志峰，何雅玲，康重庆，等. 明确太阳能热发电战略定位促进技术发展［J］. 华电技术，2021，43（11）：1-4.

[27] 刘壮，田宜水，马大朝，等. 生物质热解的典型影响因素及技术研究进展［J］. 可再生能源，2021，39（10）：1279-1286.

[28] 张蕾，冯飞，乔宗良. 高职电厂热能动力装置专业的人才培养方式改革［J］. 中国电力教育，2017（6）：46-48.

[29] 张蕾，魏龙，叶亚兰，等. 基于 LSSVM 和 SA-BBO 算法的循环水系统优化［J］. 排灌机械工程学报，2014，32（5）：410-416.

[30] 黄圣博，解建华，甄帅，等. 基于钙基催化剂的生物质焦油催化裂解试验［J］. 生物技术进展，2020，10（3）：299-303.

［31］ 董明，冯飞，石岭，等. 生物质合成气催化制取甲烷研究进展［J］. 生物技术进展，2017，7（3）：198-202.

［32］ 冯飞，魏龙. 水平撞击流干燥器连续相的数值研究［J］. 化工时刊，2006，20（12）：13-15.

［33］ 冯飞，公冶令沛，魏龙，等. 化学链燃烧在二氧化碳减排中的应用及其研究进展［J］. 化工时刊，2009，23（4）：67-71.

［34］ 胡敏芝，王乐，鹿擎梁，等. 海上天然气水合物勘探开发现状与展望［J］. 船舶工程，2021，43（12）：27-32.

［35］ 冯飞，Krishnamoorthy Vijayaragavan，Pisupati Sarma V. 高温高压气流床气化炉中生物质焦炭的孔结构特征及活性试验［J］. 南京工业大学学报（自然科学版），2021（6）：766-776.

［36］ 伍浩松，戴定，王树. 2021 年世界核电工业发展回顾［J］. 国外核新闻，2022（2）：16-25.